# WILEY

CERAMIC MATRIX COMPOSITES: FIBER REINFORCED CERAMICS AND THEIR APPLICATIONS

# 陶瓷基复合材料

## ——纤维增强陶瓷及其应用

[德] Walter Krenkel 著

王洪磊 周新贵 刘荣军 万帆 译

国防科技大学出版社
·长沙·

图书在版编目（CIP）数据

陶瓷基复合材料：纤维增强陶瓷及其应用／（德）沃尔特·克伦克尔著；王洪磊等译. -- 长沙：国防科技大学出版社，2024.12. -- ISBN 978 - 7 - 5673 - 0680 - 6

Ⅰ.TQ174.75

中国国家版本馆 CIP 数据核字第 2024YN5448 号

著作权合同登记　图字：军 - 2024 - 003 号

Title：［Ceramic Matrix Composites：Fiber Reinforced Ceramics and their Applications］ by［Walter Krenkel］，ISBN：［978 - 3 - 527 - 31361 - 7］

---

**陶瓷基复合材料——纤维增强陶瓷及其应用**

TAOCIJI FUHE CAILIAO——XIANWEI ZENGQIANG TAOCI JI QI YINGYONG

［德］Walter Krenkel　著

王洪磊　周新贵　刘荣军　万　帆　译

**责任编辑：吉志发**

**责任校对：袁　欣**

**出版发行：国防科技大学出版社**　　　　　　　**地　　址：长沙市开福区德雅路 109 号**

**邮政编码：410073**　　　　　　　　　　　　**电　　话：（0731）87028022**

**印　　制：国防科技大学印刷厂**　　　　　　　**开　　本：710×1000　1/16**

**印　　张：27.5**　　　　　　　　　　　　　　**字　　数：509 千字**

**版　　次：2024 年 12 月第 1 版**　　　　　　**印　　次：2024 年 12 月第 1 次**

**书　　号：ISBN 978 - 7 - 5673 - 0680 - 6**　　**印　　数：1 - 1000 册**

**定　　价：100.00 元**

# 序

    陶瓷基复合材料（CMCs）是一种设计用于恶劣环境（通常包括高温、高应力水平和腐蚀性环境）的非脆性难熔材料。相对于其他结构材料（如钢、铝或钛合金、镍基高温合金或单一陶瓷），CMCs是一种相对新型，仍主要处在发展阶段的材料，但在不同高科技领域中存在一些成熟的、有前途的应用。本书首先总结这类新材料的主要特点，然后说明它们对不同高科技领域的发展有什么影响或可能有什么影响，最后提到一些重要的历史里程碑。

    CMCs的高强度与使用小直径（通常为10 μm量级）的高强度、高模量陶瓷纤维增强体直接相关。共价非氧化物纤维如碳基或SiC基纤维是在高温下表现出最佳机械性能的纤维之一（特别是在抗蠕变方面），但是它们较易氧化。在这一领域，日本从S. Yajima在20世纪70年代中期的开创性工作中发展出的SiC基纤维系列具有比碳纤维更好的抗氧化性，这是一个重要的里程碑。相比较而言，难熔氧化物纤维（如氧化铝和氧化铝基纤维）由于其化学性质，显示出优异的抗氧化性，在室温下具有良好的力学性能，但在中等温度下会发生蠕变。因此，考虑到在高温下（如1200~1800 ℃）的应用，碳基和SiC基纤维是CMCs中最常用的增强材料。小直径陶瓷纤维非常脆弱，应适当嵌入难熔陶瓷基体（氧化物或非氧化物），主要是为了保护纤维，并允许载荷从基体转移到纤维。纤维的体积分数为40%~50%，仍然是CMCs中昂贵但关键的组分。由于处理困难、健康因素和成本等原因，纳米增强材料如碳纳米管或SiC纳米纤维在CMCs中的应用还不多。

    与聚合物或金属基复合材料相比，CMCs的另一个关键特征是它们是反向复合材料，也就是说在载荷作用下，脆性基体在非常低的应变下（通常 $\approx 0.1\%$）首先发生失效（就失效应变而言：$\varepsilon_m^R < \varepsilon_f^R$）。因此，应在纤维－基体（FM）界面处阻止或偏转基体裂纹，以避免纤维的早期失效，从而避免复合材料的脆性失效。通常通过在纤维表面引入一层薄薄的（通常为 $50 \sim 200$ nm）弱材料的方式实现 FM 结合的弱化，该层材料起到机械保险丝的作用，被称为界面相。最常用的界面材料是具有层状晶体结构的材料，即各层大致平行于纤维表面，并且彼此之间结合较弱以促进裂纹偏转的材料。例如，热解碳（PyC）或六方氮化硼（BN）。从历史上看，这些界面相在 C/SiC 和 SiC（Nicalon）/SiC 复合材料中的生成方式有两种：（1）在 SiC（Nicalon）/玻璃陶瓷复合材料制备过程中通过纤维分解原位生成，或复合材料高温（HT）制备过程中通过 FM 相互作用原位生成；（2）利用气态先驱体通过化学气相渗透（CVI）工艺沉积。这些工艺都是在 20 世纪 80 年代发展起来的。当 FM 结合足够弱时，CMCs 表现为弹性损伤的非线性材料，即超出比例极限后，脆性基体在载荷作用下产生多重微裂纹，裂纹在界面内或附近偏转，纤维部分或全部脱粘并在最终破坏前暴露在大气中，这种破坏通常发生在 $0.5\% \sim 1.5\%$ 的应变范围内。所有这些破坏现象都伴随着能量吸收而发生，并导致材料的高韧性，这是陶瓷一个非常罕见的特征。A. Kelly 及其同事在 20 世纪 70 年代早期的开创性工作是这一领域的一个重要里程碑。

提高非氧化物 CMCs 的抗氧化性能是一个重要问题，特别是考虑到在高温环境下的长时间使用。纤维本身和界面相是 C/SiC 和 SiC/SiC 复合材料中的薄弱环节。第一种方法是使用结晶良好的纯 SiC 纤维，它显示出良好的抗氧化性能，而不是 SiC 基纤维（通常含有游离碳且结晶性较差）或碳纤维。在这一领域，20 世纪 90 年代末日本开发的化学计量比 SiC 纤维是重要的一步。第二种方法是用 BN －界面相（在干燥的氧化环境中显示出更好的抗氧化性）替换常用的 PyC －界面相（在低至约 500 ℃ 的温度下发生氧化）。第三种方法是使用自愈合涂层（单层或多层），例如含有一层含硼化合物（如 $B_4C$）的 SiC 涂层或三元 Si－B－C 混合物。涂层的第一个作用是封闭复合材料的开口残余孔隙，阻止氧的深入扩散。SiC 基涂层在载荷作用下会发生微裂纹，但氧沿微裂纹扩散时，会与微裂纹壁发生反应形成 $SiO_2$－$B_2O_3$ 愈合相。最后，SiC 基复合材料的最佳氧化保护是通过将裂纹愈合的概念扩展到基体本身来实现的，而基体本身现在是一个由 SiC 层、密封生成层和机械保险丝层组成的多层基体，从而实现 1000～1200 ℃ 温度下的负载寿命超过 1000 h。最后，利用多孔（因此相对较弱）基体可以避免使用易氧化的界面相，但是这种方法将纤维暴露于环境中，因此它更适合氧化物/氧化物复合材料。

制备工艺方面的考虑是一个重点，主要要求是绝对避免纤维性能退化。因此，低温/低压制备技术往往受到青睐。这实际上是 CVI 工艺和先驱体浸渍裂解（PIP）工艺的特点，其基体的先驱体分别为气体或液体。这两种工艺都是无压工艺，且制备温度为 900～1200 ℃。此外，起始材料可以是多向纤维预制件，例如 3D－纤维结构。这些工艺生产近净成形零件（可以是大尺寸复杂形状），但具有相对较高的残余孔隙率（10%～15%）。在这一领域，一个重要的里程碑是在 20 世纪 80 年代将 CVI 工艺转移到工厂水平，批量生产 C/SiC 和 SiC/SiC 复合材料。在所谓的反应熔融浸渗（RMI）工艺中，基体是通过液体先驱体和预固化纤维预制件之间的化学反应原位形成的。对于 SiC 基复合材料，基体先驱体是液态硅（或硅合金）和用碳固结的纤维预制体（如通过 PIP 工艺），前者与后者反应形成 SiC 基体。RMI 也是一种在真空下进行的无压技术。它能产生具有低残余孔隙率的近净成形复合材料，但它制备温度相对较高（液态硅为 1400～1600 ℃），有纤维性能退化的风险（除非使用厚的纤维涂层），并且基体通常含有未反应的先驱体（如游离硅）。还可以按照陶瓷制备工艺路线制备 CMCs。在浆料浸渗/高压烧结技术（SI－HPS）中，增强体被基体粉末的悬浮液（通常是氧化物/氧化物的溶胶或非氧化物基体复合材料的浆料）浸渍。干燥后，通过高压烧结使材料致密化。对于非氧化物共价陶瓷粉末，例如烧结能力较差的 SiC 粉末，应在浆料中添加烧结助剂（如形成共晶的氧化物混合物），烧结条件（对于 SiC，$T = 1800\ ℃$，$P = 10 \sim 50\ MPa$）仍然苛刻。因此，只能使用非常稳定的纤维，例如在高温下制备的化学计量比 SiC 纤维。该工艺制备的复合材料几乎没有残余孔隙，结晶度高，热稳定性好，但它不适合大型复杂形状零件的批量生产。

CMCs 预计将对新技术的发展产生重要影响，正如目前一些成功的应用表现的那样。在航空发动机或火箭发动机中，用高强度、高韧性的 C/SiC 或 SiC/SiC 复合材料替代重型高温合金可显著减轻重量。战斗机已经装备了 CMCs 发动机叶片，未来可能会有 CMCs 燃烧室。用 CMCs 代替金属合金提高了高温部件的使用寿命。CMCs 刹车系统（如飞机的 C/C 和汽车的 C/C – SiC）就是一个很好的例子，它比钢制刹车系统具有更长的使用寿命，在高温下具有更好的磨损和摩擦性能。基于减轻重量、制动性能和安全考虑，首先在军用战斗机上使用 C/C 刹车，然后在民用大型喷气式飞机上使用 C/C 刹车，以及在一级方程式赛车和跑车上使用 C/C – SiC 刹车，构成了其他重要的里程碑。CMCs 可以大大扩展结构陶瓷在许多领域的使用温度范围，如使喷气发动机和燃气轮机具有更高的输出和降低（甚至抑制）冷却要求的可能性，用于热交换器和高温化学工程。另一个很有前途的新应用领域可能是在高温核反应堆（裂变和聚变）中使用 SiC/SiC 复合材料发电，主要是利用其耐温性、高温机械性能（抗蠕变性），与中子的相容性和长期暴露于辐射后的低残余放射性。

由此看来，与金属合金和单一陶瓷相比，CMCs 是一种非常适合在恶劣环境中应用的新型材料。然而，它们仍然是非常新的，毫无疑问需要进行大量的研究。目前在不同需求领域的应用表明，它们在高技术发展方面有着广阔的前景。

**波尔多第一大学荣誉教授**
R. Naslain

# 引　言

陶瓷基复合材料（CMCs）是一类较新的伪塑性复合材料，其特点是碳纤维或陶瓷纤维嵌入陶瓷基体（氧化物或非氧化物），纤维与基体之间的结合力相对较弱。这些弱界面与多孔或微裂纹基体结合，形成了不同于其他结构材料或复合材料的材料，并显示出一些优异的性能。它们的应变－破坏比单一陶瓷高一个数量级，并且它们的低密度特性在使用温度超过 1000 ℃时是其他结构材料无法比拟的。

相关研究从数十年前开始，空间技术的需求对 CMCs 的发展起着决定性的作用。应用于航空航天和军事领域的寿命有限的热结构部件（如热防护系统和叶片）已在不同的国家得到发展。近年来，民用和地面需求成为驱动力，性能和制造工艺不断改进，将 CMCs 从小范围应用转移到更广阔的市场。这些复合材料由于具有较高的热稳定性和良好的耐腐蚀、耐磨性，在不同工业部门的长时间使用和耐损伤结构中越来越受到人们的关注，如地面运输（制动和离合器系统）、机械工程（轴承和防弹保护）和发电（燃烧器和热交换器）部门。

进一步研究和发展的目标集中在提高增强纤维的热稳定性和氧化稳定性以及显著降低工艺成本上。由于其他结构（单一）陶瓷已经存在创新的连续操作炉，因此批量生产的合理成本是有希望的。此外，新的生坯成型工艺和高稳定性的新混合工艺都是必要的。除这些制备方法之外，廉价陶瓷纤维的新先驱体以及短纤维增强 CMCs 的热机械性能提高是 CMCs 更广泛应用发展的关键因素。

本书全面概述了 CMCs 的研究发展现状。它提供数据表、过程描述和领域报告，特别强调与各个主题相关的应用。在这方面，本书的第1~2章介绍用于增强陶瓷基复合材料的纤维和织物预制件。第3章描述CMCs中的纤维/基体界面相，提供了有关界面特性的数据和测量这些特性的技术。第4~7章描述了用于制造非氧化物CMCs的重要工艺，包括C/C的制造、硅在C/C复合材料中的熔融浸渗以及化学气相渗透（CVI）工艺和先驱体浸渍裂解（PIP）工艺。第8~9章介绍了具有致密和多孔基体的氧化物CMCs，这种材料在燃烧环境中具有广阔的应用前景，以上章节介绍了本书的工艺部分。

第10~11章描述了使用不同模型和方法对CMCs进行微观结构建模和测试，这些主题对于设计结构部件和预测其寿命特别有意义，例如集成无损检测技术。由于所有的制造方法在尺寸和形状方面都有一定的局限性，第12~13章讨论了实现高完整性CMCs结构的加工和连接技术。第14章提供了CMCs在极端高温和腐蚀条件下应用的实践经验。航天器和飞机中的热结构表明，CMCs结构在可重复使用性和寿命方面取得了巨大进步。第15章介绍了SiC/SiC复合材料用作未来核用结构材料的发展现状。第16章的主题是目前对CMCs最具吸引力的商业领域，介绍了采用C/SiC复合材料制动盘和制动片的高性能制动和离合器系统的试验结果与经验，展示了它们在汽车和其他领域具有优越的摩擦性能。

在此我要感谢所有作者的宝贵和及时的贡献。感谢陶瓷基复合材料的先驱之一 R. Naslain 为本书撰写序。此外，我还要感谢 Waltraud Wüst 和她来自 Wiley - VCH 的团队，以及在 Bayreuth 研究团队中的 Petra Jelitschek 和 Angelika Schwarz，感谢他们在出版过程中给予的帮助和合作。

德国贝鲁斯<br>
Walter Krenkel

# 目　录

I

# 第1章　陶瓷基复合材料用纤维

## 1.1　简介

新材料和加工工艺为不同应用的先进高性能构件制造提供了机会。陶瓷基复合材料（CMCs）是一种很有前途的材料。通过将不同的陶瓷基体与特殊的、合适的纤维相结合，可以创造具有新性能的复合材料，在新兴的技术领域实现量身定做。

本章对可以用作 CMCs 中组成部分的纤维类型进行了概述[1-5]，并讨论这些纤维的生产、结构和性能。

## 1.2　陶瓷中作为增强体的纤维

在 CMCs 中，只使用能承受陶瓷生产所需的相对较高的制备温度且不会造成严重损伤的纤维。长期高温稳定性、抗蠕变性和氧化稳定性是其他需要满足的性能要求，每个需求的重要性取决于应用类型。

有机聚合物纤维材料不能用于 CMCs，因为它们在低于 500 ℃ 的制备温度下会发生降解。此外，熔点或软化点低于 700 ℃ 的传统玻璃纤维也不能用于 CMCs。

可能增强陶瓷材料的候选材料是多晶或非晶无机纤维，以及碳纤维。"陶瓷纤维"一词概括了所有无机非金属纤维（氧化物或非氧化物），但通过玻璃熔体凝固制造的纤维除外。

在过去几年中，区别陶瓷纤维和玻璃纤维变得更加困难，因为通过新的先驱体或溶胶－凝胶路线生产的陶瓷在结构上也可以是非晶态的（即"玻璃态"），并且生产过程也包含熔融工艺步骤。这意味着陶瓷纤维可以是多晶、部分结晶或非晶的。然而，"玻璃纤维"一词仅适用于通过基于硅酸盐体系的典型玻璃熔体凝固而产生的纤维。如果这些熔体是由玄武岩等矿物产生的，那么这些纤维就被称为"矿物纤维"。

碳纤维也可以在某些条件下用于 CMCs。虽然这些纤维在 450 ℃ 以上的氧化气氛中会降解，但是它们在 2800 ℃ 以下的非氧化气氛中是稳定的。如果复合材料的使用环境允许使用这种纤维类型，碳纤维就具有很好的性价比。因此，环境障涂层（EBC）是 CMCs 的一个重要研究领域。

图 1.1 显示了纤维的一般分类，包括陶瓷纤维和碳纤维。

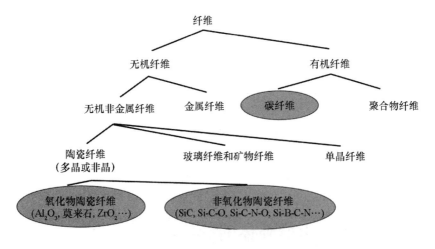

图 1.1　不同纤维类型的分类

# 1.3　纤维的结构和性能

与"普通"聚合物纤维相比，用于高性能复合材料的纤维具有优异的机械性能（如在 CMCs 中也具有优异的热性能）。本节将讨论不同材料（包括聚合物、玻璃、陶瓷和碳）制成的纤维的结构和性能。

## 1.3.1　纤维结构

如图 1.2 所示为聚合物纤维，可以从不同的角度研究纤维的结构，这取决于结构呈现的"放大倍数"。

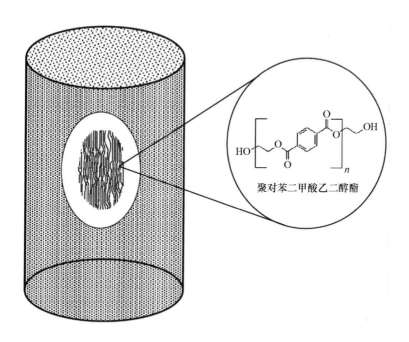

图 1.2　纤维结构（PET 纤维）

在分子水平上，展示的纤维是由聚对苯二甲酸乙二醇酯（PET）链状分子组成。这种化学结构决定了纤维的热稳定性、化学稳定性和理论强度。

大多数纤维还具有超分子结构，这些结构由分子取向和结晶/无定形区域决定（如图 1.2 所示的两相晶态和非晶态结构）。它们是在制备过程中形成的，并且会受到制备条件的显著影响。这种物理结构对纤维的热机械性能有重要影响。

最后，纤维形态影响其宏观性能，主要包括横截面形状、沿纤维直径的均匀性、孔隙率、结构缺陷以及表面性能（如粗糙度和表面能）。这些特性显著影响着纤维对基体材料的附着力以及渗透过程中的润湿行为。

# 1.3.2　结构形成

纤维结构的形成不仅取决于纤维材料本身，还取决于制备条件。通过控制工艺参数可以获得特定的超分子和宏观结构。

重要的制造工艺有熔纺、干纺和湿纺，以及与这些工艺相关的改进纺丝工艺。

在熔融纺丝过程中，纤维由熔体形成，熔体在高压下通过喷嘴，然后通过冷却凝固。在干法纺丝过程中，聚合物溶液也通过喷嘴进行纺丝。在这种情况下，纤维的形成是通过纺丝溶液中的溶剂蒸发来实现的。在湿法纺丝过程中，也使用聚合物溶液，但纤维是通过聚合物在液体沉淀浴中沉淀形成的。影响纤维结构形成的关键工艺参数是纺丝速度、拉伸比、温度和其他环境条件。如果需要特殊纤维，纺丝后通常会进行后处理，这将决定纤维的最终结构。这些后处理包括为获得陶瓷纤维而在裂解、退火和烧结氧化物基纤维原丝之前熔融纺丝陶瓷先驱体的交联，以及碳纤维的特殊表面处理。

如果将陶瓷或碳纤维用于CMCs，则在许多情况下必须对纤维进行涂层处理（如用PyC或BN），作为纤维和基体之间的界面。

## 1.3.3 结构参数和纤维性能

纤维的物理性能主要由三个结构参数决定：键类型、结晶度和分子取向[6]。

不同类型化学键的能量数据如表1.1所示。共价键和离子键可以在纤维内以一维、二维或三维定向，具有很高的结合能，因此决定了纤维的机械强度和模量。其他类型的化学键在高性能纤维中不太重要。

**表1.1 化学键类型、键能及材料示例[6]**

| 键类型 | 键能/kJ·mol$^{-1}$ | 示例 | |
|---|---|---|---|
| 离子键 | 800~15 000 | NaCl | 3D |
| | | $ZrO_2$ | 3D |
| | | $Al_2O_3$ | 3D |
| 共价键 | 200~600（单键） | 芳纶 | 1D |
| | | 石墨（平面内） | 2D |
| | | 玻璃，SiC | 3D |
| 金属键 | 100~800 | 金属 | |
| 氢键 | 20~50 | 芳纶 | |
| | | 脂肪族、聚酰胺 | |
| | | 纤维素 | |

续表

| 键类型 | 键能/kJ·mol$^{-1}$ | 示例 |
|---|---|---|
| 偶极子 – 偶极键 | ca. 2 | 聚酯纤维 |
| 范德华力 | ca. 1 | 聚烯烃 |
| | | 石墨（层间） |

不同的纤维类型如表 1.2 所示，通过列出的结构参数进行区分。很明显，不同的纤维具有不同的结构，纤维的最终性能（如模量和强度）由这些结构参数综合决定。

表 1.2　纤维结构及性能[6]

| 纤维类型 | 聚酯聚酰胺 | LC 相芳纶纤维 | 碳 | 陶瓷（结晶） | 陶瓷（非晶）玻璃 |
|---|---|---|---|---|---|
| 结构 | 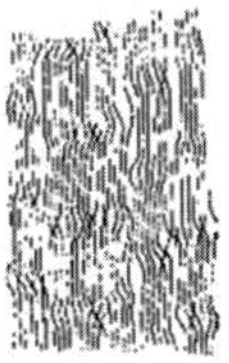 一维线性二相 |  一维线性一相 | 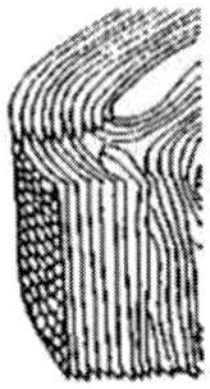 二维层状 | 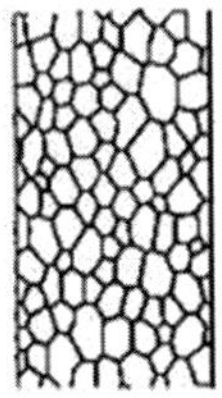 三维各向同性 | 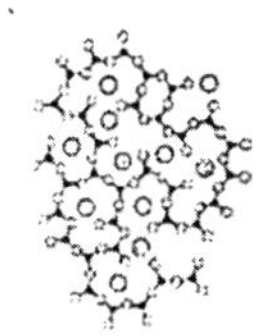 三维各向同性 |
| 键型 | 一维共价键，氢键（PA），偶极 – 偶极键（PES），范德华力 | 一维共价键，氢键，范德华力 | 二维共价键，范德华力 | 三维共价键/离子键 | 三维共价键/离子键 |
| 结晶度 | 中等 | 亚晶 | 亚晶 | 多晶 | 非晶 |
| 取向 | 中等 | 很高 | 高 | 无 | 无 |

如果键的类型和空间取向是获得良好力学性能的主要标准，那么具有三维共价键或离子键的陶瓷纤维和玻璃纤维的性能将远远优于其他类型的纤维。但是由于这些纤维是各向同性且没有分子取向，所以它们的强度比碳纤维低。这是因为碳纤维具有二维共价键的结构，表现出明显的结晶性和高取向性。基于这种有利的结构参数的组合，碳纤维显示出非常高的强度和模量值。根据制备条件的不同，碳纤维的模量可以高达 600 GPa，也可以达到极高的强度值

（7000 GPa 以上）。

芳纶纤维中虽然只有一维共价键和氢键存在，但由于其在纤维轴上的高分子取向，也表现出很高的强度。

图1.3 和图1.4 概述了不同类型纤维的机械性能。如前所述，纤维的性能因制备条件而不同，这里只给出了平均值。实际上，在制备过程中常常无法获得理想的纤维结构，这意味着纤维的实际性能通常远低于通过理想结构计算的理论性能。因此通过优化工艺控制将结构缺陷降至最低，是纤维纺丝和纤维成

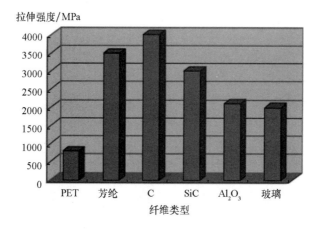

图1.3　不同类型纤维的典型拉伸强度（平均值）

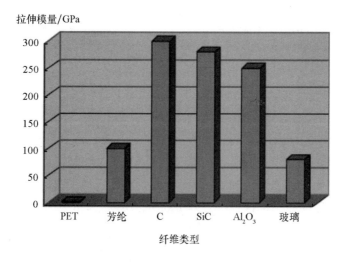

图1.4　不同类型纤维的典型拉伸模量（平均值）

型工艺的一个重要目标。高性能纤维相对较高的价格通常是由高度精密和复杂的制造工艺引起的，而不是由纤维生产中使用的更昂贵的材料造成的。

# 1.4　无机纤维

## 1.4.1　制备工艺

无机纤维的制备工艺可以分为两大类：第一种称为"间接法"，纤维或非陶瓷先驱体纤维不是通过纺丝工艺获得的，而是通过使用其他纤维材料获得的。用陶瓷先驱体材料浸泡纤维，或在纤维表面沉积先驱体材料，然后由有机模板纤维裂解而得到无机纤维。第二种称为"直接法"，将无机先驱体（盐溶液、溶胶或先驱体熔体）直接纺成所谓的"纤维原丝"，有时也使用有机聚合物添加剂进行纺丝。

制备工艺的一个重要区别是纤维长度。存在长纤维和短纤维的制备工艺，短纤维的长度从毫米到厘米之间。短纤维通常是通过快速旋转的圆盘或吹气技术使纺丝原液成纤而产生的。

此外，还有一种工艺，是将纤维素短纤维制成的织物用先驱体浸泡，然后热解和烧结，以便将材料转化为陶瓷纤维织物。

图 1.5 显示了陶瓷纤维的制备工艺路线。图 1.6 是一条制备氧化物基长纤维原丝的干纺生产线示意图。

### 1.4.1.1　纤维间接法制备工艺

纤维间接法制备工艺包括 CVD 工艺和残留工艺。

在 CVD 工艺中，陶瓷纤维是通过陶瓷材料气相沉积在载体纤维上形成的。载体纤维通常形成陶瓷纤维的核心。芯材包括碳纤维和钨丝。

在残留工艺中，吸收性有机纤维材料（主要是纤维素基）被盐溶液或溶胶饱和，然后烧掉有机材料，在高温下将盐或溶胶转化为陶瓷材料，从而得到陶瓷纤维。

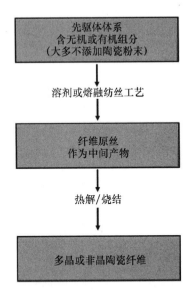

图 1.5　陶瓷纤维制备工艺路线图

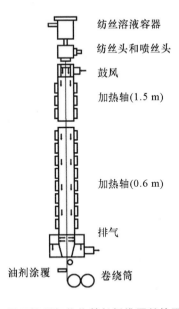

图 1.6　用于纺制氧化物基长纤维原丝的干纺设备

### 1.4.1.2　纤维直接法制备工艺

纤维直接法制备工艺可通过纺丝溶液中使用的陶瓷先驱体成分进行分类。

**1. 基于分子分散先驱体的纺丝溶液**

在这些工艺中，在纺丝溶液中使用的可溶性盐通过煅烧步骤转化为陶瓷。尽管盐是以离子的形式溶解的，即在分子尺度上分散，但这些工艺通常被错误地概括为"溶胶－凝胶"工艺。

除盐外，为了达到纺丝过程所需的流变性能，纺丝溶液还包含有机聚合物，例如，聚环氧乙烷、聚乙烯醇或聚乙烯基吡咯烷酮。溶剂通常是水或水/醇混合物。在某些情况下，纳米陶瓷颗粒被添加到溶液中以控制陶瓷化过程中的结构形成。

**2. 基于胶体分散先驱体的纺丝溶液**

该工艺类似上述工艺，但其使用无机胶体成分作为陶瓷先驱体（即粒子溶胶）。在这种情况下，该工艺称为"溶胶－凝胶工艺"是合适的。为了获得可纺性而必须添加的有机聚合物与上述工艺基本相同，溶剂也相同。

**3. 含有粗陶瓷颗粒（陶瓷粉末）的纺丝溶液**

有时为了提高陶瓷率并减少煅烧和烧结过程中的收缩，粗陶瓷颗粒被添加到盐基或溶胶基纺丝溶液中。在这种情况下，该工艺被称为"泥浆工艺"。

**4. 基于无机聚合物的纺丝溶液**

在这些先驱体或先驱体－聚合物工艺中，纺丝溶液要么由无机聚合物溶液组成，该溶液可通过干纺工艺纺丝；要么由可熔融的先驱体－聚合物组成，可使用熔融纺丝工艺纺丝。这里不需要添加有机聚合物，因为溶液或熔体已经具有纺成纤维所需的黏弹性流变行为。

无机聚合物通常带有甲基或丙基等有机官能团，这些有机材料在裂解过程中也必须被烧掉。然而与上述工艺相比，这些体系具有明显更高的陶瓷产率。熔融纺丝的先驱体在裂解前必须进行交联（化学交联或高能辐射交联），否则，如果加热到熔点以上，材料会重新熔化并失去纤维形状。

## 1.4.2　商业化产品的性能

### 1.4.2.1　氧化物和非氧化物陶瓷纤维的比较

市场上可买到的氧化物纤维主要是基于 $Al_2O_3$ 或 $Al_2O_3/SiO_2$ 陶瓷。它们具有很高的抗拉强度和模量值，并且由于其本身为氧化物，在高温下具有稳定的抗氧化特性。

不过，即使是最好的多晶氧化物纤维在1100 ℃的载荷下也容易发生蠕变。超过这个温度，氧化物纤维不能在CMCs中长期使用。另外，氧化物纤维在高温下长时间使用往往会形成较大的晶粒。由于晶界处的扩散过程，大晶粒的生长往往以小晶粒为代价，这会导致纤维变脆。

市售的非氧化物陶瓷纤维主要是基于SiC和Si－C－（N）－O材料，它们或多或少地含有多余的氧，有时还含有Ti、Zr或Al。

非氧化物纤维也表现出很高的抗拉强度和模量，甚至比氧化物纤维还高。而且由于它们的结构在许多情况下是无定形的，与多晶氧化物纤维相比，它们在高温下具有较低的蠕变速率。这些纤维的缺点是易氧化，这会导致纤维在氧化气氛中随着时间的推移而降解。纤维本身含氧量越低，其抗氧化性越好。

在大多数情况下，生产过程需要惰性气氛，这是一个复杂的过程。特别是在制造低氧纤维（＜1%氧）时，如Hi－Nicalon型或Sylramic，需要复杂的技术，推高了纤维价格。

必须了解氧化物和非氧化物纤维类型的局限性，以便为预期应用选择合适的材料。

现有的研究集中在开发蠕变性能增强和晶粒生长速率降低的氧化物纤维，以及开发氧化稳定性提高和生产成本降低的无氧化物纤维[8-16]。

### 1.4.2.2 氧化物陶瓷长纤维

表1.3概述了商用氧化物陶瓷长纤维（即无头纤维）。给出的规格取自纤维生产商的产品信息[17-20]。所报价格适用于100 kg以上的纤维，数量较少的纤维价格通常较高。"denier"是纤维线性质量密度的计量单位。它的定义为9000 m长的纤维的质量（单位：g）。在国际单位制中，使用的是"dtex"，即10 000 m长的纤维的质量（单位：g）。由于纤维的密度不同，所以"denier"并不直接表示长丝的数量。对于Nextel 720，"3000 D"对应约900根单丝；对于Nextel 610，"3000 D"对应约800根单丝；对于Nextel 550和440，"2000 D"对应约700根单丝；对于Nextel 312，"1800 D"对应约700根单丝（如果假定单丝直径为12 μm）。

图1.7显示了在德国Denkendor的ITCF开发的10 μm莫来石基氧化物纤维的结构，作为一种新型氧化物陶瓷纤维的示例[21-22]。

表 1.3　商用氧化物陶瓷长纤维概述

| 厂商 纤维 | 成分/% | 直径/ μm | 线密度/ g·cm⁻³ | 拉伸强 度/MPa | 模量/ GPa | 生产 工艺 | 结构 | 价格 |
|---|---|---|---|---|---|---|---|---|
| 3M Nextel 720 | $Al_2O_3$：85 $SiO_2$：15 | 10~12 | 3.4 | 2100 | 260 | Sol- Gel | 59%α- $Al_2O_3$+ 41%莫来石 | € 790/kg (1500 den) € 600/kg (3000 den) |
| 3M Nextel 610 | $Al_2O_3$：>99 | 10~12 | 3.9 | 3100 | 380 | Sol- Gel | α-$Al_2O_3$ | € 790/kg (1500 den) € 600/kg (3000 den) € 440/kg (10 000 den) |
| 3M Nextel 550 | $Al_2O_3$：73 $SiO_2$：27 | 10~12 | 3.03 | 2000 | 193 | Sol- Gel | γ-$Al_2O_3$+ $SiO_2$非晶 | € 590/kg (2000 den) |
| 3M Nextel 440 | $Al_2O_3$：70 $SiO_2$：28 $B_2O_3$：2 | 10~12 | 3.05 | 2000 | 190 | Sol- Gel | γ-$Al_2O_3$+ 莫来石+ $SiO_2$非晶 | € 500/kg (2000 den) |
| 3M Nextel 312 | $Al_2O_3$：62.5 $SiO_2$：24.5 $B_2O_3$：13 | 10~12 | 2.7 | 1700 | 150 | Sol- Gel | 莫来石+ 无定形相或 100%无定 形相 | € 260/kg (1800 den) |
| Sumitomo Altex | $Al_2O_3$：85 $SiO_2$：15 | 10~15 | 3.3 | 1800 | 210 | 聚铝 氧烷 | γ-$Al_2O_3$ | € 640~ 720/kg |
| Nitivy Nitivy ALF | $Al_2O_3$：72 $SiO_2$：28 | 7 | 2.9 | 2000 | 170 | Sol- Gel | γ-$Al_2O_3$ | € 390/kg (加捻纱,捻 度:10~15) |
| Mitsui Almax-B | $Al_2O_3$：60~80 $SiO_2$：40~20 | 7~10 | 2.9 | 不详 | 不详 | 未知 | δ-$Al_2O_3$ | 不详 |

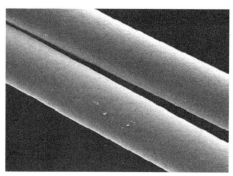
(a) 外形

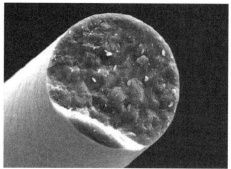
(b) 截面

**图 1.7  莫来石陶瓷纤维的结构**

### 1.4.2.3  非氧化物陶瓷长纤维

表 1.4 概述了部分商用非氧化物长纤维[23-26]。Nicalon 纤维的价格由北美经销商 COI 陶瓷公司提供，仅供参考。

图 1.8 显示了无定形非氧化物 Si – C – N 纤维在 1500 ℃的空气中处理12 h 后的形貌。这种纤维是 Denkendorf 的 ITCF 利用丹麦 Bayreuth 大学陶瓷材料工程系的先驱体生产的[27-28]。除纤维表面的 SiO$_2$ 氧化层，未观察到进一步的降解。

**表 1.4  商用非氧化物陶瓷长纤维概述**

| 厂商<br>纤维 | 成分/% | 直径/<br>μm | 密度/<br>g·cm$^{-3}$ | 拉伸<br>强度/<br>MPa | 模量/<br>GPa | 生产<br>工艺 | 结构 | 价格 |
|---|---|---|---|---|---|---|---|---|
| Nippon Carbon<br>Hi – Nicalon "S" | Si：68.9<br>C：30.9<br>O：0.2 | 12 | 3.10 | 2600 | 420 | 聚碳<br>硅烷 | β – SiC | € 7000/kg<br>>10 kg |
| Nippon Carbon<br>Hi – Nicalon | Si：63.7<br>C：35.8<br>O：0.5 | 14 | 2.74 | 2800 | 270 | 聚碳<br>硅烷 | β – SiC +<br>C | € 3250/kg<br>>10 kg |
| Nippon Carbon<br>Hi – Nicalon<br>NL – 200/201 | Si：56.5<br>C：31.2<br>O：12.3 | 14 | 2.55 | 3000 | 220 | 聚碳<br>硅烷 | β – SiC +<br>SiO$_2$ + C | € 1000/kg<br>>10 kg |

续表

| 厂商纤维 | 成分/% | 直径/μm | 密度/g·cm⁻³ | 拉伸强度/MPa | 模量/GPa | 生产工艺 | 结构 | 价格 |
|---|---|---|---|---|---|---|---|---|
| UBE Industies Tyranno fiber SA 3 | Si：67.8<br>C：34.2<br>O：8.7<br>Al：<2 | 10/7.5 | 3.10 | 2800 | 380 | 聚碳硅烷 | β-SiC晶态+… | € 6500/kg >10 kg |
| UBE Industies Tyranno fiber ZMI | Si：56.1<br>C：34.2<br>O：8.7<br>Zr：1.0 | 11 | 2.48 | 3400 | 200 | 聚碳硅烷 | β-SiC+… | € 1400/kg >10 kg |
| UBE Industies Tyranno fiber LoxM | Si：55.4<br>C：32.4<br>O：10.2<br>Ti：2.0 | 11 | 2.48 | 3300 | 187 | 聚碳硅烷 | β-SiC无定形+… | € 1200/kg >10 kg |
| UBE Industies Tyranno fiber S | Si：50.4<br>C：29.7<br>O：17.9<br>Ti：2.0 | 8.5/11 | 2.35 | 3300 | 170 | 聚碳硅烷 | β-SiC无定形+… | € 1000/kg >10 kg |
| COI Ceramics Sylramic–iBN | SiC/BN | 10 | 3.00 | 3000 | 400 | 先驱体聚合物 | SiC/BN和其他相 | € 10 500/kg >10 kg |
| COI Ceramics Sylramic | SiC：96.0<br>TiB₂：3.0<br>B₄C：1.0<br>O：0.3 | 10 | 2.95 | 2700 | 310 | 先驱体聚合物 | SiC 和其他相 | € 8500/kg >10 kg |
| Specialty Materials SCS–Ultra | C 上的 SiC | 140（碳纤维为芯部） | 3.0 | 5865 | 415 | 碳纤维CVD法 | C 上的β-SiC | € 16 400/kg |
| Specialty Materials SCS–9A | C 上的 SiC | 78（碳纤维为芯部） | 2.8 | 3450 | 307 | 碳纤维CVD法 | C 上的β-SiC | € 19 600/kg |

续表

| 厂商 纤维 | 成分/% | 直径/μm | 密度/ g·cm$^{-3}$ | 拉伸强度/ MPa | 模量/ GPa | 生产工艺 | 结构 | 价格 |
|---|---|---|---|---|---|---|---|---|
| Specialty Materials SCS – 6 | C 上的 SiC | 140 （碳纤维为芯部） | 3.0 | 3450 | 380 | 碳纤维 CVD 法 | C 上的 β – SiC | € 4850/kg |
| Tisics Sigma | W 上的 SiC | 100/140 （钨丝为芯部） | 3.4 | 4000 | 400 | W 纤维 CVD 法 | W 上的 SiC | 不详 |

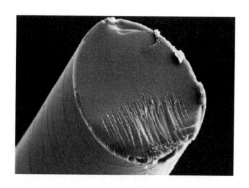

**图 1.8　由聚碳硅氮烷先驱体生产的 Si – C – N 纤维**

# 1.5　碳纤维

如果在非氧化性气氛中长时间使用，碳纤维属于耐高温性最好的材料之一。在这些条件下，碳在达到 3730 ℃之前不会升华。该材料可用于高达 2800 ℃的技术应用领域。

众所周知，碳的同素异形体有金刚石、石墨、无定形碳，还有富勒烯和碳纳米管。

在石墨中，每个原子与另外三个原子呈三角键合，形成一个由六元环组成的坚固二维平面网络，平面之间的键能较弱，如图 1.9 （a） 所示。

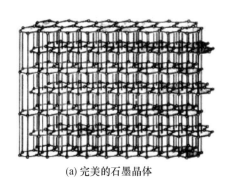
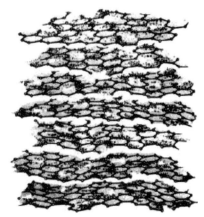

(a) 完美的石墨晶体　　　　　　(b) 存在于碳纤维中的涡轮层状结构[31]

**图 1.9　碳结构**

在碳纤维中存在层状结构，但与真正的石墨不同，石墨层没有整齐地堆叠，而是具有更随机的排列[29-30]。这些层也不是平面的，而是不规则的，因此这种结构被称为涡轮层状结构[31]，如图 1.9（b）所示。因此将 PAN 基碳纤维的结构称为涡轮层状石墨是合适的。在以中间相沥青先驱体制备的纤维中，形成的结构更接近于真正的石墨结构。

为了获得高抗拉强度和高模量的碳纤维，碳平面必须朝向纤维轴向并优化其结构。这可以通过在张力下的惰性气体中进行温度处理来实现。

垂直于纤维轴方向的碳平面通常没有定向排列。这种类型的结构存在于所有碳纤维中，然而在取向度、径向层的排列、平面之间的相互作用以及不同结构缺陷（如微孔和其他缺陷）等方面存在差异[32]（如图 1.10 所示）。这导致纤维具有不同的力学性能，包括高拉伸强度和非常高的模量。

纤维的弹性模量主要取决于平面沿纤维轴的取向程度，而拉伸强度则受结构缺陷数量的限制。在高达 1500 ℃的温度处理过程中，拉伸强度趋于优化，并且在更高的温度下进行处理（高达 2800 ℃）导致纤维具有高模量。

为了将碳纤维应用于 CMCs 中，如碳纤维增强碳化硅（C/SiC），必须保护纤维免受氧化。否则在 450 ℃以上的温度中，它们会因氧化损伤而导致性能降低。纤维可以通过周围的基体本身来防止氧化，但在大多数情况下，复合材料必须通过 EBC 来保护。

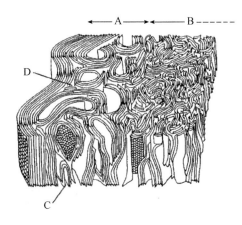

A—表面区域；B—体内区域；C—"发夹"缺陷；D—向错[32]。

**图 1.10　具有不同亚结构的 PAN 基碳纤维结构**

## 1.5.1　制备工艺

### 1.5.1.1　PAN 基碳纤维

PAN 工艺的原材料是专门为碳纤维制造而生产的聚丙烯腈纤维。PAN 的组成不同于其他用于纺织应用的组成（不同的共聚单体用于丙烯腈的聚合）。

PAN 纤维首先在 250~300 ℃的氧化气氛下进行张力处理。在这个过程中，线性 PAN 链状分子被转化为具有环状和阶梯状结构元素的材料，可以承受更高温度下的进一步处理[31]（如图 1.11 所示）。在下一步中，纤维在 500~1500 ℃的惰性气体（氮气）下进行张力处理，从而形成纤维碳化。在这个过程中，非碳元素作为挥发性产物被去除，得到的碳纤维质量约为原 PAN 先驱体的 50%。在碳化过程中，碳平面的结构得到了优化（减少了结构缺陷的数量），从而得到了具有高抗拉强度的纤维。

在氮气或氩气气氛中进行额外的高温处理（石墨化），可以进一步改善纤维结构以获得高模量。应用高达 2800 ℃的温度来排列碳平面并提高其朝向纤维轴的取向。然而 X 射线衍射图显示，在这种状态下没有形成真正的石墨结构。

通常在 1000 ℃处理的纤维的拉伸强度值约为 2000 MPa，拉伸模量约为 170 GPa。

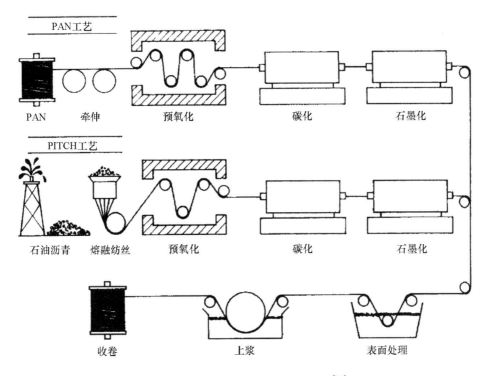

PAN工艺

PAN　　牵伸　　　　预氧化　　　　　　碳化　　　　　　石墨化

PITCH工艺

石油沥青　熔融纺丝　　预氧化　　　　　　碳化　　　　　　石墨化

收卷　　　　　　　上浆　　　　　　表面处理

**图 1.11　碳纤维的两种重要生产工艺**[31]

在 1500 ℃ 处理后，碳纤维的拉伸强度约为 3500 MPa，拉伸模量约为 275 GPa。

在 2500 ℃ 时，碳纤维的抗拉强度会降低至 2800 MPa（可能是由于在形成更致密的晶体结构期间长孔的演变），但这些纤维的拉伸模量高达 480 GPa。

如果纤维在张力下进行高温处理，拉伸模量甚至可以达到更高的值（如 600 GPa）。

PAN 工艺是迄今为止最重要的碳纤维生产工艺。

### 1.5.1.2　沥青基碳纤维

从煤焦油、石油残渣或 PVC 中提取的沥青可以作为相对廉价的碳纤维先驱体。

沥青是一种热塑性材料，因此可以通过熔融纺丝工艺直接挤压成先驱体纤维。随后可采用与 PAN 工艺类似的 PITCH 工艺将其转换成碳纤维。这包括 250～300 ℃温度下的稳定化步骤，以及 1000～2500 ℃温度下的碳化和石墨化[31]（如图 1.11 所示）。

在未处理的沥青中存在稠化的芳香结构，这些结构是各向同性和随机分布的。这导致纤维的碳平面沿纤维轴的取向较低，力学性能中等。

为了提高纤维性能，沥青在 400～450 ℃的温度下进行热处理，从而形成各向异性结构的液晶，即所谓的中间相。

由中间相沥青制备的先驱体纤维在纤维轴方向上表现出较高的碳平面取向值，因此可以转化为具有良好力学性能的碳纤维。沥青的碳产率可达 75%以上。

沥青基碳纤维的拉伸强度可达 3500 MPa，拉伸模量可达 400 GPa 左右。此外，这种纤维类型可以通过额外的高温处理达到更高的模量，约 600 GPa。

### 1.5.1.3　再生纤维素基碳纤维

在这条生产路线中，纤维素粘胶纤维被用作碳源。粘胶纤维是通过纤维素材料（如木浆或棉花）的溶解和纺丝生产的。

由于纤维素是一种聚合碳水化合物，水在温度处理过程中会析出，留下碳的残留物。

生产过程也是分步骤进行，包括低温处理（低于 400℃）、碳化（约 1500 ℃）和石墨化（高达 2500 ℃）。从粘胶中得到的碳纤维产率很低，在 10%～30%之间。

在标准制备工艺（仅碳化）中获得的粘胶基碳纤维的力学性能不如 PAN 基碳纤维。拉伸强度通常可达到 700 MPa，模量可达到 70 GPa。

与 PAN 工艺不同的是，再生纤维素基碳纤维在低温处理过程中不能承受较高的张力。但在随后的高温处理中，可以对这些纤维施加张力，从而获得良好的力学性能（拉伸强度高达 2800 MPa，模量高达 550 GPa）。由于粘胶基纤维的整个过程更复杂，因此 PAN 基纤维在工业中更常用。

## 1.5.2　商业产品

有许多公司生产碳纤维，每个公司都有许多具有不同性能和纱线数量的碳纤维产品。本书没有对碳纤维产品进行全面的市场调查，仅列举了一些碳纤维的性能和价格。

可使用国际纯粹与应用化学联合会（IUPAC）指南，根据碳纤维的力学性能对碳纤维进行分类，如表 1.5 所示。

碳纤维具有不同的拉伸强度和模量。此外还生产了从 1000（1 K）到 400 000（400 K）的各种长丝束的粗纱。根据纤维的性能，纤维的价格可以在 20 €/kg 到 1500 €/kg 之间。

表 1.6 显示了 Toray、Toho Tenax 和 SGL carbon 的碳纤维调查结果[33-36]。

一些纤维以不同的品质出售，即普通型号和适合航空航天应用的型号。由于在航空航天应用中有更高的质量标准，这些应用中的纤维比表中所示的纤维贵 15%～25%，这是由于在生产过程中和生产后进行了额外的质量控制。

表 1.5　碳纤维的分类

| 分类 | 拉伸模量/GPa | 拉伸强度/MPa | 断裂伸长率/% |
|---|---|---|---|
| UHM（超高模量） | >600 | — | — |
| HM（高模量） | >300 | — | <1 |
| IM（中模量） | 275～350 | — | >1 |
| LM（低模量） | <100 | 低 | — |
| HT（高强度） | 200～300 | >3000 | 1.5～2 |

表 1.6　不同生产商碳纤维的比较

| 厂商纤维 | 直径/μm | 密度/g·cm⁻³ | 拉伸强度/MPa | 模量/GPa | 价格 |
|---|---|---|---|---|---|
| Toray Industries T300（6K） | 7 | 1.76 | 3530 | 230 | € 53/kg |
| Toray Industries T700 S（12K） | 7 | 1.80 | 4900 | 230 | € 30/kg |
| Toray Industries T800H B（6K） | 5 | 1.81 | 5490 | 294 | € 250/kg |
| Toray Industries T1000G（6K） | 5 | 1.80 | 7060 | 294 | € 240/kg |
| Toray Industries M60J（6K） | 5 | 1.94 | 3920 | 588 | € 1500/kg |
| Toho Tenax HTA 5131（3K） | 7 | 1.77 | 3950 | 238 | € 59/kg |

续表

| 厂商纤维 | 直径/μm | 密度/g·cm⁻³ | 拉伸强度/MPa | 模量/GPa | 价格 |
|---|---|---|---|---|---|
| Toho Tenax HTS 5631 (12K) | 7 | 1.77 | 4300 | 238 | € 29/kg |
| Toho Tenax STS 5631 (24K) | 7 | 1.79 | 4000 | 240 | € 22/kg |
| Toho Tenax UMS 2731 (24K) | 4.8 | 1.78 | 4560 | 395 | € 95/kg |
| Toho Tenax UMS 3536 (12K) | 4.7 | 1.81 | 4500 | 435 | € 158/kg |
| SGL Carbon Sigrafil C (50K) | 7 | 1.80 | 3800 ~ 4000 | 230 | € 15 ~ 25/kg |

# 致谢

在此感谢 3M 公司、住友化学公司、三井公司、Nitivy 公司、日本碳素公司、UBE 工业公司、COI 陶瓷公司、特种材料公司、Tisics 公司、东丽工业公司、Toho Tenax 公司和 SGL Carbon 公司在提供陶瓷和碳纤维价格和数据方面给予的支持。

# 参考文献

［1］ KRENKELW, NASLAINR, SCHNEIDERH. High temperature ceramic matrix composites［M］. Weinheim：Wiley-VCH Verlag GmbH, 2001.

［2］ LEE SM. Handbook ofcomposite reinforcements［M］. Weinheim：Wiley-VCH Verlag GmbH, 1993.

［3］ CLAUß B. Keramikfasern：entwicklungsstand und Ausblick［J］. Technische Textilien, 2000, 43(4)：246 – 251.

［4］ CLAUSS B. Fasern und Preformtechniken zur Herstellung keramischer Verbundwerkstoffe［J］. Keramische Zeitschrift, 2001, 53(10)：916 – 923.

[5] CLAUSS B, SCHAWALLER D. Modern aspects of ceramic fiber development [J]. Advances in Science and Technology, 2006, 50: 1 – 8.

[6] BLUMBERGH. Die Zukunft der neuen Hochleistungsfasern[J]. Chemiefasern/ Textilindustrie, 1984, 34(11): 808 – 810, 813 – 816.

[7] www. zircarzirconia. com(accessed Oct 08, 2007).

[8] BELITSKUS D. Fiber and whisker reinforced ceramics for structural applications [M]. New York: CRC Press, 1993.

[9] BUNSELL A R. Fibrereinforcements for composite materials[M]. Amsterdam: Elsevier Science Publishers, 1988.

[10] FITZER E, KLEINHOLZ R, TIESLER H, et al. Fibers, 5. Synthetic Inorganic[M]//BARBARA E. Ullmann's encyclopedia of industrial chemistry. Weinheim: Wiley-VCH Verlag GmbH, 1988: 2 – 37.

[11] Engineered Materials Handbook: Composites, Ceramic Fibers, ASM International, Metals Park, Ohio, pp. 1987, 1: 60 – 65.

[12] COOKE T F. Inorganic fibers—a literature review [J]. Journal of the American Ceramic Society, 1991, 74(12): 2959 – 2978.

[13] WEDDELL J. Continuous ceramic fibres[J]. Journal of the Textile Institute, 1990, 81(4): 333 – 359.

[14] BUNSELL A. Ceramic fibers: properties, structures, and temperature limitations[J]. Journal of Applied Polymer Science, 1991, 47(0): 87 – 98.

[15] WALLENBERGER F T. Advanced inorganic fibers: processes, structures, properties, applications[M]. Dordrecht: Kluwer Academic Publishers, 2000.

[16] BUNSELL A R, BERGER M H. Fineceramic fibers [M]. New York: Dekker, 1999.

[17] http://www. mmm. com/ceramics/misc/tech_notebook. html (accessed Oct 08, 2007).

[18] http://www. sumitomo-chem. co. jp/english/division/kiso. html (accessed Oct 08, 2007).

[19] http://www. nitivy. co. jp/english/nitivy. html (accessed Oct 08, 2007).

[20] http://www. mitsui-mmc. co. jp/eindex. html (accessed Oct 08, 2007).

[21] SCHMÜCKER M, SCHNEIDER H, MAUER T, et al. Kinetics of mullite grain growth in alumino silicate fibers[J]. Journal of the American Ceramic Society, 2005, 88(2): 488 – 490.

[22] SCHMÜCKER M, SCHNEIDER H, MAUER T, et al. Temperature-dependent evolution of grain growth in mullite fibres [J]. Journal of the European Ceramic Society, 2005, 25(14): 3249 – 3256.

[23] www. coiceramics. com (accessed Oct 08, 2007).

[24] www. ube. de (accessed Oct 08, 2007).

[25] http://www. specmaterials. com/silicarbsite. htm (accessed Oct 08, 2007).

[26] http://www. tisics. co. uk/fibre. htm (accessed Oct 08, 2007).

[27] SCHAWALLERD. Untersuchungen zur Herstellung keramischer Fasern im System Si – B – C – N und Si – C – N[D]. Baden-Württemberg: Universität Stuttgart, 2001.

[28] SCHAWALLERD, CLAUßB. Preparation of non-oxide ceramic fibers in the systems Si – C – N and Si – B – C – N[M]//KRENKEL W, NASLAIN R, SCHNEIDER H. High temperature ceramic matrix composites. Weinheim: Wiley-VCH Verlag GmbH, 2001: 56 – 61.

[29] DRESSELHAUS M S, DRESSELHAUS G, SUGIHARA K, et al. Graphitefibers and filaments[M]. Berlin: Springer, 1988.

[30] DONNET J B, BANSAL R C. Carbonfibers[M]. New York: Dekker, 1984.

[31] BUCKLEY J D. Carbon-carbon-an overview[J]. American Ceramic Society Bulletin, 1988, 67(2): 364 – 368.

[32] BENNETTSC, JOHNSONDJ. London international conference on carbon and graphite[M]. London: Society of Chemical Industry, 1978.

[33] http://goldbook. iupac. org/C00831. html (accessed Oct 08, 2007).

[34] http://www. torayca. com/index2. html (accessed Oct 08, 2007).

[35] http://www. tohotenax. com/tenax/en/products/standard. php (accessed Oct 08, 2007).

[36] http://www. sglcarbon. com/sgl_t/fibers/sigra_c. html (accessed Oct 08, 2007).

# 第 2 章　织物增强体结构

## 2.1　简介

第1章介绍了陶瓷纤维和碳纤维，综述了陶瓷基复合材料（CMCs）增强用纤维的研究现状，并对其具体性能和选择标准进行了阐述。这些纤维和长丝是所有织物的基本结构。长丝和织物结构之间的连接单元是纱线。本章介绍粗纱和微捻纱。它们代表了用作增强单元的最重要的纱线结构。纱线内部的结构可以定义为纺织品的微观结构。在中观层次上，描述了纱线结构（纤维结构），其中织物结构（纱线结构）代表了织物的宏观层次（如图 2.1 所示）。

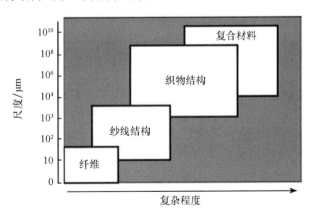

图 2.1　织物增强复合材料的不同层次

结构的复杂性随着维数的增加而增加。在复合材料内部，基体材料及其制备增加了复合材料的复杂性。然而，由于织物结构的近净成形特点，尺寸没有太大的增加，这种结构可以用不同的纺织技术来实现。

近净成形的复杂织物增强结构（织物预制件）可通过一步或多步工艺制

备。如果制备工艺满足预制件的几何形状和尺寸要求，织物预制件可以通过一步成型技术来实现，如三维机织、三维编织、异形经编或净成形纬编。通常预制件可以在进一步的成型步骤中加工。在许多情况下，通过在多步成型过程中采用二维织物结构形成和组装多层来创建更复杂的结构。图2.2 概述了不同的基本二维纺织结构。本章将详细介绍二维编织结构、三维编织结构和预成型技术，还将讨论用于 CMCs 应用的织物和预成型技术的相关性。

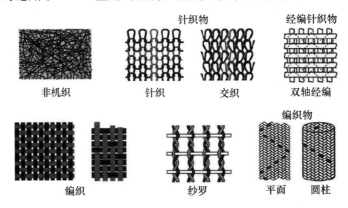

**图2.2 不同的基本二维纺织结构**

在复合材料中使用织物结构作为增强体时，减少纱线的弯曲是很重要的，因为非卷曲纤维可以承受最高的载荷并产生最高的刚度。在一些应用中，需要纤维卷曲，以实现高损伤容限或能量吸收。因此每种应用都需要合适的织物结构。

本章将织物结构分为二维织物和三维织物。

## 2.1.1 二维织物和三维织物结构的定义和区分

在一些涉及"三维织物"主题的专利和出版物中，可以找到对织物三维性的几种不同解释。为了便于表述，Gries 等人对二维织物和三维织物提出了以下定义[1]：

无论是在纱线结构还是织物结构中，如果织物的延伸方向不超过两个，则该织物被定义为二维织物。

如果一种织物的纱线结构或织物结构向三个方向延伸，则该织物被定义为三维织物，而不管它是一步工艺还是多步工艺制备。

定义中使用的织物术语见表2.1。

表 2.1 织物术语定义[1]

| 纱线结构 | 纱线在织物层次上的排列。如果一个纱线结构是由三个或三个以上的纱线系统或主纱线方向创建的，并且没有直角坐标系适合它，则该纱线结构被定义为三维的 |
|---|---|
| 织物结构 | 织物的几何形状。如果一个结构是由织物结构形成和/或包围的，不考虑纱线系统的数量和由此产生的纱线结构，则该织物结构被定义为三维的 |
| 一步工艺 | 在单个制备步骤（如三维经编、三维编织等）中生产近净成形织物 |
| 多步工艺 | 通过多个制备步骤（如经编和成型、织造和缝合等）生产近净成形织物 |
| 近净成形 | 织物结构，其尺寸接近最终产品形状。这个术语主要用于复合材料应用领域 |

## 2.1.2 纱线结构

本节将介绍所选的纱线结构，并讨论其在高性能脆性纤维加工中的潜力，如纺织工艺中的陶瓷纤维或碳纤维。图 2.3 展示了不同的纱线结构。

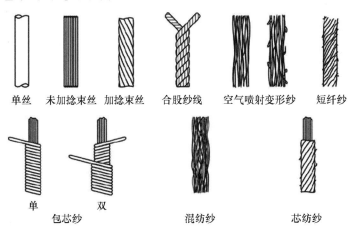

图 2.3 不同的纱线结构

加捻和未加捻的束丝称为粗纱。加捻粗纱可略微提高其加工性能，并降低长丝损伤的风险。普通的碳纤维粗纱捻度每米只有 5～20 圈。因此复合材料的拉伸强度损失可以保持在较低的水平（<5%）。另一种改善脆性粗纱工艺性能的方法是用覆盖物保护它们，如在包芯纱中通过在敏感粗纱周围缠绕一层或两层长丝来实现。包芯纱可选用不同的材料，而不是仅使用一种纱线材料作为

芯线和覆盖物。这样的混合纱线结构可以在空气喷射器的帮助下制造出来，空气喷射器将覆盖材料的纱线混合起来，形成混纺纱。

实现包芯混纱结构的方法还有包芯纺纱工艺，如热塑性短纤维围绕着芯纱纺制。在这里，短纤维纱线的表面被熔化，使它们能够粘在芯纱上。这种纱线结构可以调节包覆层的厚度和密度，实现对芯纱的保护。这种保护作用也可用于连接目的。ITA 发明了一种制造圆形无卷曲织物（NCFs）的技术，通过超声波焊接熔化包覆层纤维将织物的纱线在连接点处连接起来。借助于这项技术，非常易碎的玻璃纤维粗纱被布置在织物增强混凝土的织物预制件中[2]。

# 2.2　二维织物

## 2.2.1　非织造布

根据 DIN 61210，非织造布被定义为基本或完全由纤维组成的扁平纺织材料。这些纤维可以按规定的方向排列，也可以不按规定的方向排列[3]。图 2.4 显示了非织造布的结构示例。

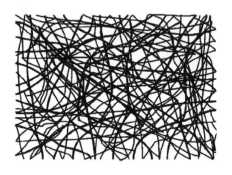

图 2.4　非织造布结构

作为增强体用于 CMCs 的陶瓷或碳纤维非织造布通常称为纤维毡。

非织造布的制备分为网胎的形成和黏合两个阶段。网胎的形成可进一步分为四种工艺：

（1）水动网胎成型工艺（纤维长度 1 ~ 20 mm）；

（2）气动网胎成型工艺（纤维长度 5 ~ 40 mm）；

（3）机械动力网胎成型工艺（纤维长度 30 ～ 60 mm）；

（4）纺纱工艺（无头纤维）。

为了将通过网胎制造工艺得到的纤维绒制成非织造布，必须将其固化。这可以通过机械（针刺毡、水喷）、化学或热（压延、热风）等方式来完成。此外，非织造布也可以通过经编固化。

用于 CMCs 的纤维毡的优点是孔隙率高，易于渗透。与定向织物结构相比，其刚度较低，所以增强效果较差。用于 CMCs 的非织造布主要由切割转换后的长丝纱（短纤维）制成，并通过化学黏合而固化（有时也针刺成毡）。

### 2.2.2　机织物

根据 DIN 60000，织物被定义为由至少两种纱线系统（经纱和纬纱）通过梭口成形制成的矩形交叉纱线织物[4]。

纬纱和经纱的交叉方式称为花纹。花纹种类对织物的悬垂性和剪切刚度等性能有很大影响。有平纹、斜纹和缎纹三种基本花纹，还有纱罗纹等特殊花纹。典型的二维机织物示例如图 2.5 所示。

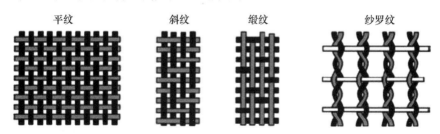

平纹　斜纹　缎纹　纱罗纹

图 2.5　不同二维织物的结构

有一种特殊的无卷曲机织物，这种织物使用细的辅助纱以避免加强纱的弯曲。织造过程中产生的弯曲只在辅助纱中产生，因为辅助纱的刚度远低于加强纱。图 2.6 显示了一种双轴无卷曲编织，带有一种辅助纱，名为"先进同步机织"，来自德国希克 ECC GmbH&Co. KG 公司。

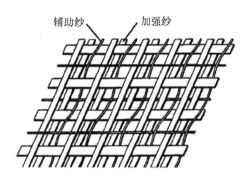

辅助纱　　加强纱

**图 2.6　无卷曲机织物"先进同步机织"**[5]

与单向增强结构相比，织物的手感和悬垂性较好，但波状纱线卷曲会降低织物增强结构的力学性能。因此织物增强复合材料的强度和刚度均低于单向增强复合材料。通过选择合适的纬纱和经纱密度以及合适的花纹，如缎纹、先进同步机织或纱罗纹，可以减少纤维卷曲，从而减少这些缺点。此外将纱线铺成薄胶带有助于减少纱线卷曲。

与 NCFs 相比，织物的手感较差，但由于其剪切强度较低，因此其悬垂性很好。

将脆性纤维（碳纤维和陶瓷纤维）加工成机织物是可能的，但也必须仔细选择"纱线友好"的花纹（如缎纹、先进同步机织或纱罗纹，但不适合用平纹）和机械装置。应特别注意在机织物中很难达到的孔隙率。使用热处理后去除的损耗纱线（如粘胶或腈纶纱线）有助于提高孔隙率，从而改善陶瓷先驱体的渗透性。这一点在文献［6］中用经编织物的编织线得到了验证。例如，对于机织物，先进同步机织的辅助纱线或纱罗织物的纱罗纱线可以起到损耗纱的作用。因此这些花型在 CMCs 中具有很高的应用潜力，但有待进一步验证。

## 2.2.3　编织物

在 DIN 60000 中，编织物被描述为具有封闭边的外观规则的织物结构。它们由至少三根纱线（综纱）或至少两个纱线系统（管状编织物）组成，其纱线相互缠绕并与织物的边缘呈对角线交叉形态（如图 2.7 所示）[4]。

布边（即生产方向）和编织纱线之间的角度称为编织角（如图 2.8 所示）。这个角度可以在 20°~80°变化。45°角的编织物看起来像机织物。由于编织纱线的相互缠绕，它们在纱线卷曲方面具有类似的纱线结构。最常见的编织花纹称为规则编织，它相当于 1/2 斜纹机织物结构。其他编织花纹有菱形编织（1/1）和赫格利斯（Hercules）编织（1/3）[7]。通过在机器上选择一种串联式的携纱器，也可以实现 2/2 斜纹编织结构。与机织物类似，编织花纹影响编织物的悬垂性。

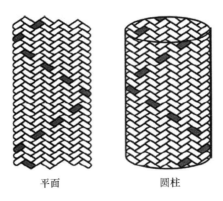

平面　　　　　　　　圆柱

图 2.7　双轴二维编织物的纱线结构

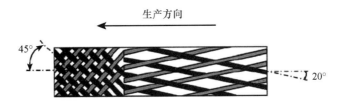

图 2.8　编织角

除了编织纱线，轴向纱线（0°）可以添加到编织结构内。这些纱线在生产过程中是不活跃的，并被编织线包围。当编织纱线卷曲时，轴向纱线保持在直的位置。带有轴向纱线的编织物称为三轴编织物，没有轴向纱线的编织物称为双轴编织物。由于轴向纱线与编织纱线之间的摩擦，三轴编织物的悬垂性不如双轴编织物。

在编织机上加工脆性的高性能纱线（如碳纤维、玻璃纤维或陶瓷粗纱），是普遍现象。市场上可以买到由这些材料制成的不同直径的管状编织物。此外还开发了特殊机械部件，包括用于加工脆性纱线的携纱器和导纱元件。为了获得 CMCs 棒材的增强体，由碳纤维或陶瓷粗纱制成的二维编织物备受关注。

## 2.2.4　针织物

根据 DIN 60000，针织物是平面结构，通过一根或多根纱线、纱线系统的成圈来实现。针织工艺可以根据成圈的方向来区分。针织过程中成圈方向与生产方向相垂直的产品称为纬编织物，在生产方向上形成线圈的织物称为经编织物[4]。不同的生产工艺催生了不同的织物制备方法。因此一个纱线系统就足以制造出一种纬编织物，而要实现经编结构则需要多个纱线系统。

这两种工艺都为织物的生产提供了大量的针织针。但在纬编过程中，一根纱线只通过一排或一圈排列的几根针，而在经编过程中，每根针都有自己的纱线。针织结构是所有二维织物中悬垂性最好的结构。但是由于纱线在线圈中的排列，这些结构不能提供高的拉伸强度和模量。因此除了少数防弹应用，它们作为增强结构并不常见。此外，由于编织过程中的高摩擦和变形，不可能使用陶瓷或碳纤维粗纱等脆性高性能纱线作为针织纱线。

然而，如果对纬编和经编针织物进行改性，则它们对增强复合材料结构具有重要意义。在生产过程中在经纱和纬纱方向插入直的加强纱，可以通过经济化的生产工艺实现单轴、双轴和多轴纬编和经编针织物（如图2.9所示）。

 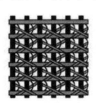  

双轴经编针织物　　多轴经编针织物　　　双轴纬编针织物　　多轴纬编针织物

**图 2.9　双轴和多轴纬编和经编针织物**

利用针织技术，每根经纱和纬纱都用一个针织线圈捆扎起来。与其他技术相比，粗纱保持原状。针织纱线可使用由热塑性塑料（如聚乙烯或聚酰胺）制成的辅助纱线。插入纱在生产过程中不受高负荷和磨损的影响。因此，可以获得用玻璃纤维、碳纤维甚至陶瓷粗纱等脆性纱线制成的纬纱和经纱插入的针织物[6]。这些结构的一个特征是它们可以通过插入纱线之间的间隙实现多孔结构。当使用双轴经编针织物作为混凝土增强结构时，这种设计特征是有益的。特殊的织物设计使混凝土基体在织物增强材料中的渗透更加容易。由于与陶瓷基体工艺的相似性，这些结构显示出作为 CMCs 增强材料的巨大潜力。

德国德累斯顿技术大学纺织服装研究所（ITB）[8,9]开发了一种特殊的经纬交织的纬编针织工艺，可以生产近净成形的针织物。该创新工艺是基于传统的平纬针织技术，可以实现近净成形结构，例如，具有极性正交增强纱线的圆盘[10]。

## 2.2.5　无卷曲织物

根据 EN 13473 - 1，无卷曲织物（NCF）是指由一层或多层平行的、不卷曲的、直的、单向的纱线组成的纺织结构[11]。

多轴向 NCFs 是由至少两层单向增强纱组成的二维织物。这些层通过树脂预浸料、粘结剂固定或使用经编接缝连接（如图 2.10 所示）。粘结剂以流体、粉末或无纺布热熔胶的形式连接 NCFs。在多层 NCFs 中，各层可以具有不同的取向。可能的方向是 0°、90° 和 20°~70°。此外，每层所用纱线的支数和材料的种类可以不同。现有的工业生产机器可以加工多达八层，外加引入两种表面织物，例如，非织造布。在由经编接缝连接的 NCFs 中，针织花纹可以是多种多样的。链缝、经编织圈和帘线圈这三种花纹影响织物的悬垂性[12]。

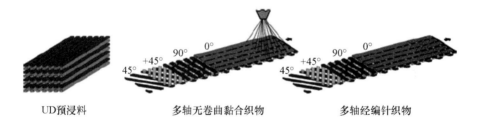

图 2.10　不同 NCFs 概述

由于机器技术的高标准，加工脆性的高性能纱线（如碳纤维和陶瓷粗纱）时，纤维损伤很小。只有使用经编的连接工艺才对非常脆弱的纱线具有挑战性，因为针直接穿过纱线，会造成纤维断裂和纱线偏转。尽管如此，仍有许多利用玻璃纤维、碳纤维和芳纶纤维制备的不同纱线结构的 NCFs 可供选择。由陶瓷纤维制成的 NCFs 尚不清楚。

# 2.3 三维织物

三维织物结构的生产工艺通常能够在一个生产步骤中获得织物预制件。在过去，人们发明了许多制造三维织物的生产工艺，现在仍在持续开发中。然而，还没有一步到位的技术来实现三维无纺织物作为复合材料的增强结构。与一步织物预成型相关的技术如下所述。

## 2.3.1 三维机织结构

三维机织结构有不同类型。图 2.11 为本节中描述的一些类型。

三维机织物   多层机织物   间隔机织物

**图 2.11 不同三维机织物的结构**

三维机织物由两个双梭口的纬纱相互垂直插入而成。纱线在 0° 和 90° 方向上引入，另外一根纱线在 Z 方向上与另外两根纱线正交。三维织物具有准各向同性、高拉伸和压缩强度，以及良好的弯曲稳定性和非常好的冲击性能等特性[13-16]。增强纤维在三个维度上的分布是均匀的。然而，三维织物的悬垂性和延伸性较差。三维织物可应用于具有高热冲击的织物增强复合材料以及汽车和飞机制造领域的结构部件，由瑞典哥德堡的 Biteam AB 公司制造。

其他类型的三维织物结构是多层机织物。它们由若干织物层组成，中间没有任何间隔。各层通过互锁或链式经纱固定。纱线在 0° 和 90° 方向上定向，Z 方向上的纱线是可变的。多层织物具有良好的悬垂性和延伸性，以及良好的拉伸、压缩和弯曲稳定性。这些织物应用于由织物增强塑料（TRP）制成的冲击充电多层结构，如汽车地板部件[17-18]。美国北卡罗来纳州 3TEX 公司生产这种织物。

间隔机织物也具有三维结构。它们由直立的起绒经纱机织而成，其性能与多层织物相当，只是悬垂性稍差。两层之间的距离可以单独调整，从而适应特定的应用。这些织物显示出很高的抗穿孔性。它们可应用于夹层结构，如 TRP 轻量化设计应用[15,19]。

图 2.12 为美国北卡罗来纳州 3TEX 公司生产的三维间隔机织物示例。另一家三维间隔机织物制造商是荷兰赫尔蒙德的 Parabeam bv 公司。

图 2.12　三维机织物[20]

管状机织物是一种三维机织物。它们由圆形或板形梭织机生产。管状机织物具有良好的拉伸和压缩强度，但剪切和弯曲刚度较低。管状机织物可被用作医疗技术中的多孔血管移植体[21,22]。

另一种生产三维织物的工艺是形状机织工艺，由德国伍珀塔尔的 Shape 3 Innovative Textiltechnik GmbH 公司开发[23]。这项技术的原理是在机织过程中将不同长度的经纱和纬纱整合在一起。通过这些额外的纱线长度，织物扩展到三维，为在机织过程中将织物形成特定形状提供了可能性[24]。

织物增强复合材料应用中有许多有趣的机织物变体，其中包括多层机织物和三维机织物，以及具有三维设计特征的平面机织物。就工业用途而言，二维织物最具代表性，因为它具有良好的机械性能和高效的生产工艺，以及极具吸引力的价格。

CMCs 已经使用了二维机织物。具有多孔基体的氧化物 CMCs 的研发工作主要在美国（加州大学圣巴巴拉分校，通用电气公司，COI）、日本（鹿儿岛大学）和德国（DLR，科隆）完成[25,26]。

## 2.3.2　编织

### 2.3.2.1　套编结构

利用编织技术制造三维织物或织物预制件的一个方向是套编织，一种特殊的圆形编织。织物的制造类似于圆形编织，但管状编织直接放置在净成形芯轴上。可以在芯轴上编织几层，每层具有单独的起点和终点。与圆形编织类似，每层由双轴或三轴纱线结构组成，编织角度可在10°~80°变化。编织纱线的取向可以在每一层中改变[7]，也可以形成仅由0°纱线组成的层。由于导纱器可以配备不同的材料，因此制备混合结构是可能的。

欧洲宇航防务集团位于德国奥托布伦的德国创新工场，其将编织纱的两个纱线系统初步划分为一组增强纱和另一组辅助纱。选择合适的辅助纱线（如弹性热塑性纱线），可以生产出无卷曲结构，即单向编织物（UD – 编织物）。这项技术不仅使增强纱的纤维损伤降至最低，而且还能形成与 UD NCFs 相一致的结构，在织物预制件的设计上有很大的自由度。

由于纱线相互支撑，因此方向可以与芯轴上的测地线分开（如图2.13所示）。编织结构能够在芯轴上保持稳定。一旦开发出合适的芯轴概念，编织结构就可以从芯轴上移除。根据芯轴的概念，编织物也可以留在芯轴上，它可以被转移到渗透步骤，成为复合材料的一部分，或在固化后被移除。对于芯轴的移动，可以采用多轴夹持，也可以采用工业机器人。因此复杂几何结构的织物预制件的自动化生产可以在一步工艺中实现。

**图2.13　净成形芯轴的套编**

德国奥尔登堡公司开发了一种特殊的编织机。导纱器不是在机身前部移动，而是被引导到圆形机身的内部（如图2.14所示）。导纱器在径向方向是这种机器类型被命名为"径向套编机"的原因。这种设计减少了编织过程中的纤维损伤，这是由于纱线沿导纱元件的运动最小化，减少了纱线之间的相互作用。这种工艺生产速度快，稳定可靠。玻璃纤维、碳纤维、芳纶纤维和陶瓷纤维等脆性高性能纤维的加工性能已被多个使用该技术的用户证实。最突出的应用是由碳纤维增强塑料制成的 BMW M6 的保险杠，这是通过使用套编预制件实现的[27]。其他使用套编技术的碳纤维增强塑料产品有防撞管、火箭发动机喷嘴等[28,29]。

图 2.14　机器人支撑的径向套编机

### 2.3.2.2　三维编织结构

三维编织结构不仅在第三维度上扩展，而且包含一个具有三维纱线轨道的整体纱线结构（如图 2.15 所示）。存在多种三维编织技术，如方形编织技术、四步编织技术和三维旋转编织技术。采用方形编织技术制造的产品主要用作机器的密封件，通常由短纤维纱线组成。四步编织技术可实现不同简单几何形状的实心编织型材[30]，然而它在几何变化和复杂的横截面方面受到限制。该技术适用于高性能纱线的加工。

图 2.15　三维编织结构模型[31]

新一代的三维编织技术是三维旋转编织。存在两种不同的类型：ITA 和 Herzog 发明的 ITA – Herzog – 3D 旋转编织技术和美国北卡罗来纳州 3TEX 公司发明的 3TEX – 3D 旋转编织技术。在这两种技术中，导纱器的输送都是通过反向旋转的角齿轮来实现的。ITA – Herzog – 3D 旋转编织原理如图 2.16 所示。导纱器被带入切进到机器工作台上的凹槽中，通过位于角齿轮之间的开关，可以决定是将一个导纱器转移到下一个角齿轮上，还是留在最初的角齿轮上。由于可以单独控制每个开关和齿轮，因此可以给出工作台上每个导纱器的单独路径[32]。机器由计算机控制，因此在自动化生产过程中可以实现复杂和可变的纱线结构和织物结构。

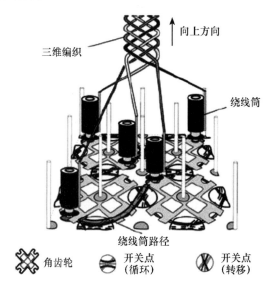

**图 2.16  ITA – Herzog – 3D 旋转编织原理**

3TEX – 3D 旋转编织原理类似于 ITA – Herzog – 3D 旋转编织原理，但仍有一些主要区别，它的抓叉取代开关位于角齿轮之间。导纱器安装在角齿轮上的驱动装置上移动，使得两个导纱器同时保持在两个角齿轮之间（如图 2.17 所示）。在这一点上可以决定它们是否应该改变位置，还是继续保持在角齿轮上[33]。这一相互交织的步骤是这两种技术之间的主要区别。

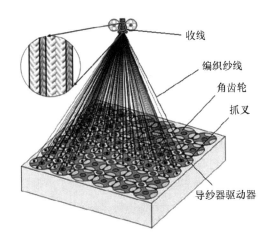

收线

编织纱线

角齿轮

抓叉

导纱器驱动器

**图 2.17    3TEX – 3D 旋转编织原理**

在 ITA – Herzog – 3D 旋转编织技术中，存在一种编织模式，该模式定义了导纱器相互传递的顺序，从而避免了导纱器碰撞。

每种技术都有其优点和缺点。3TEX – 3D 旋转编织技术可以在同一区域使用比 ITA – Herzog – 3D 旋转编织技术更多的导纱器。而与 3TEX – 3D 旋转编织技术相比，ITA – Herzog – 3D 旋转编织技术的导纱器更大，具有更大的纱线容量。3TEX – 3D 旋转编织技术可能比 ITA – Herzog – 3D 旋转编织技术更高效，但它无法在纱线结构的设计中提供同样的自由度。因此，必须根据所需的应用来决定使用哪种技术。

三维旋转编织技术能够在一步工艺中制造具有完整纱线结构、截面几何形状和尺寸连续变化的织物预制件。结构示例如图 2.18 所示，但这些示例很难显示可能存在的大量几何形状和结构。

2 cm                    2 cm

**图 2.18    三维旋转编织结构**

在材料方面，碳纤维和玻璃纤维的加工是最先进的。但用这些技术加工陶瓷纤维是不可能的。Planck 等对编织纱与导纱元件相互作用的研究表明，对于每种纱线材料，都存在一种适合用作导纱元件的材料，但必须通过研究去发现它[34]。此外，适当的上浆或轻微的加捻有助于增强陶瓷粗纱的强度，使其能够承受三维编织过程中强烈的纱线－纱线相互作用所产生的摩擦力，并使其在三维编织工艺中具有可加工性。

在一台混合了三维编织和套编技术的机器上，由美国明尼苏达州圣保罗市3M陶瓷纺织品和复合材料公司生产的 Nextel 720 陶瓷粗纱制成的预制件已经生产出来。它们由管状编织物组成，其主体为互锁编织结构。预制件已成功加工成由 CMCs 制成的热气过滤器[35]。

由于其完整的纱线结构，三维编织物作为 CMCs 中的增强结构具有很大的潜力，这正是从事 CMCs 研究的工程师和科学家经常需要的。

## 2.3.3　三维针织

### 2.3.3.1　多层纬编针织物

第 2.2 节介绍了 ITB 开发的用于二维织物结构的经纬交织工艺。该工艺还能够在一个生产步骤中生产具有多层的织物结构。这种织物结构称为多层纬编。这些层由纬向和经向插入的高性能纱线组成，以直线位置整合[9]。各层之间由可作为辅助纱线的针织纱线连接，可以实现轮廓结构。此外，插入纱线的存储纱线可用于使半预制件易于悬垂成最终形状。这些结构可能对 CMCs 的应用有意义，因为可以实现轮廓半预制件的经济生产。然而，这些结构不提供厚度方向上的增强纱线，因此它们的使用仅限于不需要整体纱线结构的应用。

### 2.3.3.2　间隔经编针织物

经编技术可用于将两层不同的直增强纱组合在一起，从而使织物具有足够的尺寸稳定性。除多轴 NCF 外，经编技术还可以创建三维结构。双针床拉舍尔经编机制造两层织物，并通过它们之间的间隔纱连接。由于高性能纱线在生产过程中承受不了机械负荷，因此必须使用辅助纱线作为间隔纱。

利用这项技术，通过使用不同纱线密度和不同纱线材料等多种表面设计，可以在单个工艺步骤中制造具有规定距离的织物预制件。所得到的结构可以作为夹层设计复合材料的最佳增强体，在渗透过程中表面始终保持在正确的位置。这一原理已在德国亚琛工业大学的织物增强混凝土应用中得到成功验证[36]。图 2.19 显示了经编间隔织物的示例。如果选择了夹层设计或不需要厚度方向的增强体，这些结构就仅适用于 CMCs 的增强体。经编间隔织物除了具有"简单"的夹层布局结构外，还可以实现轮廓经编间隔织物。在这些织物结构中，间隔织物厚度的变化可以通过改变间隔纱线的长度来实现（如阶梯状几何形状）。

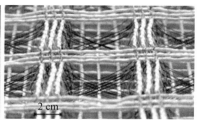

图 2.19　经编间隔织物

## 2.4　预成型

### 2.4.1　一步/多步预成型

在 TRP 加工中，有两种主要的纱线结构加工方法：预浸料加工，用树脂预浸的纺织织物粗纱的加工；预制件加工，在第二步以最终零件的形状浸渍的干织物预制件的加工。可根据要求和应用，从中选择更适合的生产方法。与预浸料加工工艺相反，预制件加工生产的干织物增强结构已经具有最终产品所需的几何形状和纤维取向特征。这意味着粗纱需要通过织物处理和装配工艺成型和固定，以获得随后承受部件负荷所需的几何形状。

为了形成稳定的织物结构，有几种技术可供选择。一种是一步预成型技术。可以在一个工艺步骤中从纱线生成三维结构（即三维编织、套编、三维机织、三维缝合）。然而这种技术在一定程度上限制了织物的复杂性，从而限制了最终产品的几何形状。使用一步预成型技术制备的典型部件几何结构示例包括型材、面板、夹层结构和空心零件。

另一种是多步预成型技术。为了实现高复杂度的部件，纱线通常采用多步加工。首先制造二维织品（如多轴向 NCFs 或机织物）和/或三维半预制件（如上述三维编织物）。这些织物随后通过处理和组装工艺加工成复杂的预制件。复杂 TRP 构件的一个实际例子是加强筋板（如图 2.20 所示）。这些面板由平面外壳（平面、单向或多轴弯曲）和加强型材（如顶帽、T 型或 L 型）组成。这些部件经常被用作汽车和飞机等轻型结构中的自支撑外壳。

**图 2.20　加强筋板**

用于外壳的中间织物是上述的平板织物，可作为卷材提供。对于加强筋板，既可以使用二维中间织物，也可以使用半预制件。

加工这些织物需要经过切割、搬运和铺设、连接和调节等步骤。

这些技术已被证明适用于碳纤维的加工，由陶瓷纤维制成的复杂织物预制件尚未实现。

## 2.4.2　切割

对于脆性高性能纱线织物的自动切割，可使用由计算机控制的具有不同切割技术的切割机。必须根据需要切割的材料、织物类型和织物厚度，选择合适的切割设备。可选择范围包括旋转切割盘、振动刀或激光切割机。旋转切割盘由超声波运动支撑，并沿着切割的路径发挥作用。振动刀可以高频移动，也可以由超声波运动支撑。如有必要，可借助真空将织物固定在切割台上，方法是在织物上覆盖一层薄片。水射流切割已被证明不适合干织物切割。通过计算机控制切割头的运动，即使是复杂的轮廓也可以从矩形基板上切割出来。由于陶瓷纤维的耐磨性，激光切割是最合适自动切割陶瓷纤维织物的技术。

## 2.4.3　搬运和铺设

织物、结构和半预制件的搬运和铺设主要由人工完成。这部分预成型工艺可能是研究最多的一部分。已发明的用于夹持和运输织物结构的方法包括针夹持、真空支撑夹持、静电夹持和冰夹持技术。但即使是在 TRP 技术中，也没有发现能解决大多数挑战的夹持或搬运技术。

## 2.4.4　连接技术

胶合技术和缝合技术是重要的织物连接技术。缝合技术将在未来织物增强部件制造的工艺链中发挥重要作用。它们在缩短周期和节约成本方面的重要性可以与合格的合并步骤一致[37]。在预成型过程中，缝合技术的任务范围包括插入平板增强体、为后续工艺步骤固定预成型件的单个部件，以及制造负载兼容的接缝区域。在多步预制件生产过程中，不同的缝合技术应用于不同的工艺步骤。缝合技术是根据接缝功能、预制件的几何形状和随后的部件载荷来选择的[38]。

增强织物的缝合既是一种织物过程，也是一种负载兼容的连接过程。因此，在接缝区域实现了由垂直增强体引起的力流，也可采用局部增强。平板织物被转换成三维增强体结构。通过在构件中应用增强织物，可以实现几种特殊的力学性能。此外，缝合技术的应用可以生产出近净成形的织物结构。

纤维增强构件的接缝要求如下：力和力矩需要在不损失力学性能的情况下通过接缝区域传递；不允许出现高刚度变化；不允许不同的部件特性产生残余应力，如不同的材料热膨胀系数。此外，接缝不应导致织物增强部件内的质量和尺寸发生变化。并非所有列出的接缝要求都是完全可实现的，因此必须做出妥协[39]。

传统的缝合技术（双步缝合、双链缝合）和单面缝合技术（簇绒、暗缝、ITA – 单面缝合技术）都得到了应用[32,40]。图 2.21 显示了相关缝合技术的接

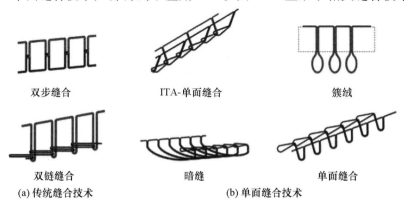

双步缝合　　　　ITA-单面缝合　　　　簇绒

双链缝合　　　　暗缝　　　　单面缝合

(a) 传统缝合技术　　　　　　　　　(b) 单面缝合技术

**图 2.21　相关缝合技术的接缝结构**

缝结构。单面缝合技术的优点是自动化程度高，可以安装在工业机器人上，在三维模具中缝合。由于接缝的渗透性，浸渗性能得到改善。

虽然接缝有很高的强度和悬垂性，但也有缺点，例如，增强纱线通过缝合线时会产生错位。因此也可采用替代的连接工艺，例如，黏合剂胶合。除了已经提到的连接工艺，定制纤维放置（TFP）也可用于增强织物。增强纱线可以有针对性地放置在二维织物上（CAD 操作）。在放置的同时，可用细线将纤维缝合在织物上。该技术可用于额外的局部增强，如 CMCs 零件中的配件或孔（如图 2.22 所示）。

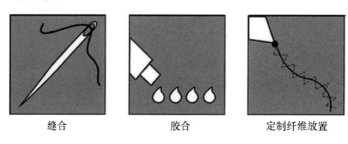

缝合　　　　　　　胶合　　　　　　定制纤维放置

图 2.22　预制件的典型连接工艺

# 2.5　织物测试

## 2.5.1　拉伸强度

根据德国工业标准 ISO 13934 – 1，织物的拉伸强度和断裂伸长率通过条带拉伸试验进行测量。来自平板结构的给定尺寸样品以恒定的变形速率拉伸至断裂点。记录下最大拉伸强度 $F$（N）、最大伸长率 $\varepsilon$（%），必要时记录下断裂应力和断裂伸长率[41]。

## 2.5.2　弯曲刚度

织物的弯曲刚度是根据德国工业标准 DIN 53362 确定的。弯曲刚度是根据样品在受力（自重）时抵抗自身弯曲倾向的阻力标准来定义的。弯曲刚度（$B$）在悬臂试验后完成，用单位 $mN/cm^2$ 表示[42]。

## 2.5.3　纤维损伤

对于加工碳纤维或陶瓷纤维等脆性高性能纤维的纺织工艺的可靠性来说，纤维损伤的数量至关重要。机器上的导纱器或纱线间的接触对纤维损伤有很大影响，从而影响纺织产品的质量。因此当织物预成型工艺变得越来越自动化时，纤维损伤的检测变得越来越重要。可以在激光光学传感器的帮助下检测纤维损坏。在这种检测方法中，纱线被引导通过一个钩子，使得受损的纤维上升，然后中断激光束，从而产生一个信号，所以受损的纤维数量是可以统计的，同时可以监控预先调整的纱线张力。

## 2.5.4　悬垂性能

二维织物通常需要折叠成最终形状。为了避免起皱，织物悬垂性能的检测很重要。ITA 已经做了一些努力，如他们开发的 ITA 悬垂测试架可以测量织物的剪切力。它可以与摄像系统结合，用于皱纹的光学检测。但是这种技术给出的关于真实变形行为的信息有限。还可以使用不同半径的圆顶形式的工具对不同尺寸的织物样品进行悬垂性能测试。也可以通过目测法检测样品的褶皱形貌，并测量样品在不同方向上的变形量[45]。

## 2.5.5　质量管理

Wulfhorst[46]对织物生产过程中不同的质量管理方法进行了分类和描述。关于预成型技术，必须考虑一些特定的标准。对于近净成形制造，柔性织物在工具中的正确位置非常重要，因为该位置主要用于调节成型。利用摄像系统，可以完成对复合位置的两阶段监控。在第一步中，用几个灰色调参考图片覆盖检查平板织物，以比较样品部件的正确位置。对于该过程中的后续步骤，运动坐标的自动校正可以在机器人控制下进行，然后用附加的光切传感器检查织物的拓扑结构是否有褶皱，并评估结构[47]。

# 2.6 技术选择标准

各种织物增强结构均可用于 CMCs。选择预成型技术时，必须考虑以下四个重要标准。

## 2.6.1 脆性纤维的可加工性

所有用于 CMCs 的纤维或多或少都是脆性的。根据纺织工艺的不同，纤维会受到各种应力（拉伸应力、弯曲应力、纤维间摩擦力、纤维 - 机器间摩擦力），尤其是弯曲应力和剪切应力会对脆性纤维造成损伤。因此，在增强纤维中引起高挠度的纺织工艺不适用于 CMCs 预制件。挠度可由引导纤维穿过具有小半径的机器元件（如织针、开口、小导纱器）引起，或由织物中的弯曲应力引起（如具有短浮纱的机织物）。总之，具有经纱或纬纱插入（在织物或针织物中）、纤维铺放和套编技术的纺织工艺非常适合加工脆性纤维。由于纱线应变高（尤其是弯曲应变），使用脆性纱线作为缝合或针织纱线是不合适的。特别是在脆性陶瓷纤维的加工过程中，几乎每一个织物增强结构的生产工艺都必须进行改进，或者至少重新调整到"对纱线友好"的工艺。

## 2.6.2 织物结构的渗透性

由于陶瓷基体在织物增强结构中的渗透比注入环氧树脂更难，因此织物需要具有限定的孔隙率。纺织工艺对于产生多孔结构具有不同的适应性，最适合的是纬纱插入的针织物、非卷曲织物或 NCFs。这些织物可以配备通过热处理去除的辅助纱线（损耗纱线），由此产生的空隙提高了渗透的孔隙度[6]。

文献 [48] 表明纱线结构严重影响化学气相渗透（CVI）陶瓷复合材料的性能。它影响渗透和基体微观结构的发展，从而影响复合材料的力学性能和损伤机制。

## 2.6.3 最终 CMCs 结构的力学性能

增强纱线应放置在近净成形的几何结构中，该几何结构应与最终 CMCs 结构使用时产生的应变一致。可以通过引入预成型技术来实现织物结构的不同复杂程度。

　　搬运、成型或组装过程中的错误可能造成增强织物中纱线的错位或损坏，降低最终 CMCs 构件的力学性能。根据 CMCs 构件的力学性能要求，预成型技术应根据其纱线错位和损坏的趋势进行评估。

## 2.6.4　生产力和生产工艺复杂性

　　引入的预成型技术在生产力和生产工艺复杂性方面有很大差异。根据 CMCs 构件的要求，必须找到构件的力学性能和几何特性与生产工艺的生产力之间的平衡。

# 2.7　总结和展望

　　本章概述了织物增强结构的要求和选择标准，介绍了可用于 CMCs 材料的不同织物结构，简要介绍了织物预制件的典型连接工艺，并对织物结构的测试方法进行了描述。

　　增强结构的发展趋势越来越复杂，需要进一步实现生产自动化，但要求载荷满足 CMCs 的设计。

　　用于具有复杂几何形状的可渗透和近净成形预制件的新的、经济型制造工艺变得更加重要。经济型自动化预制件制造是实现复合材料大规模生产的关键。通过优化生产工艺，可以消除不经济的生产环节，并大幅降低生产成本。

　　另一个趋势是将不同的功能集成到复合材料中，如将碰撞单元集成到结构复合材料中。

　　还有一个趋势是复合材料的连续健康监测，以便在早期识别分层。

　　增强复合材料的未来方向是进一步开发三维和近净成形结构的模拟和解读软件。

# 致谢

　　感谢德国 DFG 研究基金会对优先项目 1123 中 GR 1311/1 – 3 研究项目的

经费支持。感谢奥托·冯·古里克工业研究联盟联合会（AiF）对研究项目"自动预成型"（AiF – No：14420 N）的经费支持。

# 参考文献

［1］ ROYE A, STUVE J, GRIES T. Definition for the differentiation of 2 – D – und 3 – D textiles［J］. Band und Flechtindustrie, 2005, 42(2)：46.

［2］ ROYEA, GRIEST. For industrial production：new 3D-structures for thin walled concrete elements［C］//Techtextil, Techtextil-Symposium. 2003：1 – 4.

［3］ N. N. Papier, Pappe und Faserstoff 2, DIN 53120 – 1 bis DIN 61210, DIN-Taschenbuch 213, Beuth-Verlag GmbH, Berlin und K ö ln. 2003

［4］ N. N. Textiles, Basic Terms and Definitions, DIN60000, 1/1969, Beuth-Verlag GmbH, Berlin und K ö ln. 1969

［5］ ECC GmbH & Co. KG, Heek, Germany. http：//www. ecc-fabrics. de, latest access on August, 16, 2007.

［6］ ANDERSSONCH, ENGK, ZÄHW, et al. Warp knitted direct oriented structures for pre-shaped composites［C］//Internationales Techtextil-Symposium, 1994：1 – 7.

［7］ KO F K, PASTORE C M, HEAD A A. Handbook ofindustrial braiding［M］. Covington：Atkins & Pearce, 1989.

［8］ OFFERMANN P, DIESTEL O, GODAU U. Flat knitting of biaxially reinforced multiple layer fabrics for composites［J］. Technical Textiles, 1997, 40(2)：95, 98 – 99.

［9］ CEBULLA H, DIESTEL O, OFFERMANN P. Biaxial reinforced multilayer weft knitted fabrics for composites［C］//Proceedings of the 6th International AVK-TV Conference. 2003：1 – 9.

［10］ HALLER P, BIRK T, OFFERMANN P, et al. Fully fashioned biaxial weft knitted and stitch bonded textile reinforcements for wood connections［J］. Composites Part B：Engineering, 2006, 37(4 – 5)：278 – 285.

［11］ N. N. Reinforcement-specifications for multi-axial multi-ply fabrics-Part 1：Designation, German version EN 13473 – 1：2001, Beuth-Verlag GmbH, Berlin und K ö ln. 2001

[12] HANISCH V, HENKEL F, GRIES T. Performance of textile structures determined by accurate machine settings[C]//14th International Techtextil-Symposium. 2007.

[13] BANNISTERM, CALLUSP, NICOLAIDISA, et al. The effect of weave architecture on the impact performance of 3 – D woven composites. "A new movement toward actual applications"[C]// Texcomp 4 – 4th International Symposium for Textile Composites. 1998.

[14] BILISIKA, MOHAMEDM. Multiaxial 3 – D weaving machine and properties of multiaxial 3 – D woven carbon/epoxy composites. "Moving forward with 50 years of leadership in advanced materials"[C]//39th International SAMPE Symposium. 1994: 868 – 882.

[15] BRANDT J, DRECHSLER K, ARENDTS F J. Mechanical performance of composites based on various three-dimensional woven-fibre preforms[J]. Composites Science and Technology, 1996, 56(3): 381 – 386.

[16] HIROKAWA T. Development and application of three-dimensional woven fabric "From Fibre Science to Apparel Engineering"[C]// Proceedings of the 26th Textile Research Symposium. 1997: 102 – 107.

[17] BROOKSTEIN D. Concurrent engineering of 3 – D textile preforms for composites[J]. International Journal of Materials and Product Technology, 1994, 9(1 – 3): 116 – 124.

[18] JI C, DURIE A, NICOLAIDIS A, et al. Developments in multiaxial weaving for advanced composite materials[C]//Proceedings of the 11th International Conference on Composite Materials: Textile Composites and Characterisation. Melbourne, 1997: 86 – 89.

[19] SWINKELSK. Low-cost production of double wall fiber reinforced plastic tanks by a winding process with a three-dimensional fabric [C]//35th Internationale Chemiefasertagung. Dornbirn, 1996.

[20] TEX, Cary, NC, USA. http://www.3tex.com/3weave.clm, http://www.3tex.com/3braid.clm, latest access on August, 16, 2007.

[21] MORELAND J. An overview of textiles in vascular grafts[J]. International Fiber Journal, 1994, 9(5): 16 – 24.

[22] BEYER S, KNABE H, SCHMIDT S, et al. Medical textiles for implantation [C]//Proceedings of the 3rd International ITV Conference on Biomaterials.

Stuttgart, 1989.

[23] BUESGEN A. Woven 3-dimensional shapes-update and future prospects for new weaving techniques [J]. Melliand Textilberichte International Textile Reports, 1999, 80(6): 502 –505.

[24] BÜSGEN A, FINSTERBUSCH K, BIRGHAN A. Simulation of composite properties reinforced by 3D shaped woven fabrics[C]//12th EuropeanConference on Composite Materials (ECCM). Biarritz, France, 2006.

[25] KEITH W P, KEDWARD K T. Shear damage mechanisms in a woven, nicalon-reinforced ceramic-matrix composite [J]. Journal of the American Ceramic Society, 1997, 80(2): 357 –364.

[26] HIRATA Y, MATSUDA M, TAKESHIMA K, et al. Processing and mechanical properties of laminated composites of mullite/woven fabrics of Si – Ti – C – O fibers[J]. Journal of the European Ceramic Society, 1996, 16(2): 315 –320.

[27] KÜMPERSFJ, BROCKMANNSKJ, STÜVEJ. 3D-braiding and surround braiding as textile production method for textile preforms [R]. London: Drinking Water Inspectorate, 2006.

[28] CANFIELD A. Braided carbon/carbon nozzle development[C]//21st Joint Propulsion Conference. Monterey, U. S. A, 1985.

[29] DRECHSLER K. Latest developments in stitching and braiding technologies for textile preforming[C]//SAMPE, International SAMPE Symposium and Exhibition. Covina, CA, 2004: 2055 –2067.

[30] BYUN J H, CHOU T W. Process-microstructure relationships of 2 – step and 4 – step braided composites[J]. Composites Science and Technology, 1996, 56(3): 235 –251.

[31] STÜVE J, GRIES T, TOLOSANA ENRECH N. 3D – braided textile preforms: from virtual design to high-performance-braid[C]//Society for the Advancement of Material and Process Engineering (HRSG): SAMPE Fall Technical Conference: Global Advances in Materials and Process Engineering. Dallas, Texas, USA, 2006.

[32] WULFHORSTB, GRIEST, VEITD. Textile Technology[M]. Munich: Hanser Publications, 2006.

[33] MUNGALOV A. Complex shape 3 – D braided composite-preforms: structural shapes for marine and aerospace[J]. SAMPE Journal 2004, 40(3): 7 –21.

[34] MILWICH M, DAUNER M, PLANCK H. Optimisation of process conditions and braid structure in braiding reinforcing products using high-performance fibres[J]. Band-und Flechtindustrie, 1995, 2: 44–55.

[35] WAGNER R A. Ceramic composite hot gas filter development [C]//Proceedings of the Advanced Coal-Based Power and Environmental Systems' 98 Conference. Morgantown, 1998.

[36] KOLKMANNA, ROYEA, GRIEST. Combination yarns and technical spacer fabrics-3D structures for textile reinforced concrete[R]. London: Drinking Water Inspectorate, 2006.

[37] HERRMANNAS, PABSCHA, KLEINEBERGM. Kostengünstige Faserverbundstrukturen-eine Frage neuer Produktionsansätze, Konferenz-Einzelbericht[C]//3 Internationale AVK-TV Tagung für verstärkte Kunststoffe und duroplastische Formmassen. Baden-Baden, 2000.

[38] WEIMER C, MITSCHANG P, NEITZEL M. Continuous manufacturing of tailored reinforcements for liquid infusion processes based on stitching technologies[C]//International Conference on Flow Processes in Composite Materials. Auckland, New Zealand, 2002.

[39] KLOPP K, ANFT T, PUCKNAT J, et al. Mechanical strength of conventional stitched composite materials[J]. Technical Textiles, 2001, 44: E205–E207.

[40] GRIES T, KLOPP K. Füge-und oberflächentechnologien für textilien: verfahren und anwendungen[M]. Berlin: Springer, 2007.

[41] N. N. Textiles-Tensile Properties of Fabrics- Part 1. Determination of Maximum Force and Elongation at Maximum Force Using the Strip Method, ISO 13934–1: 1999.

[42] N. N. Testing of Plastics Films and Textile Fabrics (Excluding Nonwovens), Coated or Not Coated Fabrics-Determination of Stiffness in Bending-Method According to Cantilever, DIN 53362. 2003

[43] KNEIN-LINZR, MACHATSCHKER. Verarbeitung von Glasfilamentgarnen im Webprozeß[M]. Aachen: Shaker, 2000.

[44] SCHNEIDER M, CLERMONT H, KOZIK C, et al. Laser filament break detector[J]. Band und Flecht Industrie, 1997, 34(4): 100–105.

[45] CHERIFC, KALDENHOFFR, WULFHORSTB. Computer simulation of the drapeability of reinforcement textiles for composites using the finite element

method[ C ]//Composites for the real world: 29th International SAMPE Technical Conference. Orlando, Florida, 1997: 108 – 121.

[46] WULFHORST B. Qualitätssicherung in dertextilindustrie: methoden und strategien[M]. München: Hanser, 1996.

[47] GRUNDMANN T, GRIES T, KORDI M T, et al. Automated production of textile preforms for fibre-reinforced-plastic ( FRP ) parts [ C ]//14th International Techtextil-Symposium, Techtextil. Frankfurt, 2007.

[48] PLUVINAGEP, PARVIZI-MAJIDIA, CHOUTW. Morphological and mechanical characterisation of 2D woven and 3D braided SiC/SiC composites [ C ]// American Society for Composites, Technical Conference 7. 1992: 400 – 409.

# 第 3 章　界面与界面相

## 3.1　简介

纤维/基体界面区是纤维增强陶瓷基复合材料（CMCs）的重要组成部分。根据界面的特性，复合材料可以是脆性陶瓷，也可以是耐损伤复合材料。因此，获得高性能复合材料必须满足以下四个看似相互对立的要求：

（1）为了确保材料的完整性，获得连续的介质，纤维必须与基体相结合。

（2）当基体开裂时，必须防止纤维失效。这是通过裂纹偏转实现的。

（3）一旦基体裂纹出现偏转，就需通过界面有效传递载荷，从而使一定量的外加载荷仍由基体承载。

（4）在侵蚀性环境中，纤维不应暴露于基体裂纹所传递的物质中。

纤维/基体界面区域可由界面或界面相组成。两相之间或纤维与基体之间的界面可以定义为一个表面，在该表面上一种或多种材料特性发生不连续变化。界面相是结合纤维和基体的一层薄膜。界面相还意味着至少存在两个界面：一个与基体，一个与纤维，当界面相由多层组成时，界面会更多。复合材料中界面的总面积非常大。很容易看出，界面的总面积与纤维直径成反比：

$$I_A = 4V_f \frac{V}{d} \tag{3.1}$$

式中，$I_A$ 为复合材料中界面的总面积，$V_f$ 为纤维体积分数，$V$ 为复合材料的体积，$d$ 为纤维直径。

假设纤维体积分数为 25%，纤维直径小到 10 μm，复合材料的体积为 1 m³，那么 $I_A = 10^5$ m²。

界面处主要有两种结合方式：机械结合和化学结合。机械结合是由热致残余应力引起的。对于在高温下制备的 CMCs，在冷却过程中，当基体径向收缩大于纤维时，将导致基体对纤维的压缩。当界面粗糙时，径向压缩增强。而化学结合涉及一定厚度的界面反应区。机械结合的强度低于化学结合的强度。

界面性能由所选的纤维和基体决定，因为结合是由制备过程中的化学反应或冷却过程中的热收缩引起的，所以满足上述界面区域要求的路线数量受到相容组分数量的限制。界面相的特性能够克服这些限制，并且界面特性可以根据复合材料的性能进行调整。人们已经做出了一定的努力来优化 CVI SiC/SiC 复合材料中的界面区域，以及 C/C 复合材料、氧化物/氧化物复合材料的氧化物界面。

## 3.2 界面相在 CMCs 中的作用

使纤维与基体结合以保持复合材料的完整性是界面的第一个作用。任何脱粘都会影响许多性能，包括机械性能、热性能和对环境的耐受性。因此，在某些情况下，当界面是最弱的元素时，应该避免脱粘。这主要是在以下负载条件下遇到：

（1）拉伸应力垂直于纤维轴。这种应力要么是热膨胀不匹配引起的热诱导应力，在制备温度冷却下来的过程中产生[1]，要么是作用在多向增强复合材料横向纤维上的应力[2]。

（2）平行于纤维层施加的剪切载荷产生的剪切应力[1]。

在这些情况下，应该首选非常强的界面。

但是，当平行于纤维方向施加拉伸载荷时，界面不是最弱的元素。当基体刚度足够大，使得很大一部分载荷由基体承受时，基体首先断裂，基体裂纹垂直于纤维轴（横向裂纹如图 3.1 所示）。因此，裂纹偏转为纤维提供了防止失效的保护，裂纹偏转要求界面可以脱粘。

为了充分利用刚性基体的承载能力，必须控制偏转机制，使得通过界面传递的载荷不会因脱粘而显著改变。这可以通过调节界面性能来实现。当基体刚度小于纤维时，基体承受的应力较低，而纤维承担大部分载荷（C/C 复合材料）[2]。如果裂纹可以在基体中萌生，就应该寻找界面处的偏转，以避免失效。一些组合（如碳纤维和碳基体）有利于脱粘。这种行为本质上是由纤维控制的。与上述基体控制的复合材料相比，纤维/基体界面的影响不太明显。

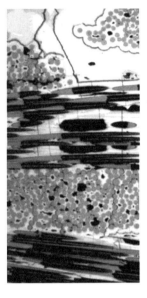

纵向纤维束

横向纤维束

图 3.1　二维编织 SiC/SiC 复合材料的显微照片

## 3.3　横向裂纹的偏转机制

Cook 和 Gordon[3] 首次提出了弱界面处的裂纹偏转机制,他们计算了置于单一均匀材料中的半椭圆裂纹在单轴拉伸作用下产生的应力场。尽管施加了单轴拉伸应力,但裂纹尖端的应力状态是多轴的。他们证明了平行于裂纹平面($r$ 轴)的应力分量 $\sigma_r$ 在离裂纹尖端距离为 $l^*$ 的裂纹平面内达到最大值 $\sigma_{rr}^{max}$。图 3.2(a)显示了裂纹尖端的应力分布。接下来考虑垂直于主推进裂纹的纤维/基体界面。如果界面抗拉强度小于 $\sigma_{rr}^{max}$,则界面会在裂纹尖端前失效。通过将最大应力分量 $\sigma_{zz}^{max}$ 和 $\sigma_{rr}^{max}$ 分别与纤维和界面强度进行比较,Cook 和 Gordon 推测当界面强度为纤维强度的 1/5 或更小时,将导致裂纹尖端前界面的张开。基体裂纹的偏转是由界面裂纹的结合引起的,如图 3.2(b)所示。在几种材料组合中观察到了这种机制[4-10]。图 3.3 显示了纤维增强陶瓷中存在界面相时,裂纹尖端的应力状态[11]。脱粘位置由界面强度和界面相横向强度(垂直于基体裂纹方向)决定,与 $\sigma_{rr}$ 的大小有关。

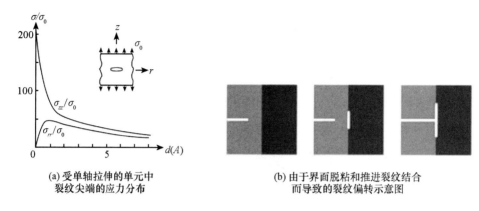

(a) 受单轴拉伸的单元中
裂纹尖端的应力分布

(b) 由于界面脱粘和推进裂纹结合
而导致的裂纹偏转示意图

图 3.2　横句裂纹偏转机制

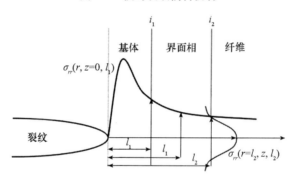

图 3.3　存在界面相和两个界面 $i_1$ 和 $i_2$ 时裂纹尖端的应力状态 （$\sigma_{rr}$分量）[11]

## 3.4　与基体裂纹偏转相关的现象

界面裂纹产生的不连续性允许出现局部现象。它们会在应力状态下引起扰动，如纤维的应力过大以及基体和纤维中的应力滞后。为了更好地控制复合材料的力学行为，有必要对这些现象进行定量描述。横向基体裂纹的张开可能导致界面裂纹的扩展（如图 3.4 所示），伴随着纤维沿脱粘界面的滑动。这种滑动现象的大小取决于脱粘长度、表面粗糙度和基体中的残余压应力。

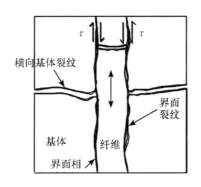

**图3.4　与界面处基体开裂和偏转相关的局部现象**

纤维局部承受更高的应力（如图3.5所示）。根据纤维/基体通过界面裂纹相互作用的大小，纤维上的应力或多或少会突然减小。在脱粘部分之外的载荷分配是最佳的。断裂纤维的拔出导致沿脱粘界面的进一步滑动（如图3.4所示）。

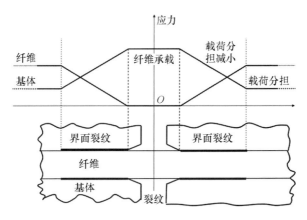

**图3.5　由纤维和基体界面处的基体裂纹偏转引起的应力状态扰动**

这些现象的大小很大程度上取决于界面裂纹的大小。与短界面裂纹相比，当存在长界面裂纹时，承载高应力的纤维部分较大，而受应力基体的区域较小，基体对载荷分担的贡献减小。这会对机械性能和拉伸应力应变曲线的形状产生一些影响。在有长脱粘裂纹的情况下，由于纤维过载和尺寸效应，复合材料的强度降低，而与滑动相关的能量耗散被增强。在有短脱粘裂纹的情况下，由于基体对载荷分担的贡献更大，复合材料可以承受更高的载荷，并且由于基体中受应力的体积增加，基体裂纹密度增加。

能量吸收现象，如滑动和多重基体开裂，会导致断裂韧性增强，而基体对载荷分担的贡献导致承载能力和极限强度增强。长界面裂纹不利于提高极限强度，而短界面裂纹更有利，因为它们既能获得高韧性，又能获得高极限强度。

根据以下经典方程，界面裂纹尺寸（$l_d$）与界面剪切应力（$\tau$）成反比：

$$l_d = \frac{\sigma \cdot \alpha \cdot r_f}{2V_f(1+\alpha)\tau} \tag{3.2}$$

式中，$\sigma$ 为外加应力，$\alpha = \dfrac{E_m V_m}{E_f V_f}$，$E_m$ 为基体的杨氏模量，$E_f$ 为纤维的杨氏模量，$V_m$ 和 $V_f$ 分别为纤维和基体的体积分数，$r_f$ 为纤维半径。

图 3.6 说明了界面裂纹长度对 SiC/SiC 复合材料拉伸应力应变行为的影响[12]。界面裂纹长度通过 $\tau$ 表征（$\tau$ 是界面区域弱化的一个显著特征）。界面弱化与脱粘长度成反比，承载力随 $\tau$ 的增加而增加。

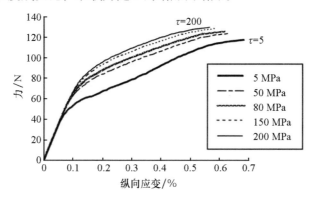

图 3.6　界面剪应力对一维 SiC/SiC 复合材料拉伸应力应变行为的影响预测[12]

# 3.5　调节纤维/基体的界面对力学性能和行为的影响

纤维/基体界面区域是复合材料的一个关键部分，不仅是对止裂和损伤容限有重要作用，而且还起到了将载荷从纤维传递到基体的作用（基体对载荷分担的贡献）。后一个作用通常被忽视，因为大多数研究人员主要关注裂纹偏转。推荐的裂纹偏转标准是弱界面，而弱度值未明确。为了充分利用化学气相渗透（CVI）技术制备的 SiC/SiC 复合材料的优异性能，人们对其界面性能控制进行了大量的研究。界面区域的控制包括适当的界面相和纤维/界面相间的界面。通过使用由热解碳（PyC）或 SiC/PyC 多层结构构成的各向异性界面相，以及先前经过处理以增加纤维/界面相结合的纤维[13-17]，在 CVI – SiC 基复合材料上建立了具有定制界面区域的复合材料概念，未从含 BN 界面的复合材料中得到感兴趣的结果[18]。表 3.1 给出了 CVI – SiC 基复合材料上测得的各种界面剪切应力值。应注意的是，对于定制界面区域，已测量到 100 ~ 300 MPa 的高界面剪切应力。

表 3.1　使用各种方法测量的有效界面剪切应力（MPa）

| 界面相 | $\tau$/MPa | 样品 | 方法 | 参考文献 |
|---|---|---|---|---|
| C/PyC/SiC | 13 ~ 30 | Mini 复合材料 | 式(3.4) | [19] |
| Nicalon/BN/SiC | 40 ~ 100 | Micro 复合材料 | 顶入/顶出 | [18] |
| | 40 ~ 140 | 2D 复合材料 | 顶出 | |
| Nicalon/BN/SiC | 15 ~ 35 | Mini 复合材料 | 滞后回线 | [20] |
| Hi – Nicalon/BN/SiC | 5 ~ 25 | | | |
| Sylramic/BN/SiC | 70 | | | |
| Nicalon/PyC/SiC | 12 | 2D 复合材料 | 式(3.4) | [21] |
| 未经处理的纤维 | 8 | | 式(3.5) | |
| | 0.7 ~ 4 | | 滞后回线 | |
| | 14 ~ 16 | | 顶出 | |
| | 3 | | 滞后回线 | |
| | 4 ~ 20 | | 拉伸行为模型 | |
| | 21 ~ 115 | | 滞后回线 | |
| | 40 ~ 80 | Mini 复合材料 | 模型 | |
| Hi – Nicalon/PyC/SiC | 12 ~ 50 | | 滞后回线 | |
| 未经处理的纤维 | 34 ~ 81 | Mini 复合材料 | 式(3.4) | |
| | 29 ~ 71 | | 式(3.5) | |
| | 100 | | 模型 | |
| Nicalon/(PyC/SiC)$_4$/SiC | 9 | 2D 复合材料 | 滞后回线 | |
| 未经处理的纤维 | 12 ~ 28 | | 顶出 | |

| 界面相 | $\tau$/MPa | 样品 | 方法 | 参考文献 |
|---|---|---|---|---|
| Nicalon/(PyC/SiC)$_{10}$/SiC | 35 ~ 100 | Mini 复合材料 | 滞后回线 | |
| 未经处理的纤维 | 25 ~ 89 | | 式(3.4) | |
| | 22 ~ 78 | | 式(3.5) | |
| | 100 | | 模型 | |
| Nicalon/PyC/SiC | 203 | 2D 复合材料 | 式(3.5) | |
| 处理后的纤维 | 140 | | 式(3.4) | |
| | 190 ~ 370 | | 滞后回线 | |
| | 100 ~ 270 | | 顶出 | |
| Nicalon/(PyC/SiC)$_2$/SiC | 150 | 2D 复合材料 | 滞后回线 | |
| 处理后的纤维 | 133 | | 顶出 | |
| Nicalon/(PyC/SiC)$_4$/SiC | 90 | 2D 复合材料 | 滞后回线 | |
| 处理后的纤维 | 90 | | 顶出 | |
| Nicalon/PyC/SiC | 46 ~ 127 | Mini 复合材料 | 滞后回线 | [17] |
| 处理后的纤维 | 54 ~ 160 | | 式(3.4) | |
| | 50 ~ 140 | | 式(3.5) | |
| | 150 | | 模型 | |
| Nicalon/(PyC/SiC)$_{10}$/SiC | 113 ~ 216 | Mini 复合材料 | 滞后回线 | [17] |
| 处理后的纤维 | 61 ~ 117 | | 式(3.4) | |
| | 54 ~ 103 | | 式(3.5) | |
| | 350 | | 模型 | |

在 SiC/SiC 复合材料上观察到的主要特征总结如下：在存在弱纤维/涂层结合的情况下，基体裂纹在纤维表面产生单一的长脱粘（粘接失效型，如图 3.7 和图 3.8 所示）；相关界面剪切应力较低（如表 3.1 所示）；多基体开裂受到长脱粘的限制；裂缝张开明显（如图 3.9 所示）；饱和状态下的裂纹间距以及拔出长度往往较长（>100μm）。增韧主要是沿脱粘处的滑动摩擦造成的。纤维承载大部分载荷，从而降低了复合材料强度。相应的拉伸应力 - 应变曲线显示出受基体饱和应力限制的狭窄曲线区域，这是极限强度的特征（如

图 3.10 所示）。

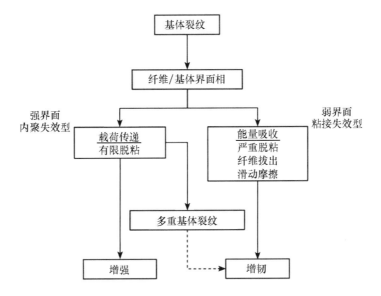

图 3.7　与界面区域强度相关特征的示意图

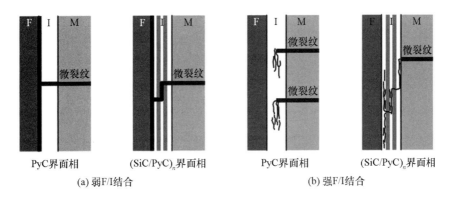

图 3.8　纤维涂层/界面为弱或强时基体界面裂纹模式示意

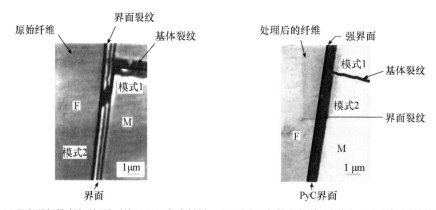

(a) 具有弱纤维/界面相界面的SiC/SiC复合材料　　(b) 具有强纤维/界面相界面的SiC/SiC复合材料[15]

图 3.9　显示裂纹偏转的显微照片

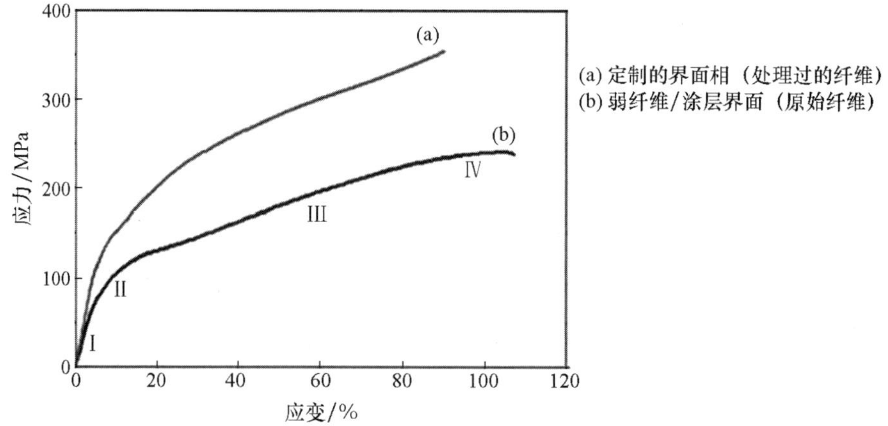

(a) 定制的界面相（处理过的纤维）
(b) 弱纤维/涂层界面（原始纤维）

I—弹性变形；Ⅱ—基体多重开裂；Ⅲ—纤维变形；Ⅳ—纤维失效。

图 3.10　在具有 PyC 界面相的二维编织 SiC/SiC 复合材料上测定的典型拉伸应力 – 应变曲线

在存在更强的纤维/涂层结合的情况下，涂层内的基体裂纹发生偏转（内聚失效型，如图 3.7 和图 3.8 所示），变成短而分叉的多重裂纹；短脱粘以及相关载荷传递提高允许基体进一步开裂，导致基体裂纹密度更高；裂纹间距可小至 10~20 μm；基体裂纹微开（如图 3.9 所示）；涂层内的滑动摩擦以及基体的多重开裂，增加了能量吸收，导致增韧。有限的脱粘和载荷传递提高减少了纤维所承受的载荷，导致强度提高（如图 3.7 所示）。相关的拉伸应力 – 应变曲线显示出一个宽的曲线区域，基体开裂饱和时的应力接近极限破坏（如

图 3.10 所示）。

在具有弱界面或高强定制界面相的 CVI - SiC/SiC 复合材料上，分别测定了从 3 kJ/m² 增加到 8 kJ/m² 的断裂韧性值（应变能释放率）[15]。在缺口尖端或预先存在的主宏观裂纹尖端形成了基体微裂纹的过程区。微裂纹密度与 τ 成正比。实验表明定制的界面相有助于提高材料的寿命和抗蠕变性能[17,22-23]。高强度定制界面相是基于 PyC 的，如图 3.9 和图 3.11 所示。界面剪切应力见表 3.1。尽管 PyC 基界面相在高于 500 ℃ 的温度下会因氧化而降解消失，但它们是一个可行的概念。研究表明具有单层 PyC 或 PyC/SiC 多层强定制界面相的 SiC/SiC 微复合材料，其寿命优于具有 CVD/CVI - BN 界面的微复合材料[17]。自愈合基体能够保护界面相免受氧化[17]。在具有自愈合基体和 PyC 界面相的 CVI - SiC/SiC 复合材料上观察到其寿命长达数千小时。

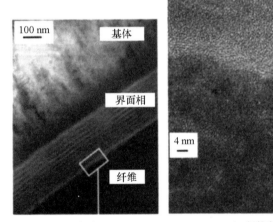

(a) 界面区

(b) 纤维和界面相之间的界面结合区[17]

**图 3.11　多层界面相的 HRTEM 显微照片**

## 3.6　弱界面/界面相的各种概念

研究人员已经提出了各种类型的界面相。与高强度定制界面相不同，现有的研究主要由裂纹偏转标准驱动，其次是抗氧化性。

NASA 在 Sylramic SiC 纤维上开发了一种原位生长的 BN 界面相。在受控的氮气环境中进行热处理，使 Sylramic 纤维中的硼烧结助剂扩散出纤维，在纤维表面形成薄的原位生长 BN 层[20]。利用这种 Sylramic – iBN SiC 纤维作为增强体，通过渗透方法（如金属硅的熔融浸渗）填充具有孔隙的 CVI – SiC 基体来获得 SiC/SiC 复合材料。据报道，与通过 CVD/CVI 制备的 BN 涂层复合材料相比，这些 SiC/SiC 复合材料表现出高抗氧化性[24]，界面剪切强度 ≈70 MPa[20]（见表 3.1）。

已经为增强氧化物基复合材料的氧化物纤维开发了几种氧化物涂层：独居石（$LaPO_4$）、白钨矿（$CaWO_4$）和 $NdPO_4$。其中，独居石的研究最为广泛。压痕测试和顶出测试表明，这些涂层在致密氧化物基体中提供了弱界面功能[25]。此外，在涂有独居石的氧化物纤维顶出过程中发现了一个有趣的特征，独居石涂层表现出永久变形。这种塑性对复合材料力学性能的贡献还没有被研究过。与无涂层的对照复合材料相比，在 $Al_2O_3$ 复合材料中使用独居石涂层可将复合材料寿命提高数百倍。拉伸试验或四点弯曲试验的结果表明，氧化物涂层是可行的界面相候选材料。但这些复合材料的失效应变不大（ < 0.2% ），说明损伤容限能力有限[26]。

纤维多孔涂层中的孔隙有望提供裂纹偏转。假设裂纹通常会弯曲以连接孔隙，从而到达孔隙中的纤维，对纤维施加的应力小于致密基体。研究了各种氧化物基多孔涂层，包括锆石（$ZrSiO_4$）[27]、氧化锆（$ZrO$）[28]和稀土铝酸盐[29]。研究人员认为多孔涂层方法不适用于小直径纤维，因为所需的相应孔隙尺寸可能不稳定[26]。

术语"短效涂层"表示涂层材料（如 Mo 或 C）可以在复合材料制造后被除去，例如，通过氧化在纤维/基体界面处形成间隙。短效涂层已在多种复合材料体系中得到验证[30]，如蓝宝石增强 YAG 和 Nextel 720/CAS 复合材料。在蓝宝石/$Al_2O_3$ 复合材料[31]中，C + ZrO 的两层短效涂层也提供了一个弱界面。与短效碳涂层相比，Mo 不会显著改善性能[26]。对于短效涂层来说，在垂直于纤维轴的方向上有显著的强度、硬度和导热性能损失。此外，由于界面区域非常弱，基体对承载的贡献很小。这可以在许多应用中排除考虑使用短效界面复合材料。

研究人员对其他界面涂层概念也进行了研究。简要概括如下：易解理涂层包括层状硅酸盐[32]、六铝酸盐[33]，层状钙钛矿[34]，韧性涂层[35]，偏析弱化界面和反应性涂层[36]。

# 3.7　界面性能

在表征界面相行为的特性中，以下特性对于界面设计或预测复合材料力学行为非常重要：界面拉伸或剪切强度、界面剪切应力、摩擦系数和界面脱粘能。界面拉伸强度定义为在垂直于纤维轴的拉伸应力作用下的抗脱粘能力。界面剪切强度是纤维在脱粘界面中滑动所需要的应力。界面剪切应力是引发界面裂纹所需的应力。拉伸性能表征的是脱粘的开始，而剪切性能则与载荷传递有关。用于确定这些性能的试验旨在界面区域产生拉伸或剪切载荷条件。

文献中通常没有关于界面拉伸强度的数据。已经提出了一些用来产生垂直于界面的应力的试验：

（1）横向弯曲试验：纤维垂直于试样长度排列的三点弯曲试验[37]。

（2）横向拉伸试验：纤维方向垂直于试样长度的拉伸试验[38]。

（3）巴西试验：圆盘的径向压缩产生拉伸应力，当铺层与加载方向平行时，拉伸应力垂直于纤维方向。

（4）双层试样的弯曲试验：可测定模型材料组合的界面拉伸性能[39]。

这些测试给出了界面拉伸强度的估计值，需要继续改进模型。相比之下，人们在剪切特性的测量上做了大量的工作。大多数测试技术最初是针对聚合物基复合材料开发的。它们包括从基体中压出或拉出一个或多个纤维。界面性能由力 - 位移曲线推导而来，并已推广到 CMCs。人们已经设计了许多方法，包括将压头压在纤维横截面上。压入和压出测试已经成为大量文献的主题[40-43]。图 3.12 显示了在具有弱界面域或定制界面的 SiC/SiC 复合材料上测得的典型单纤维顶出曲线[44]。替代方法基于模型复合材料的拉伸行为，例如，微复合材料（由单根纤维增强的单向复合材料）和迷你复合材料（由单纤维束增强的单向复合材料）[12,45-46]。界面性能由界面裂纹的存在引起的特征确定，这包括卸载 - 再加载循环过程的滞后回线、基体开裂或非线性变形。

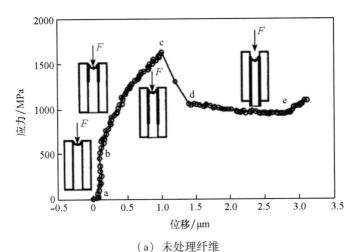

（a）未处理纤维

ab—纤维的弹性变形；bc—稳定的纤维脱粘；cd—不稳定脱粘；de—纤维滑移

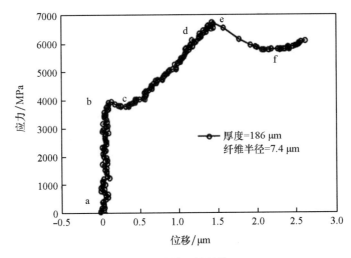

（b）经过处理的纤维

ab—纤维的弹性变形；bc—纤维脱粘；cd—纤维承载；de—稳定脱粘；
ef—不稳定脱粘；f—纤维滑移[44]

**图 3.12　在 SiC/C/SiC 复合材料样品上测得的单纤维顶出曲线**

界面剪切应力与在卸载－再加载循环过程中测量的滞后回线宽度（$\delta\Delta$）有关，计算公式如下[46]：

$$\tau = \frac{b_2 N(1 - a_1 V_f) 2R_f}{2V_f^2 E_m}\left(\frac{\sigma_P^2}{\delta\Delta}\right)\left(\frac{\sigma}{\sigma_P}\right)\left(\frac{1-\sigma}{\sigma_P}\right) \tag{3.3}$$

$$a_1 = \frac{E_f}{E_C}$$

$$b_2 = \frac{(1+v)E_m(E_f + (1+2v)E_c)}{E_f((1+v)E_f + (1-v)E_c)}$$

式中，$\sigma$ 为卸载 – 再加载过程中施加的应力，$\sigma_p$ 为卸载时的初始应力水平，$E_c$ 为迷你复合材料的杨氏模量，$R_f$ 为纤维半径，$v$ 为泊松比（$v = v_m = v_f$），$E_m$ 为基体的杨氏模量，$E_f$ 为纤维的杨氏模量，$V_f$ 为纤维的体积分数。$\tau$ 由迷你复合材料最终破坏前最后一次卸载 – 再加载过程中测量的 $\delta\Delta - \sigma$ 数据推导而来。通过对失效后的迷你复合材料的扫描电镜观测，确定了标距长度内的基体裂纹数 $N$。

界面剪切应力还与饱和时基体裂纹的间距（$l_s$）和相应的应力（$\sigma_s$）有关，公式如下[47,48]：

$$\tau = \frac{\sigma_s R_s}{2V_f l_s \left(1 + \frac{E_f V_f}{E_m V_m}\right)} \tag{3.4}$$

$$\tau = \frac{\sigma_s R_f V_m}{2V_f l_s} \tag{3.5}$$

界面剪切应力是使用非线性变形模型从应力 – 应变曲线中提取的，该模型已在以前的工作中详细说明和验证[12,16]。该模型涉及用于描述多基体开裂过程的成分特性和缺陷强度参数。$\tau$ 是通过比较预测的应力 – 应变曲线与实验曲线来估算的。

表 3.1 中给出了文献中提供的界面剪切应力。表中数据表现出一定的分散性和对测量方法的依赖性。顶入和顶出测试提供短距离（小于几百微米）加载的单根纤维的值。相反，对迷你复合材料的拉伸试验得出的数值表征了更大体积的材料。从表 3.1 中总结的界面剪切应力可以看出一个明确的趋势：由未处理的 SiC 纤维增强的 SiC/SiC 复合材料的 $\tau < 100$ MPa，而用处理过的 SiC 纤维获得的定制界面 $\tau$ 值高达 350 MPa。

# 3.8　界面控制

由于界面相决定了复合材料的损伤容限和力学性能，复合材料设计应结合界面相的选择，以允许裂纹偏转，提高基体的承载能力。复合材料的设计通常基于涉及制备和测试的经验方法，界面特性源于制备过程中基体和纤维之间的相互作用。因此，通常无法获得有关界面抗力的数据。

在选择允许裂纹偏转的界面时，有一些一般性的指导准则。最常被引用的要求之一是界面与纤维的断裂能之比≤0.25[49]，但该准则不能用于复合材料的设计，因为没有界面断裂能的数据。可以使用前面提到的测试方法来确定脱粘能，不过首先要制备材料。值得一提的是，所得到的脱粘能数据具有一定的不确定性和显著的离散性[46]。

根据 Gordon 裂纹（脱粘）的应力标准，偏差势能可定义为[50]：

$$\sigma_i^c \leqslant \sigma_2^c \frac{\sigma_{rr}^{\max}}{\sigma_{ZZ}^{\max}} = \sigma_{ic}^+ \tag{3.6}$$

式中，$\sigma_{\gamma\gamma}^{\max}$ 为界面或界面处 $\sigma_{rr}$ 的最大值（见图 3.3），$\sigma_{ZZ}^{\max}$ 为纤维中 $\sigma_{ZZ}$ 的最大值（见图 3.2），$\sigma_2^c$ 为纤维的拉伸强度，$\sigma_i^c$ 为界面拉伸强度。

$\sigma_{ic}^+$ 取决于黏合材料的特性：通过 $\sigma_{\gamma\gamma}^{\max}$ 和 $\sigma_{ZZ}^{\max}$ 确定两种材料的纤维强度和弹性常数，$\sigma_{ic}^+$ 代表脱粘的最大允许强度值，因此应选择 $\sigma_{ic}^+$ 值最大的材料。

图 3.13 显示了主曲线，在已知纤维强度和成分性能的前提下，从中可以确定 $\sigma_{ic}^+$。这条主曲线表示 $\dfrac{\sigma_{\gamma\gamma}^{\max}}{\sigma_{ZZ}^{\max}}$ 与弹性常数的关系。图 3.13 还绘制了不同材料组合的偏差势能图。图 3.13 中可以识别出四组 $\sigma_{ic}^+$ 偏差势能：

（1）用碳纳米管获得非常高的偏差势能（$\sigma_{ic}^+ > 10\,000$ MPa）。值得指出的是，纳米管的效率要求每个基体裂纹扩展到纳米管上，并且纳米管比界面裂纹长。偏差的可能性很大。

（2）SiC/C 纤维上的 PyC/BN 涂层可获得高偏差势能（$\sigma_{ic}^+ > 1\,000$ MPa）。涂层/纤维界面处可能出现裂纹偏转。高界面强度是允许的。

（3）中间偏差势能（$\sigma_{ic}^+ \approx 100$ MPa）。偏转不太容易，因为需要低界面/界面相强度或低界面相横向强度。$PyC_i/PyC_i$ 是指热解碳界面内的偏转。

（4）低偏差势能（$\sigma_{ic}^+ < 2$ MPa）。偏转需要非常弱的界面。偏转是不可能的。如果出现偏转，复合材料将表现出非常差的性能。

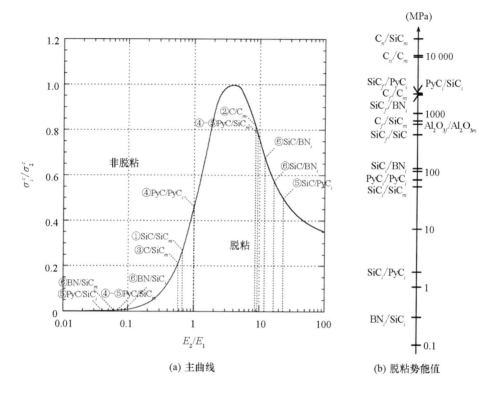

m—基体；f—纤维；I—界面；n—纳米管。

**图 3.13　各种材料组合的主曲线和脱粘势能值**

# 3.9　结论

　　界面相/界面是纤维增强 CMCs 的关键组成部分。它们被分配了几个功能，从定性的角度来看，它们是相反的。这些功能取决于几个因素，包括载荷条件、环境和纤维方向。界面相的重要性取决于纤维和基体的各自特性。当基体刚度小于纤维时，它的重要性较低。当基体能够承受大部分施加的载荷（刚性基体）时，这一点至关重要。

　　为了开发具有优异性能的复合材料，需要界面相特性的定量标准。但大多数研究人员只寻找弱界面。这一标准本身是不够的。在 SiC/SiC 复合材料中已经投入了大量的努力来开发定制的界面相。界面相特性可通过各向异性界面相

（例如碳涂层或多层涂层）和强化的界面/纤维结合进行调节。某些材料组合更容易脱粘。为此，纤维的弹性模量和强度的差异必须很大。因此，界面相的行为可以通过合理选择组分来控制。

在那些基体比纤维更硬的复合材料中，还必须考虑基体对载荷分配的贡献。这种现象需要短的界面裂纹，这意味着要么强化界面，要么增韧涂层，或两者兼而有之。在 SiC/SiC 复合材料中使用各向异性热解碳界面和强化纤维/界面可观察到这种现象。BN 界面相中没有观察到类似的现象。

这种基于热解碳的定制界面被证明是一个可行的概念，文献中提出了各种弱界面概念，重点放在了制备工艺上，界面特征的相关文献报道较少。

由于界面相在复合材料性能中的重要性，必须建立界面特性与复合材料力学行为之间的关系。为此，必须测量出适当的界面特性，以便能够选择界面相，然后将其引入复合材料设计过程。

# 参考文献

[1] SIRON O, LAMON J. Damage and failure mechanisms of a 3 – directional carbon/carbon composite under uniaxial tensile and shear loads[J]. ActaMaterialia, 1998, 46(18): 6631 – 6643.

[2] LAMON J. A micromechanics-based approach to the mechanical behavior of brittle-matrix composites[J]. Composites Science and Technology, 2001, 61(15): 2259 – 2272.

[3] COOK J, GORDON J E. A mechanism for the control of crack propagation in all-brittle systems[J]. Proceedings of the Royal Society of London. Series A. Mathematical and Physical Sciences, 1964, 282(1391): 508 – 520.

[4] THEOCARIS P, MILIOS J. The disruption of a longitudinal interface by a moving transverse crack[J]. Journal of Reinforced Plastics and Composites, 1983, 2(1): 18 – 28.

[5] LEE W, HOWARD S, CLEGG W. Growth of interface defects and its effect on crack deflection and toughening criteria[J]. Acta Materialia, 1996, 44(10): 3905 – 3922.

[6] CLEGG W, BLANKS K, DAVIS J, et al. Porous interfaces as crack deflecting interlayers in ceramic laminates[J]. Key Engineering Materials, 1997, 132 –

136: 1866 – 1869.

[7] ZHANG J, LEWANDOWSKI J. Delamination study using four-point bending of bilayers[J]. Journal of Materials Science, 1997, 32: 3851 – 3856.

[8] WARRIER S, MAJUMDAR B, MIRACLE D. Interface effects on crack deflection and bridging during fatigue crack growth of titanium matrix composites[J]. Acta Materialia, 1997, 45(12): 4969 – 4980.

[9] KAGAWA Y, GOTO K. Direct observation and modelling of the crack—fibre interaction process in continuous fibre-reinforced ceramics: model experiment [J]. Materials Science and Engineering: A, 1998, 250(2): 285 – 290.

[10] MAJUMDAR B S, GUNDEL D B, DUTTON R E, et al. Evaluation of the Tensile Interface Strength in Brittle-Matrix Composite Systems[J]. Journal of the American Ceramic Society, 1998, 81(6): 1600 – 1610.

[11] POMPIDOU S, LAMON J. Analysis of crack deviation in ceramic matrix composites and multilayers based on the Cook and Gordon mechanism[J]. Composites Science and Technology, 2007, 67(10): 2052 – 2060.

[12] LISSART N, LAMON J. Damage and failure in ceramic matrix minicomposites: experimental study and model[J]. Acta Materialia, 1997, 45(3): 1025 – 1044.

[13] NASLAIN R. Fibre-matrix interphases and interfaces in ceramic matrix composites processed by CVI[J]. Composite Interfaces, 1993, 1(3): 253 – 286.

[14] Jouin, J. M., Cotteret, J. and Christin, F. Proceedings of 2nd European Colloquium " Designing Ceramic Interfaces " (ed. S. D. Peteves), Office for Official Publications of the European Communities, Luxembourg, 1993, pp. 191 – 202.

[15] DROILLARD C, LAMON J. Fracture toughness of 2 – D woven SiC/SiC CVI-composites with multilayered interphases [J]. Journal of the American Ceramic Society, 1996, 79(4): 849 – 858.

[16] BERTRAND S, FORIO P, PAILLER R, et al. Hi-Nicalon/SiC minicomposites with (pyrocarbon/SiC) n nanoscale multilayered interphases[J]. Journal of the American Ceramic Society, 1999, 82(9): 2465 – 2473.

[17] BERTRAND S, PAILLER R, LAMON J. Influence of strong fiber/coating interfaces on the mechanical behavior and lifetime of Hi-Nicalon/(PyC/SiC) n/SiC minicomposites[J]. Journal of the American Ceramic Society, 2001,

84(4): 787 - 794.

[18] REBILLAT F, LAMON J, GUETTE A. The concept of a strong interface applied to SiC/SiC composites with a BN interphase[J]. Acta Materialia, 2000, 48(18 - 19): 4609 - 4618.

[19] DUPEL P, BOBET J L, PAILLER R, et al. Influence d'interphases pyrocarbone déposées par CVI pulsée sur les caracteristiques mécaniques de matériaux composites unidirectionnels[J]. Journal De Physique Iii, 1995, 5 (7): 937 - 951.

[20] DICARLO J A, YUN H M, MORSCHER G N, et al. SiC/SiC composites for 1200 C and above[M]//BANSAL N. Handbook of ceramic composites. New York: Kluwer Academic Publishers, 2005: 77 - 98.

[21] LAMON J. Chemical vapor infiltrated SiC/SiC composites (CVI SIC/SIC) [M]//BANSAL N. Handbook of ceramic composites. New York: Kluwer Academic Publishers, 2005: 55 - 76.

[22] PASQUIER S, LAMON J, NASLAIN R. Tensile static fatigue of 2D SiC/SiC composites with multilayered (PyC-SiC) n interphases at high temperatures in oxidizing atmosphere [J]. Composites Part A: Applied Science and Manufacturing, 1998, 29(9 - 10): 1157 - 1164.

[23] RUGG K L, TRESSLER R E, LAMON J. Interfacial behavior of microcomposites during creep at elevated temperatures[J]. Journal of the European Ceramic Society, 1999, 19(13 - 14): 2297 - 2303.

[24] YUN H M, GYEKENYESI J Z, CHEN Y L, et al. Tensile behavior of Sic/ Sic composites reinforced by treated sylramic Sic fibers[C]//25th Annual conference on composites, advanced ceramics, materials, and structures: A: ceramic engineering and science proceedings. Hoboken, NJ, USA: John Wiley & Sons, Inc. , 2001: 521 - 531.

[25] MORGAN P E, MARSHALL D B. Ceramic composites of monazite and alumina [J]. Journal of the American Ceramic Society, 1995, 78(6): 1553 - 1563.

[26] KELLER K A, JEFFERSON G, KERANS R J. Oxide-oxide composites [M]//BANSAL N. Handbook of ceramics and glasses. New York: Kluwer Academic Publishers, 2005: 377 - 421.

[27] BOAKYE E, HAY R S, PETRY M D. Continuous coating of oxide fiber tows using liquid precursors: monazite coatings on Nextel 720™[J]. Journal of the

American Ceramic Society, 1999, 82(9): 2321 – 2331.

[28] HOLMQUIST M, LUNDBERG R, SUDRE O, et al. Alumina/alumina composite with a porous zirconia interphase—Processing, properties and component testing[J]. Journal of the European Ceramic Society, 2000, 20(5): 599 – 606.

[29] CINIBULK M K, PARTHASARATHY T A, KELLER K A, et al. 24th Annual Conference on Composites, Advanced Ceramics, Materials, and Structures: B-ADVANCED SYNTHESIS and PROCESSING-Interface Debond Coatings: Oxide-Porous Rare-Earth Aluminate Fiber[J]. Ceramic Engineering and Science Proceedings, 2000, 21(4): 219 – 228.

[30] KELLER K A, MAH T I, PARTHASARATHY T A, et al. Fugitive interfacial carbon coatings for oxide/oxide composites [J]. Journal of the American Ceramic Society, 2000, 83(2): 329 – 336.

[31] SUDRE O, RAZZELL A G, MOLLIEX L, et al. Alumina single-crystal fibre reinforced alumina matrix for combustor tiles[C]//22nd Annual Conference on Composites, Advanced Ceramics, Materials, and Structures: B: Ceramic Engineering and Science Proceedings. Hoboken, NJ, USA: John Wiley & Sons, Inc. , 1998: 273 – 280.

[32] DEMAZEAU G. New synthetic mica-like materials for controlling fracture in ceramic matrix composites[J]. Materials Technology, 1995, 10(3 – 4): 57 – 58.

[33] CINIBULK M K, HAY R S. Textured magnetoplumbite fiber-matrix interphase derived from sol-gel fiber coatings[J]. Journal of the American Ceramic Society, 1996, 79(5): 1233 – 1246.

[34] FAIR G, SHEMKUNAS M, PETUSKEY W T, et al. Layered perovskites as 'soft-ceramics' [J]. Journal of the European Ceramic Society, 1999, 19(13 – 14): 2437 – 2447.

[35] WENDORFF J, JANSSEN R, CLAUSSEN N. Platinum as a weak interphase for fiber-reinforced oxide-matrix composites [J]. Journal of the American Ceramic Society, 1998, 81(10): 2738 – 2740.

[36] HAY R S. The use of solid-state reactions with volume loss to engineer stress and porosity into the fiber—matrix interface of a ceramic composite[J]. Acta Metallurgica et Materialia, 1995, 43(9): 3333 – 3347.

[37] CHAWLA K K. Ceramic Matrix Composites[M]. London: Chapman & Hall, 1993.

[38] Rollin, M. , Lamon, J. and Pailler, R. Proceedings 12th European Conference

on Composite Materials, Biarritz, 2006, France, 29 August-1st September 2006, CD ROM, edited by J. Lamon and A. Torres Marques.

[39] POMPIDOU S, LAMON J. Determination of interface opening strength[J]. Mechanical Properties and Performance of Engineering Ceramics II: Ceramic Engineering and Science Proceedings, 2006, 27(2): 207 –216.

[40] WERESZCZAK A A, FERBER M K, LOWDEN R A. Development of an interfacial test system for the determination of interfacial properties in fiber reinforced ceramic composites[C]//Proceedings of the 17th Annual Conference on Composites and Advanced Ceramic Materials: Ceramic Engineering and Science Proceedings. Hoboken, NJ, USA: John Wiley & Sons, Inc. , 1993: 156 – 167.

[41] HSUEH C H. Evaluation of interfacial properties of fiber-reinforced ceramic composites using a mechanical properties microprobe [J]. Journal of the American Ceramic Society, 1993, 76(12): 3041 –3050.

[42] KERANS R J, PARTHASARATHY T A. Theoretical analysis of the fiber pullout and pushout tests [J]. Journal of the American Ceramic Society, 1991, 74(7): 1585 –1596.

[43] MARSHALL D B. Analysis of fiber debonding and sliding experiments in brittle matrix composites[J]. Acta Metallurgicaet Materialia, 1992, 40(3): 427 –441.

[44] REBILLAT F, LAMON J, NASLAIN R, et al. Properties of multilayered interphases in SiC/SiC chemical-vapor-infiltrated composites with "weak" and "strong" interfaces[J]. Journal of the American Ceramic Society, 1998, 81(9): 2315 –2326.

[45] GUILLAUMAT L, LAMON J. Fracture statistics applied to modelling the non-linear stress-strain behavior in microcomposites: influence of interfacial parameters[J]. International Journal of Fracture, 1996, 82: 297 –316.

[46] LAMON J, REBILLAT F, EVANS A G. Microcomposite test procedure for evaluating the interface properties of ceramic matrix composites[J]. Journal of the American Ceramic Society, 1995, 78(2): 401 –405.

[47] MARSHALL D, COX B N, EVANS A G. The mechanics of matrix cracking in brittle-matrix fiber composites [J]. Acta Metallurgica, 1985, 33 (11): 2013 –2021.

[48]  AVESTON J C, COOPER G A, KELLY A. Single and multiple fracture [C]//Conference on The Properties of Fiber Composites, National Physical Laboratory. 1971: 15 – 26.

[49]  EVANS A G, MARSHALL D B. Overview no. 85 The mechanical behavior of ceramic matrix composites[J]. Acta Metallurgica, 1989, 37(10): 2567 – 2583.

[50]  LAMON J, POMPIDOU S. Micromechanics-based evaluation of interfaces in ceramic matrix composites[J]. Advances in Science and Technology, 2006, 50: 37 – 45.

# 第4章 C/C 及其工业应用

## 4.1 简介

20 世纪 60 年代末，由于缺乏合适的高温材料，碳纤维增强碳（C/C）材料得到了发展[1,2]。由于这些材料的成本较高，美国和欧洲首先将其应用于军事领域，如火箭喷管和导弹再入部件[3-8]。

碳、石墨及其改性材料是典型的高温材料。其固有的高热稳定性（＞3000 ℃）和低密度（＜2.2 g/cm$^3$）使碳基材料成为高温应用领域最有希望的候选材料之一。

美国空军和 NASA 的研究计划对高温下更高机械性能的要求导致了对碳的增强，因此 C/Cs 应运而生。用于火箭喷管[3-8]和再入大气层部件鼻锥的 C/Cs 是用低模量黏胶基纤维制成的碳纤维织物进行增强。因此，与现有的 C/Cs 等级相比，这些 C/Cs 复合材料的质量较差。

本章将讨论纤维、增强体参数、基体体系和工艺参数的影响。

自 C/Cs 诞生之初，工业应用的制造技术主要基于聚合物的增强以及通过热处理将其转化为 C/C。最早的基体体系因其碳产量高而被选中，这也适用于迄今为止所有的制造技术。

## 4.2 C/Cs 的制造

最终使用的制造技术取决于零件的几何形状、尺寸和数量，以及部件的机械和热要求。图 4.1 显示了为生产 C/C 或 C/SiC 材料时可以修改的参数。图 4.2 显示了 C/Cs 复合材料的典型制备周期。

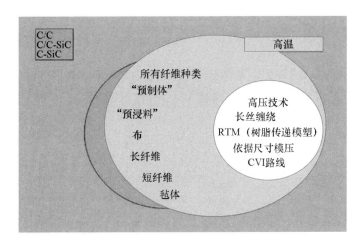

图 4.1　C/C 和 CMCs 的制备工艺参数

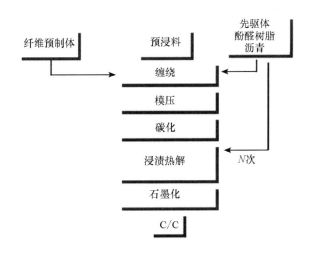

图 4.2　C/C 制备周期示意图[9]

　　碳纤维及其在复合材料中的取向决定了复合材料的力学性能。基体负责复合材料中的载荷传递,并决定 C/Cs 复合材料的物理和化学性能。预浸料(预浸渍碳纤维)主要作为一种商用半成品,用于复合材料中的压制成型或热压罐工艺。

## 4.2.1 碳纤维增强体

高性能 C/C 材料可根据最终复合材料结构的力学要求进行定制。市面上有三种不同类型的碳纤维，如高强度（HT）、高模量（HM）和中等模量（IM）纤维。这些纤维基于沥青或聚丙烯腈（PAN），而黏胶基的碳纤维仅用于少数特定应用，如军事领域或空间结构。

表 4.1 概述了一些商用碳纤维。碳纤维力学性能的广泛多样性使复合材料具有最佳强度或最大刚度。这些力学性能在 UD（单向）C/C 复合材料中得到了最好的利用（见表 4.2）。结构部件的力学性能可以在很宽的范围内变化，并且可以根据有限元计算中的设计标准进行调整。因此，可以采用有限元分析方法对承载结构进行建模，以尽量减少结构重量，保证较长的使用寿命。碳纤维可根据机械负载要求进行排布。

**表 4.1  商用碳纤维的性能**

| 生产商 | 商品名 | 先驱体 | 丝束 | 密度/ g·cm$^{-3}$ | 拉伸强度/ MPa | 拉伸模量/ GPa | 失效应变/ % |
|---|---|---|---|---|---|---|---|
| Amoco （美国） | Thornel 75 | Rayon | 10K | 1.9 | 2520 | 517 | 1.50 |
| | T300 | PAN | 1, 3, 6, 15K | 1.75 | 3310 | 228 | 1.40 |
| | P55 | Pitch | 1, 2, 4K | 2.0 | 1730 | 379 | 0.50 |
| | P75 | Pitch | 0.5, 1, 2K | 2.0 | 2070 | 517 | 0.40 |
| | P100 | Pitch | 0.5, 1, 2K | 2.15 | 2240 | 724 | 0.31 |
| HEXEL （美国） | AS－4 | PAN | 6, 12K | 1.78 | 4000 | 235 | 1.60 |
| | IM－6 | PAN | 6, 12K | 1.74 | 4880 | 296 | 1.73 |
| | IM－7 | PAN | 12K | 1.77 | 5300 | 276 | 1.81 |
| | UHMS | PAN | 3, 6, 12K | 1.87 | 3447 | 441 | 0.81 |
| 东丽 （日本） | T300 | PAN | 1, 3, 6, 12K | 1.76 | 3530 | 230 | 1.50 |
| | T800H | PAN | 6, 12K | 1.81 | 5490 | 294 | 1.90 |
| | T1000G | PAN | 12K | 1.80 | 6370 | 294 | 2.10 |
| | T1000 | PAN | 12K | 1.82 | 7060 | 294 | 2.40 |
| | M46J | PAN | 6, 12K | 1.84 | 4210 | 436 | 1.00 |

续表

| 生产商 | 商品名 | 先驱体 | 丝束 | 密度/ g·cm$^{-3}$ | 拉伸强度/ MPa | 拉伸模量/ GPa | 失效应变/ % |
|---|---|---|---|---|---|---|---|
| 东丽 （日本） | M40 | PAN | 1, 3, 6, 12K | 1.81 | 2740 | 392 | 0.60 |
|  | M55J | PAN | 6K | 1.93 | 3920 | 540 | 0.70 |
|  | M60J | PAN | 3, 6K | 1.94 | 3920 | 588 | 0.70 |
|  | T700 | PAN | 6, 12K | 1.82 | 4800 | 230 | 2.10 |
| 东邦人造丝 （日本） | Besfight HTA | PAN | 3, 6, 12, 24K | 1.77 | 3800 | 235 | 1.60 |
|  | Besfight IM 60 | PAN | 12, 24K | 1.80 | 5790 | 285 | 2.00 |
| 日本石墨 纤维公司 （日本） | CN60 | Pitch | 3, 6K | 2.12 | 3430 | 620 | 0.60 |
|  | CN90 | Pitch | 6K | 2.19 | 3430 | 860 | 0.40 |
|  | XN15 | Pitch | 3K | 1.85 | 2400 | 155 | 1.50 |

表 4.2　单向 C/C 复合材料的力学性能[10]

|  | 弯曲强度/ MPa | 弯曲模量/ GPa | 失效应变/ % | 拉伸强度/ MPa | 拉伸模量/ GPa |
|---|---|---|---|---|---|
| HT - C 纤维 C/C | 1200 | 220 | 0.55 | 1100 | 250 |
| HM - C 纤维 C/C | 600 | 480 | 0.15 | 700 | 480 |

　　然而，为了节约制造成本，使用了商业化的碳纤维织物，包括所有的纤维织物类型，以及所需的纤维方向（如图 4.3 所示）。

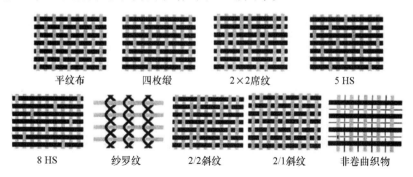

平纹布　　　　四枚缎　　　　2×2 席纹　　　　5 HS

8 HS　　　　纱罗纹　　　　2/2 斜纹　　　　2/1 斜纹　　　　非卷曲织物

图 4.3　用于制备二维 C/Cs 的典型碳纤维织物

尽管 C/C 的横向强度性能较低，限制了 C/Cs 的承载能力，但三维增强结构或二维半增强结构仅在空间结构或军事领域的少数关键应用中使用。第一个自动化三维纤维预制体由法国 Brochier 公司制造。该技术于 1983/1986 年转让给美国国防公司 Textron 特种材料公司[11]。

全球许多公司都在生产三维和二维半纤维预制体，如 FMI、Brochier、Aerospaceale、EADS、SNECMA、Carbone Industries 等。然而，这些预制体通常仅限于内部使用，通常在市场上买不到。

此外，在多向增强预制体中，预制体的成本随着所需纤维增强方向数量的增加而增加。因此，工业上使用的 C/C 复合材料大多基于二维增强材料，其本身是基于碳纤维织物或无卷曲叠层织物（如图 4.3 所示）。

## 4.2.2 基体体系

C/C 复合材料中的碳基体必须将机械载荷传递给增强纤维。文献表明基体是多功能的，并且与增强材料本身一样重要。基体有助于提高材料的物理、化学和力学性能[12-15]，特别是失效行为在很大程度上取决于基体体系的微观结构[12]。

选择基体（碳）先驱体的最重要标准是：

（1）高碳产率；

（2）热解过程中的收缩最小；

（3）最简便的工艺，适用于所有类型的制造路线，即 RTM（树脂传递模塑）、预浸料制造、纤维缠绕；

（4）低溶剂含量；

（5）高预聚合度，低黏度；

（6）可从多个来源获得；

（7）低成本；

（8）长储存寿命。

要获得完全致密的 C/C，且不需要额外的再浸渍/再碳化循环，这对碳产率提出了更高的要求（如图 4.2 所示）。完全致密主要适用于剩余开孔隙率低于 10% 的 C/Cs 复合材料。这一目标可以通过使用碳产率超过 84% 的基体先驱体来实现。较高的碳产率与热解过程中的收缩率降低相结合，从而使 C/C 复合材料的损伤降至最低[12]。溶剂以及低程度的预聚合降低了碳产率。易于加工很重要，因为生坯的制造必须尽可能精确。在半成品碳纤维增强聚合物

（CFRP）生产过程中发生的所有损坏都可以在最终 C/C 部件中检测到。

三种类型的基体系统可用于 C/C 复合材料的工业生产过程：热固性树脂、热塑性前驱体、气相衍生碳或陶瓷（如图 4.2 所示）。

### 4.2.2.1  作为基体先驱体的热固性树脂

酚醛树脂、酚醛糠醇、呋喃树脂、聚酰亚胺、聚苯和聚芳基乙炔已被用作热固性树脂[1,11,16]。在 1960 年美国开始开发 C/C 时，酚醛树脂及其改性剂就已问世。由于其在玻璃增强体中的应用、易于加工和合理的焦炭产率等特点，这些树脂价格低廉。酚醛树脂的碳产率高达 74%（甲阶酚醛树脂）。

此外，还使用其他类型的先驱体体系（如异氰酸酯），这是因为它们具有高碳产率和更好的热解行为，而且这些树脂在高达 400 ℃ 的温度下热稳定性好。因此，与标准热固性树脂相比，其热解形为开始较晚，从而可以制造出具有更低损伤率和收缩率的完美生坯。

在 20 世纪 70 年代后期，热稳定性的改善和碳产率的提高推动了碳产率超过 84% 的特殊类型聚酰亚胺的发展。此外，航空航天公司[11]和欧洲的研究项目[17]使用了聚芳基乙炔热固性树脂。

这两种热固性塑料都能够在单个热解周期内制备 C/C，从而节省时间和成本。然而，这些聚合物的价格太高（每千克高达数百美元），操控性也比较差。所有热固性树脂在热解后都会形成玻璃碳，无法完全石墨化。

### 4.2.2.2  作为基体先驱体的热塑性树脂

各向同性沥青是低成本先驱体。所有沥青都属于第二类基体先驱体，即热塑性树脂。然而，高碳产率仅在高压碳化的情况下可行（见表 4.3），其缺点是碳化成本较高，并且通常受到尺寸和几何形状的限制。各向同性沥青经无压碳化产生的碳产量与低成本酚醛树脂相当。

Ashland、Mitsubishi 和 Osaka 开发了中间相沥青并将其工业化，提供了一类新的基体体系。它们的多环芳烃结构具有较高的碳/氢比，是其有高碳产率（见表 4.3）。然而，碳产率越高，黏度就越高，因此熔化温度也就越高。因此，在其发展早期，中间相衍生的沥青仅用于热压工艺中的 C/C 基体，这进一步限制了其在低成本工业中的应用。另一个缺点是热塑性行为。这些沥青只有通过氧化或硫化处理才能交联。因此，用纯中间相沥青制造预浸料是不可行的。这种 MPP 已经作为预氧化型实现商业化，通过粉末技术进行预浸，用于 C/C 制造中的一步热解循环（如图 4.2 所示）。

表4.3　聚合物先驱体、碳产率和工艺性能

| 基体 – 先驱体 | 碳产率/% | 工艺性能 |
|---|---|---|
| 酚醛 | — | — |
| 线型酚醛 | 50~55 | 好 |
| 热固性酚醛 | 50~55 | 好 |
| 呋喃 | 70~75 | 中 |
| 聚乙炔 | 85~90 | 中 |
| 沥青 | — | — |
| MPP + MPP – 焦炭 | 85~95 | 差 |
| 各向同性沥青（高压碳化） | >85 | 中 |
| 各向同性沥青（无力碳化） | 50~55 | 好 |

Schunk[18] 和 Accross[19-20] 已经将这种一步循环的工业应用变成现实。Schunk 在高达 400 ℃ 的模塑步骤中形成了块状中间相，并在浸渍过程中向块状中间相的沥青中添加了黏合剂，如硫、沥青等。标准方法是将 MPP 与其他碳先驱体混合（如图 4.4 所示）。原则上，碳纤维束涂有沥青和焦炭的混合物。热塑性涂层（套管）包围碳纤维束以包裹粉末混合物。碳纤维束可直接用于制造所有织物预制体（如图 4.3 所示），然后根据图 4.2 和图 4.4 所示的

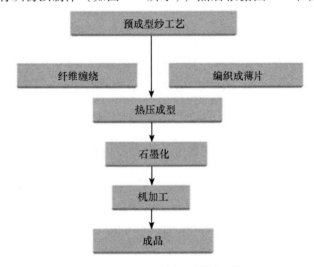

图 4.4　Accross 纱线预浸料工艺

制造方案制备出 C/C。Schunk 和 Accross 的专利得到了整个 C/C 行业的认可。

### 4.2.2.3　气相衍生碳基体

C/C 复合材料也可以通过 CVI（化学气相浸渗）技术制备（如图 4.2 所示）。

CVI 工艺是气相物质通过气相热解基于沉积在纤维预制体表面（孔壁）的过程。该过程本身由沉积参数和孔内扩散速率控制。沉积物的微观结构主要由基底表面和沉积参数决定。C/C 和其他 CMCs 复合材料的 CVI 工艺在文献［11］［16］中有详细描述。在文献［22］中描述了孔隙扩散和沉积动力学的 CVI 参数。具有最小闭孔隙率的孔隙填充均匀性是快速 CVI 致密工艺的关键因素。最常见的 CVI 工艺是等温浸渗方法。

基本的 CVI 工艺有四种：等温 CVI、热梯度 CVI、压力梯度 CVI、快速 CVI。这四种方法各有优缺点。根据复合材料构件的要求，通过相互改进或与聚合物浸渍技术结合使用等方式使用这四种方法。四种方法分别描述如下。

#### 1. 等温 CVI

纤维预制体在炉中被加热至 800～1200 ℃ 的 CVI 工艺温度。在整个沉积过程中，炉温和压力（通常低于 100 mbar）保持恒定。飞机 C/C 制动器 CVI 浸渗的典型保温时间为 120～200 h。Dunlop 等 C/C 制动器制造商的每个工艺循环和炉容量约为 10 t。使用的前驱体气体为甲烷，在 Dunlop 工艺中可同时用于 CVI 浸渗和炉子加热。

热解碳（PyC）通常会在未完成最终致密化之前封闭外表面上的开孔。因此，作为中间步骤，必须将 C/C 部件从炉子中取出并进行机械加工以打开封闭的孔。在 CVI 过程达到所需的最终致密化之前，必须重新加热部件。中间加工步骤的次数取决于要通过 CVI 致密的 C/C 部件厚度。对于厚度为 40 mm 的 C/C 部件，最多需要执行三次加工步骤。

等温 CVI 工艺具有良好的工艺重复性，所得的 PyC 基体具有高密度、高模量和良好的石墨化能力，该工艺耗时久但成本具有竞争力，Dunlop、SEP、Hitco、Bendix、Allied Signal、Carbone Lorraine 等 C/C 制动盘供应商均证明了这一点。

#### 2. 热梯度 CVI

热梯度法通常通过冷壁 CVI 工艺实现。将纤维预制体放在感应加热的石墨工具（芯轴）上（如图 4.5 所示）。纤维预制体中的最高温度在石墨芯轴/纤维预制体的界面处，温度朝冷壁方向下降。沉积速率随着温度的升高而增加，因此致密化从界面开始。沉积的 PyC 增加了纤维预制体的热导率，最高温度区域朝冷壁方向移动。沉积前沿跟随热前沿。因此，只有大尺寸的单个部件通过热梯度方法进行致密化，如火箭喷管[23]。

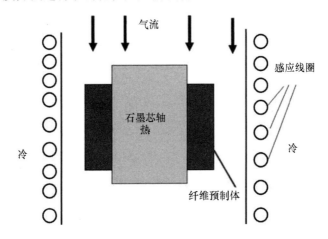

**图 4.5　热梯度 CVI 的原理**

### 3. 压力梯度 CVI

压力梯度 CVI 法是对等温工艺的改进。纤维预制体被密封在一个气密性工装中，并在炉中加热到沉积温度。通常用于制备 C/C 的沉积气体甲烷被强制流过纤维预制体。多孔纤维预制体在流动方向上的压降随沉积量的增加而增大。与等温 CVI 工艺相比，由于强制流动，沉积速率与扩散效应无关，并随着压力的降低而增加。该方法的主要缺点是只能处理单个部件。这种方法以及热梯度和压力梯度 CVI 的组合已经由德国 MAN 公司从美国田纳西州橡树岭国家实验室获得了许可。

### 4. 快速 CVI

已开发出两种不同的 C/Cs 复合材料快速 CVI 致密方法，可在工业上用于碳纤维预制体的完全致密化。第一种方法是由法国 CEA 开发的，即薄膜沸腾法[24]。多孔碳纤维预制体充当碳基座并完全浸入烃类液体中（如环己烷或甲苯）。甲苯的碳产率更高。液体在感应加热过程中沸腾，蒸气渗透到多孔结构中。这些烃类蒸气通过热分解在多孔结构的内表面形成碳沉积物，并通过 CVI 使预制体致密化。未分解的蒸气被冷却，可以再次使用[25]。使用 2.5 维碳纤维预制体的 C/C 复合材料制动器可在 10 h 内完全致密化。这些碳基体具有高度取向性，易于石墨化（如图 4.6 所示）[26]。

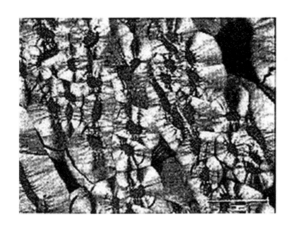

**图 4.6　沉积碳的微观结构（偏光学显微镜）**

CVI 反应器非常简单，由玻璃制成。碳纤维预制体在整个致密化循环中被周围的液体先驱体冷却。Hüttinger 等人开发了第二种方法[27-28]。多孔碳纤维预制体（通常是碳毡）与外部石墨工装一起放置在等温加热炉中，在石墨工装和多孔碳纤维预制体之间只留下一个很小的间隙，使先驱体气体强制流动。内表面和外表面的体积关系决定了沉积化学和动力学[27-30]表现。

快速 CVI 方法受动力学控制，使气态物质扩散到多孔预制体中。预制体结构内部的反应可以通过沉积发生。CVD 和 CVI 技术的先驱 J. Diefendorf 对 CVI 制造 C/C 复合材料进行了全面概述[31]。

所选择的基体先驱体对制造工艺有主要影响。如果 C/C 零件制造必须近净成形，则可以使用 CVI 方法，因为在纤维预制体多孔结构中的 PyC 沉积过程中不会发生收缩。对于必须碳化的基体先驱体，如沥青或热固性聚合物，可通过提高先驱体的碳产率来降低收缩率。

选择哪种工业制造工艺是根据其成本效益来决定的。因此，聚合物先驱体得到了广泛的应用。聚合物先驱体可用于纤维增强聚合物的所有已知技术（如图 4.1 所示）。所有 C/C 复合材料制造商都掌握着这些复合材料制造技术。制造商的差异化知识主要集中在使用的先驱体，如何组合不同的制造技术，以及 C/C 复合材料的最终热处理（HTT）参数。

## 4.2.3　再致密化/再碳化循环

C/C 复合材料的力学性能随密度的增加而增加，如表 4.4 所示。因此，控制再浸渍和再碳化过程中的孔隙填充行为，避免形成大量闭孔，是非常重要的。孔隙填充机制是在 CVI 致密化的情况下，孔隙内壁直接被碳覆盖。CVI 浸渍的优点是能够填充大孔隙，缺点是孔口直径小，该处的封闭会导致闭孔产生（如图 4.7 所示）[32]。

表 4.4　密度对二维 C/Cs 复合材料力学性能的影响

| 牌号 | 密度/g·cm⁻³ | 孔隙率/% | 弯曲强度/MPa | 拉伸强度/MPa |
|---|---|---|---|---|
| CFC222 | 1.5 | <8 | 240 | 200 |
| CFC222/2 | 1.4 | 20 | 140 | 160 |
| CFC226 | 1.5 | <8 | 150 | 180 |
| CFC226/2 | 1.4 | 20 | 120 | 120 |

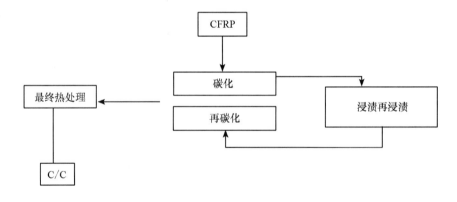

图 4.7　碳孔填充机理

在液体再浸渍的情况下，孔隙填充取决于不同的参数：浸渍压力、聚合物黏度、碳化压力、聚合物类型。

较低的浸渍压力，加上聚合物的低黏度，使得大孔比小孔更容易被填充。在固化过程或碳化过程中，聚合物会从孔隙中流出。在浸渍沥青时，可以通过在碳化过程中施加高压（高达 100 bars）来防止这种情况发生，而对于热固性树脂浸渍，聚合物的固化是在压力 40 bars 下进行的。

缺点是冷凝物（对于热固性树脂）或热解气体（沥青）的封装，会导致复合材料本身的损伤。原则上，对于孔隙较大的复合材料，沥青再浸渍效果更好，因为在热解过程中碳会收缩到内壁孔的表面。碳化和石墨化树脂（热固性树脂）会从内壁表面收缩脱落，从而影响 HTT 过程中的石墨化行为（如

图 4.8 所示）。

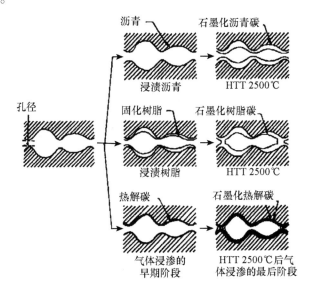

图 4.8　再碳化/再浸渍循环

## 4.2.4　最终热处理（HTT）

最终的热处理（HTT）决定了 C/Cs 复合材料的物理和化学性能。文献［33－35］详细描述了 HTT 对微观结构的影响。通常在 1700～3000 ℃ 的温度进行 HTT。随着温度的升高，纤维和基体的石墨化程度增加，这可以通过 TEM 进行研究。沥青或 CVI 衍生的碳基体比酚醛树脂衍生的碳具有更好的石墨化特性。虽然酚醛树脂会形成玻璃状碳，但在 HTT 过程中，通过原位机械应力可以使其石墨化（如图 4.9 所示）[36]。石墨程度决定了电阻和热阻。提高石墨化程度可以提高电导率和热导率，这对于聚变反应堆中的加热元件或第一壁材料是非常重要的。但是，失效行为也会受到影响。高度石墨化的碳基体会导致基体发生纯剪切失效，同时导致 C/C 的延展性降低。抗蠕变性能也会随着最终热处理温度的升高而增强。

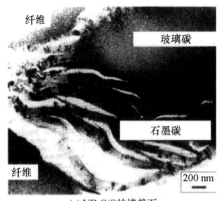

纤维
玻璃碳
石墨碳
纤维
200 nm

(a) UD C/C的横截面

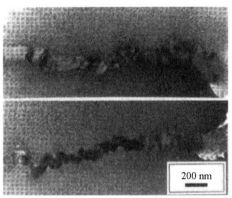

200 nm

(b) 两个具有等距表面的紧密堆积纤维

**图4.9　纤维被应力取向石墨包围，分裂成更小的微晶**

对于以热固性树脂为基体先驱体的C/C复合材料，最终的HTT决定了C/C复合材料的力学性能和断裂行为[35,37-39]。失效行为可以从纯脆性失效（1000 ℃ HTT）改进和调整到纯剪切失效（如图4.10所示）[37]。

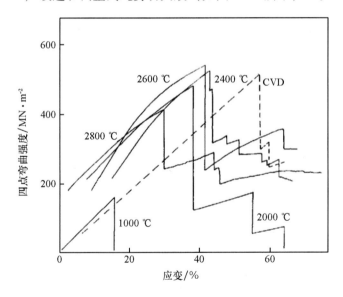

**图4.10　由呋喃先驱体制成的C/C复合材料相对于HTT的断裂行为**

在1800～2600 ℃的中温条件下，观察到基体剪切破坏和纤维/基体界面分层的混合模式[35]，导致高断裂能[38-39]，断裂从0.3 kJ/m² （HTT 1000 ℃）

增加到 4 kJ/m$^2$ (HTT 2700 ℃)[38]。然而断裂能的最大值取决于增强碳纤维以及聚合物先驱体的类型[39]。因此，C/C 复合材料的最佳延展性（伪塑性）可以根据更方便的温度进行调整，以降低制造成本。力学和物理性能的优化取决于最终的应用。

# 4.3　C/C 复合材料的应用

1960 年，C/C 复合材料开始应用于军事或航天项目的火箭喷管和再入部件。第一个工业产品是由 B. F. Goodrich 的超级温度部门开发的民用飞机 C/C 复合材料制动器，并获得 Dunlop 许可。C/C 复合材料刹车盘用于大多数民用飞机，并由世界各地的公司制造，如 Dunlop、SEP、Hitco、Bendix、Carbone 等。其基体为 PyC（CVI），材料经过热处理以达到最佳的塑性失效行为。据估计，该领域的使用量约占全球 C/C 复合材料使用总量的 50%。

刹车盘必须抗氧化。这可以通过制动系统本身的设计和构造来实现，即尽可能地避免氧气与 C/C 复合材料表面进行接触，或在制动过程中尽量减少与空气的接触。在这样的优化设计中，碳必须高度石墨化至大约 2500 ℃，以获得最佳的抗氧化性和合理的材料延展性。C/C 复合材料的氧化保护必须适用于所有在 420 ℃以上的氧化气氛中使用的材料。

## 4.3.1　C/C 复合材料的氧化保护

C/C 复合材料的氧化保护基本上包括三个组成部分，以防止长期应用中的氧化侵蚀（如图 4.11 所示）。这三种保护系统分别是内部本体保护、外部多层 CVD 涂层和最后作为表面涂层的玻璃密封层。

美国国家碳材料公司于 1934 年获得了关于碳氧化保护的第一项专利[40]。在那时，第一个氧化保护系统已经包括形成 SiC 的本体保护和含有 B$_2$O$_3$ 的密封层。CVD 涂层在碳氧化保护的早期阶段是没有使用的。保护碳材料的原则在今天仍然有效。

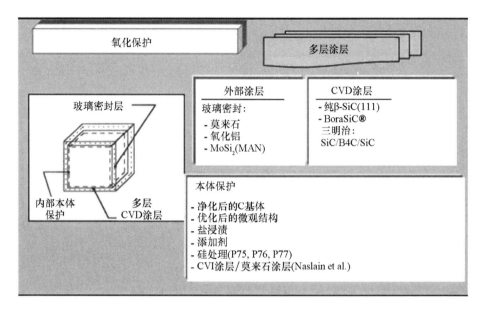

图 4.11  多层涂层的 C/C

## 4.3.1.1  C/C 复合材料的本体保护系统

氧化保护系统取决于氧化条件，例如温度、气氛、增强体结构、基体系统和所需的寿命。C/C 复合材料应用于低于 650 ℃ 的含氧气氛中，可以通过纯本体处理进行保护。C/C 复合材料根据以下化学反应被氧化：

(1) $C(s) + O_2(g) \rightarrow CO_2(g)$

(2) $2C(s) + O_2(g) \rightarrow 2CO(g)$

在较高的温度下，第二种化学反应（布杜阿尔反应）更易发生，而在较低的温度下会生成 $CO_2$。氧化侵蚀始于碳材料边缘的原子，这意味着碳结构中的晶体缺陷。因此，碳基体比增强碳纤维对氧化更敏感，这在文献 [41] 中有详细描述。通过提高最终 HTT 的温度来提高碳基体的结晶度和纯度，可以降低低温下的氧化速率（如图 4.12 所示）[16,41]。

此外，从阿伦尼乌斯曲线（Arrhenius plots）（如图 4.12 所示）可以得出氧化机理与温度有关。在较低的氧化温度（< 800 ℃）下，氧化速率受化学氧化作用（动力学）控制，而在高温（低 $1/T$ 值）环境下，燃尽率受扩散效应限制，石墨材料的氧化研究证实了这一点[42]。碳基体中的活性点可以通过增加最终 HTT 来减少或通过盐浸渍而阻断。

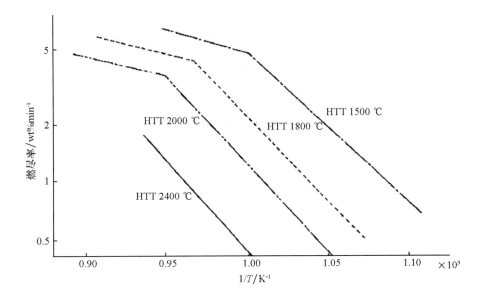

**图 4.12　C/C 复合材料的氧化阿伦尼乌斯曲线**

　　工业上可用的是使用磷酸盐浸渍的 C/C 复合材料，它们在大约 700 ℃ 的应用温度下被用作制造中空玻璃的标准 C/C 材料，而没有任何进一步的氧化保护。这些 C/C 复合材料的力学性能见表 4.5。通过比较 CF264（如图 4.13 所示）和 CF264Q（如图 4.14 所示）的氧化行为，可以看出盐浸渍的影响。盐浸渍可以抑制氧化速率，该氧化速率可通过热重分析测量失重获得。此外，从这些结果可以得出结论，盐浸渍降低了较高氧气流速的影响，从而降低了氧化侵蚀。如果接触时间和接触面积足够低，CF264Q 可用于中空玻璃制造的时间长达 2000 h。氧化速率取决于温度、时间和被氧气侵蚀的表面积。

**表 4.5　使用磷酸盐浸渍的整体保护 C/C 复合材料的性能**

| 牌号 | 增强体 | $X_F/\%$ | $\gamma/\%$ | $P/\%$ | 弯曲强度/MPa | ILSS/MPa | HTT/℃ |
|---|---|---|---|---|---|---|---|
| CF260Q | C/C | 55 | 1.40 | 8 | 80 | 7 | 2100 |
| CF264Q | C/C | 55 | 1.45 | 8 | 80 | 8 | 2400 |

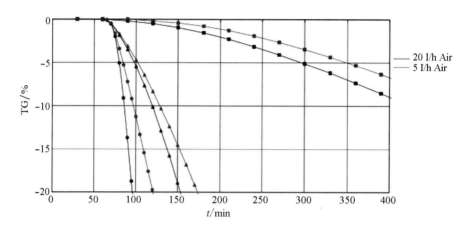

**图 4.13　无盐浸渍的 CF264 的氧化行为**

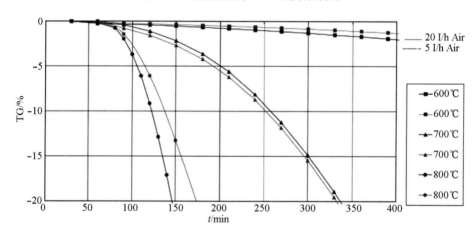

**图 4.14　磷酸盐浸渍的 CF264Q 的氧化行为**

　　正如已经提到并在图 4.11 中显示的，通常使用硅进行本体处理以形成 SiC，与盐浸渍相比，它具有更好的氧化保护行为。块体材料的硅处理是众所周知的[10,43-46]，工业上有不同的方法可用。图 4.15 给出了不同方法的优缺点。硅处理可以用硅蒸气进行，通过真空和压力下的熔体浸渍，以及通过液相反应的毛细管浸渍，该工艺被称为 LSI 工艺（液态硅浸渍），还可以通过填充胶结，以及通过胶结和液相浸渍相结合。

　　通过胶结与液相浸渍相结合进行的硅处理是唯一可用于制备完全致密 C/C 且处理后的 C/C 没有任何尺寸变化的方法[10]。从碳到 SiC 的基体转化程度取决于碳的反应性、开孔率和密度。根据最终的要求，可以实现从 C/C 到 C/C –

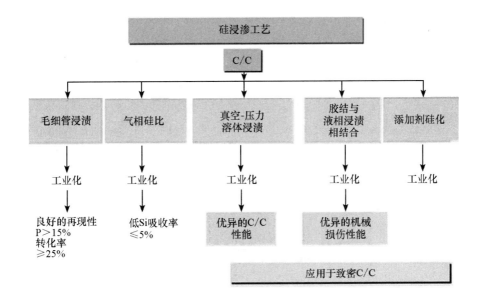

**图 4.15　通过硅处理的本体保护方法**

SiC 及 C/SiC 材料的大范围转化。SiC 形成量越多，抗氧化效果越好。转化率的增加总是伴随着复合材料脆性的增加，包括碳纤维和硅之间的化学反应造成的纤维损伤。

C/C 的硅处理不仅用于本体保护，而且也用于改善摩擦应用的磨损行为。在块状材料的内表面采用多层 CVI 涂层可获得最佳的整体防护效果。这些方法已经投入使用[47-49]，特别是用于空间或飞机结构中的 C/SiC 和 SiC/SiC 组件。将 PyC、SiC、BN 或 $B_4C$ 的纳米多层涂层组合直接应用于纤维预制体的内表面，可提高高温复合材料的抗氧化性能和韧性失效行为。即使在较低的氧化温度，含硼中间层也能够形成氧化硼（$B_2O_3$），使基体在氧侵蚀时发生自愈合行为。块状材料使用含硼添加剂也可以获得同样的抗氧化保护（如图 4.11 所示）。

另外一种本体保护方法是 PIRAC（粉末埋入反应辅助涂层），这是由以色列理工学院的 E. Gutmanas 教授开发的一种原位 CVI 方法。文献［50］概述了铬粉对 C/C 的整体保护。含钛的 PIRAC 涂层也可用作 C/C 复合材料的本体保护（如图 4.16 所示）。形成的 TiC 可填充复合材料中的层内裂纹，从而通过封闭氧的可能扩散路径来防止强氧化侵蚀。同时，为了实现长时间的抗氧化，还必须应用外部 CVD 涂层。PIRAC 方法是一种简单且经济的 CVI 技术。必须被保护的样品或组件被包裹在金属和同一金属卤化物粉末的混合粉末，或者是纯卤化物（如碘化物）中。包装使用金属箔进行真空密封，并在常规炉中加热至 CVI 反应温度，最好低于 1100 ℃。炉子本身可在惰性气体下使用。在低压下封闭在金属箔中，形成金属次卤化物，其作为 C/C 内的 CVI 反应扩散，卤化物起催化剂的作用。整体保护本身显示出一个梯度层，可以根据成分进行调整（如图 4.17 所示）[51]。

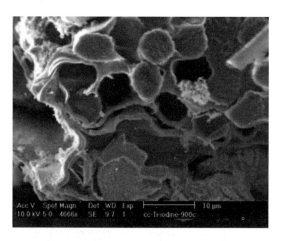

图 4.16　PIRAC 处理的 C/C 横截面 SEM 显微照片显示了 TiC 填充在纤维间裂缝

图 4.17　SEM 显微照片显示了涂层 SiC 在静态干燥空气中经 1000 ℃
氧化 2 h 后的涂层表面氧化层

用 Cr 和 J$_2$ 的混合物对 SiC 保护的 C/C 进行处理,在 1000 ℃下进行 2 h 的 PIRAC 处理后进行氧化。由此可见,PIRAC 处理也可以应用于外部涂层。

### 4.3.1.2　外层多层涂层

CVD – SiC 涂层通常被用作 C/C 复合材料的外层多层涂层(如图 4.2 和图 4.17 所示)。块体 C/C 和 CVD – SiC 涂层的热膨胀系数不匹配导致在从 CVD 涂层制备温度冷却到室温的过程中形成热致裂纹(如图 4.11 和图 4.18 所示)。 CVD – SiC 层厚度的增加导致裂纹距离的减小,这意味着诱导的较高热应力增加了裂纹密度[52]。形成的裂纹是氧化过程中氧的扩散路径。通过加热样品到 CVD 涂层制备温度,可以几乎完全封闭热致裂纹。

(a)　　　　　　　　　　　　　　(b)

图 4.18　(a) CVD – SiC 涂层 C/C 上垂直于增强体的等距裂纹形成[52]; (b) CVD – SiC 涂层 C/C 表面不规则裂纹的形成

因此,多层涂层 C/C 复合材料的氧化速率不仅与反应动力学和扩散速率等物理参数有关,还与裂纹张开和闭合效应有关,这些效应受涂层参数和温度的影响。从氧化动力学来看,多层涂层 C/C 的最大氧化速率在 800 ℃左右[51]。 这个最大值是由被氧化(通过裂纹张开)的内表面积和最高氧化动力学的比率决定的。

这种裂纹是限制长期应用寿命的因素。因此,必须利用自愈效应来封闭这些裂纹。从氧化温度和气氛的角度来看,可以根据需要调整自愈合能力。虽然本章不会讨论不同氧化保护方式的热力学和动力学稳定性,但是需要理解一些氧化保护的原理。

碳化硅(SiC)可用作标准 CVD – SiC 涂层(如图 4.11 所示)。SiC 在氧化气氛中形成二氧化硅(SiO$_2$)层,层厚呈抛物线状增长。因为 SiO$_2$ 层具有较低的氧扩散速率，SiC 被选为有利的氧化保护材料。因此，氧化过程中 $SiO_2$ 的形成是一个额外的自愈合层（玻璃密封层）。这种涂层的缺点是在 1000 ℃ 以上的温度下可以获得完全覆盖的 $SiO_2$ 层，而在较低的氧化温度（700～1000 ℃）下，$SiO_2$ 岛只形成在多层涂层中热致裂纹可接近的受氧侵蚀的碳表面上。在较低的温度下需要形成玻璃物质，例如使用硼衍生的添加剂。因此，可以使用硼化物作为添加剂对块体进行额外保护。另一种方法是在多层涂层中加入氧化硼生成物，例如 $B_4C$（如图 4.19 所示）[9, 53]。

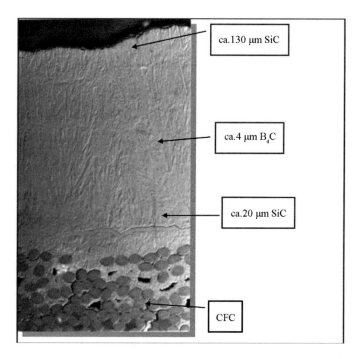

**图 4.19　具有自愈合能力的 Bora SiC 涂层**[9, 53]

即使在低温下，$B_4C$ 也能形成 $B_2O_3$，从而封闭 CVD 多层涂层中的裂纹（如图 4.20 所示）[53]。多层 Bora SiC 涂层顶部表面的裂纹已愈合。如 EDX 所证明，裂纹在 $B_2O_3$、硅酸硼和 $SiO_2$ 的形成下闭合。原则上，硼化物可作为自愈合玻璃使用到 1600 ℃，然而，由于硅酸硼的蒸发，$B_2O_3$ 在水蒸气气流下不稳定，在 1200～1250 ℃ 温度下也不稳定。因此，具有优异高温性能的额外的外部玻璃密封层是必要的。

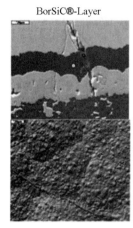

BorSiC®-Layer

$SiO_2$ 在氧化保护层内
的裂纹中开始形成

750 h/950 ℃后，在表
面形成的 $B_2O_3$-硼硅

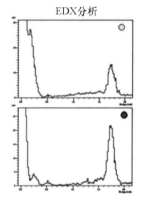

EDX分析

图 4.20　Bora SiC 多层涂层的自愈合能力[54]

### 4.3.1.3　外层玻璃密封层

如上所述，多层 CVD – SiC 涂层在 1000 ℃以上的氧化过程中原位形成致密的 $SiO_2$ 层。氧在 $SiO_2$ 层中的扩散速率取决于层厚，层厚随着氧化时间和氧化温度的增加而增加。氧在 $SiO_2$ 中的扩散速率比其在 $B_2O_3$ 中的扩散速率低 7 个数量级[55, 56]，因此 $SiO_2$ 可以提供优异的氧化保护。

图 4.21 显示了具有原位形成 $SiO_2$ 层的多层涂层 C/C。在室温下可见的裂纹在氧化过程中闭合。样品在 1257 ℃下经过 1000 h 后没有显示任何重量损

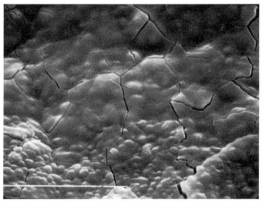

图 4.21　受保护的 C/C 样品在 80 L/h $O_2$ 中 1257 ℃下处理 1000 h 后的 SEM；
密封层厚度为 3 ~ 4 μm（放大倍数：10 mm = 5 μm）

失[44]。然而，基于 $SiO_2$ 的玻璃密封有其局限性。首先是与下面 CVD - SiC 层的相容性。这些玻璃层的抗热震性受其厚度的限制。当层厚超过 8 μm 时，可以观察到剥落现象。此外，还会发生结晶，降低玻璃密封的寿命。$SiO_2$ 的黏度比 $B_2O_3$ 高一个数量级或更多，因此密封效率大大降低。由于以下化学反应，含有过量硅的非化学计量比 CVD - SiC 涂层在 $SiO_2$ 玻璃密封中会形成孔隙（如图 4.22 所示）：

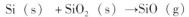

$$Si（s）+SiO_2（s）\rightarrow SiO（g）$$

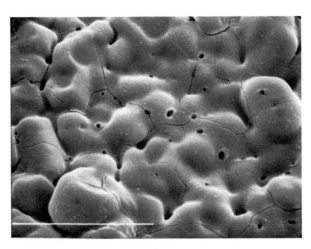

图 4.22　多层 CVD - SiC 涂层 C/C 在空气中 1257 ℃ 温度下经过 1000 h
处理后 $SiO_2$ 玻璃密封层中的穿孔

MoSi$_2$ 及其改性的玻璃密封可以代替 $SiO_2$ 玻璃密封，其黏度较低，因此密封效果更好。在高于 1800 ℃ 的温度下，$SiO_2$ 玻璃密封的热稳定性差。因此必须使用不同的高温难熔氧化物，例如 $ZrO_2$、$Y_2O_3$ 或 $HJO_2$，其氧扩散率比 $SiO_2$ 玻璃密封高几个数量级。$SiO_2$ 的另一个缺点是对高流速水蒸气的耐腐蚀性不足，而这正是燃气轮机应用所需要的。因此正在开发环境障碍涂层（EBC）以克服这些问题。大多数工业应用不需要氧化保护，因为 C/C 复合材料通常在惰性气体或真空下使用。

## 4.3.2　C/C 复合材料的工业应用

如前所述，C/C 复合材料工业应用的驱动力是航天和军事应用的发展，以及军用和民用飞机制动器，如 1971 年的协和式飞机，1970 年的 F - 15 战斗机。随后，Hitco（1980 年）、SEP（1981 年）、A. P. Racing、Le Carbon Lorraine
和其他公司在一级方程式赛车中使用了 C/C 制动器。这些 C/C 刹车盘对氧化
很敏感，只能用于单场比赛。一级方程式赛车的刹车片盘由短纤维、碳毡或碳
布增强，基体为 CVI 制备的 PyC。其同样适用于赛车中的 C/C 离合器。

然而，这些 C/C 复合材料不能应用于汽车，因为它们的寿命有限。因此，
欧洲在 1979 年开始发展用金属浸渍 C/C 复合材料来代替石棉刹车片，以提高
其耐磨性和抗氧化性[57-59]。尽管从技术角度来看，这些发展是成功的，但由
于这些材料在大规模应用中的成本较高，导致它们从未实现大规模应用。从通
过硅处理和结合铜浸渍来提高耐磨性和导热性的角度来看，这些材料已经得到
了优化。然而，它们的工业应用又花了 20 年的时间。在豪华车领域，基于提高
安全性和使用寿命的要求，第一个 CMCs 制动盘在 2000 年初被用于保时捷汽车。

如今，用于不同豪华车的 CMCs 制动盘已实现商业化，例如，用于保时捷
和奥迪的 S. G. L 碳制动器，以及用于法拉利和梅赛德斯的 Brembo。

2006 年生产了大约 50 000~70 000 个 CMCs 制动盘。由于与钢制制动盘的
激烈竞争，它在低成本汽车上的广泛应用仍然受到限制。钢制制动盘的制造成
本低于 10 美元/盘，而重量达到 5 kg/盘的 CMCs 制动盘的制造成本高于 500
美元/盘。尽管 CMCs 制动盘在性能、寿命、摩擦性能和安全方面都有优势，
但在未来几年内，它们的应用还只限于豪华汽车。

制造技术正在取得巨大进步（如图 4.23 所示）[10]。不同的制造步骤已经
可以在一定程度上实现自动化，在混合装置中分批进行或在挤出机中连续进

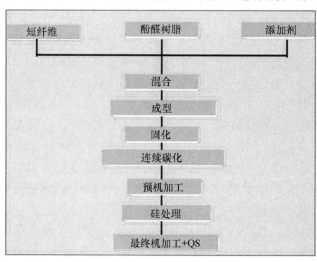

**图 4.23  CMCs 制动盘的制造方案**[10]

行。成型和模塑可以用自动化成型设备半连续进行。所需的成型时间取决于工艺,可以降低到低于 15 min/盘。近净成形技术使加工成本实现最小化,特别是对于最终加工步骤。碳化可以连续进行,而连续硅处理仍在开发中。由于原材料成本和工艺成本因素限制,金属盘所给出的价格目标永远无法实现。

内通风盘造成的复杂形状可以通过不同的制造工艺来实现(如图 4.24 所示)[10]。在硅处理步骤之前或之后对冷却通道的完全加工成本太高,只适合在开发阶段使用。图 4.24 给出了工业上可用的制造冷却通道的技术。

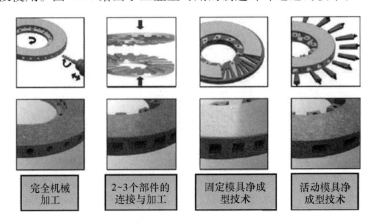

完全机械加工 | 2~3个部件的连接与加工 | 固定模具净成型技术 | 活动模具净成型技术

图 4.24　复杂排气制动盘的制造[10]

最灵活的方法是将盖、底板和中间三部分连接起来,中间部分包含所有的冷却通道。中间部分成型后可进行水射流切割。这种技术允许使用简单的模具,并且由于单个零件的厚度减少了大约 13~14 mm,因此成型周期极短。缺点是水射流切割件的浪费,导致材料成本较高。成型过程以及水射流切割步骤可以完全自动化。通过对中间段进行近净成形压制,可以避免水射流切割,这需要额外的压制工具。在尽量减少材料浪费的情况下,两个零件可以近净成形,然后机械连接。化学连接(焊接)发生在硅处理步骤(如图 4.23 所示)。

另一种方法是使用固定模具或活动模具对单个零件进行近净成型(如图 4.24 所示)。它的缺点是活动模具更复杂,并且必须在每个成型周期后进行清洗,或者在固定模具的情况下进行更换。此外,较厚的生坯需要更长的成型和固化周期,从成本效益的角度来看,这是一个缺点。

如图 4.24 所示,摩擦表面可以根据需要通过使用表面涂层来调控,但是会导致成本增加。C/C 经硅处理后的 C/C – SiC 具有优异的摩擦性能,被用于高速电梯、高速车床、铣床和游乐设施等设备的紧急制动系统。硅处理不仅有助于增加摩擦系数，而且由于极低的磨损率和硬质碳化物与软石墨基体相结合的可能性，C/C - SiC 还可以定制以获得优异的滑动性能。低摩擦和低磨损应用的典型例子是在上海运行的磁悬浮高速列车中的 C/C - SiC 滑动元件（如图4.25 所示）[60]。

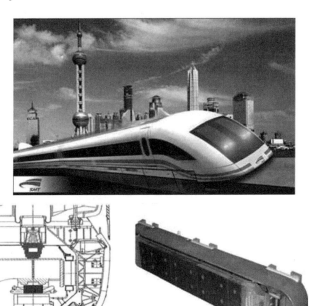

**图 4.25　磁悬浮列车的滑动元件**[60]

在最高时速为 500 km/h 时，要求磨损率低于 0.1 mm/km 滑动长度，与铁轨的摩擦系数低于 0.3。C/C - SiC 滑动元件具有高机械强度和低导热系数，且由于磨损，其必须具有生物相容性和环境相容性。通过一种新开发的硅处理工艺（如图 4.15 所示），即填充胶结和毛细管浸渍的结合，实现了良好的滑动性能和力学性能。优异的滑动性能也可作为轴承和滑环用于石化泵（如图4.26 所示）。与整体陶瓷元件相比，这些泵用部件的优点是其优异的失效行为（伪塑性）。C/C 复合材料的工业应用主要是基于这些轻质材料的特殊性能。C/C 复合材料具有所有材料中最好的高温力学特性（如图 4.27 所示）。

图 4.26　石化泵用 C/C – SiC 轴承和滑环

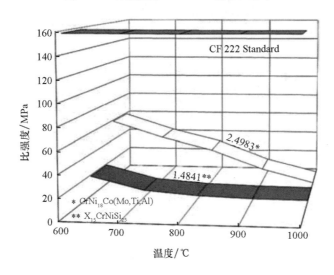

图 4.27　钢和 C/C 的比强度

C/C 复合材料的强度和刚度随温度的升高而增大，从室温到 2000 ℃ 提高了约 25%。因此，基于室温特性的力学有限元分析在高温应用时包括一个额外的安全系数。C/C 复合材料适用于惰性气体或真空环境下的所有高温应用，如熔炉材料、热压模具、中空玻璃制造、半导体工业和光伏应用。

## 4.3.2.1　用于高温炉的 C/C 复合材料

高性能真空炉配备全 C/C 材料。基于硬毡、CVI 或树脂浸渍软毡的隔热材料被用作大多数炉子的标准材料（如图 4.28 所示）。硬质毡板的边缘用标准长度为 1 m、1.5 m 或 2 m 的 U 形和 L 形型材（碳布增强）保护。这些型材用于防止操作损伤，防止气体淬火期间的气体侵蚀影响，以及用 C/C 螺钉和螺母装配保温材料。螺钉、螺栓和螺母用于固定和连接炉内的机械加载杆和支柱。对于拉伸载荷和剪切载荷的引入，C/C 连接元件的机械性能有一个丰富的数据库（如图 4.29 所示）[61]。

图 4.28　工业炉的内部

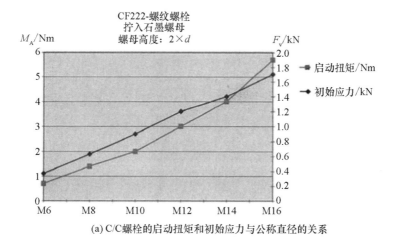

(a) C/C 螺栓的启动扭矩和初始应力与公称直径的关系

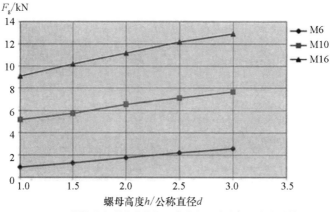

(b) C/C螺栓的断裂载荷是螺母高度与公称直径比值的函数

图4.29  C/C螺钉的力学性能[61]

炉膛通常配有一个C/C室（如图4.30所示）。图中所示的C/C炉腔大小为2000 mm×1000 mm×1000 mm，总重量为30 kg。炉膛的优点是改善了温度分布的均匀性。在整个所需温度范围内，炉腔内的最大温度偏差可以限制在10 ℃左右。为了避免散热影响，所使用的加热器系统必须进行调整。与石墨室相比，C/C室的另一个优点是所需厚度更小，从而减少了无效质量，提高了加热和冷却效率。由于壁厚减少而导致刚度降低的缺点可以通过用型材加强整个构件来克服。

图4.30  用于温度高达2400 ℃的真空和惰性气体炉的C/C炉室

通过使用C/C材料作为电阻加热器，真空炉和惰性气体炉的加热元件可以根据其电性能来定制。它们的电阻率由纤维的电阻率和它们的热处理方式决定。图 4.31 显示了采用二维增强体制备的两种不同 C/C 的电阻率随应用温度的变化情况。此外，电阻率可以通过加热元件的设计来调整（如图 4.32 所示）。

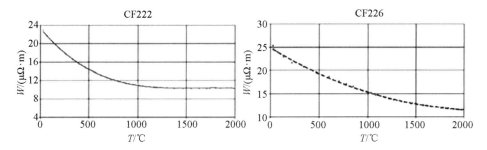

图 4.31 两种不同 C/C 的电阻率随应用温度的变化

图 4.32 曲折形管状和平面型加热元件

加热元件的总电阻率可根据以下公式计算：

$$R_{total} = \frac{P \times L}{A} \qquad (4.1)$$

其中 $P$ 为比电阻率，$L$ 为加热元件的长度，$A$ 为横截面。在给定的炉具几何尺寸范围内，可通过加热元件的设计来优化长度和横截面。比电阻率与纤维方向、纤维体积分数、纤维类型和 C/C 的热处理有关。因此，可以根据客户的要求制作各种不同的元件总电阻率。最终使用温度越高，最终热处理的温度越高，比电阻率就越低。如上所述，高性能真空和惰性气体炉的一个重要目标是其温度分布的均匀性。因此，在惰性气体炉中也需要强制通风，这可以通过 C/C 材质的通风设备来实现，该通风设备适用于 1500 ℃ 以上的极端温度（如图 4.33 所示）[62]。

**图 4.33   强制惰性气体转换的 C/C 通风机**

优异的力学性能，如纤维方向的 HT 强度，使碳链可用于烧结炉（如图 4.34 所示）。整个链条由 C/C 制成。单向增强的链条可承受最大载荷，其抗拉强度超过 800 MPa。最大载荷受 C/C 轴及其横截面限制。链节、轴和定距支

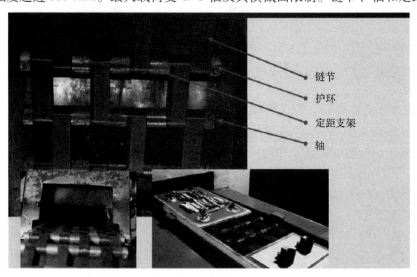

链节
护环
定距支架
轴

**图 4.34   用于烧结炉的全长为 38 m 的 C/C 链条**

架采用纤维缠绕近净成形工艺制造。零件只需分别按照要求的长度或宽度进行加工。C/C 链既可用于垂直运输，也可用于炉内水平运输。主要缺点是它们对磨损和不同气体环境比较敏感。

如前所述，C/C 材料在超过 420 ℃的温度下会受到氧气的侵蚀。在烧结炉中，通过使用惰性气体（氮气和氢气的混合物）作为内部气体或外部气体来抑制这种氧化。在烧结、铁合金或钢的热处理情况下，需要对金属合金进行特定的渗碳，通常水会作为中间产品形成。此外，如果炉子冷却，由于在环境温度下吸水，就会导致开放式和封闭式炉子有时会在应用的隔热材料中含有水。在温度低于 420 ℃的加热阶段，这种少量的水无法完全去除。因此，可能会发生两种典型的化学侵蚀，并影响炉内的 C/C 材料：

反应 1　$C + H_2O \rightleftharpoons CO + H_2$　$\Delta H = -131.38$ kJ/mol　$T \approx 800 \sim 1000$ ℃

反应 2　$C + H_2 \rightleftharpoons CH_4$　$\Delta H = -74.86$ kJ/mol

最严重的反应是甲烷的形成（反应 2），氧气或水的侵蚀可以通过原位测量炉子中的水浓度和改进预热来控制，从而去除隔热材料中的残余湿度。表 4.6 概述了用于铁合金热处理的 C/C 材料在耐化学性方面的最高应用温度，包括金属合金的不可控渗碳效应。

在氢气的氛围下，甲烷化会降低 C/C 部件的寿命。这可以通过使用低氢含量的氢气和氮气的混合气体来抑制。或者用 Si 对 C/C 复合材料进行处理，形成 C/C–SiC 材料，它可以将氢的侵蚀减少几个数量级。缺点是金属合金中的化合物会形成硅化物，这是必须防止的。因此，硅处理仅限于特定的合金，金属热处理的最高温度约为 1100 ℃。

表 4.6　使用 C/C 材料的炉子中铁合金热处理的最高应用温度概述

| 气体 | 最高应用温度/℃ | C/C 的应用 |
| --- | --- | --- |
| $N_2$ | 1080 （1100） | ＋＋＋ |
| $H_2$ | 1200 | ＋＋＋/O |
| 外部气体 | 1050 | ＋＋＋ |
| 内部气体 | 1050 | ＋＋＋ |
| 真空 | 1050 | O |
| $O_2$ | <420 | ＋＋＋ |

注：＋＋＋，无限制适用；O，有限制适用

真空的限制主要是由于金属合金的渗碳效应造成的，因为碳在真空下的扩散活性增加。通过提高基体的结晶度可以改善这种行为并提高使用温度，可以通过具有高度取向 PyC 的 CVI/CVD 涂层来实现。这种涂层（浸渗）可使最高应用温度达 1200 ℃。

### 4.3.2.2　金属热处理的应用

C/C 承载系统在工业上可用作金属零件热处理的卡具，如钢或不锈钢部件的真空钎焊、燃气轮机部件用优质钢的退火、低压渗碳、汽车零件的气体淬火、钢零件的表面硬化和随后的油淬火（如图 4.35 所示）。使用 C/C 卡具而非金属卡具的原因主要是基于以下优势：

（1）C/C 复合材料托盘不会变形，可实现机器人操作（可提高效率，降低人力成本）；

（2）即使经过几年的使用，也不会出现脆性；

（3）延长了卡具的使用寿命；

（4）与金属卡具相比，减轻了重量，提高了能源效率；

（5）通过减少 C/C 卡具的厚度，增加了托盘数量；

（6）通过优化设计增加了杆的数量。

所有这些优点都有助于提高金属部件热处理的效率并降低成本。与金属卡具相比，成本更高的 C/C 卡具的投资回报低于 2 年。因此，这是工业 C/C 应用快速增长的市场之一。

水射流切割C/C板的使用导致：
·容量加倍
·高热效率
·短循环时间
·长寿命

图 4.35　以水射流切割 C/C 板制备用于油淬火的棒材表面硬化的 C/C 卡具

铸造金属托盘和 C/C 托盘的对比如图 4.36 所示。可以看出，即使在使用了 8 年之后，C/C 托盘中也没有检测到变形。每个托盘可节省质量 28 kg，每个批次可节省质量 336 kg。这体现了每批减少无效质量的优势，以及在 8 年的服务期内（每天可达 6~7 批）节省能源的巨大潜力。随着能源成本的增加，从使用寿命和制造成本的角度来看，C/C 卡具的使用将更加具有吸引力和优越性。

传统铸造金属托盘因热循环而变形

C/C托盘设计使用8年无任何变形

毛重：约30 kg
使用9个月后发生变形

尺寸：900×600×4 mm³
毛重：2 kg
可承载：20 kg

图 4.36　C/C 托盘和铸造金属托盘对比

图 4.36 所示的 C/C 托盘可用于表面硬化相同的金属零件。与铸造金属托盘相比，C/C 托盘的高度降低使得能够增加堆叠。此外，可以通过 C/C 制成的更薄的距离支架来增加每层的连杆数量。整体效率的提高使得每批连杆的数量翻倍。这证明了 C/C 卡具相对于金属材料的经济和生态优势。C/C 卡具可以根据所需的负载能力进行定制（如图 4.37 所示）。C/C 托盘是根据客户要求设计的，可用于他们现有的设备和炉子。

每层负荷：

800 kg

总负载能力：

8×800 kg=6400 kg

尺寸：

2000×1200×70 mm³
(2×1000×1200 mm³)

图 4.37　用于重载的 C/C 卡具，例如汽车热交换器的钎焊

Schunk 的 UniGrid 系统是涡轮机部件真空钎焊的新发展（如图 4.38 所示）。这种轻质格栅（约 2 kg）是基于通过定制纤维放置（TFP）制成的织物预制体，没有任何连接的近净形状。制造过程可以通过 RTM 或 RI 方法（树脂注入）进行。必须避免碳和燃气轮机的直接接触，以防止不受控制的渗碳。因此，基于 $Al_2O_3$ 的 CarboGard 防护瓦可用于 UniGrid 系统。图 4.39 显示了 UniGrid 的高灵活性。

涡轮机部件的真空钎焊

图 4.38　带有 CarboGard 防护瓦的 Schunk UniGrid 系统

图 4.39　用石墨支架组装 UniGrid[63-64]

通过使用石墨支架连接托盘，可以使承载能力符合这些要求。石墨支架可以固定在任何需要的地方（在中间或在角落）。承载能力随两支承点间自由长度的减小而增大。该系统可以由最终用户组装，因此可以针对各种不同的应用进行修改。由于汽车供应商的高成本效率需求，C/C 卡具未来将在金属热处理领域得到广泛应用。另一个快速增长的市场是光伏产业。

### 4.3.2.3　C/C 在太阳能市场中的应用

全球太阳能市场的增长如图 4.40 所示[60,65]。C/C 结构元件是制造光伏电池的高温工艺（如重结晶和 CVD 涂层）所必需的，也是制造多晶硅的重要原料之一。市场上多晶硅的短缺推动了全球数十亿美元的巨额投资。多晶硅全球产能的增长情况如表 4.7 所示。

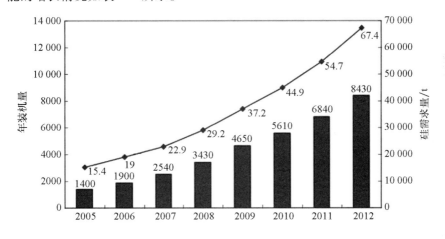

**图 4.40　全球太阳能市场增长**

资料来源：EPIA—2006 年报告。

**表 4.7　多晶硅的计划产能**

| 产能 | 2007 年 | 2010 年 |
| --- | --- | --- |
| Hemlock | 7700 | 36 000 |
| Wacker | 6500 | 21 500 |
| REC | 5300 | 12 500 |
| Tokuyama | 5200 | 5400 |
| MEMC | 3800 | 8000 |
| Sumitomo | 800 | 1600 |
| Total China | 130 | 6000 |
| Elkem | – | 10 000 |
| 其他 | – | 4500 |

资料来源：半导体公司的出版物 2010 年公布的产能：10.9 万 t；需求：PV，45 000 t。

宣布的产能涵盖截至 2012 年的半导体行业以及光伏应用的需求。从 2007 年到 2012 年，对 C/C 复合材料的需求预计将增长 600% 以上。因此，欧洲 C/ C 制造商的大部分投资都集中在这些应用上。典型要求是：

（1）高纯度；

（2）CVI/CVD 包覆 C/C，避免碳颗粒释放；

（3）用于抗 SiO 侵蚀的耐蚀性涂层；

（4）延展性；

（5）成本效益；

（6）低甲烷化率。

只有具有内外保护系统的 C/C 才能满足这些要求。典型结构部件有加热器、隔热层、隔热罩、坩埚、搬运工具和用于太阳能电池的运载系统。这些应用的大多数 C/C 复合材料是基于混合基体系统，包括 CVI 和树脂致密化[60]。硬毡板作为隔热材料在 $H_2$ 或 SiO 环境中只有几个月的使用寿命，而混合基体系统的隔热材料在相同条件下的使用寿命超过两年。这种高性能 C/C 隔热材料的甲烷化和氧化率均优于标准等级（如表 4.7 和图 4.41 所示）。与标准硬毡板相比，甲烷化率可降低到 2%。一些典型的隔热材料如图 4.42 所示。

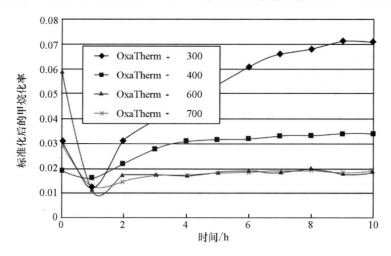

图 4.41　与标准 C/C 硬毡板相比，隔热毡的甲烷化率标准化

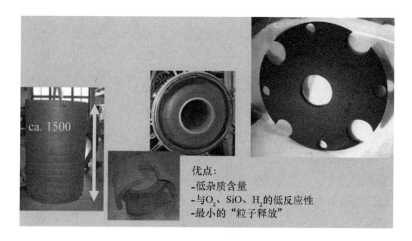

图 4.42　采用混合基体系统的 C/C 隔热材料

用于单晶拉拔的坩埚和加热元件是由混合基体系统的 C/C 制成的，可以减少 SiO 对它们的氧化侵蚀（如图 4.43 所示）。类似的化学要求适用于使用毡体基座的晶圆刻蚀工艺（如图 4.44 所示）[66]。毡体基座对于氧化刻蚀以及晶片掺杂工艺都是必不可少的。因此，基座必须高度纯化，抗氧化，并且不能被掺杂物质污染。为了保证处理后晶片表面的良好均匀性，气流特性必须是均匀的。

图 4.43　用于单晶拉拔的由混合基体系统构成的 C/C 坩埚

晶圆外延
刻蚀清洗（气体）
（查阅WO 2005/059992A1）

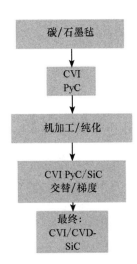

图 4.44　具有混合基体系统的 C/C 毡体基座

在固定和聚变反应堆中进行应用时，要求 C/C 具有高导热率、低侵蚀和升华速率。因此，在 C/C 中掺杂碳化物并使其导热率最大化成为新的发展方向。尽管这种改性 C/C 的潜力很大，但在 5 ~ 10 年内，工业化应用是不可行的。

# 参考文献

[1]　THOMAS C R, WALKER E J. Effects of PAN carbon fibre surface in carbon-carbon composites [C]//Proceedings 5th London International Carbon and Graphite Conference. London：Society of Chemical Industry, 1978：520 –531.

[2]　THOMAS CR. Essentials of C/C Composites [M]. Cambridge：The Royal Society of Chemistry, 1993.

[3]　Fitzer, E. and Burger, A. International Conference on Carbon Fibres, their Composites and Applications, London, 1971, paper no. 36.

[4]　MCALLISTER L E, TAVERNA A R. A study of composition-construction variations in 3 D carbon/carbon composites[C]//International Conference on Composite Materials, Geneva, Switzerland, April 7 – 11, 1975 and Boston, Mass. 1976：307 –326.

[5]　Lamieq, P. J. Proceedings of the AIAA/SAE 13th Propulsion Conference, 1977,paper no. 77 – 882, Orlando.

[6]　FITZER E, GEIGL K H, HUTTNER W. Studies on matrix precursor materials for carbon carbon composites [ C ]//Proceedings of 5th International Conference on Carbon and Graphite. London: Society of Chemical Industry, 1978: 493 – 506.

[7]　Girard, H. Proceedings of the 5th London International Carbon and Graphite Conference, 1978,Vol. 1, Soc. Chem. Ind. , London, p. 483.

[8]　THOMAS CR, WALKER EJ. Carbon-carbon composites as high-strength refractories[ J]. Chemical Engineering, 1978, 10(1): 79 – 86.

[9]　WEISSR. Carbon fibre reinforced CMCs: manufacture, properties, oxidation protections [ M ]//KRENKEL W, NASLAIN R, SCHNEIDER H. High Temperature Ceramic Matrix Composites ( HTCMC). Weinheim: Wiley-VCH, 2001: 440 – 456.

[10]　Weiss, R. CMC and C/C – SiC – Fabrication, CIMTEC, Sicily,2006.

[11]　Schmidt, D. L. Wright Laboratory WL – TR – 96 – 4107. 1996.

[12]　PETERS P, LÜDENBACH G, PLEGER R, et al. Influence of matrix and interface on the mechanical properties of unidirectional carbon/carbon composites [J]. Journal of the European Ceramic Society, 1994, 13(6): 561 – 569.

[13]　TAKANO S, KINJO T, URUNO T, et al. Investigation of Process-Structure-Performance Relationship of Unidirectionally Reinforced Carbon Carbon Composites[ C ]//Proceedings of the 15th Annual Conference on Composites and Advanced Ceramic Materials: Ceramic Engineering and Science Proceedings. Hoboken, NJ, USA, 1991: 1914 – 1930.

[14]　ZALDIVAR R J, RELLICK G S, YANG J M. Studies of fiber strength utilization in carbon/carbon composites [ C ]//Extended Abstracts, 22nd Carbon Conference. 1991: 400.

[15]　PETERS P W M, SCHMAUCH J, WEIß R, et al. The strength of carbon fibre bundles, loose and embedded in a polymer and carbon matrix[ C ]// Proceedings of ECCM V, 1992: 157 – 164.

[16]　SAVAGE G. C/C Composites[ M]. London: Chapmann & Hall, 1993.

[17]　HÜTTNER W. Parameterstudie zur Herstellung von kohlenstofffaserverstärkten Kohlenstoffverbundkörpern nach dem Flüssigimprägnierverfahren[ D]. Karlsruhe:

University of Karlsruhe, 1980.

[18] DE 2714364 Verfahren zur Herstellung von Kohlenstofffaserverstärkten Kohlenstoffkörpern. 1977.

[19] NAKAGAWA T, YAMASHITA M, TACHIBANA M, et al. Preformed yarn useful for forming composite articles and process for producing same: 07/700897[P]. 1993 - 04 - 27.

[20] NAKAGAWA T, UCHINO H, YAMASHITA M et al. Process for preparing a flexible composite material[P]. 1988 - 06 - 09.

[21] Brochures of Accross. http://www.acrosscfc.com/aboutcfc.htlm (accessed 2007).

[22] Diefendorf, R. J. and Sohda, Y. Extended Abstracts Program 17th Biennial Conference on Carbon, 1983, 17, 31.

[23] KOTLENSKY W V. Deposition of pyrolytic carbon in porous solids[J]. Chemistry and Physics of Carbon, 1973, 9: 173.

[24] VIALARON A, OLALDE G, GAUTHIER D. Process and apparatus for thermolytically dissociating water: US06/792600[P]. 1989 - 09 - 29.

[25] ROVILLAIN D, TRINQUECOSTE M, BRUNETON E, et al. Film boiling chemical vapor infiltration: an experimental study on carbon/carbon composite materials[J]. Carbon, 2001, 39(9): 1355 - 1365.

[26] DAVID P G, BLEIN J, ROBIN-BROSSE C. Rapid densification of carbon and ceramic matrix composites materials by film boiling process[C]//16th International Conference on Composite Materials, Kyoto. 2007: 736 - 737.

[27] BECKER A, HÜTTINGER KJ. Chemistry and kinetics of CVD of PyC II, III [J]. Carbon, 1996, 36: 177 - 211.

[28] BENZINGER W, HÜTTINGER K. Chemistry and kinetics of chemical vapor infiltration of pyrocarbon-V. Infiltration of carbon fiber felt[J]. Carbon, 1999, 37(6): 941 - 946.

[29] DONG G, HÜTTINGER K. Consideration of reaction mechanisms leading to pyrolytic carbon of different textures[J]. Carbon, 2002, 40(14): 2515 - 2528.

[30] HU Z J, HÜTTINGER K J. Mechanisms of carbon deposition-a kinetic approach[J]. Carbon, 2002, 40(4): 624 - 628.

[31] Diefendorf, J. C/C composites produced by chemical vapor deposition, Cocoa Beach Conference. 2006.

[32] JENKINS G M, KAWAMURA K. Polymeric carbons: carbon fibre, glass and char[M]. Cambridge: Cambridge University Press, 1976.

[33] Pleger, R. Vom monolithischen Kohlenstoff zum Verbundwerkstoff: Analyse der Strukturvariation und Gefügeentwicklung mittels hochauflflösender Durchstrahlungselektronenmikroskopie, Fortschrittsberichte VDI: Reihe 5, Grund-und Werkstoffe, Kunststoffe.

[34] WANNER A. Structure and properties of CMCs[D]. Stuttgart: University of Stuttgart, 1991.

[35] Weiss, R. Plenary lecture. Tsukuba Carbon Conference, Japan. 1990.

[36] PETERS P, LÜDENBACH G, PLEGER R, et al. Influence of matrix and interface on the mechanical properties of unidirectional carbon/carbon composites [J]. Journal of the European Ceramic Society, 1994, 13(6): 561 –569.

[37] ADAMS D F. Elastoplastic crack propagation in a transversely loaded unidirectional composite[J]. Journal of Composite Materials, 1974, 8(1): 38 –54.

[38] WOOD J L, ZHAO JX, BRADT RC, et al. The effect of oxidation on the flexural strength of graphite[J]. Carbon, 1981, 19(1): 61 –62.

[39] Eckert, K. Einfluss unterschiedlicher Endglühbehandlungstemperaturen auf die Duktilität von HT – , IM-und HM-faserverstärkten C/C-Werkstoffen. Diploma Thesis. 1992.

[40] Johnson, H. V. US Patent 1.948.382.1934.

[41] YASUDA E. Oxidation behavior of carbon fiber/glassy carbon composite[J]. Transactions of the Materials Research Society of Japan, 1980, 6(1): 14 –23.

[42] WALKER JR P L, RUSINKO JR F, AUSTIN L G. Gas reactions of carbon [J]. Advances in Catalysis, 1959, 11: 133 –221.

[43] CHOWN J, DENCON RF, SINGER N, et al. Refractory coatings on graphite [M]//POPPER P. Special Ceramics. San Diego: Academic Press, 1963: 81.

[44] HUETTNER W, WEISS R, DIETRICH G, et al. Space applications of advanced structural materials[C]//Proceedings of the ESA Symposium, ESTEC, Noordwijk (NL). Noordwijk, 1990: 91 –95.

[45] WEISS R. Oxidation behaviour of carbon/carbon composites[J]. Journal of High Temperature Chemical Processes, 1994, 3(3): 351 –356.

[46] Huettner, W. , Weiss, R. and Scheibel, T. Oxidation resistance of C/C – C/

C at 1530 K, Abstract 19. Biennal Conference on Carbon 25 – 30 June1986, Penastate University, USA.

[47] CAVALIER J C, BERDOYES I, BOUILLON E. Composites in aerospace industry[J]. Advances in Science and Technology, 2006, 50: 153 – 162.

[48] NASLAIN R R. Processing of non-oxide ceramic matrix composites: an overview[J]. Advances in Science and Technology, 2006, 50: 64 – 74.

[49] NASLAIN R R, PAILLER R, BOURRAT X, et al. Synthesis of highly tailored ceramic matrix composites by pressure-pulsed CVI[J]. Solid State Ionics, 2001, 141: 541 – 548.

[50] ELIEZER R. Coating of graphite and C/C composites via reaction with Crpowder[D]. Haifa: Technion, Haifa, 2003.

[51] Weiss, R. and Lauer, A. Final Report, on the Nationally Funded Project: Gradierte CVD-und PIRAC-Multibeschichtungen auf C/C als Korrosions-und Oxidationsschutz durch innovative Hochtemperaturprozesse, FKZ 03N5039B.

[52] Weiss, R. Final Report: RESTAND, EC Contract No: SMT4 – CT97 – 2200.

[53] WEISS R. CMC and C/C – SiC – Fabrication[J]. Advances in Science and Technology, 2006, 50: 130 – 140.

[54] Mao, C. (2004) Hithex Report 36.

[55] Sucor, E. W. (1963) JACS, 46, 14.

[56] GRIGOR'EV A, POLISHCHUK D. Determination of the coefficient of oxygen diffusion in boron oxide and its dependence on temperature [J]. Fizika Aerodispersnykh Sistemykh, 1973, 8: 87 – 90.

[57] KEHR D. Entwicklung von asbestfreien Reibbelägen auf Kohlenstoffbasis in Form von C/C und Kohlenstoff-Metallcarbidverbundwerkstoffen. Bonn: BMBF, 1983.

[58] FITZER E, FRITZ W, GKOGKIDIS A, et al. Kohlenstoffaserverstärkter Kohlenstoff — ein Werkstoff für Automobilbremsen? [J]. Sprechsaal (1976), 1986, 119(6): 463 – 466.

[59] Brite-Euram Project (1990) MA1E – 0068, Entwicklung von CFC-Werkstoffen mitpartiell reduziertem Gehalt an C-Fasern für Anwendungen im PKW-Bremssystem.

[60] Weiss, R. (2007) HTCMC6. 4 – 7 September 2007, New Delhi,

[61] WEISS R. Development of oxidation resistant C/C, Final Report[R]. Bonn:

BMBF, 1992.

[62] WEISS R. DGM-Fortbildungsseminar[R]. Bayreuth: Universität Bayreuth, 2007.

[63] Verfahren zur Herstellung eines Faserverbund-Bauteils sowie Vorrichtung zur Herstellung eines solchen[P]. 2001 – 06 – 28.

[64] US-Patent 7, 175, 787 (2007).

[65] European Photovoltaic Industry Association (EPIA) (2006) EPIA-Report.

[66] WO 2005/059992A1 (2005) Felt susceptors.

# 第 5 章　熔融浸渗工艺

## 5.1　简介

在工业应用中，基于 SiC 或 SiSiC 基体和 C 或 SiC 纤维的 CMCs 最为常见。有四种不同的工艺路线可用于制造这些 C/SiC、C/C‑SiC 或 SiC/SiC 材料：化学气相渗透（CVI）；聚合物浸渍裂解（PIP），又称为液态聚合物浸渗（LPI）；热等静压烧结；熔融浸渗（MI），又称为液态硅浸渗（LSI）。

CVI‑CMC 和 LPI‑CMC 通常可提供高机械强度和应变能力。这些制造方法的主要缺点是制备时间长，这是因为 SiC 的生长速度低，尤其是 CVI，以及 LPI 需要多个致密化周期。此外，由于制造成本高，CVI 和 LPI 制备的 CMCs 通常仅限于航空航天应用。

为了克服这些缺点，自 20 世纪 80 年代中期以来，研究人员开发了基于熔融金属在多孔纤维增强预制体中渗透的新工艺，提供了陶瓷基体的快速成型。SiC 基 CMCs 的 MI 工艺源自 20 世纪 60 年代开发的 SiSiC 材料工业制造技术。因此，由有机黏合剂黏结在一起的 SiC 颗粒多孔预制体被熔融 Si 渗透，从而形成致密的 SiSiC 复合材料。使用碳纤维织物或碳毡，通过将碳纤维完全转化为 SiC，甚至可以实现薄壁 SiSiC 结构[1]。此外，还观察到高模量碳纤维能够承受硅化过程，从而导致非脆性断裂行为[2,3]。

为了充分利用 C 和 SiC 纤维显著高于 SiC 块体陶瓷的高拉伸强度和断裂伸长率，后续的研究集中于保护纤维免受熔融硅的侵蚀以及纤维在脆性 SiC 基体中的弱嵌入。因此，西格里集团（SGL）、雄克碳技术公司（SKT）和多尼尔公司等在 20 世纪 80 年代和 90 年代开发了定制的 C/C 预制体。在 DLR，C/C‑SiC 材料和基于低成本 LSI 工艺的结构部件自 1988 年以来一直是关注的焦点。最初是为可重复使用航天器的热保护系统（TPS）开发的[4]，这些 CMCs 材料可以在航空航天以外的新领域得到应用。

MI-SiC/SiC 的研发始于 20 多年前，受燃气轮机和航空发动机的高温以及长期应用的推动[5]。1993 年，通用电气公司（GE）推出了基于涂层 SiC 纤维的增韧 Silcomp 材料[6]。在一些美国开发项目中，如 EPM（Enabling Propulsion Materials，1994—1999 年）、UEET（Ultra Efficient Engine Technology Programme，1999—2005 年）、NGLT（Next Generation Launch Technology），MI-SiC/SiC 材料得到了进一步发展[7]，第一批典型部件包括燃烧室内衬、涡轮环，甚至涡轮叶片，在真实条件下进行了现场测试，从而产生了各种商用 MI-SiC/SiC 材料。

本章重点介绍具有高强度和高断裂韧性的 C 和 SiC 纤维增强 MI-SiSiC 材料。由大部分碳纤维转变为 SiC 纤维，如 CESIC 材料（ECM）以及基于木质预制体的 MI-SiSiC 材料，即生物形态 SiSiC，这些 C/SiC 和 C/C-SiC 材料的相对脆性较大，未进行描述。由于处于早期开发阶段且可用数据有限，本章未考虑 Ultramet 和 DLR 分别提出的基于 ZrC 和 CuTiC 基体的 CMCs 材料，以及 M. Cubed 推出的 C/SiC 材料。虽然直接金属氧化（DIMOX）工艺[8]是基于金属进入多孔纤维预制体的 MI，但在本章不对其进行描述，因为这些材料尚未进入商业应用。

# 5.2　工艺

通过 MI 制造 CMCs 材料和结构部件通常可细分为四个主要工艺步骤：
（1）纤维束涂层，以获得纤维保护和弱纤维基体界面；
（2）近净成形纤维增强坯体的制造；
（3）用碳或碳化硅构建多孔纤维增强预制体；
（4）通过熔融硅的浸渗形成 SiSiC 基体。

已开发了多种 MI 工艺来制造 C/SiC、C/C-SiC 和 SiC/SiC 材料，其主要不同之处在于纤维被保护和嵌入 SiC 基体的方式，以及坯体和多孔纤维增强预制体的制备方式（如图 5.1 所示）。

对于基于 SiC 基体的 MI-CMCs 材料，通常可以使用所有类型的碳纤维，从而产生了具有显著性能差异的材料种类。由于 MI 工艺过程中的温度远高于 1425 ℃，以及较高的使用温度，使得 SiC 纤维的范围仅限于高温稳定的种类，即氧和游离碳含量较低的纤维，如 Hi-Nicalon、Hi-Nicalon S 型（日本碳素公司），以及近化学计量比的 SiC 纤维，如 Tyranno SA（宇部兴产公司）和

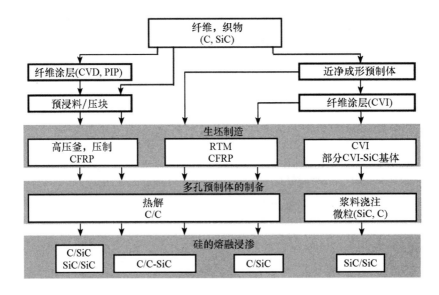

图 5.1　制备 MI – CMCs 的不同方法示意图

Sylramic 公司（ATK COI 陶瓷公司）。为了制备 SiC 基体，可以使用基于聚合物先驱体的碳基体（如酚醛树脂）、C 和 SiC 颗粒或 CVI – C 以及 Si 颗粒（如高纯 CVD – Si 或基于矿物学制造工艺的低成本 Si）。

## 5.2.1　纤维保护和纤维/基体界面的构建

由于熔融硅的高反应性，通常必须避免与 C 或 SiC 纤维的直接接触。此外，脆性纤维在脆性基体中的弱嵌入是必须的，可以获得 CMCs 的特有性能，如高强度、断裂韧性和抗热震性。为了同时确保纤维保护和弱纤维基体界面，工业生产中使用了三种不同的方法（如图 5.2 所示）：

（1）纤维的聚合物浸渍和随后的固化/热解（PIP）；

（2）纤维和纤维预制体的 CVI；

（3）原位纤维涂层。

通过 PIP 工艺进行纤维保护被广泛用于织物以及短纤维增强材料，如产生了 SGL 的 Sigrasic 材料[9]。为了制造短纤维增强 C/SiC 制动盘，可用酚醛树脂浸渍环形纤维束或丝束，然后固化和热解，将纤维嵌入致密碳基体（$\Phi_{C基体} \approx$ 50% 质量）。随后，将涂层纤维切割成不同的长度，形成类似 C/C 的原材料。

使用 CVI 进行纤维涂层，在每根纤维上沉积一层薄的界面层，得到主要

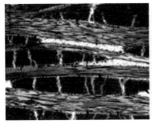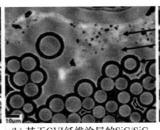

(a) 基于PIP纤维涂层的C/SiC　　(b) 基于CVI纤维涂层的SiC/SiC　　(c) 基于原位纤维保护的C/C-SiC,
　　(SGL),显示致密的C/C束　　　　(GE),其中单纤维嵌入到　　　　其特征是致密的C/C束嵌入
　　嵌入到SiC基体　　　　　　　　　SiC基体中　　　　　　　　　　SiC基体

**图 5.2　基于不同纤维保护和弱纤维/基体嵌入方法的 MI – CMCs 微观结构**

以单纤维嵌入 SiC 基体的 C/SiC 和 SiC/SiC。虽然纤维和织物可以连续涂覆,但是基于织物叠层或三维预制体的干纤维预制体采用分批工艺涂覆。对于碳纤维,通常采用涂层厚度约为 0.1 μm 的碳涂层,SiC 纤维通常利用 C 或 BN 涂层包覆（约 0.1~1 μm）。由于其显著的高氧化稳定性,Hi – Nicalon 纤维上的 Si 掺杂 BN 涂层以及原位涂覆的 Sylramic – iBN 纤维[7]更适合在高温氧化气氛中长期使用。为了避免 BN 纤维涂层与熔融 Si 接触而退化,需要额外涂覆一层 SiC 或 $Si_3N_4$ 涂层。SiC 外涂层的典型厚度为 0.5~5 μm[10]。CVI 纤维涂层一般用于 GE（Hypercomp）和 NASA 的 SiC/SiC 材料,以及 EADS Astrium（Sictex,Sictex Si)[11]开发的 C/SiC 和 C/C – SiC 材料。

如果有特别合适的前驱体提供强纤维基体用于 CFRP 的制造,能够使热解过程中每个纤维束分割成致密的 C/C 束,那么耗时且昂贵的纤维涂层是不必要的。在 MI 过程中,只有 C/C 束外表面的纤维与 Si 接触并转化为 SiC,而 C/C 束内的纤维受到较好的保护。这种低成本的方法是 LSI 工艺的基础,该工艺由 DLR 开发,并已转移到 FCT 工程陶瓷公司用于摩擦材料的批量生产。SKT 和 Brembo 陶瓷制动系统公司也采用了类似的工艺。

## 5.2.2　纤维增强坯体的制备

制造近净成形几何形状的 C 和 SiC 纤维增强生坯的方法主要有两种:第一种方法是制造基于聚合物基体的生坯,如碳纤维增强塑料（CFRP）;第二种方法是使用 CVI,主要用于 SiC 纤维增强生坯的制备。

对于基于聚合物的预制体的制备,通常使用较为成熟的技术,如树脂传递模塑（RTM）、热压罐技术和温压。下面将详细介绍 DLR 生产 C/C – SiC 材料的工艺工程。

RTM 工艺基于通过堆叠切割的织物片和一维层片或三维预成型件而构建的干纤维预制体。预制体被放入刚性的封闭模具中，并用聚合物前驱体（$P_{max} \approx 0.1$ MPa）浸渗。聚合物固化后（$T_{max} = 210$ ℃，$P_{max} = 2.2$ MPa），可从模具中取出纤维含量约为 60% 和低孔隙率（$e' < 2\%$）的 CFRP 生坯。

热压罐和温压技术可用于制造 CFRP 以及 SiC 纤维增强坯体。因此，预浸纤维板是通过湿式滚筒纤维缠绕（一维预浸料）或通过树脂浸渍织物来制备的。将所得预浸料切割成薄片并层压到开放模具或芯上，随后在热压罐中（$P_{max} = 0.8$ MPa，$T_{max} \approx 180 \sim 250$ ℃）或通过温压进行压缩和固化。对于短纤维增强 C/SiC 或 C/C – SiC 材料，碳纤维与液态或粉末状聚合物前驱体混合。随后将压块放入模具中进行压缩（$P \leqslant 5$ MPa），并固化（$T_{max} = 250$ ℃），形成纤维含量约为 50% 的近净成形 CFRP 坯体。典型的工艺时间为温压2 h，热压罐 6 h，RTM 最多 30 h。

可使用 CVI 制造 SiC 纤维增强坯体，加热干纤维预制体（$T_{max} \leqslant 1100$ ℃），并由气态先驱体浸渗，该气态先驱体通常是三氯甲基硅烷（工艺气体）和氢气（催化剂）的混合物。因此，少量的 SiC 基体沉积在先前涂层后的纤维上，其量仅为稳定纤维预制体所必需的量，从而形成开孔隙率约为 34% 的刚性坯体。

最终 CMCs 材料的组成和性能主要由生坯决定。为了满足不同应用的特殊要求，已经开发了定制的生坯，从而产生了各种不同的 MI – CMC 材料。

对于在低于 1200 ℃ 温度下使用的部件，如刹车盘和刹车片，富硅材料可能是有利的，因为硅具有高导热性。因此使用了低纤维含量的生坯，这导致了高的开孔率和宽的微通道。

对于达到甚至超过硅的熔化温度的高温应用和长期使用，必须将游离硅的含量降至最低。例如，可以通过高纤维含量和高碳产率的聚合物前驱体来实现这一点，从而实现热解后的低开孔率和窄微通道，并使碳纤维增强 SiC 材料的 Si 含量低于 5%。从具有较低纤维含量和较高孔隙率的 SiC 纤维预制体开始，通过使用添加了 SiC 和碳颗粒的先驱体，以及通过两相先驱体，即具有高和低碳和/或 SiC 产率的不同先驱体，或成孔剂，可在热解后建立有利的微结构，这对于形成化学计量比的 SiC 基体是理想的，可以获得较低的 Si 含量[10,13 – 14]。

## 5.2.3　多孔纤维增强坯体的制备

在第三个工艺步骤中，生成多孔预制体，为随后通过化学反应（反应性 MI）或通过 SiC 颗粒（非反应性 MI）与熔体 Si 的结合生成 SiSiC 基体提供了碳源。对于反应性 MI，必须高度重视多孔预制体的调控，以确保零件的整体和均匀渗透，以及尽可能形成化学计量比的 SiC 基体。为了实现这一点，聚合物基生坯在 $T > 900$ ℃的惰性气体气氛中进行裂解，聚合物基体转化为非晶态碳基体，从而形成多孔 C/C 或 SiC/SiC 预制体，而 CVI 制备的生坯则用含 C 和/或 SiC 的浆料进行浸渍。

在 DLR 的 LSI 工艺中使用基于织物的 CFRP 生坯的情况下，聚合物基体（≈50%~60%）的体积收缩与生坯的低体积变化不一致，后者受到纤维增强体的限制。例如，二维织物堆叠导致壁厚收缩约 8%~10%，而在平面方向上仅收缩 0.5%。由于基体中产生的拉应力，在 C/C 预制体中形成了微裂纹，获得一个典型的跨层通道系统，该系统由相互连通的开孔（$e' \approx 20\%~30\%$）[15] 组成，易于被熔融金属渗透。因此，最初的 CFRP 纤维束被分割成几个由碳纤维丝组成的 C/C 束，嵌入致密的碳基体中（如图 5.3 所示）。对于基于层压织物的大型厚壁预制体，热解的整个过程持续时间约为 190 h，对于具有随机纤维取向的小型短切纤维增强部件，热解持续时间小于 40 h。

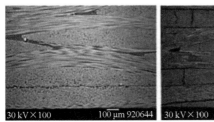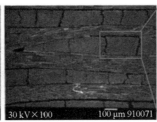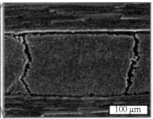

**图 5.3　CFRP 预制体热解前（左）和热解后（中）的截面 SEM 图，右侧为致密的 C/C 束**

由 CVI 工艺得到的 SiC 纤维增强坯体通常由表面涂覆了 C 或 BN 界面相涂层和 SiC 外涂层的 SiC 纤维组成。为了提供通过 MI 形成最终 SiC 基体所需的碳源，通过浆料浇注约 34% 的残余孔隙率。对于非反应性 MI，浆料以水和 SiC 颗粒为基础；对于反应性 MI，浆料基于 SiC 和碳颗粒的组合，并通过施加约 6 MPa 的气体压力进行浸渗[13]。采用一定比例的具有合适晶粒尺寸的 SiC 和碳颗粒，经过预制体干燥和随后的 MI 工艺后获得了低游离 Si 含量（$\varphi_{Si} \geqslant$

5%）和较低的开孔率（$e' < 6\%$）的 SiC/SiC 材料。对于高强度 SiC/SiC，最好将浆料中的碳含量降至最低，以减少放热反应，因为放热反应会导致高温，从而削弱 SiC 纤维。

## 5.2.4 Si 浸渗与 SiC 基体生成

在最后一个工艺步骤中，当温度远高于 Si 的熔点（1420 ℃）时，多孔纤维增强预制体被熔融 Si 浸渗。因此，Si 仅通过毛细力被吸入到预制体孔隙中。在浸渗的同时，Si 与预制体提供的 C 发生反应形成 SiC 基体。在主要含有 SiC 颗粒的预制体中，Si 起到颗粒间黏合剂的作用。

由于熔融 Si 的特殊性能（见表5.1），如低黏度、高表面张力和良好的润湿性[17]，可快速填充预制体孔隙。渗透行为可通过基于吉布毛细管理论和达西定律的计算模型进行模拟，该模型描述了流体在毛细管中的运动，并考虑了毛细管力和反作用力、初始孔隙度和毛细管直径的影响，以及由毛细管中 SiC 基体的堆积引起的随时间变化的毛细管直径。通过对所得到的 Navier – Stokes 方程[18]进行数值求解，可以计算出常见毛细管直径的可能渗透高度和时间（如图5.4所示）。因此，浸渗所需的时间通常很短，即使是较大的零件也可以在几分钟内完全浸渗。

表 5.1　熔融硅的物理性能

| 物理性能 | 单位 | 数值 |
|---|---|---|
| 密度 $\rho$ | g/cm$^3$ | 2.33 ~ 2.34 |
| 熔点 | ℃ | 1414 ~ 1420 |
| 表面张力 $\sigma$ | N·m$^{-1}$ | 0.72 ~ 0.75（1550 ℃ 真空） |
| 润湿角 $\vartheta$ | ° | 30 ~ 41（真空下与 SiC）<br>0 ~ 22（真空下与 C） |
| 动态黏度 $\eta$ | 10$^{-4}$Pa | 5.10 ~ 7.65（1440 ℃）<br>4.59 ~ 6.38（1560 ℃） |

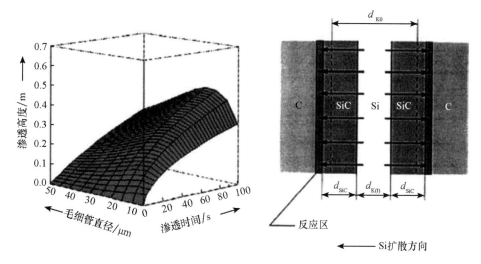

**图 5.4　熔融 Si 渗入多孔 C/C 预制体单个毛细管的行为[18]（左）和毛细管中 SiC 基体堆积示意图（右）**

注：$d_{K0}$ = Si 浸渗前的毛细管直径；$d_{k(t)}$ = 毛细管直径与时间 $t$ 的关系；$d_{SiC}$ = SiC 层的厚度。

对于反应性 MI，浸渗的同时，Si 与 C 反应形成 SiC 基体：

$$Si_{Liquid} + C_{Solid} \rightarrow SiC_{Solid} \quad \Delta H = -68 \text{ kJ/mol}$$

由于剧烈的放热反应，由 SiC 颗粒组成的 SiC 层立即在毛细管壁上形成，反应区位于碳和 SiC 之间。因此，随后的化学反应由 Si 原子通过 SiC 层的扩散决定，并随着 SiC 层厚度的增加而减慢。由于生成的 SiC 摩尔体积（$V_{SiC}$ = 12.45 cm³/mol）比反应 C（$V_C$ = 6.53 cm³/mol）和 Si（$V_{Si}$ = 11.11 cm³/mol）的添加体积小 30%，单独填充孔隙不足以形成致密的 SiC 基体，还必须连续填充 Si。然而，C 向 SiC 的转变使体积增加了 91%。因此毛细管往往会因 SiC 的形成而关闭，直到堵塞孔隙通道。

在 DLR，C/C 材料通常在 $T$ = 1650 ℃ 和 $P$ < 3 mbar 条件下硅化。在加热之前，按计算量将 Si 颗粒添加到 C/C 预制体中。熔融硅被吸入预制体的微通道系统，立即与通道壁上的碳基体和碳纤维反应，而致密的 C/C 束未被浸渗。与基于 CVI 纤维涂层的 C/SiC 或 SiC/SiC 材料不同，其中的每个纤维单独嵌入 SiC 基体中，而此方法生成的 CMCs 材料特征是致密的 C/C 束嵌入 SiC 基体中，因此称为 C/C - SiC（如图 5.5 所示）。

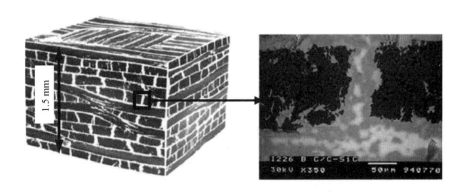

右图：横截面的 SEM 图，显示游离 Si（浅灰色）作为 SiC 层（灰色）内部的晶间相

图 5.5　织物增强 C/C – SiC 材料的典型微观结构三维模型，显示 SiC 层（灰色）包裹着 C/C 束（深灰色）

根据最高工艺温度和时间，未反应的游离硅在 SiC 层中以晶间相的形式保留，尤其是在宽毛细管中。出于经济原因，必须在工艺时间和转化水平之间进行折中，导致最终 C/C – SiC 材料中的 Si 含量在 1%~4% 范围内。

基于织物的大型厚壁零件的典型工艺时间约为 60 h，具有随机纤维取向的小型短纤维增强零件的工艺时间约为 12 h。

LSI 工艺的一个主要优点是可以通过近净成形制造和原位连接实现大型复杂结构。因此，可将结构分为基本组件，为其制造单个 CFRP 预制体并进行热解。通过轻微压力配合、正锁接头或使用基于聚合物先驱体和碳颗粒混合物的特殊连接膏组装单个组件后，通过对整个结构进行硅化，原位完成最终陶瓷连接（如图 5.6 所示）[20]。

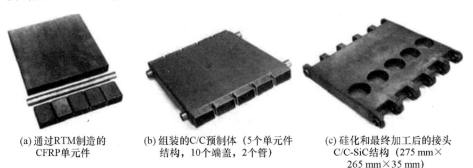

(a) 通过 RTM 制造的　　(b) 组装的 C/C 预制体（5个单元件　(c) 硅化和最终加工后的接头
　　　CFRP 单元件　　　　　 结构，10个端盖，2个管）　　　　C/C-SiC 结构（275 mm×
　　　　　　　　　　　　　　　　　　　　　　　　　　　　　　265 mm×35 mm）

图 5.6　通过近净成形和原位连接技术制造的轻质 C/C – SiC 进气坡道演示器

# 5.3 性能

在 CMCs 中，块体陶瓷具有高耐热性、高耐化学性、高硬度和高耐磨性等特性，与耐热震性、断裂韧性和准韧性断裂行为等特性相结合，形成了一类全新的高性能结构件材料。

与块体陶瓷（SiC：$\sigma_t = 400$ MPa；$\varepsilon < 0.05\%$）相比，碳纤维和 SiC 纤维具有更高的强度（$\sigma_t > 1800$ MPa），更重要的是较高的应变水平（$\varepsilon > 1.5\%$）。通过将具有弱界面的纤维集成到脆性陶瓷基体中，纤维可以从基体中分离出来。因此，由于局部应力过大而产生的裂纹将由纤维桥连，荷载将被传递给纤维。此外，裂纹被阻止在纤维基体界面处或基体中的微裂纹处。在块状陶瓷中，裂纹贯穿整个零件且无法阻止，与之不同的是，CMCs 的脆性大大降低，损伤容限得到提高，这是因为裂纹偏转、纤维断裂和最终纤维拔出使裂纹能量耗散（如图 5.7 所示）。

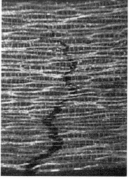

**图 5.7　CMCs 典型断裂行为的 SEM 图像，其特征为纤维拔出（左图）和裂纹偏转（右图）**

总之，纤维增强 CMCs 的行为更类似于金属（如灰口铸铁），而不是单相陶瓷，并且材料强度不像"威布尔材料"那样取决于零件或结构的体积（如块状陶瓷）。在不增加失效风险的情况下，可以实现可靠的大尺寸 CMCs 结构。

对于 MI－CMCs，多家制造商使用了范围广泛的不同工艺变量。然而，材料性能数据的可用性是有限的。此外，由于评估方法不同，以及缺乏关于材料组成和制造细节的信息，公布的数据不能直接进行比较。因此，表 5.2 中的数据只提供了大致方向，不能在未咨询材料制造商的情况下直接用作设计数据。

研究了加载方向平行于织物层或纤维的试样力学性能。碳纤维基 CMCs 的高温性能是在惰性气氛中测定的，SiC/SiC 材料的高温性能是在环境空气中测定的。

在图 5.8 和图 5.9 以及表 5.2 和表 5.3 中，比较了通过 CVI、LPI 和 MI/LSI 工艺制备的二维织物和一维交织（0°~90°）增强 CMCs 的典型微观结构和力学/热性能。数值的分散基于不同的纤维类型、纤维体积含量和基体组成的标准材料的变化。图 5.10 和表 5.4 概述了典型的 C/SiC 材料，证明了 MI/LSI 工艺的高可变性。

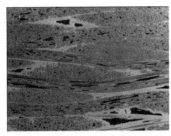

(a) CVI-C/SiC（MT航空航天）

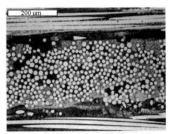

(b) LPI-C/SiC（EADS/Dornier）。两种材料都表现出高孔隙率

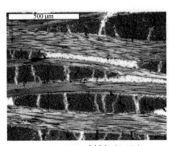

(c) LSI-C/SiC材料（SGL）

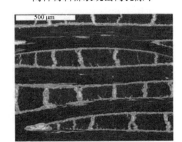

(d) LSI-C/C-SiC XB（DLR）。两种 LSI/MI材料均以致密的C/C束嵌入在 SiSiC基体中为特征，几乎没有孔隙

图 5.8　织物增强 C/SiC 和 C/C – SiC 材料的典型微观结构

表 5.2　织物和 UD 交织（0°/90°；EADS）结构 C/SiC 和 C/C – SiC 材料的典型材料性能与制造方法的关系[21-23]

| | | CVI | | LPI | | LSI | |
|---|---|---|---|---|---|---|---|
| | | C/SiC | C/SiC | C/SiC | C/C – SiC | C/C – SiC | C/SiC |
| 制造商 | | SPS (SNECMA) | MT Aerospace | EADS | DLR | SKT | SGL |
| 密度 | g/cm$^3$ | 2.1 | 2.1~2.2 | 1.8 | 1.9~2.0 | >1.8 | 2 |
| 孔隙率 | % | 10 | 10~15 | 10 | 2~5 | — | 2 |
| 拉伸强度 | MPa | 350 | 300~320 | 250 | 80~190 | — | 110 |
| 失效应变 | % | 0.9 | 0.6~0.9 | 0.5 | 0.15~0.35 | 0.23~0.3 | 0.3 |
| 杨氏模量 | GPa | 90~100 | 90~100 | 65 | 50~70 | — | 65 |
| 压缩强度 | MPa | 580~700 | 450~550 | 590 | 210~320 | — | 470 |
| 弯曲强度 | MPa | 500~700 | 450~500 | 500 | 160~300 | 130~240 | 190 |
| 层间剪切强度 | MPa | 35 | 45~48 | 10 | 28~33 | 14~20 | — |
| 纤维含量 | % | 45 | 42~47 | 46 | 55~65 | — | — |
| 热膨胀系数　∥ | $10^{-6}K^{-1}$ | 3[a] | 3 | 1.16[d] | -1~2.5[b] | 0.8~1.5[d] | -0.3 |
| 热膨胀系数　⊥ | $10^{-6}K^{-1}$ | 5[a] | 5 | 4.06[d] | 2.5~7[b] | 5.5~6.5[d] | -0.03~1.36[e] |
| 热导率　∥ | W/(m·K) | 14.3~20.6[a] | 14 | 11.3~12.6[b] | 17.0~22.6[c] | 12~22 | 23~12[f] |
| 热导率　⊥ | W/(m·K) | 6.5~5.9[a] | 7 | 5.3~5.5[b] | 7.5~10.3[c] | 28~35 | — |
| 比热容 | J/(kg·K) | 620~1400 | — | 900~1600[b] | 690~1550 | | |

注：∥ 和 ⊥ 为纤维取向；a 为室温,1000 ℃；b 为室温,1500 ℃；c 为 200~1650 ℃；d 为室温,700 ℃；e 为 200~1200 ℃；f 为 20~1200 ℃。

表 5.3  SiC/SiC 材料的典型性能与制造方法的关系[14,24-26]

| 性能 | 单位 | 气相渗透法 | | | | 熔融浸渗法 | | | | | |
|---|---|---|---|---|---|---|---|---|---|---|---|
| | | SiC/SiC | | C/SiC | | Hypercomp PP-HN | | Hypercomp SC-HN | | N-24B | |
| 制造方法 | | CVI | | CVI^a | | MI-预浸料法 | | MI-浆料浇注法 | | MI-浆料浇注法 | |
| 制造商 | | Snecma (SPS) | | Propulsion Solide | | General Electric (GE) | | — | | NASA | |
| 纤维类型 | | Nicalon | | Hi-Nicalon | | Hi-Nicalon | | Hi-Nicalon | | Sylramic-iBN^b | |
| 纤维含量 | % | 40 | | — | | 20~25 | | 35 | | 36 | |
| 温度 | ℃ | 23 | 1400 | 23 | 1200 | 25 | 1200 | 23 | 1200 | 23 | 1315 |
| 密度 | g/cm$^3$ | 2.5 | 2.5 | 2.3 | — | 2.8 | — | 2.7 | — | 2.85 | — |
| 孔隙率 | % | 10 | 10 | 13 | — | <2 | — | 6 | — | 2 | — |
| 拉伸强度 | MPa | 200 | 150 | 315 | | 321 | 224^c | 358 | 271 | 450 | 380 |
| 比例极限应力 | MPa | — | — | | | 167 | 165 | 120 | 130 | 170 | 160 |
| 失效应变 | % | 0.3 | 0.5 | 0.5 | — | 0.89 | 0.31 | 0.7 | 0.5 | -0.55 | — |
| 杨氏模量 | GPa | 230 | 170 | 220 | | 285 | 243 | — | — | 210 | |
| 层间剪切强度 | MPa | 40 | 25 | 31 | 23 | 135 | 124 | | | | |
| 热膨胀系数 ∥ | 10$^{-6}$K$^{-1}$ | 3 | 3^f | — | — | 3.57 | 3.73 | 3.74 | 4.34 | | |
| 热膨胀系数 ⊥ | 10$^{-6}$K$^{-1}$ | 1.7 | 3.4^f | — | — | 4.07 | 4.15 | 3.21 | 3.12 | | |
| 热导率 ∥ | W/(m·K) | 19 | 15.2^f | — | — | 33.8 | 14.7 | 30.8^g | 14.8^g | | |
| 热导率 ⊥ | W/(m·K) | 9.5 | 5.7^f | — | — | 24.7 | 11.7 | 22.5 | 11.8 | 27^d | 10^e |
| 比热容 | J/(kg·K) | 620 | 1200^f | — | — | 710 | 1140 | 700 | 2660^g | | |

注：∥ 和 ⊥ 为纤维取向；a 为 Si-B-C 自愈矩阵；b 为 COI Ceramics + NASA；c 为应变率，为 $3 \times 10^{-5} \sim 10^{-4}$，在更高的应变率下获得更高的值；d 为 204 ℃；e 为 1204 ℃；f 为 1000 ℃；g 为工程估算。

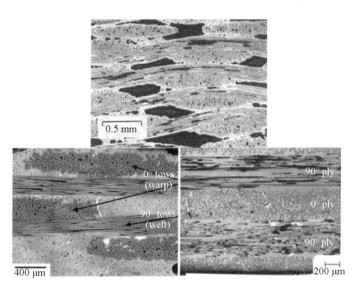

上图：CVI – SiC/SiC（NASA），具有高开孔隙率（黑色）的特点

下图：基于浆料浇注（左）和预浸料技术（右）的 Hipercomp（GE）MI – SiC/SiC 材料[14]

图 5.9 不同 SiC/SiC 材料的 SEM 显微照片

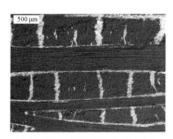

(a) 基于HTA纤维织物的基本C/C-
SiC材料（C/C-SiC XB；DLR）

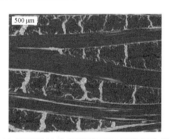

(b) 基于经过热处理的T800纤维织物的
高韧性C/C-SiC材料（C/C-SiC XT；DLR）

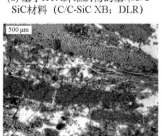

(c) C/SiC材料，基于随机取向的短纤维
（Sigrasic 6010GNJ，SGL）

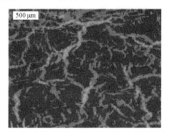

(d) 基于随机取向、短切HTA纤维的
C/C-SiC材料（C/C-SiC SF；DLR）

图 5.10 不同 C 纤维增强的 MI CMC 的 SEM 显微照片

表 5.4　由 LSI（DLR，SGL，SKT）制备的织物和短纤维增强 C/C‑SiC 和 C/SiC 材料体系的材料性能

| 材料性能 | | 单位 | C/C‑SiC | | | | C/C‑SiC | C/SiC |
|---|---|---|---|---|---|---|---|---|
| | | | XB | XT | XC | SF | FU 2952 P77 | Sigrasic 6010 GNJ |
| 制造商 | | | DLR | DLR | DLR | DLR | SKT | SGL |
| 纤维增强方式 | | | 织物 | 织物 | 织物 | 短纤维 | 短纤维 | 短纤维 |
| 密度 | | g/cm³ | 1.9 | 1.92 | 2.05 | 2.03 | >2 | 2.4 |
| 孔隙率 | | % | 3.5 | 3.7 | 2.2 | 3 | — | <1 |
| 杨氏模量[a] | | GPa | 60 | 100 | — | 50~70 | — | 20~30 |
| 弯曲强度 | | MPa | 160 | 300 | 120 | — | 60~80 | 50~60 |
| 抗拉强度 | | MPa | 80 | 190 | | | | 20~30 |
| 失效应变 | | % | 0.15 | 0.35 | — | — | 0.2~0.26 | 0.3 |
| 热导率 | ‖ | W/ (m·K) | 18.5/17 | 22.6/20.8 | — | | 18~23 | 40/20[b] |
| | ⊥ | | 9.0/7.5 | 10.3/8.8 | | 25~30[f] | 28~33 | |
| 比热容（25 ℃） | | J/ (kg·K) | 750 | 690 | 720 | 750 | — | 600~800 |
| SiC 含量 | | % | 21.2 | 19.8 | 30.4 | 26 | | 60 |
| Si 含量 | | % | 5.4 | 4.1 | 5.2 | 1.3 | | 10 |
| C 含量 | | % | 69.9 | 72.4 | 62.2 | 69.7 | | 30 |
| 热膨胀系数 （参考温度= 25 ℃） | ‖ | 10⁻⁶K⁻¹ | −1/2.5[d] | −1/2.2[d] | — | 0.5/3.5[e] | 0.8~1.3[e] | 1.8/3.0[a] |
| | ⊥ | | 2.5/6.5[d] | 2.5/7[d] | | 1.0/4.0[e] | 5.5~6.0[e] | |

注：‖ 和 ⊥ 为纤维取向；a 为 0~300 ℃/300~1200 ℃；b 为 20/1200 ℃；c 为 25~800 ℃；d 为 100/1500 ℃；e 为 25/1400 ℃；f 为 50 ℃；g 为 200/1600 ℃。

## 5.3.1　材料组成

在材料组成方面，MI‑CMC 的主要特点是低孔隙率和多相基体。由于工艺和经济方面的限制，CVI 和 LPI 材料的开孔率通常高于 10%，最高可达 15%。相比之下，非常有效的 MI 工艺产生了相对致密的 CMCs 材料，孔隙率为 2%~6%（见图 5.9 和图 5.10）。而用 CVI、LPI 或热压工艺可以得到近化

学计量比的 β – SiC 基体，MI – CMC 的复相基体是 Si 与 C 反应生成的 β – SiC 晶体以及未反应的、残留的 C 和 Si 的混合物。此外，通过浆料浇注或预浸料技术形成的晶态 SiC 颗粒嵌入到 SiC/SiC 材料的基体中。

未反应的残余 Si 的典型含量为 2%~5%，C/SiC 和 C/C – SiC 的 Si 含量高达 17%，对于 SiC/SiC 高达 12%~18%，低至 5%，这取决于目标应用和所使用的原材料和工艺。

对于织物增强的伪塑性 C/C – SiC 材料，其主要特征是 C/C 束内部用于包埋和保护碳纤维的残余碳基体含量高，以及在原始纤维束的交叉区域具有一定的碳基体含量。总的来说，碳基体含量高于 12%，并且通过包埋碳纤维，可以实现 60%~75% 的总碳含量。由于碳纤维表面没有保护涂层，一些碳纤维转化为 SiC。然而，由于 CFRP 和 C/C 预制体（$\varphi_{F,C/C}$ 预制体 = 55%~65%）的高纤维含量，最终 C/C – SiC 材料的纤维含量仍然很高。相应的 SiC 含量较低，在 20%~30% 之间。相比之下，CVI 或 PIP 制备的 C/SiC 材料通常显示出较低的总碳含量（碳纤维和纤维涂层），在 40%~50% 范围内，而 SiC 含量高得多，约为 30%~40%。而采用低纤维含量的短纤维增强 CFRP 预制体，MI – C/SiC 的 SiC 和 Si 含量也可分别提高到 60% 和 10%[21]。

MI – SiC/SiC 材料的纤维含量一般较低，对于预浸料和基于浆料的材料，纤维含量分别为 20%~25% 和 35%。对于纤维涂层，一般为 6%~10%。在浆料浇注材料中，基体由 23%~35% CVI – SiC 外涂层和 16%~18% SiC 颗粒以及 12%~18% Si 形成。

## 5.3.2　力学性能

纤维与基体结合对 CMCs 材料的力学性能影响较大。因此，MI 以及 CVI 和 PIP/LPI 材料在使用高顺应性纤维涂层（如 CVI 涂覆的 C 或 BN）时，表现出类似的高极限强度和应变失效能力。然而，对于 MI – C/C – SiC 材料，如果碳纤维是原始状态，没有沉积高成本的纤维涂层，则拉伸强度和弯曲强度明显较低。与 CVI – 和 LPI/PIP – CMC 相比，MI – CMC 的一个主要优点是具有较高的层间剪切强度，特别是对于 SiC/SiC 材料，这是因为它们的孔隙率明显较低。

在 1200 ℃ 的高温下，在惰性气体环境中，C/C – SiC 的力学性能略高于室温，与 C/C 材料的行为相似（见图 5.11）。然而，在 1350 ℃ 以上的真空条件下，拉伸强度有一定的下降。由于碳纤维基 CMCs 材料在 450 ℃ 以上的空气中会氧化,其使用寿命受到限制。氧气可以在 CMCs 表面(纤维末端暴露在外)和延伸到 CMCs 表面的基体裂纹处与碳纤维发生反应。这些基体裂纹不仅由施加在 CMCs 上的外部拉伸载荷产生,而且源于在 CMCs 的制造过程中由于碳纤维和 SiC 基体之间存在的热膨胀不匹配。因此,尽管 SiC 基体和表面涂层显著提高了氧化稳定性,但 C/SiC 和 C/C – SiC 材料不适宜于长期使用,如在燃气轮机中。

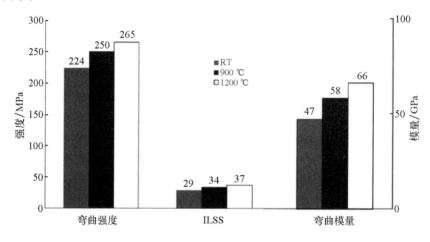

**图 5.11　通过 LSI 制造的织物增强 C/C – SiC 的高温性能**

与碳纤维基 CMCs 相比,SiC/SiC 材料的极限抗拉强度(UTS)在高温下会下降,这主要是由于 SiC 增强纤维的缓慢裂纹扩展和蠕变空化造成的。然而,比例极限应力,即线弹性区域的最大设计应力水平,以及失效应变或全厚度基体开裂,通常不受温度的影响,即使在 1200 ℃ 的空气中暴露 1000 ~ 4000 h 后仍保持稳定[14,27]。

对各种 SiC/SiC 材料的广泛研究表明,在 950 ℃ 以下的空气中,随着温度的升高和导致基体开裂的拉伸载荷的增加,氧进入材料的途径增加,从而降低了材料在空气中的寿命。因此,寿命从 700 ℃/250 MPa 时的 1000 h 以上减少到 950 ℃/250 MPa 时的 22 h[28]。基于这个原因,推断纤维涂层的衰退和玻璃状界面的形成,导致了局部纤维的侵蚀和高纤维基体结合。

在 950 ~ 1150 ℃ 的温度范围内,在 1150 ℃/250 MPa 的空气中使用寿命可显著提高至 1000 h 以上。因此,SiC 和 Si 的氧化导致保护性 SiO_2 的快速形成,密封样品表面由于应力而产生的基体裂纹。

在 1200 ~ 1400 ℃ 的高温和超过 100 h 的长暴露时间下,由于高拉伸应力产生的纤维蠕变和氧通过基体裂纹进入，导致抗拉强度和失效应变迅速下降。此外，在 1300 ℃ 以上，基体中残余 Si 的扩散反应重新开始，侵蚀纤维基体界面和纤维本身[22,27]。纤维基体结合显著增加，再次导致了 SiC 纤维的严重退化以及脆性断裂行为。因此，极低的硅含量和近化学计量比的 SiC 基体是用于燃气轮机高温部件的 SiC/SiC 材料正在发展的重点。

此外，SiC 和 $SiO_2$ 在燃气轮机典型的燃烧环境中不稳定，其特点是水蒸气分压高。$SiO_2$ 通过形成 Si－O－H 挥发，导致 SiC/SiC 构件持续受到攻击和退化。在 1200～1315 ℃（$P = 1$ MPa，气速 $v = 90$ m/s）暴露 1000 h 的样品测试中，观察到 200～500 μm 的壁厚退化[7]。

综上所述，可以通过限制外加应力以避免基体开裂，并通过尽可能降低游离 Si 的含量等方法来提高 SiC/SiC 组件的寿命。此外，基于多相非氧化物或氧化物陶瓷的环境障碍涂层（EBC）[29] 在腐蚀性环境中是必须的。为了避免保护涂层出现微裂纹，复合材料的最大应力载荷通常由高脆性涂层的低失效应变控制，因此必须大幅度降低。

## 5.3.3　CTE 和热导

与金属和块体陶瓷相比，MI－CMC 的导热系数和热膨胀系数（CTE）普遍较低。与 CVI 和 LPI－CMC 相比，MI－CMC 的热导率显著提高，特别是垂直于纤维取向时，这是因为 MI－CMC 的孔隙率较低。因为碳纤维表现出与 SiC 基体非常不同的各向异性热性能，导致 C/C－SiC 和 C/SiC 材料的热膨胀系数和导热系数可以在比 SiC/SiC 材料更宽的范围内调节，这是因为 SiC 纤维和 SiC 基体的热性能相似造成的。

在低于 200 ℃ 的温度下，由于碳纤维的 CTE 为负，导致平行于纤维方向的碳纤维基 MI－CMC 的 CTE 通常很低。结合 SiC 基体的正 CTE 特点，可以通过调整纤维含量、纤维取向等方法，获得热稳定性较好的（$CTE_{\parallel,RT} \approx 0 \times 10^{-6} K^{-1}$）CMCs 材料和构件。垂直于纤维方向，CTE 由 SiC 基体决定，因此 CTE 明显更高（$CTE_{\parallel,RT} = 2～4 \times 10^{-6} K^{-1}$）。与单块 SiC 和 C 材料相似，其 CTE 随温度的升高而增大（$CTE_{\parallel,1200℃} = 2～4.5 \times 10^{-6} K^{-1}$；$CTE_{\perp,1200℃} = 7～8 \times 10^{-6} K^{-1}$）。相反，MI－SiC/SiC 材料的 CTE 在平行和垂直于纤维方向上表现出相似的值，受温度影响较小。典型值范围为 3.1～4.3 × $10^{-6} K^{-1}$（RT－1200 ℃）[14]。

具有高含量碳纤维和碳基体的碳纤维基 MI－CMC 在室温和高温下表现出低热导性能（$\lambda_\perp = 7～9$ W/mK 和 $\lambda_\parallel = 12～22$ W/mK）。然而，通过使用石墨化的碳纤维或 C/C 预制体，以及通过增加 SiC 和 Si 的体积含量，可以显著提高这些值。使用高含量 SiC 和 Si 的短纤维增强 C/SiC 材料（$\varphi_{SiC}$ = 60%；$\varphi_{Si}$ = 10%），最大热导率可达 $\lambda_{\parallel}$ = 40 W/mK（RT）和 $\lambda_{\parallel}$ = 20 W/mK（1200 ℃），与灰口铸铁相当。

SiC/SiC 材料在室温下的导热系数是碳纤维基 MI – CMC 的两倍左右。与 C/SiC 和 C/C – SiC 类似，SiC/SiC 材料的面内导热系数比垂直方向（浆料浇注/预浸料基材料的 $\lambda_{\perp,RT} \approx 23/25$ W/mK 和 $\lambda_{\parallel,RT} \approx 31/34$ W/mK）高约 30%，这是由于各向异性纤维结构和 SiC 纤维的 BN 涂层所致。在高温下，热导率降低了一半（$\lambda_{\perp,1200℃} \approx 12$ W/mK 和 $\lambda_{\perp,1200℃} \approx 15$ W/mK）。然而，通过 35% 的高 CVI – SiC 基体含量和 MI 之前的额外热处理，垂直热导率可以增加到 $\lambda_{\perp,RT}$ = 41 W/mK和$\lambda_{\perp,1200℃}$ = 17W/mK[24]。

### 5.3.4  摩擦性能

LSI 基 C/SiC 和 C/C – SiC 材料在摩擦应用中表现出独特的性能，如高耐磨性、耐高温、抗热冲击性以及摩擦系数可在大范围内调节等，已在制动和滑动系统中成功应用。这一应用领域在本书单独的一章中有详细介绍。

## 5.4  应用

碳纤维增强 CMCs 材料最初被开发用作航天器的轻质热防护结构。由于其独特的热和力学性能，优于所有其他常见的材料，如金属或块状陶瓷，即使非常高的制造成本也是可以接受的。随着高成本效益的 MI 工艺的发展，可以开辟航空航天以外的新应用领域。有些材料甚至从实验室直接进入市场。

SiC/SiC 材料已被开发用于喷气发动机和固定式燃气轮机的热部件，以及用于核能发电和聚变技术的反应堆结构。MI – SiC/SiC 材料已经上市，但尚未用于商业应用。

### 5.4.1  空间应用

在可重复使用的航天器 TPS 中，在关键再入阶段局部会产生高达 1800 ℃ 的温度，几百摄氏度每秒的高升温速率和高热梯度，持续约 20 min。因此，在这一应用领域，碳纤维增强 CMCs 是无可替代的轻质材料。

苏联 BURAN 的 TPS 系统首次使用 MI – C/SiC 材料作为鼻帽[30]。TPS 中 MI – C/C – SiC 的当前状态可以在 NASA X – 38 航天器的鼻帽上显示出来（如图 5.12 所示），该航天器是由德国航天中心在德国 TETRA 计划（1998—2002）[31]中开发的，计划用于国际空间站（ISS）未来的机组人员返回器。这种大型、复杂形状的轻量结构可以使用 LSI 和原位连接方法的近净成形技术来实现。因此，基于可移动 C/C – SiC 杠杆开发了一种适应性良好的安装系统，确保了鼻帽与金属机身的安全固定，而不会在重返大气层期间因鼻帽的热膨胀而产生内应力。新式 TPS 系统的最新发展集中在基于成本效益高的平板的多面结构[32]。在 2005 年的一次再入段试验飞行中，第一个 C/C – SiC 结构可以承受位于尖锐鼻尖以及结构边缘的极端热载荷（$T_{max} > 1726$ ℃）。

(a) X38鼻帽（约740 mm×640 mm×170 mm）
$t \approx 6$ mm；$m \approx 7$ kg，DLR），背面显示
原位关节承载元件

(b) 安装在航天器铝制结构部件上的
鼻帽前视图

(c) 安装在火箭系统上的由平板构成的
多面TPS结构

**图 5.12　用于 TPS 的 C/C – SiC 构件**

## 5.4.2　短时飞行器

在军用火箭发动机中，CMCs 材料在迄今已知的最恶劣的热、机械和环境载荷下的轻量化结构中具有很大的应用潜力。由于使用时间很短，通常只有几秒钟，在许多情况下氧化不是关键因素，因此可以使用碳纤维基材料。

用于推力矢量控制（TVC）系统的 C/C – SiC 燃气舵已经在军用火箭发动机中使用（如图 5.13 所示）。可移动的燃气舵位于喷射气流中，导致燃气舵轴产生高弯曲力，最高温度可达 2826 ℃，前缘升温速率达数千摄氏度每秒，叶片区域局部温度梯度可达 200 ℃/mm。此外，由于 $Al_2O_3$ 颗粒以高达 2000 m/s 的速度撞击导致的前缘侵蚀可被限制在可接受的水平。与通常由钨等难熔金属制成的金属燃气舵相比，C/C – SiC 材料的使用可减重 90%。

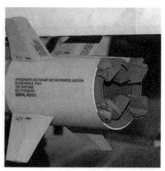

图 5.13　C/C – SiC 燃气舵和密封圈（左）以及排气喷嘴延伸部分中的喷射叶片组件（右）

## 5.4.3　长时飞行器和发电

与金属和单质陶瓷相比，CMCs 材料具有耐高温和抗热震性的优点，从而可以降低燃料消耗、提高输出以及降低 $NO_x$、$CO_2$ 和 CO 的排放，因此在提高燃气轮机效率方面具有很大潜力。这可以通过提高燃烧室内衬和涡轮部件的温度来实现，从而允许更高的燃烧以及涡轮进口温度。新型、温度稳定的 CMCs 材料在减少压缩机空气消耗方面具有很大潜力，通常需要将热部件冷却一半，并将热壁温度提高 30%。因此，燃料消耗和污染物排放（2005 年全球民用航空 1.56 亿 t 煤油、6100 万 t $CO_2$ 和 200 万 t $NO_x$）可分别减少 15% 和 80%。

SiC/SiC 材料由于其独特的性能，如高温强度、抗蠕变性和导热性，以及低热膨胀、低孔隙率和低密度，非常适合用于燃气涡轮发动机。

美国自 1992 年以来，MI – SiC/SiC 材料和部件在多个政府资助的项目中得到了开发。1997 年，在 GE（GE 7 FA；160 MW）和 Solar 涡轮机（Centaur 50 S；4.1 MW）的中小型固定式燃气轮机上，开始了集成典型部件的场试验。这些研究活动的现状体现在燃烧室内衬和涡轮外环的成功场试验，以及通用电气提供的商业可用的 SiC/SiC 材料，即 HyPerComp。在场试验中，几种原始几何形状的 SiC/SiC 内衬（高达 $\phi760$ mm，$l=200$ mm，$t=2\sim3$ mm）采用基于 SiC、BSAS 和莫来石的多层 EBC，经过测试表明，在最高温度 1260 ℃ 环境下的累积使用时间超过了 12 000 h，计算出仅由温度梯度引起的应力载荷约为 76 MPa[29]。

然而，30 000 h 的最低要求使用时间（代表小型涡轮发动机大修间隔的典型目标时间）仍然是一个挑战。最关键的问题是 SiC/SiC 材料和 EBC 在高腐蚀性燃烧室环境中的长期稳定性，该环境的特点是水蒸气分压高、远高于 1200 ℃ 的温度和高达 90 m/s 的燃气速度。研究重点是无 Si 基体的 SiC/SiC 材料、可靠涂层和寿命计算模型。

## 5.4.4　摩擦系统

高性能制动器和离合器是 C/C 材料的重要应用领域之一。然而，由于制造成本高和一些不利的摩擦性能，如高磨损和在低温下不稳定的摩擦行为，C/C 仅限于应用在飞机和赛车上。通过开发低成本 MI‑C/SiC 和 C/C‑SiC，可以克服这些缺点，从而开辟航空航天以外的广泛潜在应用领域。此外，材料性能可以适应多种不同的应用，从而实现汽车高性能刹车盘、高速电梯刹车片，甚至高速列车和磁悬浮列车的滑动件的批量生产。CMCs 技术的这一重要突破将在本书的单独一章中介绍。

## 5.4.5　低膨胀结构

C/SiC 和 C/C‑SiC 材料具有较高的热稳定性，在激光通信终端（LCT）的校准板和望远镜管等低膨胀结构中具有良好的应用前景。

通过激光束进行卫星通信的光学系统提供了高数据速率，例如，可在 20 000 km 的距离上达到 1 Gbit/s，但需要非常精确的结构，以实现数年的长服务时间[33]。图 5.14 显示了 2007 年发射的 Terrasar‑X 卫星上使用的 LCTSX 光学元件。由于在轴向上具有可调节的热膨胀系数（$0\pm0.1\times10^{-6}$K$^{-1}$），在 −50~70 ℃ 的温度范围内，主镜和次镜之间的距离可以保持恒定，从而确保安全的数据传输而不会造成传输损耗。与其他低膨胀材料（如 Cerodur）相比，C/C‑SiC 具有更低的密度和更高的断裂韧性，这使得薄壁、轻质结构的近净成形制造成为可能。此外，还克服了 CFRP 材料的主要缺点，即真空放气和吸湿膨胀。

图 5.14   原位连接 C/C – SiC 望远镜管（$\phi$140 mm，$l$ = 160 mm，壁厚 = 3 mm）
用于卫星 TerraSAR – X（蔡司光电）的 LCT

## 5.4.6   未来应用

C/SiC 的另一个很有前途的应用是对高速或穿甲弹的弹道防护。与硬化装甲钢相比，陶瓷装甲系统的重量减轻了 50% ~ 70%，使面积重量达到 30 ~ 40 kg/m$^2$。单质装甲陶瓷，如 Al$_2$O$_3$、SiC 和 B$_4$C，具有很高的抗多发打击能力，但由于单质陶瓷的脆性很高，很难满足抗多发打击的要求。更重要的是，具有复杂几何形状的大型 SiC 结构很难通过热压等常规工艺制造，导致废品率较高，生产成本也较高。因此，基于大量小瓦片（如 50 mm × 50 mm）精确排列成大型结构的昂贵的多瓦片防护系统被广泛用于车辆和飞机的防护。

C/SiC 材料可以克服单质装甲陶瓷的缺点，与单质 Al$_2$O$_3$ 和 SiC 相比，显著地减少了裂纹扩展，提高了抗多发打击性能[34]，同时减轻了重量。此外，复杂形状的薄壁结构可以通过低成本的 MI/LSI 工艺以近净成形的几何形状制造（如图 5.15 所示）。

在高温炉中，C/SiC 复合材料可用于加料装置（如图 5.15 所示）和金属部件高温处理的支撑结构，以及用于焊接工艺。与金属相比，C/SiC 复合材料明显更轻，热容更低，这有利于快速升温和降温。由于 C/SiC 的 CTE 较低，即使是壁厚突然变化的非对称结构，在不同温度下也具有几何稳定性，即使在高温下也不会出现变形，与金属结构相比，其具有更高的使用寿命和更安全的操作性。

 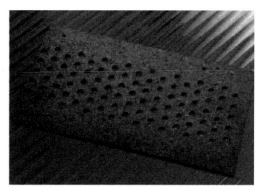

(a) 背心插板和防弹装甲板　　　　　　(b) 用于高温炉装料装置的多孔板

图 5.15　基于短纤维增强体（SGL）的 LSI – C/SiC 材料的新应用示例

## 5.5　总结

CMCs 材料在高、中、低温下具有独特的性能组合，这是任何其他材料（如金属或单质陶瓷）无法实现的。然而，由于原材料和工艺成本较高，CMCs 材料也很昂贵。作为一种更经济的制造工艺，通过在现有的 CVI 和 PIP/LPI 中增加 MI 可以部分消除这些缺点。MI 工艺的特点是 Si/SiC 基体的快速生成，从而缩短了工艺时间。Si/SiC 基体在单个工艺步骤中几乎同时在部件的整个体积内形成，不需要多次地浸渗循环来致密 C 和 SiC 纤维增强 CMCs。因此，即使是非常大的、形状复杂的薄壁轻质结构，以及非常厚的部件，也可以用近净成形技术来实现。

与 CVI 和 LPI 制备的 CMCs 材料相比，MI – C/SiC、C/C – SiC 和 SiC/SiC 材料的孔隙率显著降低，从而具有更高的剪切强度和热导率。然而，C/SiC 和 C/C – SiC 的拉伸强度较低，以及基体中游离 Si 在高温下长期使用对纤维的侵蚀，导致 SiC/SiC 材料的使用寿命有限，这仍然是一个挑战。

经过多年的发展和在航空航天领域的应用，MI - CMC 材料刚刚走出实验室，成为面向工业市场的高性能产品。典型的应用领域是航天器的 TPS 结构、火箭推进、燃气轮机和核反应堆的热结构、热稳定结构和摩擦材料。C/SiC 汽车刹车盘的批量生产是 CMCs 技术的一个突破和重要里程碑，为 C/SiC 和 C/C - SiC 材料在其他工业领域的进一步应用提供了巨大的潜力。

进一步的发展将不仅集中在低成本工艺、材料性能和 EBC 的改进上，而且还将集中在提供设计和仿真模拟工具以及令人信服的非破坏性评估方法上，有了后者，科学家和工程师就能够可靠地计算寿命以及损伤和失效行为，这是 CMCs 组件未来在非常有前途但具有挑战性的关键应用领域安全应用的基本前提。

# 参考文献

[1] HILLIG W B, MEHAN R L, MORELOCK C R, et al. Silicon/Silicon Carbide Composites[J]. American Ceramic Society Bulletin, 1975, 54(12): 1054 – 1056.

[2] EVANS C, PARMEE A, RAINBOW R. Silicon treatment of carbon fiber-carbon composites[C]//Proceedings of 4th London Conference on Carbon and Graphite. London, UK, 1974: 231 – 235.

[3] FITZERE, GADOWR. Fibre-reinforced silicon carbide[J]. American Ceramic Society Bulletin, 1986, 65: 368 – 372.

[4] KRENKELW, HALD, H. Liquid infiltrated C/SiC-An alternative material for hot space structures [C]//Proceedings of the ESA/ESTEC Conference on Spacecraft Structures and Mechanical Testing. Nordwijk, The Netherlands, 1988: 325 – 330.

[5] CORMAN G S, LUTHRA K L, BRUN M K. Silicon melt infiltrated ceramic composites-Processes and properties [M]//VAN ROODE E. Progress In Ceramic Gas Turbine Development, Vol. II, Ceramic Gas Turbine Component Development and Evolution, Fabrication, NDE, Testing and Life Prediction. New York: ASME Press, 2003: 291 – 312.

[6] LUTHRA K L, SINGH R N, BRUN M K. Toughened silcomp composites-

process and preliminary properties [ J ]. American Ceramic Society Bulletin (United States), 1993, 72(7): 79 –85.

[ 7 ]　DICARLO J A, YUN H M, MORSCHER G N, et al. Progress in SiC/SiC ceramic composite development for gas turbine hot-section components under NASA EPM and UEET programs[ C ]//ASME Turbo Expo 2002: Power for Land, Sea, and Air. Amsterdam, The Netherlands, 2002: 39 –45.

[ 8 ]　FAREEDAS. Silicon carbide and oxide fiber reinforced alumina matrix composites fabricated via direct metal oxidation [ M ]//BANSAL N P. Handbook of Ceramic Composites. Kluwer Boston: Academic Publishers, 2005.

[ 9 ]　WINNACKERK. Chemischetechnik: prozesse und produkte, Vol. 8 [ M ]. Weinheim, Germany: Wiley-VCH Verlag GmbH, 2005: 1166 –1173.

[ 10 ]　DICARLOJA, BANSALNP. Fabrication routes for continuous fibre-reinforced ceramic composites (CFCC): NASA/TM –1998 –208819[ R ]. Washington, D. C. : NASA, 1998

[ 11 ]　BEYER S, SCHMIDT S, MAIDL F, et al. Advanced composite materials for current and future propulsion and industrial applications [ J ]. Advances in Science and Technology, 2006, 50: 174 –181.

[ 12 ]　FABIG J, KRENKEL W. Tailoring of microstructure in C/C –SiC composites [ C ]//Proceedings of the 10th International Conference on Composite Materials, ICCM –10. Whistler, Canada, 1995: 601 –609.

[ 13 ]　LEE S P, YOON H K, PARK J S, et al. Processing and properties of SiC and SiC/SiC composite materials by melt infiltration process[ J ]. International Journal of Modern Physics B, 2003, 17(8 –9): 1833 –1838.

[ 14 ]　CORMANGS, LUTHRAKL. Silicon melt infiltrated ceramic composites (HiPerComp TM) [ M ]//BANSAL N P. Handbook of ceramic composites. Dordrecht: Kluwer Academic Publishers, 2005.

[ 15 ]　SCHULTE-FISCHEDICK J, FRIEß M, KRENKEL W, et al. Untersuchung der Entstehung des Rißmusters während der Pyrolyse von CFK-Vorkörpern zur Herstellung von C/C-Werkstoffen [ C ]//Band VII: Symposium 9: Keramik; Symposium 14: Simulation von Keramik. Wiley-VCH: Weinheim, 1999: 595 –600.

[ 16 ]　SUYAMA S, ITOH Y, KOHYAMA A, et al. Effect of residual silicon phase on reaction-sintered silicon carbide [ C ]//The 3rd International Agency

Workshop on SiC/ SiC Ceramic Composites for Fusion Structural Application. New York, 2006: 108 – 112.

[17] FITZER E, GADOW R. Fibre-reinforced silicon carbide [J]. American Ceramic Society Bulletin, 1986, 65: 368 – 372.

[18] GERN F. Kapillarität und Infiltrationsverhalten bei der Flüssigsilizierung von Carbon/Carbon-Bauteilen[D]. Stuttgart: University of Stuttgart, 1995.

[19] HILLIG W B. Making ceramic composites by melt infiltration[J]. American Ceramic Society Bulletin(United States), 1994, 73(4): 56 – 62.

[20] KRENKELW, HENKET, MASONN. In-situ joined CMC components[C]// International Conference on Ceramic and Metal Matrix Composites (CMMC – 1). San Sebastian, Spain, 1996.

[21] Data sheets from SGL Carbon Group. SIGRASIC 6010 GNJ-Short Fiber Reinforced Ceramics, SIGRASIC 1500 J Fabric Reinforced Ceramics[EB/ OL]. (2005) [2024 – 12 – 09]. https://www. sglcarbon. com/.

[22] KOCHENDÖRFERR. Möglichkeiten und Grenzen faserverstärkter Keramiken [M]//KRENKEL W. Keramische verbundwerkstoffe. Weinheim, Germany: Wiley-VCH Verlag GmbH, 2003: 1 – 22.

[23] WEISSR. Carbonfiber reinforced CMCs: manufacture, properties, oxidation protection [M]//KRENKEL W, NASLAIN R, SCHNEIDER H. High temperature ceramic matrix composites. Weinheim, Germany: Wiley-VCH Verlag GmbH, 2001: 440 – 456.

[24] DICARLO J A, YUN H M, MORSCHER G N, et al. SiC/SiC composites for 1200℃ and above[M]//BANSAL N P. Handbook of ceramic composites. Dordrecht: Kluwer Academic Publishers, 2005: 77 – 98.

[25] LAMONJ. Chemical vapor infiltrated SiC/SiC composites ( CVI SiC/ SiC ) [M]//BANSAL N P. Handbook of ceramic composites. Dordrecht: Kluwer Academic Publishers, 2005.

[26] GE Power. General electric data sheet: melt infiltration products[EB/OL]. (2007) [2024 – 12 – 10]. https://www. gevernova. com/.

[27] BHATT R T, DICARLO J A, MCCUE T R. Thermal stability of melt infiltrated SiC/SiC composites[C]//27th Annual Cocoa Beach Conference on Advanced Ceramics and Composites: B: Ceramic Engineering and Science Proceedings. Hoboken, NJ, USA, 2003: 295 – 300.

[28]　LIN H T, BECHER P F, SINGH M. Lifetime response of a Hi-Nicalon fiber-reinforced melt-infiltrated SiC matrix composite[J]. Ceramic Transactions (USA), 1999, 103: 343 –352.

[29]　VAN ROODE M, PRICE J, KIMMEL J, et al. Ceramic matrix composite combustor liners: a summary of field evaluations[J]. Journal of Engineering for Gas Turbine and Power, 2007, 129(1): 21 –30.

[30]　TREFILOVVI. Ceramic-andcarbon-matrix composites[M]. Dordrecht: Springer, 1995.

[31]　HALD H, WEIHS H, BENITSCH B, et al. Development of a nose cap system for X –38[C]//Proceedings of International Symposium Atmospheric Reentry Vehicles and Systems. Arcachon, France, 1999.

[32]　WEIHS H, REIMER T, LAUX T. Mechanical architecture and status of the flight unit of the sharp edge flight experiment SHEFEX [C]//55th International Astronautical Congress of the International Astronautical Federation, the International Academy of Astronautics, and the International Institute of Space Law. Vancouver, Canada, 2004.

[33]　SCHÖPPACH A, PETASCH T, HEIDENREICH B, et al. Use of ceramic matrix composites in high precision laser communication optics [C]// European Conference on Spacecraft Structures, Materials and Mechanical Testing. Nordwijk, The Netherlands, 2001: 141 –147.

[34]　HEIDENREICH B, GAHR M, LUTZ E, et al. Biomorphic Sisic-Materials for Lightweight Armour[C]//Proceedings of 30th International Conference on Advanced Ceramics & Composites. Cocoa Beach, USA, 2006.

# 第6章 陶瓷基复合材料的化学气相渗透工艺：制备、性能、应用

## 6.1 简介

陶瓷基复合材料（CMCs）是一类在保持了传统陶瓷大部分性能的同时，克服了易脆性断裂和构件在应用中突然失效等主要缺点的材料。CMCs 的抗裂性大大提高是由纤维/基体界面的能量消耗机制引起的，这种机制转移、桥接或阻止了裂纹的扩展[1,2]。这种机制的关键是纤维和基体间的弱结合，因为只有这样才能实现裂纹桥接机制，有效利用纤维的强度和延伸率［通常 > 2000 MPa 和 2%（第 1 章和第 2 章）］。由于纤维与基体之间有很强的结合力，因此纤维必须保持无限的延伸能力才能弥合裂纹（如图 6.1 所示）。利用这种弱结合机制，制得的材料耐损伤，并表现出变形和伸长，这在传统陶瓷中是不可能

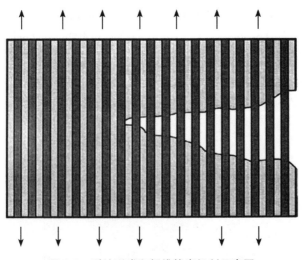

图 6.1 裂纹形成和纤维拔出机制示意图

的。CMCs 材料裂纹表面的 SEM 图片显示的纤维拔出证明了这种弱结合（如图 6.2 所示）。

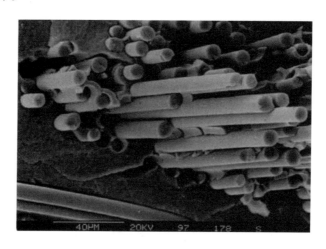

**图 6.2　CMCs 断口的 SEM 照片显示纤维拔出**

从技术上讲，这种弱结合是通过在纤维上一层薄的碳或 BN 涂层[3]来实现的，这使得基体可以沿着纤维滑动（第 3 章）。

这种材料在动态载荷和热冲击下的可靠性和行为方面的性能达到了金属部件的水平。

除 C/C 复合材料（第 4 章）外，只有使用碳或 SiC 纤维以及 SiC 基体的 CMCs 在工业发展和制造过程中发挥了重要作用，也可以观察到氧化物 CMCs 的一些重要性（第 8 章和第 9 章）[4]。

在工业制造工艺方面，在用特定的基体材料填充纤维预制体的方法上有所不同。在氧化物 CMCs 中，通过与氧化物粉末混合的特殊有机液体（溶胶/凝胶）的低温烧结，获得了陶瓷氧化物标准纤维之间的基体。对于 SiC 基体，本书主要介绍了三种工艺：化学气相渗透（CVI）工艺；液态聚合物渗透（LPI），有时也称为聚合物浸渍裂解（PIP）工艺（第 7 章）；液态硅浸渗（LSI）工艺（第 5 章）。这些不同的制备技术获得了具有不同性能、制造成本和应用领域的材料。

所有这些制造技术的第一步都是从将纤维固定成某种形状开始，就像碳纤维增强塑料材料的制造一样，这种形状要尽可能接近最终产品的形状。纤维预制体的设计必须考虑构件的预期载荷，从而选择纤维方向。第二步是基体浸渗，第三步（如果需要的话）通常包括将构件加工到最终尺寸（第 12 章）。

有时会对残余孔隙进行额外的涂层或浸渗。

本章将介绍 CVI 材料的基本制造步骤、性能和一些特定的应用领域。

# 6.2 CMCs 的 CVI 制备工艺

SiC 渗透工艺与化学气相沉积（CVD）涂层工艺基本相同。在 800 ℃ 以上的炉中，纤维预制件暴露在工艺气体（蒸气）中。对于 SiC 的沉积，这种气体通常是氢气（$H_2$）和三氯甲基硅烷（MTS，$CH_3SiCl_3$）的混合物。因为气体也会到达预制件的内层，所以这种工艺叫作 CVI 工艺。这个工艺的整个化学过程遵循一个简单的方案：

$$CH_3SiCl_3 \xrightarrow{H_2} SiC + 3HCl$$

结果表明，$H_2$ 起到了催化剂的作用。$\beta - SiC$ 就是在这个过程中产生的。

为了保证 SiC 的沉积具有良好的接近化学计量比的质量，必须观察三个参数，即压力、温度和 $H_2$ 与 MTS 的体积比。根据文献［5］报道：较低的压力和温度需要较高的 $H_2/$ MTS 比例才能达到化学计量 SiC 沉积，低的 $H_2/$ MTS 比例会导致富碳沉积，而过多的氢会产生富硅的基体材料；较高的温度和压力会提高沉积速率，从而缩短沉积时间。

为保证气体能渗透到预制件更深层，必须考虑气体在孔隙中的渗透深度。图 6.3 显示了不同的温度和压力对气体穿透直径为 $100~\mu m$ 的圆柱孔的深度的影响[6]。可以看出，较高的温度和压力大大降低了渗透深度，因为在这种条

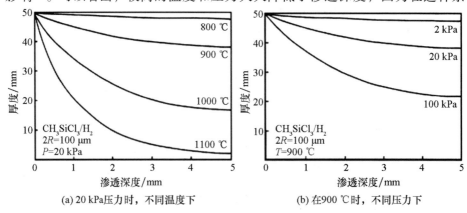

(a) 20 kPa压力时，不同温度下　　　　(b) 在900 ℃时，不同压力下

**图 6.3　直径为 $100~\mu m$ 的孔隙中 SiC 沉积厚度**

件下，靠近表面的沉积物更快地封闭了通往孔隙的入口。较低的温度和压力增加了气体分子的平均自由程，因此它们可以渗透到预制件通道的更深处。

　　在工业制造含碳或 SiC 纤维的 SiC 基复合材料的 CVI 技术领域中，基本上有两种类型的 CVI 工艺是相关的：等温等压渗透和温度 – 压力梯度渗透。

## 6.2.1　等温等压渗透

　　在等温等压 CVI 工艺过程中[7]，纤维预制件被放置在特殊的炉子中（如图 6.4 所示），并被加热到低于 1000 ℃的工艺温度。然后，在一个确定的压力下，通常在 100 hPa 左右，$H_2$ 和 MTS 的混合气体以确定的流量引入到炉中。在选择工艺条件时，必须避免预制体表面因 SiC 的生长而过早闭合。由于气体分子的运动仅由扩散控制，因此需要较高的平均路径长度。相对较低的工艺压力和温度是必要的，这又需要几周的工艺时间。此外，预制件的壁厚被限制在 3 ~ 5 mm。具有较高壁厚的部件必须在两个或更多的步骤中进行渗透，并在中间过程中磨掉致密的表面层。

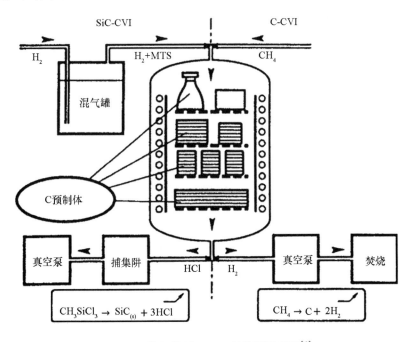

图 6.4　等温等压 CVI 工艺流程示意图[6]

## 6.2.2 梯度渗透

在梯度 CVI 工艺[8,9]中，相同的工艺气体不是通过扩散，而是通过压力梯度强制通过来渗透预制体。在这种方法中，必须将预制件放置在一个装置中，该装置将气体输入端与输出端密封起来（如图 6.5 所示）。为了避免 SiC 在输入端快速沉积，在壁厚上施加了一个热梯度。气体输入端保持在较低的温度水平。因此，在工艺开始时，在温度较高的输出端 SiC 沉积速率较高。随着渗透率的增加，预制体的导热率增大，在输入端的沉积速率增大。同时，沉积速率在输出端降低，因为工艺气体在到达那里之前大部分已被用完。渗透过程中，基体从预制体的热端向冷端生长。

如果温度梯度和气体流量控制得当，SiC 基体就会在壁厚上均匀分布。由于无须考虑扩散机制，因此温度可以提高到 1150 ℃ 以上，压力最高可达环境压力。这两项措施都提高了化学反应速率，增加了 MTS 分子的供应。因此，梯度 CVI 工艺中所需的渗透时间可以缩短到几天。此外，由于强制气流流动，新的工艺气体总是出现在沉积位置，MTS 分解的中间气体产物对工艺产生的毒害作用较少。

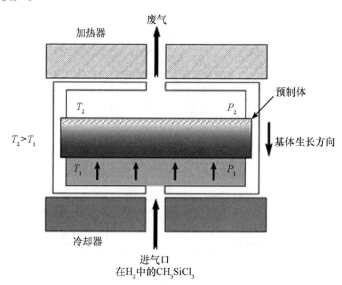

图 6.5　梯度 CVI 工艺流程示意图

## 6.2.3　两种 CVI 工艺探讨

在 CMCs 的工业生产中，通常会安装一个可编程的自动系统，根据预制件的类型和尺寸，以可重复的方式控制炉体温度、气体流量和工艺压力。纤维的碳涂层或 BN 涂层往往是在同一炉内完成的。

等温等压 CVI 工艺的优点是对预制体的形状有很大的灵活性。此外，在大型炉中，许多预制体，甚至不同形状的预制体，都可以一次成型，这降低了 CMCs 构件的专属成本。这个工艺的问题是由于扩散控制的渗透机制导致渗透时间较长，进而导致更高的构件成本和更长的开发构件设计周期。如果选择一次性工艺，则该工艺的另一个缺点是壁厚限制在 5 mm 左右。

梯度 CVI 工艺的优点是渗透时间短，允许更快的反应以满足设计需求，并且能够渗透壁厚达 30 mm 的预制体。这种工艺的问题在于需要工装来冷却预制体并迫使气体流过。因此只有形状简单的构件能够在这个过程中被渗透，如圆形和长方形的管子和板材。更复杂的部件需要通过这些基本部件的连接技术来制造。

在当前工业制造情况下，这两种工艺在特定情况下均显示出各自的优势。此外，CMCs 组件的小市场不允许对一种或另一种方法的商业或技术优势进行最终判断。

值得一提的是，其他类型的 CVI 工艺也被研究过，例如，有压力梯度而没有温度梯度的简单强制流动工艺[10]和压力脉冲工艺[11]。然而，它们还没有达到工业化的生产水平。通过电泳渗透工艺来渗透纤维预制体的技术也是如此[12,13]。

# 6.3　CVI – CMCs 的性能

## 6.3.1　总论

用 CVI 工艺沉积的 SiC 基体是均匀的 β – SiC，具有非常细小的晶体结构（如图 6.6 所示）。它们在纤维的纤维丝表面以径向方向生长。纤维表面的碳或 BN 涂层具有石墨结构，其平面平行于纤维表面，这使得基体可以沿着纤维滑移。

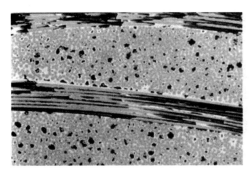

注：碳化硅基体为灰色纤维之间的浅色区域。孔隙是黑色的，纤维层之间的孔隙在 0.5mm 左右。左侧可见纤维间的许多小孔是闭合的。

图6.6  SiC 纤维增强 SiC 的显微照片

使用纤维织物、三维结构（如图6.7 所示）或其他纤维结构，如纤维缠绕预制件，必须具有足够宽的通道，在 SiC 过快沉积封闭通道之前使气体能够渗透到预制件的更深层。因此，在等温等压渗透工艺结束时，如果在预制件上生长了致密的表面，则材料具有封闭的孔隙。封闭和开放孔隙的混合是梯度 CVI 工艺的结果。

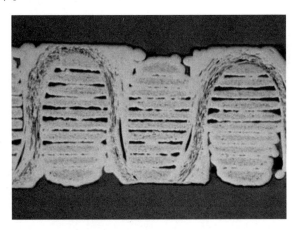

图6.7  采用三维纤维结构可以解决层间强度弱的问题

除残余孔隙率之外，所有类型 CMCs 材料的一个普遍特征是它们的各向异性，这是由纤维取向模式决定的。具有二维纤维结构的 CMCs 材料，通常通过传统的织物叠层来实现，垂直于织物的强度较低，在构件预期受到弯曲荷载时，层间剪切强度和层间抗裂纹能力较低，这是设计阶段必须考虑的问题。

应该提到使用碳和 SiC 纤维的 CMCs 之间的特殊差异。由于碳和 SiC 具有不同的热膨胀系数，并且基体形成过程在高温下进行，所以当冷却到环境温度时，SiC 比碳纤维收缩得更多。这导致所有 C/SiC 材料的基体中都会出现微裂纹，而 SiC/SiC 材料在其制备阶段没有微裂纹。

此外，纤维含量必须大于某一最小值才能承受拉伸载荷，在裂纹形成的瞬间，纤维只能通过在载荷方向减小横截面来承受拉伸载荷。裂纹形成后，基体不再起作用。

最后，CMCs 材料数据的离散度一般在 10% ~ 20%，CVI 工艺类型对材料性能影响不大。

## 6.3.2　力学性能

### 6.3.2.1　断裂机制及韧性

CMCs 的主要特征是其延伸性和断裂行为。后者通常用断裂韧性或应力强度因子来表征。为了准确测量这个量，有必要确定断裂面的大小。在基体中以及纤维和基体之间形成的复杂裂纹模式不允许进行这种测量。因此，单边缺口弯曲（SENB）试验的样品测量[14,15] 使用初始缺口表面作为断裂表面的值，产生的数据低于真实的、但未知和更大的断裂表面。基于该值的计算被定义为"形式应力强度因子"（SIF）。如果样品具有相同的几何形状，则获得的数据不是传统意义上的材料特征值，但如果样品具有相同的几何形状，则可以对不同类型的 CMCs 材料进行比较。图 6.8 所示的结果表明不同类型 CMCs 材料具有不同的抗断裂性能，其中：CSiC（CVI）和 SiCSiC（CVI）是含有碳基和 SiC 基纤维的 CVI 材料；CSiC（PP/95）和 CSiC（PP/93）是两种 LPI 材料；$O_x$（PP）是氧化物 CMCs，CSiC（Si）是 LSI 材料。液相渗硅工艺产生的峰值最低，因为该工艺不能保证单丝拔出机制，而只是类似于纤维束拔出。此外，与传统碳化硅相比，对于所有 CMCs 类型，推动裂纹穿过样品的能量都是成倍的（曲线下的面积能够衡量裂纹完全形成所需能量的测量值）。

曲线的峰值提供了使裂纹扩展穿过试样所必需的力的信息。CVI 和 LPI 工艺制备的材料优于其他工艺制备的材料，主要是因为在 CVI 和 LPI 材料中，纤维拔出机制充分利用了纤维和纤维束的性能。这一特性的结果是对缺口和承载载荷不敏感[16,17]。

应该注意的是，CMCs 材料的损伤容限通常是通过弯曲强度的测量来证

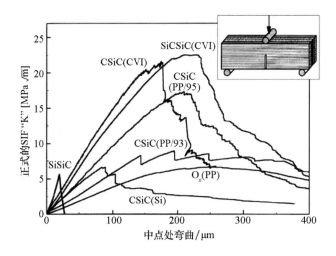

图 6.8　不同的 CMCs 材料具有不同的抗断裂性能

明，记录的曲线通常显示出一些准塑性行为，但这些测量并不表明韧性水平。任何材料的应力强度因子的定量测量都无法通过弯曲试验来进行。

### 6.3.2.2　应力 – 应变行为

根据材料的断裂行为，CVI 材料的延伸性能是传统 SiC 材料的 10 倍以上。图 6.9 和表 6.1 中的数据证明了这种行为，这再次表明 CVI 工艺技术在以有效的方式利用纤维潜力。在图 6.9 中，SiC/SiC 在约 90 MPa 的载荷下具有精确的线性弹性行为。超过这个负荷后，基体开始形成微裂纹，这些微裂纹由纤维桥

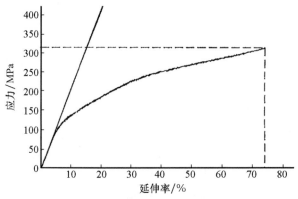

注：直线是由计算机创建的额外直线，用于确定斜率和杨氏模量。

图 6.9　CVI – SiC/SiC 材料的应力 – 应变曲线显示了第一次加载期间的线性弹性范围

接。第一次加载后，这种线性弹性行为不再可见，杨氏模量降低（如图 6.10 所示）。

**表 6.1　CVI - C/SiC 和 SiC/SiC 与传统 SiC 的数据比较**

|  | 单位 | CVI - SiC/SiC | CVI - C/SiC | SSiC |
|---|---|---|---|---|
| 维纤含量 | % | 42 ~ 47 | 42 ~ 47 | — |
| 密度 | g/cm$^3$ | 2.3 ~ 2.5 | 2.1 ~ 2.2 | 3.1 |
| 孔隙率 | % | 10 ~ 15 | 10 ~ 15 | < 1 |
| 拉伸强度 | MPa | 280 ~ 340 | 300 ~ 320 | 100 |
| 极限应变 | % | 0.5 ~ 0.7 | 0.6 ~ 0.9 | 0.05 |
| 杨氏模量 | GPa | 190 ~ 210 | 90 ~ 100 | 400 |
| 弯曲强度 | MPa | 450 ~ 550 | 450 ~ 500 | 400 |
| 压缩强度 | MPa | 600 ~ 650 | 450 ~ 550 | 2200 |
| 层间剪切强度 | MPa | 45 ~ 48 | 45 ~ 48 | — |
| 室温热膨胀系数 | $10^{-6}$K$^{-1}$ | 4 (pl)<br>4 (ve) | 3 (pl)<br>5 (ve) | 4.1 |
| 室温热导率 | W/mk | 20 (pl)<br>10 (ve) | 14 (pl)<br>7 (ve) | 110 |

注："pl" 和 "ve" 分别表示与织物平行和垂直的方向。

为了完全表征 CMCs 材料，建议查看三个测试结果：弯曲强度、拉伸强度和断裂韧性。一方面，纤维含量高且只有小部分基体材料的 CMCs 材料将表现出高抗拉强度，因为该测试接近于纤维拉伸测试；同样的材料将表现出较差的弯曲结果，因为弯曲纤维束不需要太大的力。另一方面，纤维含量低、基体材料比例高的材料将表现出接近传统陶瓷的高弯曲强度和较差的延伸性，因为裂纹中没有足够的纤维来承载载荷。

### 6.3.2.3　动态加载

裂纹桥连和拔出机制允许在动态载荷下使用高质量的 CMCs 材料。图 6.10 显示了通过梯度 CVI 工艺获得的 SiC/SiC 材料的应变控制低周疲劳测试结果。

以80%的拉伸强度开始加载，在拉伸和应变位置之间达到了大约800万次循环后才发生失效。在拉伸侧，疲劳对应力水平的影响很小；在压缩侧，观察到应力水平的增加更高，因为当裂纹表面压在一起时并不完全匹配。还可以看到，首次加载后的应力－应变曲线改变了其斜率（即杨氏模量）至较低值。

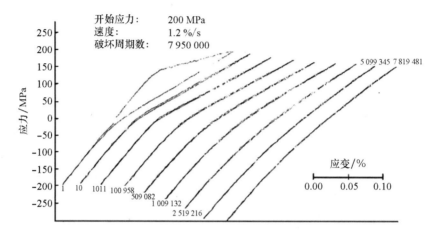

图 6.10 通过梯度 CVI 工艺获得的 SiC/SiC 材料的应变控制低周疲劳测试结果

## 6.3.2.4 高温性能与腐蚀

在机械应力和热应力下的可靠性，以及在 750~1300 ℃ 甚至更高温度范围内的抗热震性能和机械强度，是开发用于空间再入飞行器和能源装置热结构的 CMCs 材料和部件（如热交换器、燃烧室和燃气轮机部件）的主要动机。CVI 工艺制备的 SiC/SiC 和 C/SiC 材料的高温性能在很大程度上取决于载荷、环境气体成分和气体速度等。一些出版物讨论了使用碳或碳化硅纤维的碳化硅基 CMCs 材料在不同条件下的高温腐蚀问题，并提出了一些保护措施[18-23]。基本性能可以概括如下：

在热震下的行为可以说是优异的。图 6.11 显示了一个测试结果，25mm × 25mm × 3mm 的小块被暴露在氧乙炔火焰和冷空气中，循环持续 30 s。在这些循环中，温度在 300~1100 ℃ 变化。SiC/SiC 在 1000 次循环后没有观察到宏观损伤，氧化锆在 3 次循环后被破坏，SiSiC 在 10 次循环后被破坏。

由 CVI 制备的 SiC 基体材料可以在真空或惰性气体气氛中承受 2300 ℃ 以上的温度而没有问题，碳纤维也是如此。标准 SiC 纤维在 1200 ℃ 以上的温度下开始重组其无定形结构，并失去机械性能，即使在真空中也是如此[24]。同

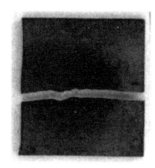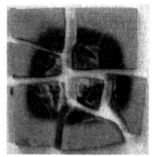

**图6.11**　在300～1100 ℃ 的30 s 循环热震试验后的 SiC/SiC（左）、SiSiC（中）和 ZrO_2（右）样品（25mm×25mm×3mm）

时，日本碳纤维公司（Hi‑Nicalon S）和宇部工业公司（Tyranno SA）提供了更多化学计量比和结晶 SiC 纤维，显示出更高的高温稳定性[25,26]。

对于高温应用来说，最重要的是在 $O_2$ 环境下的行为。碳纤维在 500 ℃ 以上开始转化为 $CO_2$，非晶态 SiC 纤维也在大约相同的温度下开始与 $O_2$ 反应，这是因为它们含有游离碳。在 850 ℃ 以上的温度下，结晶 SiC 开始显著形成 $SiO_2$。这种玻璃态涂层的形成提供了钝化效果，并减缓了氧化过程的进一步渗透。在 1600 ℃ 以上的温度下，约为 5kPa 的低氧分压气氛中，缺氧导致气态 SiO 的形成[5]。在这种主动氧化过程中，SiC 迅速消失。

因此，在设想的空间再入飞行器或燃气轮机的隔热罩部件中，必须为 SiC 基 CMCs 材料开发一种抗氧化保护系统。这种基于 CVD‑SiC 涂层的系统已经被用于太空再入飞行器的部件，其寿命不超过 100 h。为了延长使用寿命，基于氧化物的涂层系统正在开发中[27,28]。除已成功应用于燃气轮机燃烧室的氧化物基系统[29]（第6.4.2节）外，这些系统的成功率有限。

在热的有氧气氛之外的其他环境中，腐蚀问题没有那么严重。SiC 和碳是特别耐腐蚀的材料，只有强碱才能腐蚀碳化硅；而碳纤维在 500 ℃ 以上的高温下会被氧腐蚀，并且会被浓硝酸等强氧化剂腐蚀[5]。

### 6.3.2.5　热和电性能

由于纤维的各向异性，其热性能和电性能也取决于测量方向，数据受到纤维类型、孔隙率水平和材料各向异性的影响，并以此为特征。SiC 是一种半导体，其电阻随着温度的升高而降低，而且碳纤维的导电性和导热性都比 SiC 纤维好得多。由于材料的局部不均匀性，数据的离散性通常在 10% ~ 20 %。如果样品尺寸减小，离散性就会增加，孔隙率的局部变化就变得更加重要。

# 6.4 应用和主要发展方向

## 6.4.1 空间热结构

航天器的热结构已经合格，其中可重复使用部件的材料必须在几个热和机械载荷循环中使用达到 100 h。在欧洲的 HERMES 计划中，已经开发了几个防热罩和隔热系统组件[30,31]。在德国的一项高超声速飞机技术开发计划（HYTEX）中，基于 CVI 和 LPI 技术设计并制造了热空气进气坡道部件（如图 6.12 所示）。在该项目中首次使用 CVI – C/SiC 材料制作了螺钉和螺母（如图 6.13 所示）。在 1600 ℃、32 kN 的机械载荷下，该部件显示了预期的设计变形[32]。

图 6.12　HYTEX 计划中为高超声速喷气发动机开发的 C/SiC 进气坡道组件

**图 6.13　由于损伤容限和缺口不敏感性而可以使用的 C/SiC 螺钉和螺母**

在欧洲航天局、德国政府资助的另一个项目中，NASA 机组返回飞船 X -
38 的后机身襟翼（如图 6.14 所示）是用 C/SiC 材料设计、制造的，并通过了
鉴定验收[33]，一共制备了三个这样的襟翼。其中一个用于广泛的质量检验，
在德国慕尼黑 IABG 进行的机械变形试验再次证明了刚度和变形的正确设计。
中心轴承在德国斯图加特的 DLR 进行了接近实际再入条件下的测试。在 4 t 的
机械负荷和 1600 ℃ 的 $O_2$ 浓度可控的空气中，进行 ±8° 运动，成功模拟了 5 次
再入。经过 NASA 的验收后，在美国德克萨斯州的休斯敦安装了两个襟翼，并
进行了襟翼控制的最终机械验收测试。由于资金和航天飞机的原因，美国宇航
局取消了试飞，航天飞机将把无人驾驶的 X - 38 带到太空，使用迄今为止建
造的最大的 CMCs 组件之一进行第一次现实的再入飞行。超过 400 个螺丝和螺
母被用来连接每个襟翼的四个部分。

**图 6.14　美国 NASA X - 38 航天器再入阶段用于飞行控制的一对 C/SiC 机身襟翼**

在欧洲航天局的欧洲计划中，进一步的开发工作已经开始[35]，将对使用可移动方向舵和其他再入控制面来控制再入阶段设计概念进行测试。图6.15显示了一个例子，主要体现创新的设计细节、新的预制体和连接技术。

图6.15  新型 C/SiC 飞行控制襟翼的（动量通过轴引入，
测试样品的长度约为 450 mm）

# 6.4.2  燃气轮机

提高效率是开发 CMCs 材料作为热燃气轮机部件的目标。就机械负荷而言，燃烧室可被视为热－机械要求最低的部件。为了实现效率的提高，燃烧室、定子叶片和转子叶片的整个系统必须能够承受温度的提高。SiC/SiC 材料的抗热震性能已经在燃烧室测试中得到了证明，测试时间持续了 150 h，峰值温度高达 1400 ℃，并进行了数次启动/停止循环[36]。

在美国，通过使用结晶 SiC 纤维和基于氧化物系统的氧化保护涂层，解决了陶瓷纤维和 SiC 基体被残余 $O_2$ 和热水蒸气侵蚀的问题[37]。在常规温度水平下，使用燃烧室进行的试验已经超过 15 000 h[38]。

基于 SiBNC 成分对纤维进行改进的研发正在取得进一步进展，有望在高达 1500 ℃ 的温度和 $O_2$ 的存在下进一步提高性能（第1章和第2章）。

对于军用喷气式飞机涡轮发动机的 CMCs 部件，法国已经开发并试验了用于推力控制的轻量化襟翼[39,40]。这些部件在正常飞行条件下的温度负荷很低（约600 ℃）。因此，可以实现数百小时的飞行，包括大约 900 ℃ 的较短时间的高温负荷。

## 6.4.3 聚变堆材料

高温性能和辐照试验的初步结果使得基于结晶 SiC 纤维和基体的 CMCs 材料成为未来聚变反应堆的具有吸引力的组件候选材料[41-46]。主要原因是晶体 SiC 在中子辐照下表现出良好的性能。因此，这种应用必须选择结晶 SiC 纤维。使用宇部公司的 Tyranno SA 纤维、Nippon Carbon 的 Hi - Nicalon Type S 纤维以及 Dow Corning 开发的 Sylramic 纤维和 CVI - SiC 基体的材料正在进行面向应用的测试。例如，在欧洲聚变发展协议的框架内，已经提供了二维和三维（如图 6.7 所示）样品来检查对厚度方向数据的影响。表 6.2 列出了厚度方向强度和热导率的差异。

表 6.2 **基于宇部公司 Tyranno SA 纤维的二维和三维 SiC/SiC 的厚度方向数据比较**

|  | 2D SiC/SiC | 3D SiC/SiC |
|---|---|---|
| 强度/MPa | 6.8 | 6.8 |
| 热导率/W · mK$^{-1}$ | 17.0 | 24.3 |

## 6.4.4 滑动轴承组件

烧结碳化硅（SSiC）在泵滑动轴承中的使用始于 20 世纪 80 年代[47]。在这些轴承中，泵送的液体（如水或危险化学品）用作润滑剂。例如，磁力耦合泵或用于海水淡化厂、水闸或自来水厂的泵。

在传统陶瓷，特别是在重载条件下运行的大型泵不能可靠工作的情况下，CMCs 材料的使用提高了此类轴承的可靠性。

为了评估这种材料，在环盘试验中研究了 CVI - C/SiC 和 SiC/SiC 的摩擦行为[48,49]。

加工后的 CMCs 表面（如图 6.16 所示）表明，材料和摩擦系统的摩擦性能受以下因素的影响：

（1）使用的纤维类型（C 或 SiC）；

（2）纤维相对于表面的方向；

（3）用适当的材料填充孔隙。

润滑剂、温度和摩擦副是系统的其他参数。

**图 6.16 SiC/SiC 表面呈现开孔、不同取向纤维区域和基体材料的混合**

环盘测试结果如表 6.3 所示，它们是按照德国标准 DIN 58 835 获得的，在该标准中，一个内径为 14 mm、外径为 20 mm 的环被压在旋转圆盘上。2 m/s 和 5 MPa 压力的摩擦条件可实现混合摩擦。

可以看出，摩擦系统可能是复杂的（如表 6.3 所示）：以 SSiC 为摩擦副，没有观察到纤维取向的影响（表中第 2 行），而在干燥条件下或在水中以 $Al_2O_3$ 为摩擦副时，纤维垂直取向的结果比平行取向的结果要好得多（表中第 1、3 行）。从纤维类型的影响看，以 SSiC 为摩擦副的平行纤维取向，在水中也没有显著差异，而在空气中和以 $Al_2O_3$ 为摩擦副的水中，有显著差异（表中第 4、5、6 行）。

在水中以氧化锆、碳化钨和氧化铬作为配对材料做了进一步测试，显示了更高的磨损和摩擦系数，并且以 SSiC 和 C/SiC 或 SiC/SiC 作为配对材料的配对结果是最好的。随后在德国弗兰肯塔尔的 KSB 泵公司对径向和轴向滑动轴承进行了测试，测试结果显示 CVI – CMC 材料的开孔必须浸渍，以便形成流体动力润滑膜。

与其他测试材料对相比，在 SSiC 上运行的 SiC/SiC 对允许的压力倍速度（PV）值高出 2.5~3 倍（如图 6.17 所示）。

表 6.3 环对盘试验的摩擦数据

| 序号 | 盘 | 环 | 介质 | 磨损量/（$mm^3 \cdot h^{-1}$） | | 摩擦系数 |
| --- | --- | --- | --- | --- | --- | --- |
| | | | | Ring | Disk | |
| 1 | SiC/SiC pl<br>SiC/SiC ve | $Al_2O_3$ | 水 | 0.080<br>0.014 | 0.150<br>0.065 | n. a.<br>n. a. |
| 2 | SiC/SiC pl<br>SiC/SiC ve | SSiC | 水 | 0.005<br>0.004 | 0.005<br>0.005 | 0.04<br>0.03 |
| 3 | SiC/SiC pl<br>SiC/SiC ve | SSiC | 空气 | 4.0<br>1.8 | 36.0<br>17.3 | 0.66<br>0.66 |
| 4 | SiC/SiC pl<br>C/SiC pl | $Al_2O_3$ | 水 | 0.080<br>0.005 | 0.15<br>0.03 | n. a.<br>n. a. |
| 5 | SiC/SiC pl<br>C/SiC pl | SSiC | 水 | 0.005<br>0.003 | 0.005<br>0.010 | 0.03<br>0.10 |
| 6 | SiC/SiC pl<br>C/SiC pl | SSiC | 空气 | 4.0<br>0.013 | 36.0<br>1.16 | 0.66<br>0.12 |

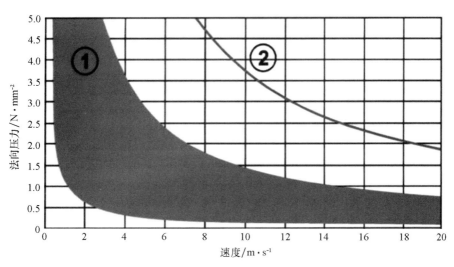

注：区域①是已找到的几对常规材料（包括陶瓷）的载荷极限的区域；曲线②给出了
SSiC 对 SiC/SiC 材料运行的 PV 值极限。

图 6.17 确定了不同材料对的摩擦系统在 80 ℃水中的载荷极限的测试结果

在这些试验中，提高了圆盘试验机上环的速度或载荷，并以 80 ℃的水为
润滑剂测量了极限速度或载荷。对于许多系统和产品，可以在图 6.17 的区域

①中找到 PV 值。如曲线②所示，在 SSiC 上运行的 SiC/SiC 系统几乎可以承受所有其他测试系统的三倍负载。

有了这一结果，就有可能为轴直径 ≥ 100 mm（最大 > 300 mm）的大型泵提供全陶瓷滑动轴承，其中 CMCs 将用作轴套材料（如图 6.18 所示），紧固安装在轴部件上，而传统的 SSiC 将作为轴承，也可紧固安装在金属环境中[50,51]。在这种情况下，SSiC 处于压应力状态，因此具有足够的可靠性。自1994 年以来，已有数百台泵配备了这种轴承系统，在某些情况下，这种轴承系统已经成功运行了 40 000 多个小时。对于小型泵，使用传统 SSiC 的轴承在技术上足够可靠，出于经济原因，不使用 CMCs 材料。

图 6.18　大型泵水润滑滑动轴承用 SiC/SiC 轴套，外径为 100~305 mm

在这些结果的基础上，某个开发项目正在测试将这种轴承概念应用于空间火箭发动机液氧（$LO_x$）涡轮泵的可能性。首先检测了 C/SiC 或 SiC/SiC 与 $LO_x$ 的相容性，成功地进行了老化试验、冲击试验（ASTM 标准 D2512 – 95）和自燃试验（法国标准 NF29 – 763）。在以 100 J 的能量冲击时，没有观察到强度下降或点燃的痕迹。在 120 bar 纯氧和高达 525 ℃温度条件下，检测了CMCs 所有组分（碳纤维、SiC 纤维、CVI 碳化硅基体）的细粉的自燃性。只有碳纤维粉在 437 ℃时会自燃。

在销盘试验中，测试了在混合摩擦条件下多种载荷和速度的摩擦行为。将直径 8 mm 的销钉压在旋转盘上，销钉中心在盘上形成直径为 70 mm 的圆形。图 6.19 显示了载荷为 2.8 MPa、速度为 4 m/s 时的磨损和摩擦系数最高值。与金属（440C 钢）系统相比，摩擦系数降低到约 50%，磨损率降低约 98%。结果还表明，在这些条件下，C/SiC 和 SiC/SiC 材料之间没有区别，对于 SiC/SiC，摩擦表面的纤维取向没有实际影响[52]。

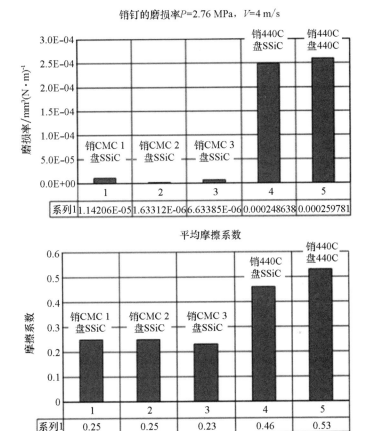

注：销直径为 8 mm，圆盘上的圆直径为 70 mm，所示数据为 2.76 MPa 载荷和 4 m/s
速度下的数据；CMC1：织物垂直于摩擦表面的 SiC/SiC 销；CMC2：织物平行于摩擦
表面的 SiC/SiC 销；CMC3：织物垂直于摩擦表面的 C/SiC 销；440C：可用于 LOx 的钢；
SSiC：烧结碳化硅。

**图 6.19　显示了在液氧中销盘试验的磨损率（上）和摩擦系数（下）**

在随后带有 CVI – SiC/SiC 轴套和 SSiC 衬套的静压滑动轴承的系列测试中
（如图 6.20 所示），取得了令人满意的结果。在转速为 10 000 r/min（轴径
70 mm），径向载荷为 120 ~ 1150 N 的条件下，并进行了 49 次不同载荷下的启
停试验，该轴承系统运行了数个小时，结果表明无明显磨损，刚度和 LOx 表
现良好。衬套的内表面变得光亮，其粗糙度从 0.3 μm 降至 0.04 μm。由于一

个区域的轻微错位，磨损为 3 μm[53]，钢构件上的收缩配合在液氧温度下仍然有效，这意味着室温下 CMCs 套筒的永久环向应力大约为 160 MPa。

**图 6.20　液氧用滑动轴承系统**

如果进一步检测成功，预计此类泵的使用寿命和可重复使用性将更长，阻尼性能更好，结构更简单，此类轴承的安装和维护成本也会降低[54]。

# 6.5　前景

不同种类的 CMCs 材料仍然是比较新颖的，并开始出现在工业市场上。这种情况堪比 20 世纪 60 年代或 70 年代的纤维增强塑料材料。因此，应用主要集中在组件上，这意味着高投入、高风险和高成本。这种组件通常在较大的系统中具有特定的功能，尽管成本较高，但却能产生可观的效益。

除了上面已经提到的应用，CVI‐CMC 组件的一些应用正在实况考核或开发中。例如，必须承受温度和压力冲击的阀门组件、赛车的隔热罩、火箭发动机的外壳以及超声速火箭的尾翼。

然而，关于这些创新材料的知识仍然有限，还不是工程师教育课程的重要组成部分。此外，仍有必要收集更多的数据及其统计行为，特别是各种应用中不同定义条件下的性能信息。研发工程师之间的交流也必须加强。

未来开发工作的主要重点可能是：

（1）提高陶瓷纤维在腐蚀性环境（如空气或废气）中的热稳定性（>1200 ℃）。这些研究的动机是 CMCs 组件在高温热交换器和燃气轮机中的应用。长期稳定性将不得不面对非均匀材料的高温行为问题，根据相图的物理规律，非均匀材料倾向于通过扩散来改变其结构。

（2）降低 SiC 纤维和 CMCs 的制造成本，即基体制备的成本。这将使市场不断扩大，特别是一些应用已经在技术上取得了成功，但由于成本高而尚未得到实际使用。

# 参考文献

以下出版物只是过去 30 年出版的一小部分，这些出版物涉及不同的 CVI 工艺技术，它们的建模、材料性能和模型，以及面向应用测试的各种实验结果。如果要获得更多更深入的细节，可通过互联网在可访问的数据库或其他资源中进行文献调研。

[1]　PHILLIPSDC. Fibre reinforced ceramics [ M ]//KELLY A, MILEIKO S T. Handbook of Composites, Vol. 4. Amsterdam：Elsevier Science Publishers, 1983：373.

[2]　MARSHALL D B, EVANS A G. Failure mechanisms in ceramic-fiber/ ceramic-matrix composites [ J ]. Journal of the American Ceramic Society, 1985, 68(5)：225 –231.

[3]　REBILLAT F, LAMON J, GUETTE A. The concept of a strong interface applied to SiC/SiC composites with a BN interphase [ J ]. Acta Materialia, 2000, 48(18 –19)：4609 –4618.

[4]　PRITZKOWW, DEUERLER F, LEUFEN J, et al. Failure effects in oxide ceramic matrix composites with defects due to the laminating [ C ]//10th International Conference and Exhibition of the European Ceramic Society. Berlin, 2007.

[5]　SCHRÖDERF, SANGSTER R, KATSCHER H, et al. Gmelin Handbook of Inorganic Chemistry, Si-Silicon, Supplement Volume B3, Silicon Carbide, Part 2[ M ]. 8th ed. Berlin, Heidelberg：Springer Verlag, 1986：322 –397.

[6]　NASLAIN R A, LANGLAIS F. CVD-processing of ceramic-ceramic composite materials[ J ]. Material Science Research, 1986, 20：145 –164.

[7]　NASLAIN R, LANGLAIS F, FEDOU R. The CVI-processing of ceramic matrix composites[ J ]. Le Journalde Physique Colloques, 1989, 50( C5)：191 –207.

[8]　STINTON D P, CAPUTO A J, LOWDEN R A. Synthesis of fiber-reinforced

SiC composites by chemical vapor infiltration[J]. American Ceramic Society Bulletin, 1986, 65(2): 347 –350.

[9] MÜHLRATZER A. Production, properties and applications of ceramic matrix composites[J]. CFI, 1999, 76(4): 30 –35.

[10] ROMANYG. Forcedflow chemical vapour infiltration [D]. Eindhoven: Technische Universiteit Eindhoven, 1994.

[11] BERTRAND S, LAVAUD J F, EL HADI R, et al. The thermal gradient— pulse flow CVI process: A new chemical vapor infiltration technique for the densification of fibre preforms[J]. Journal of the European Ceramic Society, 1998, 18(7): 857 –870.

[12] STOLL E, MAHR P, KRÜGER H G, et al. Progress in the electrophoretic deposition technique to infiltrate oxide fibre materials for fabrication of ceramic matrix composites [C]//Proceedings of the 2nd International Conference on Electrophoretic Deposition: Fundamentals and Applications. Castellvecchio Pascoli, Italy, 2005.

[13] DAMJANOVIĆT, ARGIRUSIS C, JOKANOVIĆ B, et al. Electrophoretic deposition of mullite based oxygen diffusion systems on C/C – Si – SiC composites[J]. Key Engineering Materials, 2006, 314: 201 –206.

[14] KUNTZ M. Risswiderstand keramischer Faserverbundwerkstoffe [D]. Karlsruhe: Universität Karlsruhe, 1996.

[15] KUNTZ M, HORVATH J, GRATHWOHL G. Hightemperature fracture toughness of a C/SiC (CVI) composite as used for screw joints in re-entry vehicles [C]//4th International Conference On High Temperature Ceramic Matrix Composites (HT-CMC4). Munich, 2001.

[16] SYGULLA D, MÜHLRATZER A, AGATONOVIC P. Integrated approach in modelling, testing and design of gradient-CVI derived CMC components[R]. Neuilly sur Sein: AGARD, 1993.

[17] MUHLRATZER A, AGATONOVIC P, KOBERLE H, et al. Design of gradient-CVI derived CMC components[J]. Industrial Ceramics, 1996, 16 (2): 111 –117.

[18] CROSSLAND C, SHELLEMAN D, SPEAR K, et al. Thermochemistry of corrosion of ceramic hot gas filters in service [J]. Materials at High Temperatures, 1997, 14(3): 365 –370.

[19] DARZENS S, CHERMANT J L, VICENS J, et al. Understanding of the creep behavior of SiCf-SiBC composites [J]. Scripta Materialia, 2002, 47 (7): 433 –439.

[20] SAUDER C, LAMON J, PAILLER R. The tensile behavior of carbon fibers at high temperatures up to 2400℃ [J]. Carbon, 2004, 42(4): 715 –725.

[21] WUS. Oxidation behaviour of SiC – Al$_2$O$_3$ – Mullit coated carbon/carbon [J]. Composites Part A, 2006, 37(9): 1396.

[22] MALL S, LAROCHELLE K. Fatigue and stress-rupture behaviors of SiC/SiC composite under humid environment at elevated temperature [J]. Composites Science and Technology, 2006, 66(15): 2925 –2934.

[23] QUEMARD L, REBILLAT F, GUETTE A, et al. Degradation mechanisms of a SiC fiber reinforced self-sealing matrix composite in simulated combustor environments [J]. Journal of the European Ceramic Society, 2007, 27(1): 377 –388.

[24] KURTENBACHD. Untersuchung zur Steuerung des Kristallisationsverhaltens von SiC aus amorphen Vorstufen [D]. Aachen: Bergakademie Freiberg, 2000

[25] HAVEL M, COLOMBAN P. Raman and Rayleigh mapping of corrosion and mechanical aging in SiC fibres [J]. Composites Science and Technology, 2005, 65(3 –4): 353 –358.

[26] TAKEDA M, URANO A, SAKAMOTO J I, et al. Microstructure and oxidative degradation behavior of silicon carbide fiber Hi-Nicalon type S[J]. Journal of Nuclear Materials, 1998, 258: 1594 –1599.

[27] JIAN-FENG H, XIE-RONG Z, HE-JUN L, et al. Oxidation behavior of SiC – Al$_2$O$_3$ –mullite multi-coating coated carbon/carbon composites at high temperature [J]. Carbon, 2005, 43(7): 1580 –1583.

[28] HUANG J F, LI H J, ZENG X R, et al. Preparation and oxidation kinetics mechanism of three-layer multi-layer-coatings-coated carbon/carbon composites [J]. Surface and Coatings Technology, 2006, 200(18 –19): 5379 –5385.

[29] MORE K L, TORTORELLI P L, WALKER L R, et al. Evaluating environmental barrier coatings on ceramic matrix composites after engine and laboratory exposures [C]//ASME Turbo Expo 2002: Power for Land, Sea, and Air. Amsterdam, The Netherlands, 2002: 155 –162.

[30] MÜHLRATZER A, HANDRICK K, PFEIFFER H. Development of a new

cost-effective ceramic composite for re-entry heat shield applications[J]. Acta Astronautica, 1998, 42(9): 533 – 540.

[31] SYGULLA D G. Experiences in design and testing of ceramic shingle thermal protection systems-a review [C]//ESA/ESTEC Conference on Spacecraft Structures, Materials and Mechanical Testing. Nordwijk, Netherlands. 1996.

[32] MÜHLRATZERA, KÖBERLEH, SYGULLAD. Hypersonic air intake ramp made of C/SiC ceramic composites [C]//3rd International Conference on Composites Engineering. New Orleans, LA, 1996: 609.

[33] DOGIGLI M, WEIHS H, WILDENROTTER K, et al. New high-temperature ceramic bearing for space vehicles [C]//51st International Astronautical Congress. Rio de Janeiro, 2000.

[34] PFEIFFERH. Ceramic body flap for X – 38 and CRV[C]//2nd International Symposium on Atmospheric Re-entry Vehicles and Systems. Arcachon, 2001.

[35] BAIOCCO P, GUEDRON S, PLOTARD P, et al. The Pre-X atmospheric re-entry experimental lifting body: program status and system synthesis[J]. Acta Astronautica, 2007, 61(1 – 6): 459 – 474.

[36] FiLSINGER D, MÜNZ S, SCHULZ A, et al. Experimental assessment of fiber reinforced ceramics for combustor walls [C]///International Gas Turbine and Aeroengine Congress and Exhibition. Orlando, Florida, 1997.

[37] VAN ROODEM, PRICE J R, JIMENEZ O, et al. Design and testing of ceramic components for industrial gas turbines [C]//7th International Symposium on Ceramic Materials and Components for Engines. Goslar, 2001: 261.

[38] MIRIYALA N, KIMMEL J, PRICE J, et al. The Evaluation of CFCC Liners after Field Testing in a Gas Turbine—III [C]//ASME Turbo Expo 2002. Amsterdam, 2002: 109 – 118.

[39] SPRIETPC, HABAROUG. Applications of continuous fiber reinforced ceramic matrix composites in military turbojet engines[C]//International Gas Turbine and Aeroengine Congress. Birmingham, 1996.

[40] BOULLONP, HABAROUG, SPRIETPC, et al. Characterization and nozzle test experience of a self sealing ceramic matrix composite for gas turbine applications[C]//ASME Turbo Expo. Amsterdam, 2002.

[41] SHARAFAT S, JONES R, KOHYAMA A, et al. Status and prospects for SiCSiC composite materials development for fusion applications[J]. Fusion

Engineering and Design, 1995, 29: 411 – 420.

[42] JONES R, SNEAD L, KOHYAMA A, et al. Recent advances in the development of SiC/SiC as a fusion structural material [J]. Fusion Engineering and Design, 1998, 41(1 – 4): 15 – 24.

[43] RICCARDI B, FENICI P, REBELO A F, et al. Status of the European R&D activities on SiCf/SiC composites for fusion reactors [J]. Fusion Engineering and Design, 2000, 51: 11 – 22.

[44] HINOKI T, KATOH Y, KOHYAMA A. Effect of fiber properties on neutron irradiated SiC/SiC composites [J]. Materials Transactions, 2002, 43 (4): 617 – 621.

[45] RICCARDI B, GIANCARLI L, HASEGAWA A, et al. Issues and advances in SiCf/SiC composites development for fusion reactors [J]. Journal of Nuclear Materials, 2004, 329: 56 – 65.

[46] TOSTI S, RICCARDI B, GIORDANO F. Nitrogen and helium permeation tests of SiCf/SiC composites [J]. Fusion Engineering and Design, 2007, 82 (3): 317 – 324.

[47] PRECHTL W. Technischekeramik für pumpen und armaturen [J]. Keramische Zeitschrift, 1993, 45(4): 197 – 201.

[48] LEUCHSM, PRECHTLW. Faserverstärkte Keramik als tribologischer Werkstoff im Maschinenbau [C]//DGM-Tagung Reibung und Verschleiß. Bad Nauheim, 1996.

[49] LEUCHSM. Ceramicmatrix composite material in highly loaded journal bearings [C]//ASME Turbo Expo. Amsterdam, 2002.

[50] GAFFAL K, USBECK A K, PRECHTL W. Neue Werkstoffe ermöglichen innovative Pumpenkonzepte für die Speisewasserförderung in Kesselanlagen [J]. VDI Berichte, 1997, 1331: 275 – 290.

[51] KOCHANOWSKI W, TILLACK P. New pump bearing materials prevent damage to tubular casing pumps [J]. VDI-Berichte, 1998, 1421: 227 – 242.

[52] BOZETJL, NELISM, LEUCHSM, et al. Tribology in liquid oxygen of SiC/SiC ceramic matrix composites in connection with the design of hydrostatic bearing [C]//9th European Space Mechanisms and Tribology Symposium. Liège, Belgium, 2001: 35 – 42.

[53] BICKELM, LEUCHSM, LANGEH, et al. Ceramic journal bearings in cryogenic

turbo-pumps[C]//4th International Conference on Launcher Technology-Space Launcher Liquid Propulsion. Liège, Belgium, 2002.

[54] HENDERSON T, SCHARRER J. Hydrostatic bearing selection for the STME hydrogen turbopump[C]//28th Joint Propulsion Conference and Exhibit. Nashville, U. S. A, 1992: 3283.

# 第 7 章  PIP 工艺：先驱体性能及应用

## 7.1  硅基先驱体

### 7.1.1  简介

近年来，基于硅的有机金属化合物（先驱体）受到了极大的关注，因为它们有望形成具有性能可调节的陶瓷[1-4]、复合材料基[5-7]、陶瓷纤维[8-14]、聚合物以及陶瓷表面涂层[15-19]。自从 1901 年 Kiping 首次合成了非常简单的硅树脂 $[(H_5C_6)_2SiO]_x$，以及 20 世纪 60 年代 Fink[20-21] 和 70 年代中期 Verbeek 和 Winter[22] 的开创性工作以来，人们已经开发了多种先驱体来制备不同的聚合物衍生陶瓷（PDC）[24-28]。这种基于聚合物基的材料的主要优势是它们在原子水平上的固有均匀性、较低的工艺温度（因为先驱体可以以800~1000 ℃之间转变为无定形共价陶瓷）以及与现有聚合物加工技术的适用性。一般来说，通过先驱体技术制备陶瓷材料的步骤包括由单体单元合成先驱体，然后交联成不熔化的预陶瓷聚合物网络（热固化），最后在高温下进行热解。热解引发有机 - 无机转变，产生非晶态陶瓷，在超过 1000 ℃ 的温度下结晶（如图 7.1 所示）。

对先驱体的要求由其应用条件决定，涵盖了从可交联的液体到可熔可固化，或不溶不熔的固体。为了扩大这些先驱体的分布范围，它们应该可以用传统的聚合物制备技术制备。此外，起始原料应该容易获得，相对便宜，合成简单。

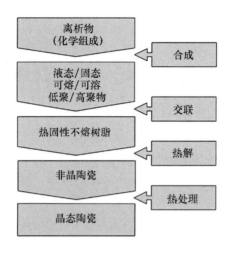

**图 7.1　基于有机金属低聚物或聚合物陶瓷的一般制备工艺**

## 7.1.2　先驱体体系及性能

许多不同的先驱体体系在工业上用于陶瓷材料的制备（如图 7.2 所示）。小而简单的气体先驱体分子通过化学气相沉积（CVD）工艺在不同的衬底上沉积 TiN、$Si_3N_4$ 或 SiC 等硬质陶瓷涂层；还可以采用化学气相渗透（CVI）工艺在多孔结构中生成陶瓷基体（如 SiC）。这一工艺非常耗时，所需时间取决于样品的厚度。

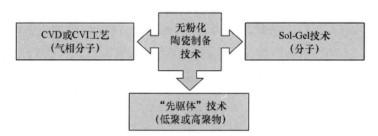

**图 7.2　陶瓷无粉化制备技术分类**

溶胶－凝胶（Sol－Gel）技术被应用于制备氧化物陶瓷涂层，如 $SiO_2$、$Al_2O_3$、$TiO_2$ 或 ITO（铟－锡氧化物）。溶解的分子化合物，如正硅酸乙酯（TEOS），在除去酒精后加入酸，反应生成凝胶。在随后的热处理过程中，残留的有机基团被分离。由于所需溶剂和有机基团含量较高，陶瓷产率相对较低。

根据化学成分，低聚物或聚合物先驱体一般分为含氧和无氧两类。有机硅（Si - O - C 先驱体）这一类已经很成熟，并且已经商业化。道康宁（美国）、瓦克化学（德国）和蓝星有机硅（中国）等公司提供大量不同的产品，尽管有机硅的成本相对较低，而且很容易获得，但是只有很少一部分用于陶瓷制备。这是由于与非氧化物体系相比，SiCO 陶瓷的热稳定性较低。

自 20 世纪 60 年代以来，用于陶瓷制备的许多不同的非氧化物先驱体已经被开发出来用于不同应用领域。不含任何有机基团的聚硅氮烷可制成 SiN 陶瓷。用有机基团功能化的聚硅氮烷、聚碳硅氮烷和聚酰碳二亚胺被用于制备 SiCN 陶瓷[1-4,25]。聚硅烷和聚碳硅烷是制备 SiC 的主要来源。碳硅氮烷与硼化合物反应生成聚硼碳氮烷，这对于制备高温稳定的 SiBCN 陶瓷很有吸引力[29,30]。但也有一些不含硅前驱体，例如，纯 BN 陶瓷可以通过裂解聚（甲氨基）环硼氮烷获得[31-33]。

尽管陶瓷先驱体的不同化学成分对先驱体的湿敏性、高温稳定性、腐蚀性和氧化行为以及所得陶瓷的结晶倾向等性能有影响，但聚合物的结构和官能团决定了其工艺性和陶瓷产率。

特别是陶瓷先驱体的黏度、交联行为和陶瓷产率是通过聚合物浸渍热解（PIP）工艺制备 CMCs 材料的重要性能。表 7.1 显示了通过选定的自合成方法制得的先驱体结构及其性能的例子。由于乙烯基团的位阻效应，VN - 先驱体的硅氮烷（Si - N）单元相互线性连接，并环化成低平均相对分子质量的小环。HPS 先驱体的较高相对分子质量和由此导致的黏度增加是由于硅原子上每隔一个乙烯基被氢取代。H 原子的位阻需求很低，降低了形成小环的倾向。每隔一个硅原子，HVNG - 先驱体就含有第三个 NH - 官能团。与 VN - 和 HPS - 先驱体相比，这种额外的三维键合导致更高的平均相对分子质量和黏度的显著增加。

**表 7.1　不同硅氮烷的分子结构和由此产生的性能**

| 先驱体 | 简化的分子结构 | 平均相对分子质量/ g·mol⁻¹ | 20℃下的黏度/Pas | 陶瓷产率/% (1000℃ N₂·atm) |
|---|---|---|---|---|
| VN | | 255 | 0.004 | 62ᵃ |

续表

| 先驱体 | 简化的分子结构 | 平均相对分子质量/g·mol⁻¹ | 20℃下的黏度/Pas | 陶瓷产率/%（1000℃ N² ·atm） |
|---|---|---|---|---|
| HPS | $\left[\begin{array}{c} H \\ N-Si-CH=CH_2 \\ CH_3 \end{array}\right]_n \left[\begin{array}{c} H \\ N-Si-H \\ CH_3 \end{array}\right]_n$ | 440 | 0.05 | 73[a] |
| HVNG | $\left[\begin{array}{c} CH=CH_2 \\ N-Si- \\ NH \end{array}\right]_n \left[\begin{array}{c} H \\ N-Si- \\ CH_3 \end{array}\right]_n$ | 920 | 29 | 82[a] |

注：a 为通过使用自由基引发剂（例如过氧化二异丙苯［DCP］）进行交联。

## 7.1.3　先驱体的交联行为

先驱体通过加成和缩合反应可以交联成不熔化的热固性树脂，而且还依赖于特殊的官能团（如图 7.3 所示）。大多数商品化的非氧化物先驱体（如硅氮烷和碳硅烷）含有 Si – H 和 Si – 乙烯基官能团。

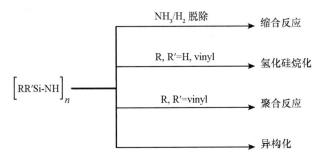

图 7.3　硅氮烷的各种交联反应

形成热固性树脂的缩合反应和加成反应通常在 200 ℃以上开始，需要良好的隔热性能。此外，低分子先驱体（如 VN 或 HPS）已在该温度下沸腾，只有使用高压釜在高压条件下才能进行交联。通过使用合适的自由基引发剂或催化剂，可以降低交联温度并促进加成反应。所需的硅氢化（Si – H + Si – 乙烯基）

和聚合（Si – 乙烯基 + Si – 乙烯基）反应在 100 ℃ 开始，避免了低聚物的蒸发。这种方法降低了隔热工作量，提供了无气泡的热固性树脂（如图 7.4 所示），提高了热解后的陶瓷产率。

图 7.4  聚硅氮烷在 300 ℃（N$_2$）下交联（左是仅热交联；右是添加引发剂）

图 7.5 分别显示了低分子纯 SiCN 先驱体和添加引发剂的 SiCN 先驱体的典型热解行为差异。纯先驱体在 100~250 ℃ 的温度范围内的交联过程中出现显著的重量损失，主要是由于低分子低聚物的挥发。相反，引发剂的使用导致较小的分子在沸点以下与较大的分子连接或者彼此连接。当温度高于 350 ℃ 时，由于气态氨的冷凝而进一步交联，重量会显著减轻。

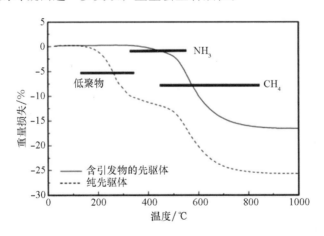

图 7.5  硅氮烷先驱体在添加和不添加引发剂时失重的差异

## 7.1.4　先驱体的裂解行为

先驱体系统的热解在高于 400 ℃ 的温度下开始，其特征是有机基团以甲烷、乙烯和 $H_2$ 挥发的方式消除（如图 7.5 所示）。在这个复杂的过程中，聚合物网络被破坏，形成非晶陶瓷。所得陶瓷的组成取决于所用的陶瓷先驱体和热解气氛。

先驱体聚合物转化为陶瓷也伴随着材料的显著收缩（如图 7.6 所示）。与陶瓷粉末的烧结相比，这是先驱体技术主要的缺点之一（高达 20%）。图 7.6 中的曲率表明，当温度高于 400 ℃ 时，聚合物随温度升高发生典型的热膨胀。在 400 ℃ 首次失重的同时，材料在从聚合物态到非晶陶瓷的转变过程中开始迅速收缩。这种收缩基于两个效应。一方面，聚合物主链上具有一定空间需求的有机或无机基团被分离出来，重量的减少导致收缩。另一方面，许多键被破坏，形成了由 Si、C 和 N 原子组成的更密集但无序的网络。这种效应在 800 ℃ 以上的温度下导致进一步的收缩，因为只有少量的残余氢释放出非晶体系。随着温度的升高，原子越来越有规律地调整，导致进一步收缩约 10%。最后，在更高的温度下开始结晶，其程度取决于所用先驱体的元素组成以及热解气氛。

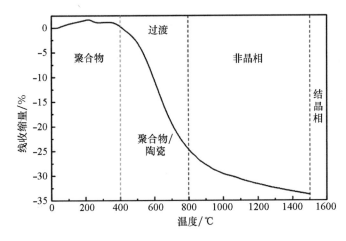

**图 7.6　交联 SiCN 材料在热解过程中的线收缩率**

先驱体在热解过程中的收缩和气态物质的形成，限制了直接从预陶瓷聚合物制备更大的陶瓷部件。因此，它的应用仅限于小尺寸样品，如陶瓷纤维和涂层，或 CMCs 材料，其孔隙通过多次浸渗/热解步骤来填充。

根据 TG 测量和膨胀测量的结果，热解导致了硬度和密度的显著变化（如图 7.7 所示）。由于较高的交联程度，在 400 ℃时观察到密度的首次增加。在 400～800 ℃的温度范围内，从聚合物到陶瓷的转变过程中测得密度的增加最显著。高达 1500 ℃的进一步致密效应是由于非晶态的重新排列。图 7.7 中温度高于 1500 ℃的最后一次密度增加是由于 N 的损失导致 SiCN 陶瓷分解和晶态 SiC 的形成。

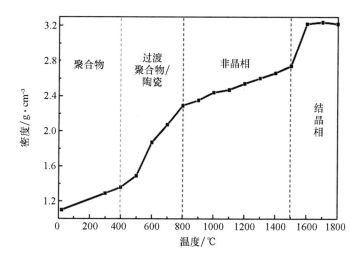

图 7.7　SiCN 材料在不同温度下热解后的密度值

## 7.1.5　商用非氧化物先驱体

长期以来，非氧化物先驱体由于相对较高的价格、可变性和可获得性，在许多市场的使用受到强烈限制。然而，先驱体的加工技术得到了改进，而且还开发了具有不同性能的多种应用的陶瓷先驱体（如表 7.2 所示）。德国克莱恩公司公布了一种以合理价格大量生产聚硅氮烷的新方法[4]。

表 7.2　商业可用先驱体（部分）

| 先驱体名称 | 形成的陶瓷体系 | 重要性能 | 公司 |
|---|---|---|---|
| KiON HTT 1800 | SiCN | 液态 | Clariant GmbH[b] |
| KiON HTA 1500 缓慢或快速交联固化 | SiCN | 液态 | Clariant GmbH[b] |
| KiON ML33 | SiCN | 液态 | Clariant GmbH[b] |
| KiON ML66 | SiCN（O） | 液态 | Clariant GmbH[b] |
| KiON ML20 | SiCN（O） | 液态 | Clariant GmbH[b] |
| Ceraset PURS 20 | SiCN | 液态 | Clariant GmbH[b] |
| Ceraset PSZ 20 | SiCN | 液态 | Clariant GmbH[b] |
| Ceraset Ultra | SiCN | 可熔固体 | Clariant GmbH[b] |
| NL 120A – 20 | SiN | 溶液 | Clariant GmbH[b] |
| NN 120 – 20 | SiN | 溶液 | Clariant GmbH[b] |
| SMP – 10 | SiC | 液态 | Starfire Systems[c] |
| MCs | SiC | 可模塑的 | Starfire Systems[c] |
| CVD – 2000 | SiC | 溶液 | Starfire Systems[c] |
| CVD – 4000 | SiC | 溶液 | Starfire Systems[c] |
| SOC – A35 | SiCO | 可熔固体 | Starfire Systems[c] |

a：有关更多信息，请参见数据手册。

b：克莱恩制造有限公司，德国苏尔兹巴赫 65843 号 Am Unisys Park 1。

c：星火系统公司，美国纽约州马耳他市赫尔墨斯路 10 号，邮编：12020。

# 7.2　先驱体浸渍裂解工艺（PIP）

## 7.2.1　简介

CMCs 是一类技术先进的材料，由于其优异的机械强度、化学惰性和耐热性，以及作为轻质材料的特征，近年来被开发用于不同的工业领域，如航空航天、能源和汽车工业。CMCs 在未来受控热核聚变反应堆设计中的应用研究也正在进行中。

就基本材料而言，可以使用多种类型的陶瓷基体、陶瓷纤维以及制造技术来制备CMCs。比较重要的CMCs纤维/基体有：

（1）Nextel/$Al_2O_3$或莫来石（$Al_2O_3 - SiO_2$），使用温度高达1100 ℃*；

（2）SiC/SiC，使用温度高达1300 ℃*；

（3）C/SiC，使用温度高达1600 ℃***；

（4）C/C，使用温度 > 2000 ℃**；

其中，*代表长期使用，**代表带有氧化保护。

在制备方面，只有具有小直径单纤维（5～20 m）的纤维束可以用于制备长纤维增强陶瓷。商用纤维有：

（1）碳纤维；

（2）基于$Al_2O_3$（Nextel）的氧化物纤维；

（3）基于SiC（Nicalon，Tyranno）的非氧化物纤维。

原则上，SiC基增强纤维的工作温度在1000～1300 ℃，氧化物纤维的工作温度为1100 ℃，碳纤维的工作温度为2000 ℃以上（在惰性气体中）。这些温度在很大程度上取决于特定的工作时间。

有多种方法用于制备复合材料，通常两种或两种以上的方法结合使用，使用的方法取决于纤维的结构和基体先驱体的化学性质。具体内容包括制备完全致密的基体，减少制备过程中的裂纹，以及在足够低的温度下制备所需的基体，从而使纤维不会受损甚至失效。为了制备CMCs组件，需要一个浸渗工艺来制备纤维间的基体。气相或液相浸渗工艺取决于浸渗介质。所有制备工艺都有一个共同点：浸渗介质不具有基体材料的最终成分，基体材料是在制备过程中通过化学反应产生的[34-37]。

CVI是已知的并在工业上用于制造CMCs材料的工艺。此外，熔融浸渗工艺如液相渗硅（LSI工艺）也被用来制备CMCs结构。这些工艺在本书的其他章节中有详细描述。

## 7.2.2 制备技术

另一种尚未在工业上大规模使用的工艺正在研究和开发中。它基于纤维粗纱或预制体纤维材料与液态或熔融态陶瓷先驱体的润湿渗透。用于制造CMCs的PIP工艺被广泛认为是制造大型复杂形状结构的通用方法。与其他陶瓷复合材料制备工艺相比，PIP工艺具有更大的灵活性。通过利用通常用于制造聚合物基复合材料的低温成型和模塑步骤，PIP 工艺允许使用相同的现有设备和加工技术。用液态陶瓷先驱体对基体预制件进行渗透可获得高密度的基体，并允许多种几何形状的增强体[38,39]。

### 7.2.2.1 预制件制备

制造具有所需形状和结构的预制件的能力在 CMCs 工业中是最重要的。有许多工艺可以制造如此复杂的形状（如图 7.8 所示），包括：

（1）纤维缠绕；

（2）手工铺层预浸料；

（3）编织（与缝合相结合，生成三维材料）；

（4）三维编织[40]。

(a) 纤维缠绕

(b) 手工铺层预浸料

(c) 二维编织

(d) 三维编织

(e) 二维缝合　　　　　　　　　　　(f) 三维缝合(EADS)

**图 7.8　预制件制造方法**

这些技术中的每一种，再加上进一步的处理，都有其独特的优势，如低成本、纤维方向和结构以及尺寸，具体使用哪种技术，取决于特定应用的设计和应力要求。然而，所涉及的高温处理会导致基体和纤维之间的反应，这会对复合材料的强度产生不利影响。

### 7.2.2.2　CMCs 的制备

具有薄保护层的碳纤维涂层对于几种纤维增强陶瓷的耐损伤断裂行为至关重要。对于 C/SiC 材料，热解碳（PyC）涂层可优化纤维/基体界面，以保证纤维在基体中的充分脱粘。这导致典型的纤维拔出或纤维和基体之间界面的裂纹偏转，从而使材料具有优异的力学性能（如图 7.9 和图 7.10 所示）[41,42]。

**图 7.9　纤维涂层及纤维拔出（EADS）**

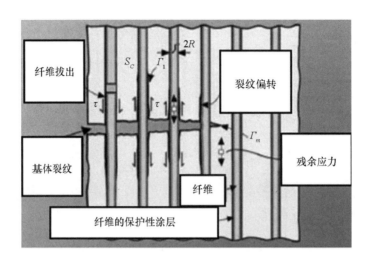

图 7.10　纤维涂层 PIP – CMC 的"伪塑性"机理[37]

　　陶瓷先驱体的黏度往往较高，使增强纤维的完全渗透和润湿变得困难。渗透可以通过纤维缠绕或使用聚合物先驱体真空浸渍来完成。该结构通过预制预浸料、纤维缠绕或纺织技术进行层压，然后在 100 ~ 300 ℃的中等温度和 10 ~ 20 bar 的压力下在高压釜中压实并最终交联。

　　具有高 SiC 陶瓷产率的聚碳硅烷是一种烯丙基氢化聚碳硅烷，由交替的碳和硅原子链组成，例如：

　　—$SiH_2$—$CH_2$—SiHR—$CH_2$—$SiH_2$

　　这里，R 代表烯丙基：—$CH_2$—CH = $CH_2$。

　　链长和烯丙基的频率决定了聚合物体系的黏度。由于烯丙基具有双键，所有分子在高压釜的固化过程中都发生了不可逆的交联。除了聚碳硅烷先驱体外，还可以使用不同的先驱体聚合物，它们在随后的高温过程中转化为陶瓷基体（如图 7.11 所示）[43]。

　　聚合物复合材料的初步成型和制备都是在低温制备设备上进行的。预陶瓷聚合物到陶瓷基体的转变是通过后续 1100 ~ 1700 ℃的高温处理（热解）实现的，根据热解条件会得到非晶或纳米晶结构。

　　PIP 工艺的一个问题出现在热解过程中，导致先驱体聚合物的重量显著损失（根据聚合物的不同，最高可达 40%）。这是基于低聚物和溶剂的挥发以及随着气体（如碳氢化合物和氢气）的释放而发生的结构重排。同时，典型密度约为 1 g/cm³ 的聚合物材料转变更高密度的陶瓷材料（2.5 ~ 2.7 g/cm³ 的 SiC

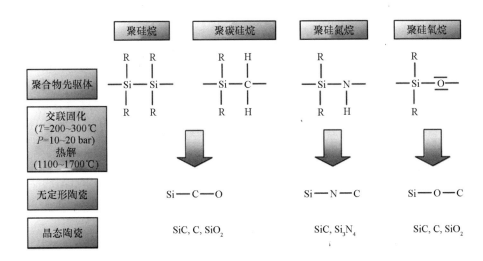

图 7.11　陶瓷化制备 C/SiC 的可能先驱体

先驱体）意味着体积收缩（基体体积减小），并产生孔隙，如基体形成中的大孔和微孔。然而，其微观结构以粗大的束间孔隙为特征，这对力学性能产生了不利的影响。在陶瓷基体的高温形成过程中也会出现微裂纹。

可以通过重复聚合物渗透，即再渗透（或再浸渍）和多次热解过程来减少孔隙。这会导致孔隙率显著降低，同时使基体硬化。复合材料的力学性能如拉伸强度或剪切强度，随着重复浸渗周期的增加而提高，直至达到最大强度。不幸的是，几乎需要 4~8 个或更多的周期才能减少孔隙率并将基体填充到令人满意的程度。

为了克服这个问题，一种已知的解决方案是与陶瓷先驱体一起使用诸如陶瓷粉末之类的惰性填料，如 SiC，它们在热处理期间不会发生体积收缩，并且与基体相容。使用这种粉末是因为它们可以更好地填充纤维材料中以及材料层之间的孔隙，从而减少整个工艺中必要的浸渍和热解周期。

对于 C/SiC 材料，主要使用的惰性填料是商用的微米级 SiC 粉末。然而，这类粉末还存在进一步的问题。这些问题包括粉末分布不均匀，因为粉末颗粒几乎不能渗入纤维束（通常由 500~1000 根直径为 5~15 μm 的纤维组成）。纤维间的间隙比纤维的直径小两个数量级[43,44]。

此外，结晶陶瓷颗粒的存在会影响预陶瓷聚合物热解生成基体的非晶态或纳米晶性质。对于较大尺寸的颗粒尤其如此，这将影响所得到的 CMCs 的力学性能。还有一项研究是将纳米级陶瓷填料与陶瓷先驱体结合使用。在这种情况下，陶瓷颗粒的大小远低于陶瓷纤维之间的平均距离。它还能够以大致均匀的方式填充单个纤维之间的间隙。此外，陶瓷先驱体基体的无定形或纳米晶体结构基本上不受热解后保持纳米尺寸的颗粒的影响。这种纳米粉末均匀分散到初始无定形基体中，可以作为基体形成的晶核。

如果将液体浸渍和热解技术应用于通过纺织技术制备的三维纤维预制件，如编织或编织结合缝合，使用纳米粉末的优势就更加明显。只有尺寸极小的颗粒才能均匀地分布在三维纤维预制件中。

此外，活性填料控制热解（AFCOP 工艺），可用于在陶瓷化过程中生成体积增大的基体。在理想情况下，聚合物体系的收缩和由于活性填料成分引起的体积增加可以得到补偿（如图 7.12 所示）[43,44]。它相对容易实现，可用于低成本制备基体。

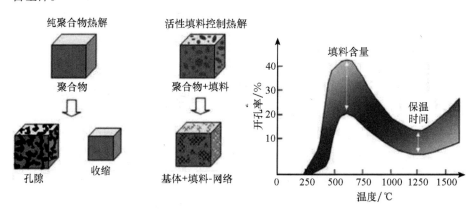

图 7.12　聚合物的收缩机理

在陶瓷化过程中，构件的几何形状始终依赖于收缩，因此所有的几何形状都是可行的，可以用经典的 CFRP 技术来实现。在最终生产步骤中，可以选择诸如车削、磨削和涂覆抗氧化层来制备该部件。

整个 PIP 流程由以下步骤（如图 7.13 所示）组成：

（1）通过纤维涂层形成一个弱纤维 – 基体界面（纤维基体结合的延展性）；

（2）通过纯聚合物系统或粉末填充浆料系统浸渗纤维/纤维结构，如通过纤维缠绕、预浸料叠层，或通过 RTM（树脂转移模压）浸渗纺织纤维预制件；

（3）预浸料的层压或浸渍部件的连接，以及必要时的成型；

（4）在高压釜中通过温度和压力固化；

（5）通过热解的陶瓷化（真空或惰性气体中的高温过程）；

（6）用预陶瓷聚合物多次再浸渍，随后热解；

（7）具有表面氧化保护系统的可选涂层。

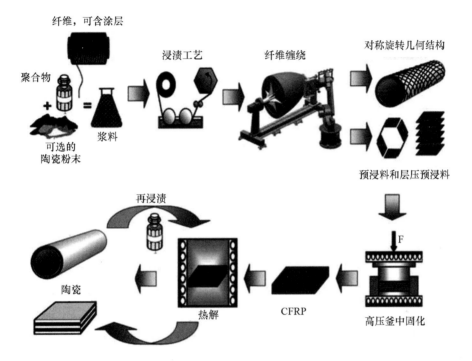

图 7.13　PIP 流程示意

可以看出，仍然需要一种具有改进力学性能的 CMCs，特别是对于基体的密度和均匀性而言。对于工业来说，同样重要的是这种材料能够在工业实际时间和成本内生产出来，并且具有足够大的厚度，从而可以用作大型工厂中的结构部件。

PIP 工艺具有以下优点：

（1）与多阶段 CVI 工艺相比，单步 PIP 工艺路线的成本更低；

（2）由于工艺时间相对较短，进度风险较低；

（3）因为不同的预硬化单件可以在高压釜中原位连接，这对于整体结构设计是可行；

（4）在设计、分析和制造等方面与传统的 CFRP 标准相似，且工具成本低，从而提高了成本效益。

然而，C/SiC 肯定是一种首选的 CMCs，因为它在有限寿命的高温应用中具有优异的热性能和力学性能。C/SiC 可被用于空间领域，如隔热罩或推进部件，也用于军事领域，因为其具有以下特点[45]：

**1. 材料特性**

（1）超轻；

（2）高耐化学腐蚀；

（3）快速低成本近净成型；

（4）耐高温（热冲击）；

（5）结构设计灵活性高；

（6）组件的潜在减重高达60%（与特定的金属组件相比）。

**2. 材料性能**

（1）允许材料温度：长时间使用/短时间使用；

（2）热导率大；

（3）热膨胀系数大；

（4）高刚度；

（5）高抗拉强度。

阿斯特里姆公司通过 PIP 工艺生产的名为 SICARBON 的 C/SiC 材料，具有以下典型材料性能（见表7.3）。

表7.3　不同纤维结构 SICARBON 的典型材料性能

| SICARBON | | | 温度范围/℃ | 纤维方向 | 数据 |
|---|---|---|---|---|---|
| 热膨胀 | CTE | $10^{-6}L/℃$ | RT－1500 | ⊥ / ∥ | 5/2 |
| 热导率 | λ | W/m℃ | RT－1500 | ⊥ / ∥ | 6/14 |
| 比热容 | $C_p$ | kJ/(kg·℃) | RT－1500 | － | 0.6 |
| 密度 | | g·cm$^{-3}$ | RT－1500 | UD/0°90° | 1.8 |
| 孔隙率 | | % | RT－1500 | UD/0°90° | 8 |
| 拉伸强度 | | MPa | RT－1500 | UD/0°90° | 470/260 |
| 弹性模量 | E | GPa | RT－1500 | UD/0°90° | 80~90 |
| 层间剪切强度 | | MPa | RT－1500 | UD/0°90° | 11~20 |

# 7.3　PIP 工艺的应用

## 7.3.1　发射器推进

由于陶瓷复合材料的固有优势，发动机制造商和研究机构在加紧研究将陶瓷应用于火箭发动机推力室部件。鉴于液体推进剂火箭发动机燃烧室中的极端热机械载荷，以前的发展主要集中在热载荷较小的喷管延伸段中使用陶瓷复合材料。在阿斯特里姆公司，通过 PIP – C/SiC 制备了比例为 1∶5 的阿丽亚娜 5 号主发动机"Vulcain"的小尺寸喷管，并在位于兰波德斯豪森的德国航天中心的研究试验台 P8 上成功地进行了试验[46-48]。

将 CMCs 用于火箭喷管延伸段的目的是：

（1）简化冷却设计（主动冷却→辐射冷却）；

（2）减少部件质量（高推力质量比）；

（3）提高有效载荷能力；

（4）替代金属材料，提高工作温度；

（5）提高性能和可靠性。

火箭发动机在工作过程中的高机械载荷要求采取额外的设计措施，如在外部喷管壳体上设置局部 C/SiC 加强筋。图 7.14 显示了由阿斯特里姆公司的 PIP – C/SiC 制造的两个小尺寸测试喷管。

图 7.14　Vulcain 小尺寸 PIP – C/SiC 喷管延伸段（比例 1∶5）

图 7.15 显示了热试验期间的 Vulcain 小尺寸喷管，测量的温度高达 2026 ℃，具有极端的热梯度。

**图 7.15　Vulcain 小尺寸 PIP – C/SiC 喷管延伸段的热试验**

从小尺寸到大型结构的飞跃，如阿丽亚娜 5 号上级发动机的 Aestus 喷管，代表了一个特殊的问题。在制造过程中由于纤维取向引起的组件收缩问题，必须在生产开发过程中加以解决，特别要注意遵守几何公差。在有限元和热分析的基础上，采用近净成形和轻量化设计的缠绕技术，确定了 Aestus 喷管以及 Vulcain 小尺寸喷管所需的角度和壁厚级数。阿丽亚娜 5 号发射时产生的载荷需要在喷管末端提供一个加强环。

在试验方案的框架内，对 C/SiC 喷管延伸段的结构完整性和热负荷进行了正弦加载振动和真空热试车试验验证。测试是在德国航天中心位于兰波德斯豪森的测试设施上进行（如图 7.16 所示）。

**图 7.16　试样台上的陶瓷喷管（左）、真空热试车试验（中）和振动试验（右）**

## 7.3.2　卫星推进

现有的卫星远地点和姿态控制发动机的燃烧室主要由难熔重金属制成，如铼、铱和铂，因为它们具有高的耐化学侵蚀能力和高服役温度。这些重金属不但材料和制造成本高，而且密度也很高，达 21 g/cm³ 以上。CMCs 作为小型推进器结构材料的潜力，除了在喷管延伸段项目中提到的好处之外，还在于与金属结构相比，其制造成本明显更低。其他优点包括：

（1）通过减少单个组件（单件构造）简化了构造方法，从而减少了测试工作量；

（2）将 1626 ~ 1926 ℃ 的允许壁温提高（使用合适的分层系统），从而提高发动机性能；

（3）发动机减重 30% ~ 50%。

1998 年，为了研究复合陶瓷（PIP – C/SiC）在小型推进器上的应用，在海平面上对不同 C/SiC 燃烧室进行了首次热试车。推进剂相容性（MMH/N₂O₄），不同的连接方案，以及环境障碍涂层的长期使用和泄漏方面的研究是主要努力方向。图 7.17 显示了燃烧室设计以及热试车运行期间的情况。

**图 7.17　PIP – C/SiC 燃烧室（左）和热试车期间（右）**

由于低比重、大温度范围内的高比强度、低 CTE、对自燃推进剂良好的耐化学性和抗侵蚀性、良好的损伤容限，以及制造与喷管延伸段结合的单件增强陶瓷燃烧室的可行性，阿斯特里姆公司的 LPI – C/SiC 被认为是研制新型欧洲远地点发动机 EAM 的基准材料。

必须掌握增强陶瓷的天然微裂纹、微孔及其相关的气体泄漏等问题。图7.18 显示了单个陶瓷组件的原型。

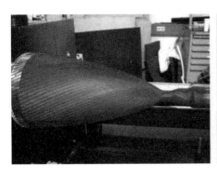

**图 7.18　EAM PIP – SICARBON 生产模型**

除了推进应用之外，先进的二维 C/SiC 基以及氧化物/氧化物 CMCs 材料还可用于热结构和热防护系统，这些材料适用于未来可重复使用的空间运输工具。这些产品的特殊 PIP 工艺将允许设计和制造复杂和高度集成的部件，如前缘、加强板、鼻帽、襟翼、方向舵和发动机保护罩等（如图 7.19 所示）[47]。

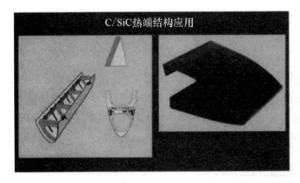

**图 7.19　PIP 工艺制备的 TPS 组件**

# 7.4　总结

通过聚合物浸渍热解工艺制备的 CMCs 在 1000 ℃ 以上的温度下是很有吸引力的轻质结构材料。可以通过 PIP 工艺和陶瓷化来制备大型、复杂以及薄壁的高温结构。C/SiC 特别适用于高温航空航天应用，如热防护系统（隔热罩）和推进部件。未来的研究目标是增加长期耐受性和显著降低生产成本。

# 参考文献

[1]　BIROT M, PILLOT J P, DUNOGUES J. Comprehensive chemistry of polycarbosilanes, polysilazanes, and polycarbosilazanes as precursors of ceramics[J]. Chemical Reviews, 1995, 95(5): 1443 – 1477.

[2]　LAINE R M, BLUM Y D, TSE D, et al. Synthetic routes to oligosilazanes and polysilazanes[M]//ZELDIN M, WYNNE K J, ALLCOCK H R. Inorganic and Organometallic Polymers. New York: American Chemical Society, 1988: 124 – 142.

[3]　MOTZ G, HACKER J, ZIEGLER G. Design of SICN-precursors for various applications[M]//HEINRICH J G, ALDINGER F. Ceramic materials and components for engines. Weinheim: WILEY-VCH Verlag GmbH, 2001: 581 – 585.

[4]　LUKACS III A. Polysilazane precursors to advanced ceramics[J]. American Ceramic Society Bulletin, 2007, 86(1): 9301 – 9306.

[5]　MILLER D V, POMMELL D L, SCHIROKY G H. Fabrication andproperties of SiC/SiC composites derived from Ceraset™ SN preceramic polymer[C]// Proceedings of the 21st Annual Conference on Composites, Advanced Ceramics, Materials, and Structures—A: Ceramic Engineering and Science Proceedings. Hoboken, NJ, USA, 1997: 409 – 417.

[6]　ZIEGLER G, RICHTER I, SUTTOR D. Fiber-reinforced composites with polymer-derived matrix: processing, matrix formation and properties[J]. Composites Part A: Applied Science and Manufacturing, 1999, 30(4): 411 –

417.

[ 7 ] RAK Z S. A process for Cf/SiC composites using liquid polymer infiltration [J]. Journal of the American Ceramic Society, 2001, 84(10): 2235 – 2239.

[ 8 ] YAJIMA S, OKAMURA K, HAYASHI J, et al. Synthesis of continuous SiC fibers with high tensile strength[J]. Journal of the American Ceramic Society, 1976, 59(7 – 8): 324 – 327.

[ 9 ] BALDUS P, JANSEN M, SPORN D. Ceramic fibers for matrix composites in high-temperature engine applications[J]. Science, 1999, 285(5428): 699 – 703.

[ 10 ] ARAIM, FUNAYAMAO, NISHIIH, et al. High-purity silicon nitride fibers [P]. 1989 – 04 – 04.

[ 11 ] HACKER J, MOTZ G, ZIEGLER G. Novel ceramic SiCN - fibers from the polycarbosilazane ABSE [M]//KRENKEL W, NASLAIN R, SCHNEIDER H. High Temperature Ceramic Matrix Composites. Weinheim: Wiley - VCH Verlag GmbH, 2001: 52 – 55.

[ 12 ] MOTZ G, HACKER J, ZIEGLER G, et al. New SiCN fibers from the ABSE polycarbosilazane [C]//26th Annual Conference on Composites, Advanced Ceramics, Materials, and Structures. Hoboken, NJ, USA, 2002: 255 – 260.

[ 13 ] MOTZ G. Synthesis of SiCN-precursors for fibres and matrices[J]. Advances in Science and Technology, 2006, 50: 24 – 30.

[ 14 ] KOKOTT S, MOTZ G. Cross-linking via electron beam treatment of a tailored polysilazane ( ABSE ) for processing of ceramic SiCN-Fibers [ J ]. Soft Materials, 2007, 4(2 – 4): 165 – 174.

[ 15 ] MUCALO M, MILESTONE N. Preparation of ceramic coatings from pre-ceramic precursors: part II SiC on metal substrates[J]. Journal of Materials Science, 1994, 29: 5934 – 5946.

[ 16 ] CROSS T J, RAJ R, CROSS T J, et al. Synthesis and tribological behavior of silicon oxycarbonitride thin films derived from poly ( urea ) methyl vinyl silazane[J]. International Journal of Applied Ceramic Technology, 2006, 3 (2): 113 – 126.

[ 17 ] MOTZ G, ZIEGLER G. Simple Processibility ofprecursor-derived SiCN coatings by optimised precursors[J]. Key Engineering Materials, 2002, 206: 475 – 478.

[ 18 ] MOTZ G, KABELITZ T, ZIEGLER G. Polymeric and ceramic-like SiCN

coatings for protection of (light) metals against oxidation and corrosion[J].
Key Engineering Materials, 2004, 264 – 268: 481 – 484.

[19] GÜNTHNER M, ALBRECHT Y, MOTZ G. Polymeric andceram1c-like
coatings on the basis of sin (c) precursors for protection of metals against
corrosion and oxidation[M]//ZHU D, SCHULZ U, WERESZCZAK A, et al.
Advanced ceramic coatings and interfaces: ceramic engineering and science
proceedings. New York: The American Ceramics Society, 2006: 277 – 284.

[20] FINK W. Beiträge zurchemie der SiN-Bindung, VIII. silylierungen an 1.2 –
und 1.3 – diaminen[J]. Chemische Berichte, 1966, 99(7): 2267 – 2274.

[21] FINK W. Beiträge zur Chemie der Si – N – Bindung, XI [1] polymere 1,
3 – diaza – 2 – sila – cyclopentane[J]. Helvetica Chimica Acta, 1967, 50
(4): 1144 – 1153.

[22] Verbeek W, WinterG. (1974) German Patent 2236078.

[23] RIEDEL R, KIENZLE A, DRESSLER W, et al. A silicoboron carbonitride
ceramic stable to 2, 000℃[J]. Nature, 1996, 382(6594): 796 – 798.

[24] KROKE E, LI Y L, KONETSCHNY C, et al. Silazane derived ceramics and
related materials[J]. Materials Science and Engineering: R: Reports, 2000,
26(4 – 6): 97 – 199.

[25] SEYFERTH D, WISEMAN G H. High-yield synthesis of Si3N4/SiC ceramic
materials by pyrolysis of a novel polyorganosilazane [J]. Journal of the
American Ceramic Society, 1984, 67(7): C132 – C133.

[26] PEUCKERT M, VAAHS T, BRÜCK M. Ceramics from organometallic
polymers[J]. Advanced Materials, 1990, 2(9): 398 – 404.

[27] WHITMARSH C K, INTERRANTE L V. Synthesis and structure of a highly
branched polycarbosilane derived from (chloromethyl) trichlorosilane[J].
Organometallics, 1991, 10(5): 1336 – 1344.

[28] RIEDEL R, KIENZLE A, DRESSLER W, et al. A silicoboron carbonitride
ceramic stable to 2, 000℃[J]. Nature, 1996, 382(6594): 796 – 798.

[29] BERNARD S, WEINMANN M, GERSTEL P, et al. Boron-modified polysilazane
as a novel single-source precursor for SiBCN ceramic fibers: synthesis, melt-
spinning, curing and ceramic conversion[J]. Journal of Materials Chemistry,
2005, 15(2): 289 – 299.

[30] PAINE R T, NARULA C K. Synthetic routes to boron nitride[J]. Chemical

Reviews, 1990, 90(1): 73 -91.

[31] PACIOREK K L, KRATZER R. Boron nitride preceramic polymer studies [J]. European Journal of Solid State and Inorganic Chemistry, 1992, 29: 101 -112.

[32] TOURY B, MIELE P, CORNU D, et al. Boron nitride fibers prepared from symmetric and asymmetric alkylaminoborazines [J]. Advanced Functional Materials, 2002, 12(3): 228 -234.

[33] CLAUSSEN N. Verstärkung keramischer Werkstoffe [M]. Frankfurt: DGM Informationsgesellschaft Verlag, 1992.

[34] Hüttinger, K. and Greil, P. (1992) Keramische Verbundwerkstoffe für Höchsttemperaturanwendungen, Cfi/ Ber. DKG 96, No. 11/12.

[35] Lehman, R., Rahaiby, S. and Wachtman, J. (1995) Handbook of Continuous Fibre-Reinforced Ceramic Matrix Composites, Ceramics. Information Analysis Center, Purdue University.

[36] EVANS A, ZOK F, DAVIS J. The role of interfaces in fiber-reinforced brittle matrix composites[J]. Composites Science and Technology, 1991, 42(1 -3): 3 -24.

[37] VOGEL W D, SPELZ U. Cost effective production techniques for continuous fiber reinforced ceramic matrix composites[C]//International Conference on Ceramic Processing Science and Technology. Friedrichshafen, Germany, 1995: 225 -259.

[38] MÜHLRATZER A. Entwicklung zur kosteneffizienten Herstellung von Faserverbundwerkstoffen mit keramischer Matrix[C]//Proceedings Verbundwerkstoffe Wiesbaden, 1990: 1 -39.

[39] Brandt, J., Drechsler, K. and Meistring, R. (1990) The application of three-dimensional fiber preforms for aerospace composite structures. Proc. ESA Symp.: Space Applications of Advanced Structural Materials, ESTEC Noordwijk/NL, 71 -7.

[40] NASLAIN R. The concept of layered interphases in SiC/SiC. High-Temperature Ceramic-Matrix Composites II[J]. Ceramic Transactions, 1995, 58: 23 -38.

[41] HELMER T. Einfluß einer Faserbeschichtung auf die mechanischen Eigenschaften von Endlosfasern und C/ SiC-Verbundwerkstoffen[D]. Stuttgart: Universität Stuttgart, 1992.

[42]　GREIL P. Near net shape manufacturing of polymer derived ceramics[J]. Journal of the European Ceramic Society, 1998, 18(13): 1905 – 1914.

[43]　GREIL P. Polymer derived engineering ceramics[J]. Advanced Engineering Materials, 2000, 2(6): 339 – 348.

[44]　BEYER S, KNABE H, SCHMIDT S, et al. Advanced ceramic matrix composite materials for current and future technology applicaton[C]//4th International Conference on Launcher Technology "Space Launcher Liquid Propulsion. Liege, 2002: 3 – 6.

[45]　SCHMIDT S, BEYER S, KNABE H, et al. Advanced ceramic matrix composite materials for current and future propulsion technology applications [J]. Acta Astronautica, 2004, 55(3 – 9): 409 – 420.

[46]　SCHMIDT S, BEYER S, IMMICH H, et al. Ceramic matrix composites: a challenge in space-propulsion technology applications [J]. International Journal of Applied Ceramic Technology, 2005, 2(2): 85 – 96.

# 第8章 具有纤维涂层的氧化物/氧化物复合材料

## 8.1 简介

先进的航空航天应用要求结构材料更轻、更耐用，并且能够在更高的温度下工作。陶瓷基复合材料（CMCs），又称陶瓷纤维基复合材料（CFMC）和连续纤维陶瓷复合材料（CFCC），在高温环境下具有良好的结构性能，损伤容限远远优于单质陶瓷[1,2]。最先进的CMCs使用SiC纤维和基体，尽管使用了环境障碍涂层[3-5]，但其使用寿命受到氧化的限制，尤其是在燃气环境和高$P_{H_2O}$环境中。通过对所有成分（纤维、基体和纤维涂层）使用氧化物，可以实现优异的高温环境稳定性。氧化物/氧化物CMCs也往往比SiC-SiC CMCs便宜。然而，高温下抗蠕变性能和强度的降低限制了氧化物/氧化物CMCs的应用。这是由当前多晶氧化物纤维的抗蠕变性能和高温强度导致的（如表8.1所示）[6,7,20]。氧化物/氧化物CMCs还具有比SiC更高的热膨胀系数（CTE）和更低的热导率。因此，针对高热梯度和瞬变（热冲击）的构件设计更加困难[2]。

商用的氧化物/氧化物CMCs的韧性是多孔基体中弥散微裂纹引起的基体断裂能量耗散的结果。这些类型CMCs的性能如表8.2[21,28-34]所示，更多信息将在第9章中提供。已有令人印象深刻的力学性能的报道，但是由于基体孔隙率的存在，基体主导的性能受到限制。较差的层间性能[22,35-37]、低热导率[38-40]、基体渗透性，以及微动磨损[41]是值得关注的重要问题。多孔基体陶瓷的耐温能力受到基体烧结温度的限制；基体的粗化或致密化降低了CMCs的韧性[23]。

表 8.1　组成特性

| 纤维 | 组成/% | | 强度 | | 模量/ | 线密度/ | 直径/ | 蠕变极限[d]/ | 膨胀/ |
| | $Al_2O_3$ | $SiO_2$ | 单丝 | 束丝 | GPa | $g \cdot cc^{-1}$ | μm | ℃ | $\times 10^{-6}$℃$^{-1}$ |
|---|---|---|---|---|---|---|---|---|---|
| Nextel 610 | >99 | <0.3 | 3100 | 1600 | 380 | 3.9 | 10 ~ 12 | 1000 | 8.0 |
| Nextel 650 | 89 | – | 2550 | | 358 | 4.1 | 10 ~ 12 | 1100 | 8.0 |
| Nextel 720 | 85 | 15[b] | 2100 | 800 | 260 | 3.4 | 10 ~ 12 | 1200 | 6.0 |
| Sapphire[a] | 100 | 0 | 3100 | 2250 | 435 | 3.8 | 70 ~ 250 | – | – |
| 基体成分（完全致密特性） | | | | | | | | | |
| $Al_2O_3$ | 100 | 0 | – | – | 380 | 3.96 | – | 8.1 | |
| 莫来石 | 75.5 | 24[b] | – | – | 220 | 3.16 | – | | 5.0 |

注：a 为 Saphikon 公司，c 轴单晶；b 为结晶莫来石相；c 为 2.5 mm 标准长度；d 为 70 MPa 下 1000 h 后 1% 应变，单丝；参考文献：纤维 [6 - 16]；莫来石/$Al_2O_3$：[6 - 7, 14 - 19]。

表 8.2　多孔基体氧化物/氧化物碳纤维复合材料的室温力学性能

| 牌号 | 纤维方向性能 | | | | 偏轴（基体控制）强度 | | |
| | E/GPa | 比例极限/MPa | UTS/MPa | ±45°/MPa | 面内剪切强度/MPa | 层间剪切强度/MPa | 厚度方向/MPa |
|---|---|---|---|---|---|---|---|
| COI - 610/AS | 124 | – | 366 | – | 48.3 | 15.2 | – |
| GE - 610/GEN - IV | 70 | 100 | 205 | 54 | 27 | – | 7.1 |
| UCSB - 610/M | 95 | – | 215 | – | – | – | – |
| UCSB - 720/M | 60 | 80 | 150 | 28 | – | 10 | – |
| COI - 720/AS | 75.6 | – | 220 | – | 31 | 11.7 | 2.7 |
| COI - 720/A - 1 | 75.1 | 50 | 177 | | | | |

（资料来源：S. Butner，个人交流；参考文献 [21 - 27]）

逻辑上，改善基体主导特性的方法是通过使用具有精心设计的纤维 - 基体界面的致密基体[29,42]。致密基体氧化物/氧化物 CMCs 的韧性是纤维 - 基体界面处基体裂纹偏转和随后纤维拔出的结果[29,42,43]。这通常是通过使用纤维涂层来设计纤维 - 基体界面而实现的。

本章的目的是回顾使用纤维涂层的氧化物/氧化物 CMCs 的最新进展，内容将集中于高温（>1000 ℃）、致密基体氧化物/氧化物 CMCs，不包括具有玻璃或玻璃陶瓷基体和纤维的 CMCs。

# 8.2  应用

致密基体氧化物/氧化物 CMCs 的层间性能、密封性、耐磨性和其他基体主导性能的改善，有望最终推动它们过渡到更成熟的多孔基体 CMCs 的一些应用。在 Centaur 50S（Solar 涡轮机）燃气轮机中对燃烧室外衬套进行了超过 25 000 h 的现场试验，证明了多孔基体氧化物/氧化物 CMCs 的潜力（如图 8.1 所示）[44-46]。令人感兴趣的排气部件包括用于战斗机的喷嘴襟翼[38]及用于隔绝和保护周围结构的轻型直升机排气管道[47]。其他部件包括涡轮发动机中的密封环和固定叶片[48]。由于氧化物纤维有限的高温强度和抗蠕变性能，暂不考虑用作旋转部件。

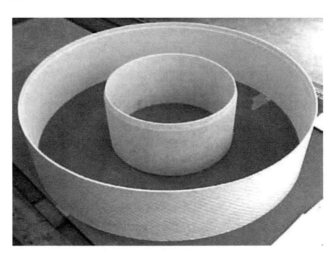

**图 8.1  ATK‑COI 陶瓷制备的氧化物/氧化物燃烧室内外衬套**

在氧化物 CMCs 应用中，主要部件负载在平面内，并且是在纤维方向，因此是 CMCs 的最佳强度取向。然而，CMCs 的层间和非纤维轴向强度远远低于纤维方向强度（平面内）（如表 8.2 所示），因此层间失效是一个设计限制问题[49,50]。正是这种限制推动了致密基体复合材料的发展。

# 8.3　CMCs 纤维基体界面

坚韧的致密基体 CMCs 要求裂纹在纤维 – 基体界面处或附近发生偏转，然后纤维拔出。因此相对于纤维而言，纤维 – 基体界面必须是弱的，这一点很重要，因为几乎所有的制备工艺都会在一定程度上降低纤维强度。本节简要回顾了纤维 – 基体界面问题。CMCs 纤维 – 基体界面的全面综述可在别处获得[42]。

## 8.3.1　界面控制

致密基体 CMCs 使用设计为弱的纤维 – 基体界面，如图 8.2（a）所示。接近涂层纤维的基体裂纹在基体 – 涂层界面、涂层内或涂层 – 纤维界面处发生偏转。纤维最终在基体裂纹面之外的一点断裂，并在持续的载荷下从基体中拔出。纤维的拔出需要一定的载荷来克服摩擦，而摩擦又会受到纤维表面粗糙度的影响。图 8.2（b）显示了 Nextel 610/独居石/$Al_2O_3$ CMCs 断口的纤维拔出情况。作为比较，图 8.2（c）显示了一个几乎没有纤维拔出的脆性 Nextel 650/$Al_2O_3$ 复合材料断口。

最佳的界面性能，如涂层厚度、摩擦和拔出长度，取决于 CMCs 组成。裂纹偏转的一般断裂力学准则通常参考 He-Hutchinson 准则；当纤维和基体具有相似的弹性模量时，界面和纤维断裂能的比值必须小于 0.25[51,52]。关于这些标准的更全面的讨论见文献 [42，53，54]。

用于控制界面性能的氧化物纤维涂层的设计和评价是复杂的。碳（C）和氮化硼（BN）是常用的纤维涂层，但它们的抗氧化性较差。基于 C 和 BN 涂层的 CMCs 的深入理解为氧化物涂层设计提供了良好的基础。然而，也可以预期到氧化物涂层与 C 和 BN 有较大区别。氧化物涂层的柔顺性较差，因此最佳涂层厚度可能更厚[55]。但是，即使涂层很厚，也不可能达到 C 和 BN 的低摩擦性。

尽管面临挑战，但是独居石（$LaPO_4$）涂层已被明确证明可以偏转基体裂纹，并显著改善 $Al_2O_3$ 基 CMCs 性能[56,57]。与没有涂层的 CMCs 相比，在 Nextel 610 增强 $Al_2O_3$ 基 CMCs 中使用独居石纤维涂层将使用寿命提高了两个数量级以上[57]。这些复合材料具有多孔基体，虽然涂层的有效性得到了证实，但致密基体所获得的性能改善并没有得到证实。

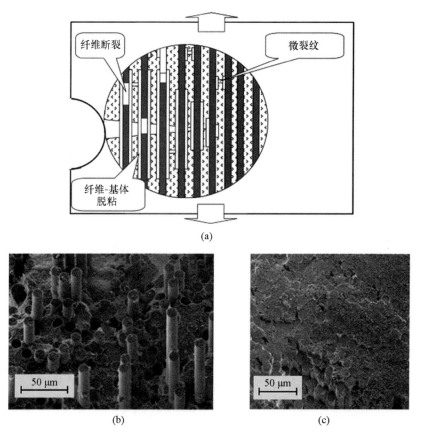

(a)

(b)                                    (c)

图 8.2　（a）通过纤维－基体界面处裂纹偏转的增韧示意图；（b）Nextel 610/独居石/
Al$_2$O$_3$ 复合材料在 1200 ℃下热处理 5 h 后的断口 SEM 显微图，显示大量纤维拔出；
（c）无界面涂层的 Nextel 650/Al$_2$O$_3$ 复合材料在 1200 ℃热处理后的断口，
由于裂纹偏转机制的缺失导致了材料的脆性破坏

## 8.3.2　纤维涂层方法

已通过多种方法将涂层沉积在陶瓷纤维上，包括溶液/溶胶/浆料先驱体[58-60]、化学气相沉积（CVD）[61-64] 和电泳沉积（EPD）[65,66]。工艺选择通常由涂层材料决定。CVD 工艺已经成功用于 C 和 BN 涂层的制备[67-70]。然而，采用该工艺很难连续沉积具有正确化学计量比的多组分氧化物纤维涂层。EPD

工艺需要导电基材,更适合于布和预制件的批量涂覆。

　　液态先驱体(溶液/溶胶/浆液)涂层技术是在连续氧化物纤维束上沉积多组分氧化物的最成功方法[59,71-73]。典型的纤维涂层机如图 8.3(a)所示[59,74]。将一种不混溶的液体漂浮在涂层先驱体上,有助于去除多余的溶胶,允许单根纤维的离散涂层,涂层之间的桥连最小,涂层在丝束周围的结壳最少,独居石涂层相对均匀,纤维丝束之间几乎没有桥连,如图 8.3(b)所示。必须小心控制溶胶化学,以避免纤维受损[72,73,75]。厚度大于 100 nm 的涂层沉积通常需要多次涂层处理(2~5 次)。UES 公司开发了一种大容量纤维涂层机,

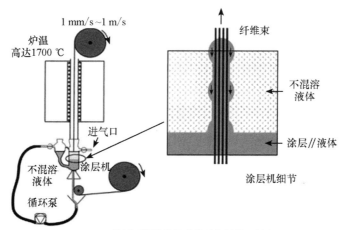

(a) 使用不混溶液体溶液的纤维涂层设备

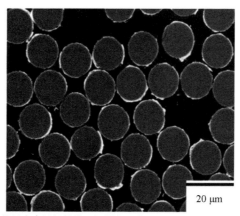

(b) 使用大容量纤维涂层机制备的典型独居石(LaPO$_4$)涂层

**图 8.3　典型的纤维涂层机和独居石涂层示意**

它可以在一次涂层作业中沉积多个涂层，减少了涂层成本和时间，并且不需要使用不混溶液体，以免破坏涂层桥连和结壳的辊子。

涂层的桥连和结壳也是纤维布和预制件在浸涂中的主要问题。纤维束可以在织成布[76]之前进行涂层。在织造过程中，涂层有可能受损，但可以通过适当的纤维上浆将其降至最低。可通过沉淀工艺在纤维布上沉积独居石涂层（如图 8.4 所示）[77]。这些涂层比连续涂层工艺制备的涂层更均匀。如果达到可接受的涂层纤维强度，预计该工艺将对布和预制件涂层更具吸引力。

另一种用于纤维布和预制件涂层的方法使用了一种混合技术[29,78]。织物最初使用溶液涂上碳。经过基体制备后，碳被烧掉，在纤维－基体界面留下了一个微小的间隙。然后用独居石先驱体溶液渗透复合材料填充缝隙。

涂层纤维通常以涂层厚度、均匀性、成分、微观结构（包括孔隙率）和纤维单丝强度为特征。涂层表征具有挑战性，通常需要 SEM 和 TEM。TEM 样品制备需要专门的程序[79,80]。使用 SEM 图像分析和统计方法，可以量化某些涂层的涂层厚度均匀性[81]。

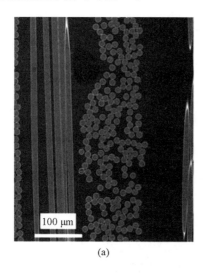 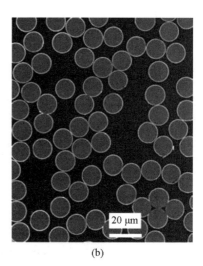

(a)　　　　　　　　　　　　　　　(b)

图 8.4　抛光横截面显示离散的独居石涂层沉积在 Nextel 织物上。涂层在
纤维周围显示为较亮的光晕，均匀且几乎没有桥连

涂层纤维的强度至关重要，因为纤维在涂层过程中会显著受损[71-73,75,82]。束丝测试和单丝测试都被使用[17,83]。通过单丝测试可以测量到较小的强度变化。纤维涂层还可以保护纤维在制备过程中不受损伤。

## 8.3.3　CMCs 制备工艺

随着氧化物纤维涂层技术的成熟，必须开发制备致密氧化物基体的工艺，以充分利用涂层纤维。由纤维引入的一维约束抑制了致密化[84,85]。此外，温度、压力和化学成分都要考虑到避免损伤纤维的需要。纤维布（二维）和三维纤维增强体进一步加剧了这种情况。纤维布在两个维度上施加了增密限制，但在第三维度上允许一些收缩，而三维纤维预制件不允许任何方向的收缩。由于一些孔隙通常是不可避免的，因此工艺选择取决于如何最好地分配孔隙体积。这有利于多孔基体复合材料的制备，但对具有纤维 - 基体界面设计的致密基体复合材料来说，需要改进制备工艺。

氧化物/氧化物 CMCs 制备通常包括以下步骤：

（1）涂覆纤维（第 8.3.2 节）；

（2）按需要的结构布置纤维；

（3）基体坯体成型；

（4）固结基体；

（5）最终加工。

如果使用纤维预制件，步骤（2）在步骤（1）之前。

步骤（3）基体成型技术包括压力渗透、预浸然后真空袋装/高压釜和 EPD。生坯成型后，使用无压烧结、热压或热等静压对 CMCs 进行固结，即步骤（4）。

热压或热等静压可以提供致密的氧化物基体复合材料。例如，作为证明，使用氧化铝纤维通过热压形成了全致密的 $Al_2O_3$ - $LaPO_4$ 基体[86]。然而，工程级氧化物纤维（Nextel 系列，如表 8.1 所示）无法承受完全致密化所需的 1400 ℃ 工艺温度。因此，需要较低的制备温度。在大多数情况下，氧化物复合材料是无压烧结的，然后用溶胶、溶液、浆料或气态氧化物先驱体再浸渗，以增加基体密度。

用液态陶瓷先驱体再浸渗通常需要多次浸渗步骤，因为每一步的密度增加很少。这与液态先驱体的流变性和陶瓷产率直接相关。例如，氧化铝溶胶每步的固相含量被限制在 8% 左右，否则会变得太黏而无法渗透[87]。此外，随着每一步的推进，基体孔隙变得越来越难以渗透，最终的致密化受到限制[87,88]。研究了一种使用 $CrO_3$ 水溶液的新型浸渗技术[89,90]，在加热过程中，溶液以固体 $Cr_2O_3$ 的形式沉积在多孔基体表面。与其他陶瓷溶胶相比，$CrO_3$ 水溶液的黏度更低，每一浸渗步骤的固体产率更高。使用这种方法已经获得了低至 15% 的复合材料基体孔隙率。然而，应该注意的是，毒性问题可能会限制氧化铬作为复合材料基体的实际应用[91]。

其他制备技术包括直接金属氧化和反应结合。一些纤维涂层，如稀土正磷酸盐，在大约 750 ℃ 时被碳热还原[92]，并且需要避免低 $p_{O_2}$ 的制备方法。这些方法在别处有更详细的介绍[34,93]。

# 8.3.4  纤维－基体界面

对界面控制结果的解释是复杂的。很难区分纤维－基体裂纹偏转的缺失和纤维强度的退化[94]。也很难区分纤维－基体裂纹偏转和多孔基体分布损伤机制。这些因素使得仔细选择对照样品（无纤维涂层）和测试变得重要，以正确评估纤维涂层对 CMCs 力学性能的影响。

## 8.3.4.1  弱氧化物

独居石和磷钇矿稀土正磷酸盐满足 CMCs 的裂纹偏转和纤维拔出标准，并在高纤维体积分数 CMCs 中得到明确证明[57,70,95,96]。独居石（$LaPO_4$）是研究最广泛的，具有高熔点（$> 2000$ ℃），并比 $Al_2O_3$ 等氧化物稳定[95,97,98]。它与许多氧化物（特别是 $Al_2O_3$），结合较弱，对于难熔材料而言相对柔软，而且可加工[95,99]。摩根和马歇尔首次证明了独居石作为纤维－基体界面的功能[95]。通过独居石涂覆单晶纤维的顶出测试证明了独居石的塑形变形和相对柔软性的重要作用。独居石涂层塑性变形强烈，但周围基体和纤维没有变形[100]。在独居石[101,102]中发现了五种变形孪晶模式，并描述了其他有趣的塑性变形机制，包括室温下的位错攀移[103,104]。

表 8.3 列出了具有高体积分数独居石涂层纤维的 CMCs 的拉伸或弯曲力学测试。独居石涂层提高了 Nextel 610 多孔 $Al_2O_3$ 基体 CMCs 的强度和使用温度[57]。具有独居石纤维－基体界面的 CMCs 在 1200 ℃ 下 100 h 和 1000 h 后，其拉伸强度损失约 30%；对照样品在 1200 ℃ 下仅 5 h 后就失去了 70% 以上的强度[57]。断口形貌显示独居石涂层纤维的大量拔出，有独居石拖尾现象的证据，说明发生了塑性变形（图 8.5）[100]。在 1200 ℃ 下的拉伸强度与室温下相似。对照样品呈脆性断裂，没有纤维拔出。

表 8.3　具有弱氧化物界面涂层的氧化物/氧化物复合材料

| 纤维涂层 | 基体 | 纤维结构 | $V_f$/% | 相对密度/% | 测试类型 | 测试条件 | UTS/MPa | 参考文献 |
|---|---|---|---|---|---|---|---|---|
| LaPO$_4$ | Al$_2$O$_3$ | 0° | 20$^c$ | 70 ~ 75 | 拉伸 | RT 1200 ℃, 100 h 后 RT | 198 ± 12<br>143 ± 7 | [57] |
| 无涂层 | Al$_2$O$_3$ | 0° | 20$^c$ | 70 ~ 75 | | RT | 45 ± 20 | |
| LaPO$_4$ | Al$_2$O$_3$ | 0° | 20$^c$ | 70 ~ 75 | 拉伸 | RT<br>1200 ℃ | 168 ± 10.5<br>167 ± 2.5 | [57] |
| 无涂层 | Al$_2$O$_3$ | 0° | 20$^c$ | 70 ~ 75 | | RT<br>1200 ℃ | 93 ± 6.4<br>100 ± 26 | |
| LaPO$_4$ | Al$_2$O$_3$ | 8HS | 40 | ~ 87 | 三点弯曲 | RT | 226 | [105] |
| LaPO$_4$ | AS$^d$ | 8HS | — | — | 拉伸 | RT | ~ 140 | [106] |
| 无涂层 | AS$^d$ | 8HS | | | | RT | ~ 210 | |
| 原位 LaPO$_4$ | Al$_2$O$_3$ – LaPO$_4$ | 8HS | 40 | ~ 80 | 拉伸 | RT | 200 ~ 250 | [86, 109] |
| CaWO$_4$ | Al$_2$O$_3$ – CaWO$_4$ | 0° | | ~ 80 | 拉伸 | RT | ~ 350 | [56, 110] |
| NdPO$_4$（Nextel 720） | Mullite + 5% ZrO$_2$ | 8HS | 35 | ~ 86 | 四点弯曲 | RT<br>1000 ℃<br>1200 ℃<br>1300 ℃ | 235 ± 32<br>234 ± 17<br>233 ± 33<br>230 ± 41 | [107, 108] |

（1）除 NdPO$_4$ 外，所有纤维都是 Nextel 610；

（2）RT = 室温试验；HT = 高温测试；

（3）c 代表复合材料强度标准化为 $V_f$ = 20%，实际 $V_f$ 为 18% ~ 35%；

（4）d 代表来自 COI 的铝硅酸盐基体。

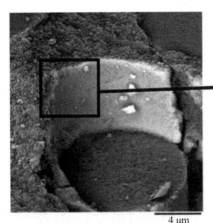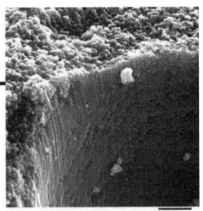

(a) 在纤维和基体之间可以看到
独居石涂层（较亮的相）

(b) 独居石在凹槽中的变形表面为
涂层的拖层

图 8.5  SEM 照片显示 Nextel 610/独居石/氧化铝断口表面

独居石涂层的 Nextel 610 织物和 Almax 织物增强相对致密基体的 CMCs 证实了独居石的涂层功能[96,105]。通过高温（≥1200 ℃）热压，复合材料密度达到 80%～90%。独居石涂层在 Nextel 312 和 Nextel 610/硅铝酸盐基体 CMCs 中的评估不成功[106]。在纤维涂层过程中的纤维强度降低可能是导致这一结果的原因。还评估了具有 $NdPO_4$ – 独居石纤维 – 基体界面的 CMCs[107,108]。CMCs 的密度约为 86%，并在高温下使用 4 点弯曲方法进行了测试。室温强度约为 235 MPa，保持至 1300 ℃。经 300 次热循环至 1150 ℃ 后，强度下降到 15% 以下。

为多孔基体 Nextel 610 基 CMCs 研制了一种原位独居石涂层[86,109]。这种涂层由 $Al_2O_3$ 基体先驱体与 10%～20% 的独居石先驱体混合后在 CMCs 制备过程中生成。与对照样品相比，CMCs 具有较高的损伤容限和较低的缺口敏感度。独居石也分散在整个基体中，这种分散对基体主导性能的影响尚未被表征。

Nextel 610/$Al_2O_3$ CMCs[56,110] 的白钨矿（$CaWO_4$）纤维 – 基体界面得到了验证。相对致密（>80%）的单向 CMCs 的拉伸强度接近 350 MPa，失效应变约为 0.25%。从断口形貌可以看到纤维 – 基体界面有明显的脱粘现象。

### 8.3.4.2  多孔涂层和短效性涂层

原则上，多孔纤维涂层的功能类似于多孔基体，但对基体主导的性能影响较小。现有的对多孔涂层的研究有限，包括 $ZrO_2$ – $SiO_2$[111]、$ZrO_2$[112] 和稀土铝酸盐[113]。术语"短效性"用于纤维涂层是指该涂层在 CMCs 制造后消失。碳是显而易见的选择。碳涂层纤维可以结合到氧化物/氧化物 CMCs 中，然后氧化，在纤维－基体界面处留下间隙[114]。在蓝宝石增强的钇铝石榴石和 Nextel 720/钙铝硅酸盐玻璃陶瓷 CMCs[114] 中证明了功能短效性涂层。两种 CMCs 均采用了顶出实验。与没有短效性界面的对照样品（22 ±3 MPa）相比，Nextel 720 CMCs 的拉伸强度更高（92 ±42 MPa）。初始碳涂层厚度非常重要。针对莫来石基体中的小直径 Nextel 610 纤维研究了短效性碳涂层[37]。由于不能完全覆盖纤维，这些涂层不成功。也有双短效性碳 + $ZrO_2$ 纤维涂层的报道[64,115,116]。与具有致密纤维－基体界面和基体的 CMCs 相比，具有短效性纤维涂层的陶瓷基复合材料在垂直于纤维的方向上会牺牲强度、刚度和导热性。这可能会阻碍某些应用选择此类 CMCs。

### 8.3.4.3　其他涂层

对其他纤维－基体界面概念也进行了研究。其他涂层包括易裂涂层，如层状硅酸盐涂层[117,118]、六铝酸盐涂层[119] 和层状钙钛矿涂层[120]，以及韧性涂层，如铂涂层[121,122]。三井矿业材料公司提供一种商业产品"Soft－Cera"。它由 22% $Al_{max}$ 织物（$Al_2O_3$）、$ZrO_2$ 涂层和多孔 $Al_2O_3$ 基体[123,124] 组成。初步报告显示复合材料的强度相对较低，仅为 50 ~ 60 MPa，且标距长度对复合材料强度的影响较小。

# 8.4　总结和未来工作

可在约 1200 ℃的温度下使用的多孔基体氧化物/氧化物 CMCs 已实现商业化。这些 CMCs 的基体主导性能一般，限制了此类 CMCs 的应用。具有纤维－基体界面设计和改善基体主导性能的致密氧化物/氧化物 CMCs 应用潜力巨大。稀土正磷酸盐纤维－基体界面的功能已经得到了明确的证明。如果纤维在燃气环境中受到环境侵蚀，这些纤维涂层也可能有利于多孔氧化物/氧化物 CMCs。密封独居石（$LaPO_4$）涂层正在开发中，以保护纤维免受腐蚀性环境的影响[125]。增加其他应用领域，可能需要增加 CMCs 设计的复杂性，如具有可重复经济制备的特定纤维结构组件，以及针对三维致密化约束的改进制备方法。

氧化物/氧化物 CMCs 的使用温度受到商用氧化物纤维性能的限制。有明确的方法发展更高温度和更细直径的氧化物纤维。钇铝石榴石和莫来石的抗蠕变性和微观结构稳定性优于氧化铝基纤维。初步研究证明了这种纤维的潜力[6-7,126-128]。这种纤维的商业化将提高其最高使用温度，并允许在更高温度下进行基体致密化工艺。

# 参考文献

[1] ELFSTRÖM B O. The roleof advanced materials in aircraft engines[J]. Nouvelle Revue Aeronautique Astronautique, 1998, 2(6): 81 – 85.

[2] RICHERSON D W, FERBER M K, ROODE M V. the ceramic gas turbine-retrospective, current status and prognosis[M]//ROODE M V, FERBER M K, RICHERSON D W. Ceramic gas turbine component development and characterization. New York: ASME Press, 2003: 696 – 741.

[3] ROBINSON R C, SMIALEK J L. SiC recession caused by $SiO_2$ scale volatility under combustion conditions: I, experimental results and empirical model [J]. Journal of the American Ceramic Society, 1999, 82(7): 1817 – 1825.

[4] JACOBSON N S. Corrosion of silicon-based ceramics in combustion environments [J]. Journal of the American Ceramic Society, 1993, 76(1): 3 – 28.

[5] JACOBSON N S, OPILA E J, LEE K N. Oxidation and corrosion of ceramics and ceramic matrix composites [J]. Current Opinion in Solid State and Materials Science, 2001, 5(4): 301 – 309.

[6] WILSON DM. New high temperature oxide fibers [M]//KRENKEL W, NASLAIN R, SCHNEIDER H. High temperature ceramic matrix composites. Weinheim: Wiley-VCH Verlag GmbH, 2001: 1 – 12.

[7] WILSON D, VISSER L. High performance oxide fibers for metal and ceramic composites[J]. Composites Part A: Applied Science and Manufacturing, 2001, 32(8): 1143 – 1153.

[8] PARTHASARATHY T A, BOAKYE E, CINIBULK M K, et al. Fabrication and testing of oxide/oxide microcomposites with monazite and hibonite as interlayers[J]. Journal of the American Ceramic Society, 1999, 82(12): 3575 – 3583.

[9] 3M (2001) 3M Nextel Textiles Product Description Brochure, 3M, St. Paul, MN.

[10] RICHERSON DW. Ceramic matrix composites[M]//MALLICK P K. Composites

engineering handbook. New York： Marcel Dekker, 1997： 983 – 1038.

[11] CRYSTALS S G. Properties and benefits of sapphire： a quick reference guide [M]. Milford, NH： Saphikon Inc. , 2003.

[12] CINIBULK M K, PARTHASARATHY T A, KELLER K A, et al. Porous yttrium aluminum garnet fiber coatings for oxide composites[J]. Journal of the American Ceramic Society, 2002, 85(11)： 2703 – 2710.

[13] PARTHASARATHY T A, BOAKYE E E, KELLER K A, et al. Evaluation of porous $ZrO_2$ – $SiO_2$ and monazite coatings using NextelTM 720-Fiber-Reinforced blackglas$^{TM}$ minicomposites [J]. Journal of the American Ceramic Society, 2001, 84(7)： 1526 – 1532.

[14] WILSON D, LUENEBURG D, LIEDER S. High temperature properties of nextel 610 and alumina-based nanocomposite fibers[C]//Proceedings of the 17th Annual Conference on Composites and Advanced Ceramic Materials： Ceramic Engineering and Science Proceedings. Hoboken, NJ, USA： John Wiley & Sons, Inc. , 1993： 609 – 621.

[15] WILSON D M, LIEDER S, LUENEBURG D. Microstructure and high temperature properties of Nextel 720 fibers [C]//Proceedings of the 19th Annual Conference on Composites, Advanced Ceramics, Materials, and Structures—B： Ceramic Engineering and Science Proceedings. Hoboken, NJ, USA： John Wiley & Sons, Inc. , 1995： 1005 – 1014.

[16] WILSON D M. Statistical tensile strength of NextelTM 610 and NextelTM 720 fibres[J]. Journal of Materials Science, 1997, 32(10)： 2535 – 2542.

[17] PETRY M D, MAH T I. Effect of thermal exposures on the strengths of Nextel$^{TM}$ 550 and 720 filaments [J]. Journal of the American Ceramic Society, 1999, 82(10)： 2801 – 2807.

[18] KINGON A I, DAVIS R F, THACKERY M M. Engineering properties of multicomponent and multiphase oxides [M]//TOMSIA A P, PASK J A, LOEHMAN R E. Engineered Materials Handbook. Metals City： ASM International, 1991： 758 – 774.

[19] MIYAYAMA M, KOUMOTO K, YANAGIDA H. Engineering properties of multicomponent and multiphase oxides [M]//TOMSIA A P, PASK J A, LOEHMAN R E. Engineered Materials Handbook. Metals City： ASM International, 1991： 748 – 757.

[20] BERGER MH, LAVASTE V, BUNSELL AR. Properties and microstructure of small-diameter alumina-based fibers[M]//BUNSEL A R, BERGER M H. Fine ceramic fibers. New York: Marcel Dekker, 1999: 111 - 164.

[21] ZAWADA L P, HAY R S, LEE S S, et al. Characterization and high-temperature mechanical behavior of an oxide/oxide composite[J]. Journal of the American Ceramic Society, 2003, 86(6): 981 - 990.

[22] MATTONI M A, YANG J Y, LEVI C G, et al. Effects of matrix porosity on the mechanical properties of a porous-matrix, all-oxide ceramic composite [J]. Journal of the American Ceramic Society, 2001, 84(11): 2594 - 2602.

[23] CARELLI E A, FUJITA H, YANG J Y, et al. Effects of thermal aging on the mechanical properties of a porous-matrix ceramic composite[J]. Journal of the American Ceramic Society, 2002, 85(3): 595 - 602.

[24] JURF R A, BUTNER S C. Advances in oxide-oxide CMC[J]. Journal of Engineering for Gas Turbine and Power, 2000, 122(2): 202 - 205.

[25] TANDON G, BUCHANAN D, PAGANO N, et al. Analytical and experimental characterization of thermo-mechanical properties of a damaged woven oxide-oxide composite[C]//25th Annual Conference on Composites, Advanced Ceramics, Materials, and Structures: A: Ceramic Engineering and Science Proceedings. Hoboken, NJ, USA: John Wiley & Sons, Inc. , 2001: 687 - 694.

[26] COI Ceramics I (2003) Oxide-Oxide CMC Data Sheets, San Diego, CA.

[27] HEATHCOTE J A, GONG X Y, YANG J Y, et al. In-plane mechanical properties of an all-oxide ceramic composite [J]. Journal of the American Ceramic Society, 1999, 82(10): 2721 - 2730.

[28] LEVI C G, ZOK F W, YANG J Y, et al. Microstructural design of stable porous matrices for all-oxide ceramic composites[J]. International Journal of Materials Research, 1999, 90(12): 1037 - 1047.

[29] ZOK F W. Developments in oxide fiber composites [J]. Journal of the American Ceramic Society, 2006, 89(11): 3309 - 3324.

[30] MARSHALL D, DAVIS J. Ceramics for future power generation technology: fiber reinforced oxide composites [J]. Current Opinion in Solid State and Materials Science, 2001, 5(4): 283 - 289.

[31] EVANS A, MARSHALL D, ZOK F, et al. Recent advances in oxide-oxide

composite technology[J]. Advanced Composite Materials, 1999, 8(1): 17 – 23.

[32] KERANS R J, HAY R S, PARTHASARATHY T A. Structural ceramic composites[J]. Current Opinion in Solid State and Materials Science, 1999, 4(5): 445 – 451.

[33] KELLER K A, JEFFERSON G, KERANS R J. Progress in oxide composites [J]. Annales de Chimie, 2005, 30(6): 547 – 563.

[34] KELLER KA, JEFFERSON G, KERANS RJ. Oxide-oxide composites[M]// BANSAL N. Handbook of ceramic composites. Boston: Kluwer Academic, 2005: 377 – 422.

[35] ZAWADA L P, JENKINS M. Specimen Size Effects and Round Robin Results for Transthickness Tensile Strength of N720/AS – 1 [C]//26th Annual Conference on Composites, Advanced Ceramics, Materials, and Structures: A: Ceramic Engineering and Science Proceedings. Hoboken, NJ, USA: John Wiley & Sons, Inc. , 2002: 637 – 645.

[36] SIMON R A, DANZER R. Oxide fiber composites with promising properties for high-temperature structural applications [J]. Advanced Engineering Materials, 2006, 8(11): 1129 – 1134.

[37] PETERS P, DANIELS B, CLEMENS F, et al. Mechanical characterisation of mullite-based ceramic matrix composites at test temperatures up to 1200° C [J]. Journal of the European Ceramic Society, 2000, 20(5): 531 – 535.

[38] JOHN R, ZAWADA L P, KROUPA J L. Stresses due to temperature gradients in ceramic-matrix-composite aerospace components[J]. Journal of the American Ceramic Society, 1999, 82(1): 161 – 168.

[39] KANKA B J, GÖURING J, SCHMÜUCKER M, et al. Processing, Microstructure and Properties of NextelTm 610, 650and 720 Fiber \ Porous Mullite Matrix Composites [C]//25th Annual Conference on Composites, Advanced Ceramics, Materials, and Structures: A: Ceramic Engineering and Science Proceedings. Hoboken, NJ, USA: John Wiley & Sons, Inc. , 2001: 703 – 710.

[40] MA X D, SHIONO K, FUKINO Y, et al. Fabrication of fiber reinforced porous ceramic composite setter produced by organic flocculating method and its thermal shock behavior[J]. Journal of the Ceramic Society of Japan, 2003, 111(1289): 37 – 41.

[41] STAEHLER J M, ZAWADA L P. Performance of four ceramic-matrix composite divergent flap inserts following ground testing on an F110 turbofan engine[J]. Journal of the American Ceramic Society, 2000, 83(7): 1727 – 1738.

[42] KERANS R J, HAY R S, PARTHASARATHY T A, et al. Interface design for oxidation-resistant ceramic composites [J]. Journal of the American Ceramic Society, 2002, 85(11): 2599 – 2632.

[43] EVANS A, ZOK F. The physics and mechanics of fibre-reinforced brittle matrix composites[J]. Journal of Materials Science, 1994, 29: 3857 – 3896.

[44] DICARLO J A, VAN ROODE M. Ceramic composite development for gas turbine engine hot section components[C]//ASME Turbo Expo 2006: Power for Land, Sea, and Air. Barcelona, Spain, 2006: 221 – 231.

[45] LANE J, MORRISON J, MAZZOLA B, et al. Oxide-based CMCs for combustion turbines[C]//31th International Conference on Advanced Ceramics and Composites (ICACC), Daytona Beach, FLA, USA. 2007.

[46] SZWEDA A, BUTNER S, RUFFONI J, et al. Development and evaluation of hybrid oxide/oxide ceramic matrix composite combustor liners[C]//ASME Turbo Expo 2005: Power for Land, Sea, and Air. Reno, USA, 2005: 315 – 321.

[47] JURF B. Fabrication and test of insulated CMC exhaust pipe [C]//14th Advanced Aerospace Materials and Processes Conference. Dayton, USA, 2003.

[48] KAUTH K. Design and analysis of a CMC turbine blade tip seal for a land-based power turbine [C]//22nd Annual Conference on Composites, Advanced Ceramics, Materials, and Structures: B: Ceramic Engineering and Science Proceedings. Hoboken, NJ, USA: John Wiley & Sons, Inc., 1998: 249 – 256.

[49] MATTONI M A, YANG J Y, LEVI C G, et al. Effects of combustor rig exposure on a porous-matrix oxide composite [J]. International Journal of Applied Ceramic Technology, 2005, 2(2): 133 – 140.

[50] PARTHASARATHY T A, ZAWADA L P, JOHN R, et al. Evaluation of oxide-oxide composites in a novel combustor wall application[J]. International Journal of Applied Ceramic Technology, 2005, 2(2): 122 – 132.

[51] MING-YUAN H, HUTCHINSON J W. Crack deflection at an interface between

dissimilar elastic materials[J]. International Journal of Solids and Structures, 1989, 25(9): 1053 – 1067.

[52] HE M Y, EVANS A G, HUTCHINSON J W. Crack deflection at an interface between dissimilar elastic materials: role of residual stresses[J]. International Journal of Solids and Structures, 1994, 31(24): 3443 – 3455.

[53] KERANS R, PARTHASARATHY T. Crack deflection in ceramic composites and fiber coating design criteria[J]. Composites Part A: Applied Science and Manufacturing, 1999, 30(4): 521 – 524.

[54] FABER K. Ceramic composite interfaces: properties and design[J]. Annual Review of Materials Science, 1997, 27(1): 499 – 524.

[55] KERANS R. The role of coating compliance and fiber/matrix interfacial topography on debonding in ceramic composites[J]. Scripta Metallurgicaet Materialia, 1995, 32(4): 505 – 509.

[56] GOETTLER RW, SAMBASIVAN S, DRAVID V, et al. Interfaces in oxide fiber-oxide matrix ceramic composites [M]//PECHENIK A, KALIA R, VASHISHTA P. Computer aided design of high temperature materials. Oxford: Oxford University Press, 1999: 333 – 349.

[57] KELLER K A, MAH T I, PARTHASARATHY T A, et al. Effectiveness of monazite coatings in oxide/oxide composites after long-term exposure at high temperature[J]. Journal of the American Ceramic Society, 2003, 86(2): 325 – 332.

[58] GUNDEL D, TAYLOR P, WAWNER F. Fabrication of thin oxide coatings on ceramic fibres by a sol-gel technique[J]. Journal of Materials Science, 1994, 29: 1795 – 1800.

[59] HAY R S, HERMES E. Sol-gel coatings on continuous ceramic fibers[C]// 14th Annual Conference on Composites and Advanced Ceramic Materials: Ceramic Engineering and Science Proceedings. Hoboken, NJ, USA: John Wiley & Sons, Inc., 1990: 1526 – 1538.

[60] DISLICH H, HUSSMANN E. Amorphous and crystalline dip coatings obtained from organometallic solutions: procedures, chemical processes and products[J]. Thin Solid Films, 1981, 77(1 – 3): 129 – 140.

[61] JERO P, REBILLAT F, KENT D, et al. Crystallization of lanthanum hexaluminate from MOCVD precursors [C]//22nd Annual Conference on

Composites, Advanced Ceramics, Materials, and Structures: A: Ceramic Engineering and Science Proceedings. Hoboken, NJ, USA: John Wiley & Sons, Inc., 1988: 359 - 360.

[62] HAYNES J, COOLEY K, STINTON D, et al. Corrosion-resistant CVD mullite coatings for $Si_3N_4$ [C]//23rd Annual Conference on Composites, Advanced Ceramics, Materials, and Structures: B: Ceramic Engineering and Science Proceedings. Hoboken, NJ, USA: John Wiley & Sons, Inc., 1999: 355 - 362.

[63] CHAYKA P V. Liquid MOCVD precursors and their application to fiber interface coatings [C]//Proceedings of the 21st Annual Conference on Composites, Advanced Ceramics, Materials, and Structures—A: Ceramic Engineering and Science Proceedings. Hoboken, NJ, USA: John Wiley & Sons, Inc., 1997: 287 - 294.

[64] NUBIAN K, SARUHAN B, KANKA B, et al. Chemical vapor deposition of $ZrO_2$ and $C/ZrO_2$ on mullite fibers for interfaces in mullite/aluminosilicate fiber-reinforced composites [J]. Journal of the European Ceramic Society, 2000, 20(5): 537 - 544.

[65] BROWN PW. Electrophoretic deposition of mullite in a continuous fashion utilizing non-aqueous polymeric sols[M]//LOGAN K V. Ceramic Transactions, Vol 56. Columbus, OH: American Ceramic Society, 1995: 369 - 376.

[66] ILLSTON T, PONTON C, MARQUIS P, et al. Electrophoretic Deposition of Silica/Alumina Colloids for the Manufacture of CMC's [C]//Proceedings of the 18th Annual Conference on Composites and Advanced Ceramic Materials—B: Ceramic Engineering and Science Proceedings. Hoboken, NJ, USA: John Wiley & Sons, Inc., 1994: 1052 - 1059.

[67] RICE RW. BN coating of ceramic fibers for ceramic fiber composites [P]. 1987 - 02 - 10.

[68] NASLAIN R, DUGNE O, GUETTE A, et al. Boron nitride interphase in ceramic-matrix composites [J]. Journal of the American Ceramic Society, 1991, 74(10): 2482 - 2488.

[69] GRIFFIN C, KIESCHKE R. CVD processing of fiber coatings for CMCs [C]//Proceedings of the 19th Annual Conference on Composites, Advanced Ceramics, Materials, and Structures—A: Ceramic Engineering and Science

Proceedings. Hoboken, NJ, USA: John Wiley & Sons, Inc. , 1995: 425 – 432.

[70] LEWIS M, TYE A, BUTLER E, et al. Oxide CMCs: interphase synthesis and novel fibre development[J]. Journal of the European Ceramic Society, 2000, 20(5): 639 – 644.

[71] HAY R S, BOAKYE E E. Monazite coatings on fibers: I, effect of temperature and alumina doping on coated-fiber tensile strength [J]. Journal of the American Ceramic Society, 2001, 84(12): 2783 – 2792.

[72] BOAKYE E, HAY R S, PETRY M D. Continuous coating of oxide fiber tows using liquid precursors: monazite coatings on Nextel 720 ▮ [J]. Journal of the American Ceramic Society, 1999, 82(9): 2321 – 2331.

[73] BOAKYE E E, HAY R S, MOGILEVSKY P, et al. Monazite coatings on fibers: II, coating without strength degradation[J]. Journal of the American Ceramic Society, 2001, 84(12): 2793 – 2801.

[74] HAY RS, HERMES EE. Coating apparatus for continuous fibers[P]. 1993 – 06 – 08.

[75] HAY R S. Fiber strength with coatings from sols and solutions [C]// Proceedings of the 20th Annual Conference on Composites, Advanced Ceramics, Materials, and Structures—B: Ceramic Engineering and Science Proceedings. Hoboken, NJ, USA: John Wiley & Sons, Inc. , 1996: 43 – 52.

[76] BOAKYE E E, MAH T, COOKE C M, et al. Initial assessment of the weavability of monazite-coated oxide fibers [J]. Journal of the American Ceramic Society, 2004, 87(9): 1775 – 1778.

[77] FAIR G E, HAY R S, BOAKYE E E. Precipitation coating of monazite on woven ceramic fibers: I. Feasibility [J]. Journal of the American Ceramic Society, 2007, 90(2): 448 – 455.

[78] WEAVER J H, YANG J, LEVI C G, et al. A method for coating fibers in oxide composites[J]. Journal of the American Ceramic Society, 2007, 90 (4): 1331 – 1333.

[79] CINIBULK M K, WELCH J R, HAY R S. Preparation of thin sections of coated fibers for characterization by transmission electron microscopy [J]. Journal of the American Ceramic Society, 1996, 79(9): 2481 – 2484.

[80] HAY R S, WELCH J R, CINIBULK M K. TEM specimen preparation and characterization of ceramic coatings on fiber tows [J]. Thin Solid Films,

1997, 308 – 309: 389 – 392.

[81] HAY R S, FAIR G, MOGILEVSKY P, et al. Measurement of fiber coating thickness variation [ J ]. Mechanical Properties and Performance of Engineering Ceramics and Composites: Ceramic Engineering and Science Proceedings, 2005, 26: 11 – 18.

[82] HAY R, BOAKYE E, PETRY M. Effect of coating deposition temperature on monazite coated fiber[ J ]. Journal of the European Ceramic Society, 2000, 20(5): 589 – 597.

[83] PETRY M D, MAH T I, KERANS R J. Validity of using average diameter for determination of tensile strength and Weibull modulus of ceramic filaments [ J ]. Journal of the American Ceramic Society, 1997, 80(10): 2741 – 2744.

[84] LAM D C, LANGE F F. Microstructural observations on constrained densification of alumina powder containing a periodic array of sapphire fibers [ J ]. Journal of the American Ceramic Society, 1994, 77(7): 1976 – 1978.

[85] RAHAMAN M N. Ceramic processing and sintering[ M ]. New York: Marcel-Dekker Inc. , 1995.

[86] DAVIS J, MARSHALL D, MORGAN P. Oxide composites of $Al_2O_3$ and $LaPO_4$[ J ]. Journal of the European Ceramic Society, 1999, 19(13 – 14): 2421 – 2426.

[87] FUJITA H, LEVI C G, ZOK F W, et al. Controlling mechanical properties of porous mullite/alumina mixtures via precursor-derived alumina[ J ]. Journal of the American Ceramic Society, 2005, 88(2): 367 – 375.

[88] LEVI C G, YANG J Y, DALGLEISH B J, et al. Processing and performance of an all-oxide ceramic composite [ J ]. Journal of the American Ceramic Society, 1998, 81(8): 2077 – 2086.

[89] CHURCH P K, KNUTSON O J. Chromium oxide densification, bonding, hardening and strengthening of bodies having interconnected porosity: US19720290153[ P ]. 1976 – 05 – 11.

[90] MOGILEVSKY P, KERANS R J, LEE H D, et al. On densification of porous materials using precursor solutions [ J ]. Journal of the American Ceramic Society, 2007, 90(10): 3073 – 3084.

[91] KELLER K A, MAH T, LEE H D, et al. Evaluation of dense monazite fiber-coatings in oxide-oxide minicomposites [ C ]//27th Annual Cocoa Beach

Conference & Exposition on Advanced Ceramics & Composites. Cocoa Beach, FL. 2004.

[92]  MAWDSLEY J R, HALLORAN J W. The effect of residual carbon on the phase stability of LaPO₄ at high temperatures[J]. Journal of the European Ceramic Society, 2001, 21(6): 751 – 757.

[93]  CHAWLA K K. Ceramic matrix composites [M]. London: Chapman & Hall, 1993.

[94]  BANSAL N R, ELDRIDGE J I. Effects of interface modification on mechanical behavior of Hi-Nicalon fiber-reinforced celsian matrix composites [C]//Proceedings of the 21st Annual Conference on Composites, Advanced Ceramics, Materials, and Structures—A: Ceramic Engineering and Science Proceedings. Hoboken, NJ, USA: John Wiley & Sons, Inc., 1997: 379 – 389.

[95]  MORGAN P E, MARSHALL D B. Ceramic composites of monazite and alumina [J]. Journal of the American Ceramic Society, 1995, 78(6): 1553 – 1563.

[96]  LEE P Y, IMAI M, YANO T. Fracture behavior of monazite-coated alumina fiber-reinforced alumina-matrix composites at elevated temperature [ J ]. Journal of the Ceramic Society of Japan, 2004, 112(1312): 628 – 633.

[97]  MORGAN P E, MARSHALL D B. Functional interfaces for oxide/oxide composites[J]. Materials Science and Engineering: A, 1993, 162(1 – 2): 15 – 25.

[98]  HIKICHI Y, NOMURA T. Melting temperatures of monazite and xenotime [J]. Journal of the American Ceramic Society, 1987, 70(10): 252 – 253.

[99]  DAVIS J B, MARSHALL D B, HOUSLEY R M, et al. Machinable ceramics containing rare-earth phosphates [ J ]. Journal of the American Ceramic Society, 1998, 81(8): 2169 – 2175.

[100]  DAVIS J B, HAY R S, MARSHALL D B, et al. Influence of interfacial roughness on fiber sliding in oxide composites with la-monazite interphases [J]. Journal of the American Ceramic Society, 2003, 86(2): 305 – 316.

[101]  HAY R. (1 2 0) and (1 2 2⁻) monazite deformation twins [J]. Acta Materialia, 2003, 51(18): 5255 – 5262.

[102]  HAY R, MARSHALL D. Deformation twinning in monazite [ J ]. Acta Materialia, 2003, 51(18): 5235 – 5254.

[103]  HAY R. Climb-dissociated dislocations in monazite at low temperature[J].

Journal of the American Ceramic Society, 2004, 87(6): 1149 - 1152.

[104] HAY R. Twin-dislocation interaction in monazite (monoclinic $LaPO_4$) [J]. Philosophical Magazine, 2005, 85(2 - 3): 373 - 386.

[105] LEE P, YANO T. The influence of fiber coating conditions on the mechanical properties of alumina/alumina composites [J]. Composite Interfaces, 2004, 11(1): 1 - 13.

[106] CAZZATO A, COLBY M, DAWS D, et al. Monazite interface coatings in polymer and sol-gel derived ceramic matrix composites[C]//Proceedings of the 21st Annual Conference on Composites, Advanced Ceramics, Materials, and Structures—A: Ceramic Engineering and Science Proceedings. Hoboken, NJ, USA: John Wiley & Sons, Inc., 1997: 267 - 277.

[107] LEWIS M, TYE A, BUTLER E, et al. Development of interfaces in oxide matrix composites[J]. Key Engineering Materials, 1998, 164 - 165: 351 - 356.

[108] KAYA C, BUTLER E, SELCUK A, et al. Mullite (Nextel™ 720) fibre-reinforced mullite matrix composites exhibiting favourable thermomechanical properties[J]. Journal of the European Ceramic Society, 2002, 22(13): 2333 - 2342.

[109] DAVIS J, MARSHALL D, MORGAN P. Monazite-containing oxide/oxide composites[J]. Journal of the European Ceramic Society, 2000, 20(5): 583 - 587.

[110] GOETTLER R W, SAMBASIVAN S, DRAVID V P. Isotropic complex oxides as fiber coatings for oxide - oxide CFCC[C]//Proceedings of the 21st Annual Conference on Composites, Advanced Ceramics, Materials, and Structures—A: Ceramic Engineering and Science Proceedings. Hoboken, NJ, USA: John Wiley & Sons, Inc., 1997: 279 - 284.

[111] BOAKYE E E, HAY R S, PETRY M D, et al. Zirconia-silica-carbon coatings on ceramic fibers[J]. Journal of the American Ceramic Society, 2004, 87(10): 1967 - 1976.

[112] HOLMQUIST M, LUNDBERG R, SUDRE O, et al. Alumina/alumina composite with a porous zirconia interphase—Processing, properties and component testing[J]. Journal of the European Ceramic Society, 2000, 20(5): 599 - 606.

[113] CINIBULK M K, PARTHASARATHY T A, KELLER K A, et al. Porous rare-earth aluminate fiber coatings for oxide-oxide composites [C]//24th Annual Conference on Composites, Advanced Ceramics, Materials, and Structures: B: Ceramic Engineering and Science Proceedings. Hoboken, NJ, USA: John Wiley & Sons, Inc. , 2000: 219 - 228.

[114] KELLER K A, MAH T I, PARTHASARATHY T A, et al. Fugitive interfacial carbon coatings for oxide/oxide composites [J]. Journal of the American Ceramic Society, 2000, 83(2): 329 - 336.

[115] SARUHAN B, SCHMÜCKER M, BARTSCH M, et al. Effect of interphase characteristics on long-term durability of oxide-based fibre-reinforced composites [J]. Composites Part A: Applied Science and Manufacturing, 2001, 32(8): 1095 - 1103.

[116] SUDRE O, RAZZELL A G, MOLLIEX L, et al. Alumina single - crystal fibre reinforced alumina matrix for combustor tiles [C]//22nd Annual Conference on Composites, Advanced Ceramics, Materials, and Structures: B: Ceramic Engineering and Science Proceedings. Hoboken, NJ, USA: John Wiley & Sons, Inc. , 1998: 273 - 280.

[117] CHYUNG K, DAWES S. Fluoromica coated Nicalon fiber reinforced glass-ceramic composites [J]. Materials Science and Engineering: A, 1993, 162 (1 - 2): 27 - 33.

[118] DEMAZEAU G. New synthetic mica-like materials for controlling fracture in ceramic matrix composites [J]. Materials Technology, 1995, 10(3 - 4): 57 - 58.

[119] CINIBULK M K, HAY R S. Textured magnetoplumbite fiber-matrix interphase derived from sol-gel fiber coatings [J]. Journal of the American Ceramic Society, 1996, 79(5): 1233 - 1246.

[120] FAIR G, SHEMKUNAS M, PETUSKEY W T, et al. Layered perovskites as 'soft-ceramics' [J]. Journal of the European Ceramic Society, 1999, 19 (13 - 14): 2437 - 2447.

[121] JASKOWIAK M H, PHILIPP W H, VETCH L C, et al. Platinum interfacial coatings for sapphire/Al$_2$O$_3$ composites [J]. Ceramic Engineering and Science Proceedings. 1992, 13: 589 - 598.

[122] WENDORFF J, JANSSEN R, CLAUSSEN N. Platinum as a weak interphase

for fiber-reinforced oxide-matrix composites [J]. Journal of the American Ceramic Society, 1998, 81(10): 2738 - 2740.

[123] MAMIYA T, KAKISAWA H, LIU W, et al. Tensile damage evolution and notch sensitivity of $Al_2O_3$ fiber - $ZrO_2$ matrix minicomposite-reinforced $Al_2O_3$ matrix composites [J]. Materials Science and Engineering: A, 2002, 325(1 - 2): 405 - 413.

[124] CHIVAVIBUL P, ENOKI M, KAGAWA Y. Size effect on strength of woven fabric $Al_2O_3$ Fiber - $Al_2O_3$ matrix composites [C]//26th Annual Conference on Composites, Advanced Ceramics, Materials, and Structures: A: Ceramic Engineering and Science Proceedings. Hoboken, NJ, USA: John Wiley & Sons, Inc., 2002: 685 - 690.

[125] BOAKYE E, HAY R, MOGILEVSKY P. Spherical rhabdophane sols. II: fiber coating [J]. Journal of the American Ceramic Society, 2007, 90(5): 1580 - 1588.

[126] LIU Y, ZHANG Z F, HALLORAN J, et al. Yttrium aluminum garnet fibers from metalloorganic precursors [J]. Journal of the American Ceramic Society, 1998, 81(3): 629 - 645.

[127] KING B H, HALLORAN J W. Polycrystalline yttrium aluminum garnet fibers from colloidal sols [J]. Journal of the American Ceramic Society, 1995, 78(8): 2141 - 2148.

[128] SCHMÜCKER M, SCHNEIDER H, MAUER T, et al. Temperature-dependent evolution of grain growth in mullite fibres [J]. Journal of the European Ceramic Society, 2005, 25(14): 3249 - 3256.

# 第9章　含多孔基体的全氧化物陶瓷基复合材料

## 9.1　简介

陶瓷材料一般表现出优异的温度稳定性、高硬度、良好的耐腐蚀和冲蚀性。然而，单相陶瓷由于其固有的脆性，是一种易碎的结构材料。在过去的研究中，人们为解决这个问题做了很多努力。为了达到损伤容限和良好的失效行为，采用了增强相，如 $ZrO_2$ 颗粒[1]、晶须或短切纤维[2]和连续纤维，后者显示更有希望[3]。

氮化物、碳化物、硼化物或碳等陶瓷，由于共价键是其主要化学键，在高温下具有高强度和优异的抗蠕变性。然而，这些材料的主要缺点是易被氧化。因此，多年来，人们努力通过保护涂层来延长非氧化物材料的寿命，尤其是非氧化物 CMCs[4]。从原理上讲，很难获得长期的氧化保护，特别是当涂层复合材料在循环热负荷或机械负荷下使用时。因此，氧化物纤维－氧化物基陶瓷（氧化物/氧化物 CMCs）作为高温氧化气氛中的结构材料受到越来越多的关注。

尽管纤维增强陶瓷的两种成分，即陶瓷纤维和陶瓷基体都是脆性的，但由于裂纹偏转、裂纹桥连或纤维拔出等机制，复合材料表现出伪塑形变形[5]。这些机制工作的前提是在机械载荷下纤维和基体之间的脱粘。为了实现弱纤维与基体结合，要么使用合适的纤维涂层，如可裂、多孔和低韧性材料（"弱界面相"方法），要么使用高多孔基体（"弱基体"方法）。利用多孔基体概念的材料只表现出少量局部纤维－基体接触，因此在纤维－基体界面处很容易实现脱粘[6]。

氧化物/氧化物 CMCs 的应用主要集中在燃气轮机技术（如燃烧室衬套、静叶片和动叶片）、空间运输（如再入空间飞行器的隔热罩）、化学工程和冶金（如燃烧器喷嘴、催化剂载体、过滤器、窑具）和能量转换（如太阳能发电厂的吸收器和热交换器）等领域。在表9.1中列出了热气传导结构所需的性能，显示了不同类型的材料（氧化物、非氧化物、单相陶瓷和CMCs）如何满足需求。结果表明氧化物/氧化物CMCs有可能是最佳选择。

表9.1　热气传导结构的要求

|  | 单相非氧化物陶瓷 | 单相氧化物陶瓷 | 非氧化物CMCs | 氧化物CMCs |
| --- | --- | --- | --- | --- |
| 高温下足够的强度 | + | ○ | | ○ |
| 抗氧化 | − | + | − | + |
| 耐热震 | − | − | + | + |
| 优异的失效行为 | − | − | + | + |

注："+"表示很好；"○"表示合适的；"−"表示不足。

## 9.1.1　氧化物陶瓷纤维

为了获得尽可能高的强度值，以纳米晶粒为特征的纤维微观结构是首选。这是由强度和晶粒尺寸之间的霍尔－佩奇关系式导出的，关系式为 $\sigma \propto d^{-0.5}$（$\sigma$ 为强度；$d$ 为晶粒直径）[7]。虽然纳米晶粒纤维在室温下具有较高的强度值，但由于蠕变和晶粒粗化的影响，其在高温下的热稳定性和机械稳定性往往会下降。因此，晶粒尺寸是决定纤维力学性能的关键因素。

比较 Nextel 610 和 Nextel 720 两种常用的商用纤维的微观结构和性能是有指导意义的，这两种纤维均由美国明尼苏达州圣保罗市的 3M 公司生产。Nextel 610 由平均粒度约为 80 nm 的单相 $\alpha-Al_2O_3$ 组成。Nextel 720 由莫来石/$Al_2O_3$ 相组合组成，其晶粒尺寸呈双峰分布：约 80 nm $Al_2O_3$ 晶粒与约 350 nm 莫来石晶体共存。由于它们的相组成不同，Nextel 610 纤维的室温强度和杨氏模量明显高于 Nextel 720 纤维。然而，Nextel 720 的蠕变速率比 Nextel 610 低大约四个数量级。Nextel 610、Nextel 650（一种较少使用的 $Al_2O_3/ZrO_2$ 纤维）和 Nextel 720 纤维随温度变化的晶粒粗化和相关强度下降情况如图 9.1 所示。一般来说，晶粒粗化的起始温度约 1200 ℃。然而，相对强度下降取决于作为粗化驱动力的起始晶粒尺寸。因此，Nextel 720 的强度下降没有 Nextel 610 和 Nextel 650 那么明显。

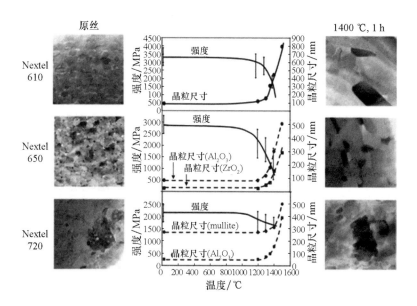

图 9.1　不同型号 Nextel 纤维 610、650 和 720 等温烧成（1 h）后的室温强度、
微观结构和晶粒尺寸

## 9.1.2　经典 CMCs 概念

纤维束或织物必须均匀地引入到合适的氧化物基体中，通常为 $Al_2O_3$、莫来石、钇铝石榴石（YAG）和玻璃陶瓷。这可以通过使用分散颗粒（"浆料"）聚合物、溶胶或其组合对纤维丝束或纤维织物进行液相浸渍来实现。随后，通过蒸发载体液体、热解或凝胶化以及最后的烧结步骤来实现向陶瓷体的转变。

制备致密且无缺陷的晶体基体具有挑战性：一方面，烧结温度不应超过 1300 ℃，以避免纤维退化。另一方面，纤维和纤维织物往往会形成刚性网络，可能抑制烧结过程。因此，刚性纤维网络中的基体收缩通常会导致大量的基体裂纹[5]。通过单向热压固化或热等静压固化，可以在一定程度上减少刚性纤维骨架内部由收缩引起的基体裂纹和孔隙率。然而，单向压制只适用于形状简单的结构，HIP 是一种复杂而昂贵的方法。克服收缩问题的一种可能选择是通过反应黏结进行基体处理，使用非氧化物，例如，铝金属粉末作为起始材料，以及基于 $Al_2O_3$ 的 RBAO 反应和 RBM 反应结合的莫来石[8,9]。这种方法的主要思路是氧化引起的体积增加与补偿烧结引起的体积收缩。尽管理论上很简单，但由于铝的低温熔化和瞬时 $Al_2O_3$ 的形成，以及氧化和烧结在不同的温度下进行，RBAO 过程是复杂的。在 RBM 的情况下，工艺要求的温度约为 1550 ℃[9]，这对于使用多晶氧化物纤维的 CMCs 工艺来说太高了。虽然使用合适的添加剂（$CeO_2$、$Y_2O_3$）可以显著加速莫来石的形成[10]，但参与其中的瞬时液相会与纤维表面发生反应。

一般认为，纤维－基体界面的脱粘是裂纹偏转、裂纹桥连和纤维拔出等能量耗散机制的前提条件。因此，界面强度必须足够弱，以促进上述机制，但又要足够强，以实现纤维和基体之间的载荷传递，并在横向上提供足够的结合力。为了调节具有致密基体的陶瓷基复合材料的界面特性，提出了合适的纤维涂层。在制备过程中和使用条件下，这些界面不能与纤维和基体发生反应[5]。在理想情况下，纤维涂层提供最佳的界面强度和断裂韧性，并保护纤维在 CMCs 制备过程中免受机械损伤。

# 9.2 无纤维/基体界面的多孔氧化物/氧化物 CMCs

如上所述，具有致密基体的 CMCs 概念揭示了许多未解决的问题。尽管已经做了很多工作，特别是在纤维涂层和复合材料制备领域，但仍然存在许多问题。在公开文献中，几乎没有在技术或中试规模制备具有纤维涂层和致密基体的氧化物/氧化物 CMCs 的例子。研究主要限于分别由单根纤维或一个纤维束组成的微型或迷你 CMCs。这些 CMCs 相对容易制造，易于快速评估，但是对力学性能的解释可能会产生误导[11]。

自 20 世纪 90 年代中期以来，已经开发了具有多孔基体但没有界面的复合材料[12]，作为具有致密基体和纤维－基体界面的氧化物/氧化物 CMCs 的替代品。多孔基体通常由 $Al_2O_3$ 或硅酸铝组成。多孔基体与所掺入的纤维之间的结合通常很弱，从而导致基体裂纹沿纤维－基体界面偏转。此外，基体强度太低，以至于不能将足够高的应力传递到纤维而使其断裂。多孔基体 CMCs 的宏观变形和断裂行为与"经典"致密基体－涂层纤维 CMCs 相似。然而，与这些材料相比，多孔基体复合材料的制备更加简单和廉价，因为不需要昂贵的纤维涂层和复杂的基体致密化技术。由于这些原因，多孔基体 CMCs 是极具吸引力的材料。基体致密的 CMCs 的不足是抗压强度、固有渗透率和耐磨性较低[13,14]。

图 9.2 显示了多孔氧化物/氧化物复合材料与具有致密基体和纤维－基体

界面相 CMCs 的微观结构。

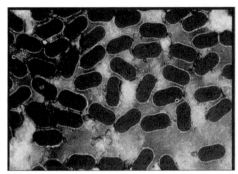

**图 9.2　通过热压和 BN 纤维涂层获得的具有致密莫来石基体的传统
CMCs（左）与多孔基体 CMCs（右）的扫描电镜照片**

　　美国加州大学（UCSB）、德国航空航天中心（DLR）和德国拜罗伊特大学开展了多孔基体氧化物/氧化物 CMCs 的主要研发活动。与此同时，多孔基体陶瓷可从 ATK‒COI 陶瓷公司（美国）、普利兹科夫特种陶瓷公司（美国）和多瑟姆公司（德国）购得，后者在 DLR 的许可下生产 CMCs 材料。表 9.2 概述了具有多孔 $Al_2O_3$ 或铝硅酸盐基体的全氧化物纤维增强 CMCs 的研究进展。

**表 9.2　氧化物纤维/莫来石基复合材料：制造和主要特性**

| 制造机构 | 纤维束或织物的浸渍技术 | 组件的成型方式 | 纤维 | 基体 | 状态 |
|---|---|---|---|---|---|
| ATK‒COI 陶瓷公司（美国） | 浆料和聚合物 | 编织件层压、纤维缠绕 | Nextel 720、Nextel 610 | 铝硅酸盐、$Al_2O_3$（多孔） | 商业 |
| 拜罗伊特大学（德国） | 浆料 | 编织件层压 | Nextel 720 | 铝硅酸盐（多孔） | 实验室规模 |
| DLR（德国） | 浆料 | 纤维缠绕 | Nextel 720、Nextel 610 | $Al_2O_3$、铝硅酸盐（多孔） | 中试规模 |
| 加州大学圣巴巴拉 UCSB 分校（美国） | 浆料和聚合物（有填充物） | 编织件层压 | Nextel 720 | 铝硅酸盐/$ZrO_2$（多孔） | 实验室规模 |

| 制造机构 | 纤维束或织物的浸渍技术 | 组件的成型方式 | 纤维 | 基体 | 状态 |
|---|---|---|---|---|---|
| Pritzkow（德国） | 浆料 | 编织件层压 | Nivity、Nextel 440 | 铝硅酸盐 | 商业 |
| Doutherm Isoliersysteme GmbH（德国） | 浆料 | 纤维缠绕 | Nextel 720、Nextel 610 | $Al_2O_3$（多孔） | 商业 |

## 9.2.1 材料和 CMCs 制备

拜罗伊特大学、UCSB 和 ATK – COI[6,15-17]报道了类似的多孔基体氧化物/氧化物 CMCs 制备技术。首先，陶瓷织物预制件（通常是机织 Nextel 610 或 720 织物）被基体浆料浸渍。真空辅助浸渍可用于提高预浸料制造工艺。接下来，将预浸料堆叠成层压板。层压板可以模压，然后在中等温度（1000～1200 ℃）的空气中烧结。这些 CMCs 的基体通常由硅凝胶、胶体 $Al_2O_3$ 或胶体莫来石黏结的 $Al_2O_3$ 或莫来石晶粒组成。在 UCSB 工艺路线中，烧结平板随后要经过多次 $Al_2(OH)_5Cl$ 溶液浸渍，然后进行凝胶化和热解，以增加基体密度。

与浸渗陶瓷织物不同，DLR 的氧化物/氧化物复合材料（Wound Highly Porous Oxide，WHIPOX）是由纤维缠绕制备的。基体来源于商业伪薄水铝石/无定形 $SiO_2$，总体成分为 70%～100% $Al_2O_3$。工艺路线如图 9.3 所示。第一步，在管式炉中通过热分解除去纤维（分别为 Nextel 610 或 720）的有机浆料。清洁过的纤维束被水基基体浆料连续浸渍。然后将浸渍过的束丝预干燥以稳定基体，最后以一维–二维方向缠绕在芯轴上。在潮湿阶段将生坯从芯轴上取出，允许随后预浸料的堆叠、成型或连接。一旦形成最终形状，生坯在 ≈ 1300 ℃ 的空气中独立烧结。高孔隙率使烧结的 WHIPOX CMCs 易于机械加工。可以采用常规的加工方法（钻孔、切割、磨削、铣削等）。WHIPOX CMCs 的纤维含量在 25%～50% 之间。与 UCSB、ATK – COI 和拜罗伊特大学制备的 CMCs 材料不同，用于 WHIPOX 的基体浆料不包含填料和黏合剂相，这导致了双峰粒度分布。相反，使用尺寸均匀分布的 $Al_2O_3$ 或硅铝酸盐颗粒，由于特殊的粉末预处理具有高烧结性。

**图 9.3　使用 DLR 的纤维缠绕设备制备多孔基体 CMCs（WHIPOX）的工艺路线**

在织物渗透技术方面，通过缠绕工艺制造 CMCs 有许多优势：

（1）使用合适的芯轴可以实现复杂的形状，如图 9.4（a）所示；

（2）通过改变纤维缠绕角度，可以获得具有合适纤维取向的定制增强体，如图 9.4（b）所示；

（3）通过改变缠绕模式，可以实现连续纤维层、开放结构（网格）或两者的组合，如图 9.4（c）所示；

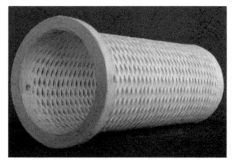

(a) 旋转对称的WHIPOX组件（保护管）

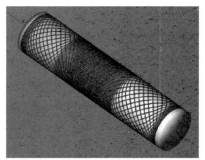

(b) 具有可变纤维取向的缠绕模式（计算机模拟）

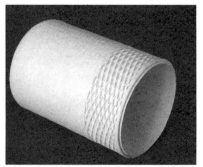

(c) 特殊缠绕顺序产生的连续纤维层和网格型结构组合

**图 9.4　不同缠绕工艺的制件**

（4）可以通过调节浆料的粒度分布来调整纤维分数，如图9.5所示[18]；

（5）用于缠绕工艺的纤维粗纱的价格显著低于纤维织物。

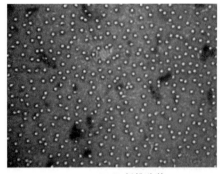
(a) 16Vol%纤维分数

(b) 26Vol%纤维分数

(c) 40Vol%纤维分数

图9.5　WHIPOX CMCs 纤维含量的调节

图9.6 显示了 WHIPOX CMCs 的典型纤维－基体接触区。该复合材料由 Nextel 610 纤维和95% $Al_2O_3$、5% $SiO_2$ 构成的基体组成，该基体组成相当于 α－$Al_2O_3$ 和少量莫来石的组合。Dirichlet 单元的构建[19]是表征复合材料微观结构的合适工具，它提供了纤维分布和均匀性的信息。纤维单元是单个纤维中心周围的区域，包含所有比其他更靠近各自纤维中心的点。图9.7 显示了对应于图9.5（a）~（c）的纤维单元，其纤维分数分别为16%、26%和40 %，以及相应的单元尺寸分布。

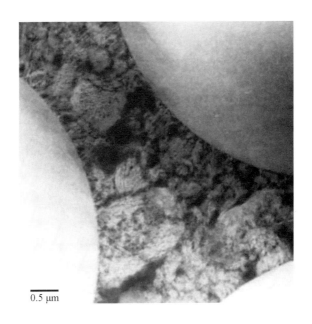

图 9.6　WHIPOX CMCs 的纤维/基体接触区的暗场 STEM 图像

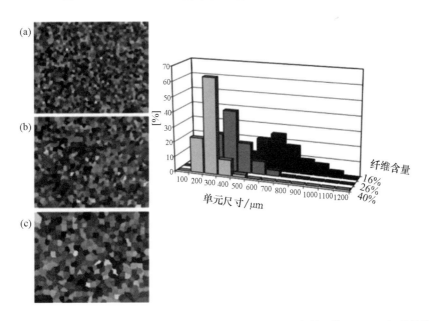

图 9.7　构建的 Dirichlet 纤维单元对应于图 9.5（a）－（c）中所示的 WHIPOX 细观结构。
平均单元尺寸与纤维含量成反比，单元尺寸分布是衡量纤维均匀性的指标

## 9.2.2　力学性能

多孔氧化物/氧化物 CMCs 的损伤容限不仅仅是由于"经典"纤维基体脱粘。基体孔隙充当微裂纹和分裂的位置,两者都与大量能量耗散有关。这些失效机制也降低了由纤维断裂引起的应力集中[20]。在多孔基体复合材料中,裂纹不会形成连续的前沿,而是通过多重微裂纹发生基体失效。微裂纹继续发展,直到基体完全解体,此时纤维失效,因此复合材料完全失效。整个过程为:基体微裂纹→局部纤维失效→纤维束损伤演化→合并成"纤维束裂纹"→纤维束裂纹的连接,即"纤维拔出"[21]。

早期对多孔基体 CMCs 力学行为的分析源于传统 CMCs 中用来表征涂层纤维脱粘行为的模型。从物理尺度角度来看,多孔基体 CMCs 的纤维束等同于传统 CMCs 的单根纤维,而多孔基体等同于(多孔)纤维涂层[22]。基于这一考虑,基体断裂能与纤维束断裂能的一定比例是多孔基体 CMCs 中裂纹偏转的前提。临界比为 1:4,但也取决于纤维与基体之间的弹性失配和残余应力。为了满足断裂能条件,基体韧性应较低,这可通过其高孔隙率实现。此外,对多孔基体 CMCs 的结构提出了特殊要求:假设纤维束的分布是不均匀的,以便为分层裂纹创造只有基体的路径[22]。

对 WHIPOX CMCs 的细观结构和分层行为的系统研究表明,基体路径的论点并不重要。虽然研究表明,较厚的层间基体团聚可以促进分层,从而控制材料的层间剪切强度[23],但结果表明,纤维分布的均匀性并不影响损伤容限断裂行为。

重新检查脱粘标准[24]发现,脱粘极限与多孔基体 CMCs 中通常出现的条件之间存在显著差距。因此,基体孔隙率可以降低到一定程度,以提高剪切强度和离轴性能,而没有材料脆化的风险。在 WHIPOX CMCs 上的再浸渗实验表明,如果通过多达四个浸渗循环增加基体密度,断裂功不受影响[25]。然而,数据解释是困难的,因为补充渗透可能在 CMCs 的外围区域更有效,从而导致基体密度梯度。

由于工艺和设计参数(纤维束或纤维织物、纤维含量、纤维类型、基体组成、基体孔隙率、烧结温度等)的不同,不同研究人员发表的多孔基体 CMCs 的强度数据很难进行对比。氧化物/氧化物复合材料的各向异性设计导致不同的失效机制(图 9.8)。根据施加载荷方向,可能会发生基体控制的分层或纤维控制的断裂。除此之外,可能会出现层内脱粘和其他失效机制。

Simon[17]公布了多孔基体 CMCs 的最高抗拉强度（图 9.9）。表 9.3 总结了使用不同缠绕方式、纤维类型和基体成分获得的 WHIPOX CMCs 的性能数据范围。

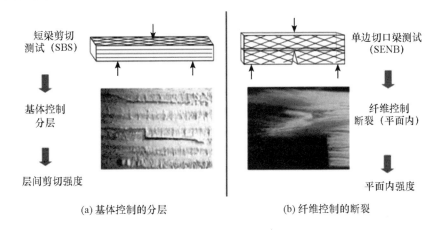

短梁剪切测试（SBS）　　　　　　　　　　单边切口梁测试（SENB）

基体控制分层　　　　　　　　　　纤维控制断裂（平面内）

层间剪切强度　　　　　　　　　　平面内强度

(a) 基体控制的分层　　　　　　　　(b) 纤维控制的断裂

图 9.8　多孔基体 CMCs 中各向异性微结构的断裂机制

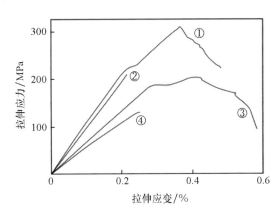

注：①Nextel 610／莫来石基体[17]；②Nextel 610／莫来石 – 氧化铝基体[6]；
　　③Nextel 720／莫来石基体[17]；④Nextel 720／莫来石 – 氧化铝基体[6]。

图 9.9　不同多孔基体 CMCs 的应力应变曲线

表 9.3　WHIPOX CMCs 的材料性能范围

| 材料性能 | 范围 |
| --- | --- |
| 拉伸强度 | 55 ~ 120 MPa |
| 面内弯曲强度 | 80 ~ 350 MPa |
| 杨氏模量 | 40 ~ 200 GPa |

续表

| 材料性能 | 范围 |
|---|---|
| 层间剪切强度 | 5 ~ 30 MPa |
| 比重 | 1.5 ~ 3 g/cm$^3$ |
| 热导率 | 1 ~ 2 W/mK |
| 热膨胀系数 | 4.5 ~ 8.5 × 10$^{-6}$ K$^{-1}$ |
| 总孔隙率 | 25% ~ 50% |

研究人员研究了由 Nextel 720 纤维和硅酸铝基体组成的 WHIPOX CMCs 的室温循环疲劳行为[26]。为此，杨氏模量被确定为各种机械载荷下循环次数的函数。图 9.10（a）显示了用于确定材料"屈服剪切强度"$\tau_{el}$的剪切应力 - 变形图。一方面，只要在弹性范围内进行循环疲劳试验（$\tau_{max}/\tau_{Tel} \leqslant 1$），即使在 10$^4$ 次循环后，也检测不到退化的迹象。另一方面，如果施加的载荷大于屈服强度，则可以观察到连续的刚度损失，这表明疲劳是由于越来越多的缺陷造成的，如微裂纹和局部纤维基体脱粘，如图 9.10（b）所示。Zawada 等人研究了通用电气制备的氧化物/氧化物复合材料（第四代）的高温疲劳[15]。在 1000 ℃实验中测试的每个应力水平下，模量随着循环次数的增加而略有下降。可以认为在 1000 ℃时的微疲劳效应是由于这些材料基体中的游离 SiO$_2$"粘结剂"引起的。

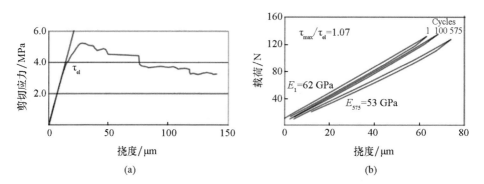

图 9.10　（a）确定 WHIPOX CMCs 屈服剪切强度 $\tau_{el}$ 的短梁剪切试验；
（b）如果载荷超过 $\tau_{el}$ 显示退化的循环疲劳试验

Hackemann 研究了 WHIPOX CMCs 在拉伸载荷下的蠕变。在图 9.11 中，蠕变速率是应力和温度的函数。根据图中的数据能估算出给定蠕变速率下的容许载荷。如果施加 50 MPa 的应力，在 1050 ℃下可以预计 1000 h 内的变形为 1%。在 1100 ℃时，相同的变形率对应的应力仅为 25 MPa。进一步的研究表明，复合材料的制备温度对其蠕变速率有显著影响。如果使用高烧结温度，蠕变速率相对较低，反之亦然。这可以用高温烧结时承载纤维中的晶粒粗化来解释。由于蠕变速率对应于 $d^{-3}$（$d$ 为晶粒尺寸），对于 Coble 型扩散蠕变，平均晶粒尺寸的微小变化会对蠕变速率产生明显的影响。

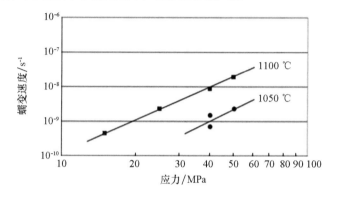

**图 9.11**　WHIPOX – CMCs 在 1050 ℃和 1100 ℃下的蠕变行为

## 9.2.3　热稳定性

多孔基体氧化物/氧化物 CMCs 的高温适用性不仅取决于纤维的稳定性，而且受到基体微观结构抗反应稳定性和致密性的限制。Carelli 等人研究了热老化对 UCSB 制备的多孔基体氧化物/氧化物 CMCs 力学性能的影响[28]。CMCs 由 Nextel 720 织物和多孔莫来石 – $Al_2O_3$ 基体组成。研究表明，在 1200 ℃（1000 h）处理后，尽管基体和纤维 – 基体黏结有所增强，但是 0°~90°方向的强度和破坏应变基本保持不变。然而在 45°方向上，观察到强度和模量显著增加，但以损伤容限断裂行为为代价。在 45°方向上测试热老化样品时，观察到断裂机制由基体开裂、分层、纤维剪切演变为纤维开裂。在 45°方向上的力学性能主要受基体控制，而在 0°~90°方向上的力学性能主要由纤维决定，从而使各向异性退化行为合理化。因此，基体强化对力学性能的影响主要是沿对角方向而不是沿纤维方向。

Simon[17]的研究表明，全莫来石基体系统表现出最好的性能。这种材料的强度水平在 1200 ℃下保持不变，即使在 1300 ℃下暴露后，仍保持其初始强度的 80%。莫来石基体的烧结效应发生在 1150 ℃以上，该烧结效应可通过硬度增加来监测，而莫来石 – $Al_2O_3$ 基体复合材料在 1000 ℃以上就会发生硬度增加[13]。具有 $Al_2O_3$ – $SiO_2$ 基体的 CMCs 在低至 1000 ℃的温度下开始快速降解。除了强度损失，断裂以几乎没有纤维拔出的脆性方式发生。仔细研究 WHIPOX 型 Nextel 720/铝硅酸盐基复合材料（纤维成分 85% $Al_2O_3$，15% $SiO_2$；基体成分 68% $Al_2O_3$，32% $SiO_2$）发现，富含 $SiO_2$ 的基体与富含 $Al_2O_3$ 的 Nextel 720 纤维发生反应，导致在纤维边缘形成新的莫来石（图 9.12）[29]。这些热处理材料的富含 $SiO_2$ 基体表现出明显的孔隙聚集和致密效应。因此，由于基体稳定性差，这些复合材料的断裂行为变得完全脆性。另外，一种富含 $Al_2O_3$ 的基体（95% $Al_2O_3$，5% $SiO_2$，即 $\alpha$ – $Al_2O_3$ 加少量莫来石）相对于 Nextel 720 纤维是热力学稳定的。在 1500 ℃烧结时，仅观察到微小的孔隙团聚和颗粒粗化。证据表明，即使在 1600 ℃下进行短暂热处理，富含 $Al_2O_3$ 基体的 WHIPOX CMCs 也具有损伤容限断裂行为（图 9.13）。

Zok 对莫来石 – $Al_2O_3$ 基体/Nextel 720 纤维复合材料的寿命进行了预测[13]。考虑到热处理对基体性能的影响，从纤维和基体的韧性和杨氏模量的角度分析了裂纹偏转的倾向。莫来石基复合材料在 1200 ℃下的寿命估计为 60 000 h，这与燃气轮机部件的使用寿命相当。

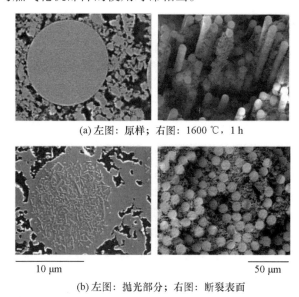

(a) 左图：原样；右图：1600 ℃，1 h

10 μm          50 μm

(b) 左图：抛光部分；右图：断裂表面

**图 9.12  具有莫来石/$SiO_2$ 基体的 WHIPOX CMCs**

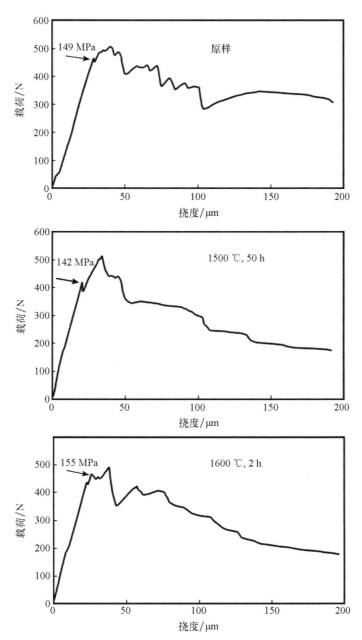

图 9.13　以 Al$_2$O$_3$/莫来石为基体的 WHIPOX CMCs 的载荷/挠度曲线。经 1500 ℃ 和 1600 ℃ 的短期烧结（1 h）后，仍具有损伤容限断裂行为

## 9.2.4　其他性能

多孔基体 CMCs 良好的断裂行为与其优异的抗热震性能和抗热疲劳性能相对应。抗热震性可以用短距离内的局部应力消散来解释，因此热诱导应力只会造成短距离损伤。用太阳能炉或氧乙炔火焰聚焦加热 WHIPOX 板，证明了其优良的抗热震性能和抗热疲劳性能（图 9.14）。尽管存在极端的热梯度，但即使经过多次加热/淬火循环[26]，也没有发现宏观退化。

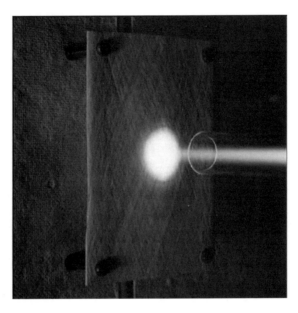

**图 9.14　用氧乙炔焰进行热点试验来验证 WHIPOX CMCs 的抗热震和热疲劳性能**

已经测试了 WHIPOX CMCs 的各种材料特性（如热扩散率、透气性）。可靠的数据对于潜在的应用非常重要，比如隔热体、过滤器、燃烧器。在高温下，垂直于纤维方向的热导率为 1～2 W/mK。进一步研究发现，如果用莫来石基体代替 $Al_2O_3$，其导热系数更低。然而纤维方向的热导率略高于垂直纤维方向，反映了复合材料结构的各向异性。缠绕 CMCs 的气密性很大程度上取决于基体成分和缠绕方式等参数。根据图 9.15，在 250 mbar 的超压下，空气渗透率在 10～100 L/（$cm^2 \cdot h$）之间。可以预见，如果使用更硬的 3000 D 纤维粗纱而不是更柔韧的 1500 D 粗纱，通常出现在纤维束交叉点附近的控制流速的中孔就会更普遍。此外，这些数据表明如果使用 45° 的缠绕角（二维取向）

而不是 15°的纤维取向，空气渗透率会更高。这些发现也可以通过在二维纤维结构的复合材料中出现大量的纤维交叉区域来进行合理化解释。另一方面，可以通过后续的表面密封或应用外部涂层来获得几乎不透气的多孔基体 CMCs。

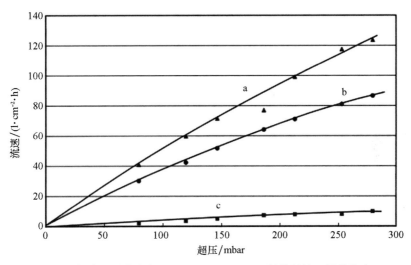

a：3000 DEN 粗纱，纤维取向 ±45°；b：3000 DEN 纤维粗纱，纤维取向 ±15°；
c：1500 DEN 纤维粗纱，纤维取向 ±15°

**图 9.15　由 Nextel 610 纤维和 Al$_2$O$_3$/莫来石基体组成的不同 WHIPOX CMCs 的气密性**

# 9.3　具有保护涂层的氧化物/氧化物 CMCs

莫来石和 Al$_2$O$_3$ 的化学稳定性是氧化物/氧化物 CMCs 在富含水蒸气（废气）的燃气环境中长期使用的一个重要问题。莫来石和 Al$_2$O$_3$ 在准静态条件下具有相对较高的化学稳定性。然而，在大功率工业燃烧器和燃烧室的高动态流动条件下，莫来石和 Al$_2$O$_3$ 容易分解和挥发。由于高水蒸气分压和高的气体速度，形成了挥发性硅和铝的氢氧化物，并不断地被烧蚀。就莫来石陶瓷而言，即使在 1000 ℃左右的中等温度下，在流动水蒸气中也能够观察到明显的衰退。衰退背后的驱动力是硅氢氧化物［主要是 Si（OH）$_4$］的形成和蒸发[30]，导致 α–Al$_2$O$_3$ 多孔残留物的形成。然而，从 1300 ℃开始，观察到 α–Al$_2$O$_3$ 的显著衰退。与 SiO$_2$ 类似，Al$_2$O$_3$ 通过形成铝氢氧化物［主要是 Al（OH）$_3$］而移动[31]。在超过 1450 ℃的温度下，Al$_2$O$_3$ 的动力学衰退几乎等于莫来石[32]。与纤维结构相关的气体渗透性和高比表面积可能会导致莫来石和/或 $Al_2O_3$ 基 CMCs 出现更严重的腐蚀问题。

耐化学腐蚀环境障碍涂层的应用被认为是解决腐蚀问题的一种方法。耐化学腐蚀环境障碍涂层具有更高的耐腐蚀性，因此增加了部件的使用寿命和耐温能力。合适的 EBC 材料至少在工作温度下必须表现出与莫来石和/或 $Al_2O_3$ 的热力学相容性。为了减少机械应力，CMCs 和 EBC 相似的热膨胀率是有利的。

过去，许多候选材料被确定和测试用作 EBC，但重点是为了保护硅基、非氧化物结构陶瓷和复合材料[33]。最先研究的有前途的 EBC 材料中，有含钇的硅酸盐 $Y_2SiO_5$ 和 $Y_2Si_2O_7$，其水蒸气衰退率比莫来石和 $Al_2O_3$ 低两到三个数量级[34]。特别是单硅酸盐 $Y_2SiO_5$ 在模拟燃气轮机环境下表现出优异的耐腐蚀性能。类似地，在稀土硅酸盐 $Yb_2Si_2O_7/Yb_2SiO_5$ 和 $Lu_2Si_2O_7/Lu_2SiO_5$ 中发现了高耐腐蚀性的化合物[35,36]。由于相对较低的热膨胀，硅酸锆（锆石，$ZrSiO_4$）和硅酸铪（铪石，$HfSiO_4$）被认为是潜在的 EBC 材料。然而，其在富水环境中仅表现出轻微的耐腐蚀性[37,38]。

考虑到普通氧化物/氧化物 CMCs 的化学性质，EBC 和 CMCs 之间的反应是一个关键问题。在最先进的 CMCs 中，$Al_2O_3$ 是主要成分。因此，可以预见 $Al_2O_3$ 与硅酸盐耐化学腐蚀环境障碍涂层之间的反应是关键反应。$Al_2O_3 - SiO_2 - Y_2O_3$ 三元体系仅在 1360 ℃ 左右存在共晶成分。因此，Y - 硅酸盐 EBC 的使用温度应控制在此温度以下，以避免 EBC/CMCs 体系的任何共熔和分解。实际上，考虑到无处不在的杂质，甚至需要降低最高使用温度。

不含二氧化硅的化合物是很有吸引力的 EBC 材料，可以避免反应问题。在 $Al_2O_3/Al_2O_3$ CMCs 中，钇铝石榴石（$Y_3Al_5O_{12}$，Yttrium Aluminum Garnet，YAG）等钇铝酸盐很有应用前景，因为没有低熔点共晶，且涂层和 CMCs 的热膨胀系数相似（CTE：$Al_2O_3$ 为 $9.6 \times 10^{-6} K^{-1}$；$Y_3Al_5O_{12}$ 为 $9.1 \times 10^{-6} K^{-1}$）。通过热活化金属有机化学气相沉积（MO - CVD）和随后的热处理，在 DLR 的 WHIPOX 型 CMCs 上制备了涂层厚度约为 100 μm 的 YAG 基耐化学腐蚀环境障碍涂层[39]。这种技术的主要优点是高沉积速率（几十微米每小时）和低（自）阴影，这在复杂形状衬底的情况下是有利的。然而，在模拟燃烧室环境下，在高于 1350 ℃ 的温度下观察到 YAG 表面分解为富钇相 $Y_4Al_2O_9$，甚至可能分解为 $Y_2O_3$。这种行为显然是由于 $Al_2O_3$ 羟基化和随后的移动，导致 $Al_2O_3$ 的连续向外扩散，从而导致整个 EBC/CMCs 系统的不稳定[40]。

由于其热力学相容性和在高温（>1400 ℃）下的低衰退率，$Y_2O_3$ 稳定氧化锆（Y - $ZrO_2$，YSZ）被认为是 $Al_2O_3$ 和莫来石基 CMCs 最具吸引力的 EBC

材料之一。由于其低热导率，$ZrO_2$ 涂层也可以提供额外的热保护。由于氧化物/氧化物 CMCs 通常表现出高度不规则的表面结构，涂层沉积前的平滑 CMCs 表面被发现是有帮助的。这是通过预先研磨 CMCs 表面并随后沉积薄陶瓷层来实现的。研究人员发现由铝和 $Al_2O_3$ 的浸涂粉末混合物得到的薄反应结合 $Al_2O_3$（RBAO）涂层是合适的[41]。在 DLR，不同类型的 $ZrO_2$ 基涂层被开发用于 WHIPOX 型氧化物/氧化物 CMCs[42,43]。采用真空等离子喷涂（图 9.16，左）和磁控溅射（图 9.16，右）方法，成功地在 RBAO – 界面顶部沉积了薄（约为 20 μm）而相对致密的 YSZ – EBC。通过分散浸渍涂覆和随后的反应结合，实现了一种用于 WHIPOX 型 CMCs 的不太复杂但有效的 $ZrO_2$ 沉积技术（图 9.17）。在这种情况下，可使用 $ZrO_2$ 和 ZrN 作为非氧化物原料。具有显著热障功能的厚耐化学腐蚀环境障碍涂层需要不同的形态，表现出更好的应变耐受性。电子束物理气相沉积（EB – PVD）实现了良好的柱状微观结构和较高的沉积速率。图 9.18 显示了具有倾斜冷却通道的 WHIPOX 型 CMCs 上的 200 μm 厚的 YSZ – EBC。

西门子 – 西屋电力公司（美国）推出了氧化物/氧化物 CMCs 的热 – 环境联合保护系统。易碎梯度绝缘（FGI）涂层由陶瓷空心球和陶瓷填料组成，由陶瓷粘结剂（最好是磷酸铝黏合剂）黏合在一起[44]。将 FGI 原材料以类似糊状的状态施加到 CMCs 表面，然后烧结并最终加工成所需的涂层厚度。

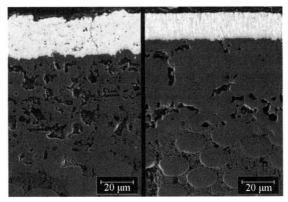

图 9.16　通过真空等离子喷涂（左）和磁控溅射（右）制备的具有 20 μm 厚的 YSZ 环境障碍顶层涂层的 WHIPOX 型 CMCs

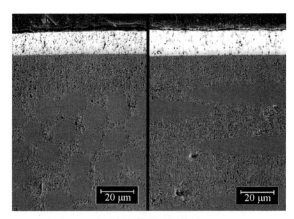

图 9.17   通过浆料浸涂和随后的反应结合制备的具有 20 μm 厚的 YSZ 环境
障碍顶层涂层的 WHIPOX 型 CMCs

图 9.18   带倾斜冷却通道的 WHIPOX 型 CMCs，作为氧化物/氧化物 CMCs 方法与气膜
冷却概念相结合的例子。200 μm 厚的 YSZ 环境障碍顶层涂层由电子束 PVD 制备

# 9.4   多孔氧化物/氧化物 CMCs 的应用

氧化物纤维增强氧化物基复合材料的技术和商业价值在不断提高。氧化物
纤维/氧化物基复合材料已成为许多涡轮发动机、航天器和其他工业应用的候
选材料[45]。主要应用是燃烧室内的氧化物/氧化物组件，可以允许更高的壁
温，并对提高系统效率做出重大贡献。由 ATK - COI 和西门子电力公司开发的

具有 FGI 型氧化物隔热层的纤维缠绕结构的 Nextel 720 纤维/Al$_2$O$_3$ 基复合材料燃烧室内衬，在 Solar 涡轮发动机上成功运行了 20 000 多个小时[46,47]。多孔氧化物/氧化物 CMCs 由于其低比重和低导热率，作为可重复使用航天器中的隔热材料受到了广泛的关注。

在德国 DLR 的 SHEFEX（Sharp Edge Flight Experiment）任务框架下，一种带有 RBAO 涂层的 WHIPOX 型 CMCs 平板作为 SHEFEX 航天器分段端头罩的一部分成功通过测试（图 9.19）。德国 Duotherm Isoliersysteme 公司在 DLR 的许可[48]下制造了工业炉的组件，如点火喷嘴。德国 Pritzkow Spezialkeramik 公司制造了多种客户定制的薄壁 CMCs 产品，从火焰管、热气导管、铝铸件槽等，到标准孔隙燃烧器和太阳能接收器[49,50]。

图 9.19　德国 DLR 的 SHEFEX 航天器的端头罩。分段隔热板由不同的陶瓷板组成，
其中一块（箭头）是一种带有 RBAO 涂层的 WHIPOX 型多孔氧化物/氧化 CMCs
（资料来源：由 H. Weihs 提供）

# 参考文献

［1］ KOYAMA T, HAYASHI S, YASUMORI A, et al. Microstructure and mechanical properties of mullite/zirconia composites prepared from alumina and zircon under various firing conditions［J］. Journal of the European Ceramic Society,

1996, 16(2): 231 – 237.

[2] HIRATA Y, MATSUSHITA S, ISHIHARA Y, et al. Colloidal processing and mechanical properties of whisker-reinforced mullite matrix composites [J]. Journal of the American Ceramic Society, 1991, 74(10): 2438 – 2442.

[3] CHAWLA K K. Composite Materials, Science and Engineering [M]. 2nd ed. New York: Springer, 1998.

[4] STRIFE J R. Ceramic coatings for carbon/carbon composites [J]. Ceramic Bulletin, 1988, 62: 369 – 374.

[5] CHAWLA K K. Ceramic matrix composites [M]. 2nd ed. Boston: Kluwer Academic Publishers, 2003.

[6] LEVI C G, YANG J Y, DALGLEISH B J, et al. Processing and performance of an all-oxide ceramic composite [J]. Journal of the American Ceramic Society, 1998, 81(8): 2077 – 2086.

[7] KINGERY W D, BOWEN H K, UHLMANN D R. Introduction to Ceramics [M]. 2nd ed. Hoboken: John Wiley & Sons, 1975.

[8] WU S, HOLZ D, CLAUSSEN N. Mechanisms and kinetics of reaction-bonded aluminum oxide ceramics [J]. Journal of the American Ceramic Society, 1993, 76(4): 970 – 980.

[9] HOLZ D, PAGEL S, BOWEN C, et al. Fabrication of low-to-zero shrinkage reaction-bonded mullite composites [J]. Journal of the European Ceramic Society, 1996, 16(2): 255 – 260.

[10] MECHNICH P, SCHMÜCKER M, SCHNEIDER H. Reaction sequence and microstructrual development of $CeO_2$ – doped reaction-bonded mullite [J]. Journal of the American Ceramic Society, 1999, 82(9): 2517 – 2522.

[11] KERANS R J, HAY R S, PARTHASARATHY T A, et al. Interface design for oxidation-resistant ceramic composites [J]. Journal of the American Ceramic Society, 2002, 85(11): 2599 – 2632.

[12] LANGE F F, TU W, EVANS A. Processing of damage-tolerant, oxidation-resistant ceramic matrix composites by a precursor infiltration and pyrolysis method [J]. Materials Science and Engineering: A, 1995, 195: 145 – 150.

[13] ZOK F W. Developments in oxide fiber composites [J]. Journal of the American Ceramic Society, 2006, 89(11): 3309 – 3324.

[14] STAEHLER J M, ZAWADA L P. Performance of four ceramic-matrix

composite divergent flap inserts following ground testing on an F110 turbofan engine[J]. Journal of the American Ceramic Society, 2000, 83(7): 1727 – 1738.

[15] ZAWADA L P, HAY R S, LEE S S, et al. Characterization and high-temperature mechanical behavior of an oxide/oxide composite[J]. Journal of the American Ceramic Society, 2003, 86(6): 981 – 990.

[16] TANDON G P, BUCHANAN D J, PAGANO N J, et al. Analytical and Experimental Characterization of Thermo-Mechanical Properties of a Damaged Woven Oxide-Oxide Composite[C]//25th Annual Conference on Composites, Advanced Ceramics, Materials, and Structures: A: Ceramic Engineering and Science Proceedings. Hoboken, NJ, USA: John Wiley & Sons, Inc. , 2001: 687 – 694.

[17] SIMON R A. Progress in processing and performance of porous-matrix oxide/oxide composites[J]. International Journal of Applied Ceramic Technology, 2005, 2(2): 141 – 149.

[18] KANKA B. Einstellung des Faservolumengehaltes in oxidkeramischen Faser-Verbundwerkstoffen[P]. 2006 – 12 – 21.

[19] PYRZ R. Quantitative description of the microstructure of composites. Part I: morphology of unidirectional composite systems[J]. Composites Science and Technology, 1994, 50(2): 197 – 208.

[20] HEATHCOTE J A, GONG X Y, YANG J Y, et al. In-plane mechanical properties of an all-oxide ceramic composite[J]. Journal of the American Ceramic Society, 1999, 82(10): 2721 – 2730.

[21] LEVI C G, ZOK F W, YANG J Y, et al. Microstructural design of stable porous matrices for all-oxide ceramic composites[J]. International Journal of Materials Research, 1999, 90(12): 1037 – 1047.

[22] TU W C, LANGE F F, EVANS A G. Concept for a damage-tolerant ceramic composite with "strong" interfaces[J]. Journal of the American Ceramic Society, 1996, 79(2): 417 – 424.

[23] SCHMÜCKER M, GRAFMÜLLER A, SCHNEIDER H. Mesostructure of WHIPOX all oxide CMCs[J]. Composites Part A: Applied Science and Manufacturing, 2003, 34(7): 613 – 622.

[24] ZOK F W, LEVI C G. Mechanical properties of porous-matrix ceramic

composites[J]. Advanced Engineering Materials, 2001, 3(1 –2): 15 –23.

[25] SHE J, MECHNICH P, SCHNEIDER H, et al. Effect of cyclic infiltrations on microstructure and mechanical behavior of porous mullite/mullite composites [J]. Materials Science and Engineering: A, 2002, 325(1 –2): 19 –24.

[26] GÖRING J, HACKEMANN S, SCHNEIDER H. Oxid/Oxid-Verbundwerkstoffe: Herstellung, Eigenschaften und Anwendungen[M]//KRENKEL W. Keramische Verbundwerkstoffe. Weinheim: Wiley-VCH Verlag GmbH, 2003: 123 –148.

[27] Hackemann, S. unpublished.

[28] CARELLI E A, FUJITA H, YANG J Y, et al. Effects of thermal aging on the mechanical properties of a porous-matrix ceramic composite[J]. Journal of the American Ceramic Society, 2002, 85(3): 595 –602.

[29] SCHMÜCKER M, KANKA B, SCHNEIDER H. Temperature-induced fibre/matrix interactions in porous alumino silicate ceramic matrix composites[J]. Journal of the European Ceramic Society, 2000, 20(14 –15): 2491 –2497.

[30] OPILA E J, FOX D S, JACOBSON N S. Mass spectrometric identification of Si – O – H (g) species from the reaction of silica with water vapor at atmospheric pressure[J]. Journal of the American Ceramic Society, 1997, 80 (4): 1009 –1012.

[31] OPILA E J, MYERS D L. Alumina volatility in water vapor at elevated temperatures[J]. Journal of the American Ceramic Society, 2004, 87(9): 1701 –1705.

[32] YURI I, HISAMATSU T. Recession rate prediction for ceramic materials in combustion gas flow [C]//Turbo Expo: Power for Land, Sea, and Air. 2003, 36843: 633 –642.

[33] LEE K N. Current status of environmental barrier coatings for Si-based ceramics[J]. Surface and Coatings Technology, 2000, 133 –134: 1 –7.

[34] KLEMM H, FRITSCH M, SCHENK B. Corrosion of ceramic materials in hot gas environment[C]//28th International Conference on Advanced Ceramics and Composites B: Ceramic Engineering and Science Proceedings. Hoboken, NJ, USA: John Wiley & Sons, Inc. , 2004, 25: 463 –468.

[35] LEE K N, FOX D, ELDRIDGE J, et al. Recent Progress in the Development of Advanced Environmental Barrier Coatings [C]//29th International Conference on Advanced Ceramics and Composites. Daytona Beach, FLA,

USA, 2005: 23 – 28.

[36] UENO S, JAYASEELAN D D, OHJI T, et al. Recession mechanism of $Lu_2$ $Si_2O_7$ phase in high speed steam jet environment at high temperatures[J]. Ceramics International, 2006, 32(7): 775 – 778.

[37] UENO S, JAYASEELAN D D, OHJI T, et al. Corrosion and oxidation behaviour of $ASiO_4$ (A = Ti, Zr and Hf) and silicon nitride with an $HfSiO_4$ environmental barrier coating[J]. Journal of Ceramic Processing & Research, 2005, 6(1): 81 – 84.

[38] UENO S, OHJI T, LIN H T. Corrosion and recession behavior of zircon in water vapor environment at high temperature[J]. Corrosion Science, 2007, 49(3): 1162 – 1171.

[39] TRÖSTER I, SAMOILENKOV S, WAHL G, et al. Metal-organic chemical vapor deposition of environmental barrier coatings for all-oxide ceramic matrix composites[J]. Advances in Ceramic Coatings and Ceramic-Metal Systems, 2005, 26: 173 – 179.

[40] FRITSCH M, KLEMM H. Hot gas corrosion of oxide materials in the $Al_2O_3$ – $Y_2O_3$ system and of YAG coated alumina in combustion environments[C]// 30th International Conference on Advanced Ceramics and Composites (ICACC), Cocoa Beach, FL, USA, 2006.

[41] MECHNICH P, BRAUE W, SCHNEIDER H. Multifunctional reaction-bonded alumina coatings for porous continuous fiber-reinforced oxide composites [J]. International Journal of Applied Ceramic Technology, 2004, 1(4): 343 – 350.

[42] MECHNICH P, BRAUE W. Schutzschichtkonzepte für oxidkeramische Faserverbundwerkstoffe[C]//DKG/DGM Symposium Hochleistungskeramik 2005. Göller Verlag, Baden, 2005: 61 – 64.

[43] MECHNICH P, KERKAMM I. Reaction-bonded zirconia environmental barrier boatings for all-oxide ceramic matrix composites[C]//31th International Conference on Advanced Ceramics and Composites (ICACC), Daytona Beach, FLA, USA, 2007.

[44] MERRILL GB, MORRISON JA, TEMPERATURE H. Insulation for Ceramic Matrix Composites[P]. 1998 – 03 – 27.

[45] NEWMAN B, SCHÄFER W. Processing and properties of oxide/oxide

composites for industrial applications [ M ]//KRENKEL W, NASLAIN R, SCHNEIDER H. High Temperature Ceramic Matrix Composites. Weinheim: Wiley-VCH Verlag GmbH, 2001: 600 – 609.

[46] SZWEDA A. Unique hybrid oxide/ oxide ceramic technology successfully demonstrated[ R ]. New York: United States Advanced Ceramics Association, 2004.

[47] LANE J, MORRISON J, MAZZOLA B, et al. Oxide-based CMCs for combustion turbines [ C ]//31th International Conference on Advanced Ceramics and Composites ( ICACC) , Daytona Beach, FLA, USA. 2007.

[48] www. duotherm-stark. de ( accessed 7. 12. 2007 ).

[49] PRITZKOW W. Keramikblech, ein Werkstoff für höchste Ansprüche[ C ]//cfi Sonderausgabe zum DKG-DGM Symposium Hochleistungskeramik und der DKG-Jahrestagung. 2005: 40 – 42.

[50] www. keramikblech. com ( accessed 7. 12. 2007 ).

# 第 10 章 微观结构模型及热机械性能

## 10.1 简介

与单质陶瓷相比，陶瓷基复合材料（CMCs）具有较高的断裂韧性和损伤容限，只有当陶瓷基体和陶瓷纤维这两种脆性组分以有效的方式相互作用时，才能实现这一点。当 CMCs 被加载时，裂纹通常在基体中萌生。为了增强失效容限，即使当基体中的裂纹向纤维－基体界面传播时，纤维也必须保持完整。如果纤维的强度和断裂韧性能很好地适应其他组分的抗断裂性能，如基体和纤维－基体界面，就能实现这一点。一般允许下述两种 CMCs 微观结构调整行为：

（1）纤维基体界面的抗断裂强度足够低，以确保纤维和基体之间的脱粘。这种类型的 CMCs 被称为弱界面复合材料 WIC。

（2）基体强度低到足以引起多重裂纹，而纤维保持完整，并有足够的强度和损伤容限。这种类型的 CMCs 被称为弱基体复合材料 WMC。

与珍珠岩等天然复合材料相比，在硬而脆的文石片之间有一层非常薄的弱有机层，可以确保扩展的裂纹偏转或停止，CMCs 的损伤容限行为是通过 WIC 和 WMC 概念实现的。在这两种情况下，CMCs 的特点是结合了硬而强的纤维和至少一个弱的微结构成分，从而防止了纤维的过早失效。本章将讨论和描述这些基本方法。

与金属材料相比，CMCs 得益于其低密度和优异的特性，可发展用于氧化和惰性气体中短期和长期条件下的高温应用。本章第二部分讨论了 CMCs 在相关应用条件下的力学行为，通过考虑具有高断裂韧性和非脆性破坏的损伤容限行为所必需的复杂微观结构特性，介绍和评估不同类型 CMCs 的力学潜力和极限。在一些文献［1－3］中，还发现了 CMCs 力学行为的各个方面及其与微观结构的关系。

# 10.2　CMCs 设计、性能和模型的一般概念

为了增强力学性能和提高断裂韧性，必须充分利用 CMCs 组分纤维、界面/界面相和基体之间的相互作用。与传统的单质陶瓷相比，纤维作为增强相可提供更高的强度和刚度值。它们的强度和刚度决定了 CMCs 可达到的力学性能。一般来说，纤维的类型会影响所选择的生产工艺以及界面/界面相和基体的复合材料设计。对于复杂几何形状的生产，可以使用连续纤维和短纤维。短纤维可用于制造纤维增强陶瓷制动器[4,5]。

由于制造过程中会出现裂纹、气孔或其他微观结构缺陷，基体通常表现出较差的性能。在机械加载过程中，裂纹首先在基体中萌生，并在复合材料中扩展。一般的要求是纤维在裂纹扩展过程中保持完好。因此，要降低纤维–基体界面的抗断裂性能，以允许纤维与基体之间的脱粘。或者，基体必须足够弱，以允许裂纹偏转和靠近纤维分叉，以防止纤维失效。

接下来，我们将描述组分纤维、基体和界面/界面相之间的微观结构相互作用，以及两种不同的技术方法导致的 CMCs 缺陷容限。

## 10.2.1　弱界面复合材料 WIC

CMCs 的主要发展方向是具有高刚度和高强度特点的基体致密的复合材料。因此，必须结合弱纤维基体界面，以实现纤维周围的裂纹偏转。这些 WICs 材料的力学行为可以通过建立良好的微观结构模型进行描述。典型的 WICs 有 CVI – SiC 基体、DiMO$_x$ – Al$_2$O$_3$ 基体和玻璃基体复合材料。此外，一些通过液相渗硅工艺制备的碳化硅基复合材料也与其有关。

WICs 的理想力学行为可以通过单向增强复合材料的拉伸载荷来描述（图 10.1）。在线性弹性范围内，刚度可以用混合法则计算，其中复合材料的杨氏模量由纤维和基体的刚度以及它们各自的体积含量决定[6]。在制造过程中产生的基体裂纹和其他孔隙不会增长，并对初始基体性能产生影响。超过临界应力水平（定义为基体开裂应力 1），会发生脱粘和裂纹萌生、裂纹扩展和开口。当纤维的强度很高时，初始裂纹首先在基体中传播，表现出较高的破坏应变。当基体裂纹接近纤维基体界面时，界面处的应力集中不会导致纤维失效，而是导致纤维基体初始脱粘。然后纤维桥接基体裂纹。如果界面强度选取不当，基

体裂纹会引起纤维失效，复合材料会发生脆性过早失效。

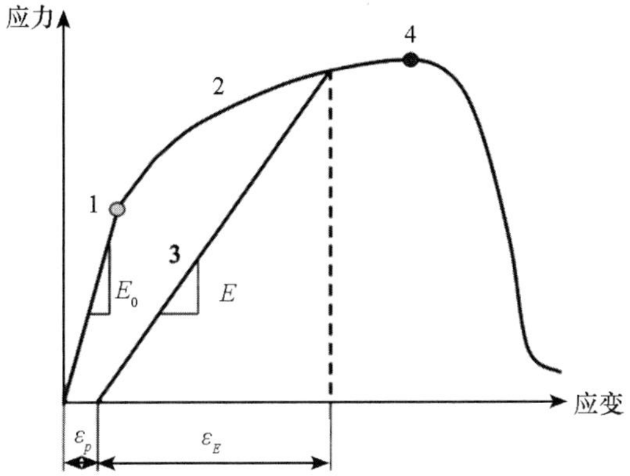

1—基体开裂应力；2—纤维渐进失效和应力从纤维向基体转移；3—实际刚度；
4—复合材料强度，由于纤维拔出而产生的附加应变。$E_0$ 和 $E$ 分别表示初始
刚度和实际刚度，$\varepsilon_p$ 和 $\varepsilon_E$ 分别为残余应变和对应的弹性应变。

**图 10.1　具有刚性承载基体和足够弱界面的 CMCs 的理想拉伸应力 – 应变行为**

随着载荷的增加，脱粘沿着纤维 – 基体界面进行，称为渐进脱粘。在这一脱粘区域，应力通过摩擦从纤维传递回基体，直到基体再次达到抗裂强度。这一过程导致基体裂纹密度增加。若假设基体强度、纤维基体脱粘和内部纤维基体摩擦是没有统计分散的定义值，那么在该应力水平下，基体裂纹以等距方式出现在整个加载体上。然后根据界面性能计算裂纹距离。

即使在实际复合材料中，这种应力水平往往不明显，整体刚度 $E$ 将随着进一步加载而不断降低。在这个范围内，载荷逐渐从基体转移到纤维上，纤维失效相继开始，由于纤维强度的统计散射（遵循威布尔分布），导致失效纤维的比例增加。复合材料的杨氏模量 $E$ 下降可以通过卸载/再加载循环来评估，损伤 $D$ 由 $D = 1 - E/E_0$ 计算。当大约 15%～30% 的纤维失效时，达到最大适用应力，即复合材料的强度。如果纤维没有在基体裂纹水平内失效，而是在完整的基体内失效，那么复合材料仍然可以承受较小的载荷，因为那时纤维可以从基体中被拔出。这种额外的断裂功在实际拉伸试验中很少观察到。

调整 WIC 界面性能的重要性如图 10.2 所示，其中 He 和 Hutchinson[7] 提出的计算公式显示了脆性和非脆性破坏的条件。如果界面的断裂能 $\varGamma_I$ 与纤维的断裂能（表面能）$\varGamma_F$ 之比低于图 10.2 所示的边界线，则可以实现作为初始脱粘的非脆性破坏。如果纤维和基体分别具有相似的杨氏模量（$E_F$ 和 $E_M$），

则必须满足边界条件 $\Gamma_{\text{l}}/\Gamma_{\text{F}} \leqslant 0.25$，以防止纤维过早失效。例如，实际上在具有 CVI - SiC 基体的 CMCs 中可以实现这种情况。这些 CMCs 是典型的 WIC 材料，在这些材料中，减少界面断裂能的纤维涂层是必要的，主要是 PyC、SiC、BN 和 BCN 涂层，或这些涂层的组合应用在纤维上，以允许单个纤维桥连基体裂纹[8-15]。为了调节氧化物/氧化物 CMCs 纤维涂层的界面性能，使用了一系列涂层，例如 C/ZrO$_2$ 和 Al$_2$O$_3$，以及稀土磷酸盐和其他混合氧化物化合物，如 LaPO$_4$[16,17]。

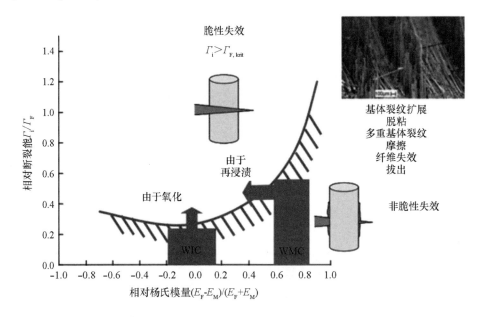

图 10.2　与界面和纤维断裂能有关的非脆性和脆性行为取决于纤维和基体的刚度比[7]。定性地显示了在 WIC 情况下由于氧化引起的界面脆化的影响，以及在 WMC 情况下由于基体再浸渍步骤引起的基体刚度的提高

采用纤维基体界面的其他概念是在界面相中引入可控的孔隙。这是通过短效性涂层实现的，其中 CVI - C 或有机先驱体被应用到纤维表面，然后在中等温度下氧化[18]。多孔界面相的概念也可以扩展并与 WMC 方法相结合，其中通过控制 CMCs 基体的孔隙率来调整弱基体，且基体的刚度远低于纤维的刚度。在图 10.2 中，复合材料的相对杨氏模量偏离零，边界曲线允许临界比率 $\Gamma_{\text{l}}/\Gamma_{\text{F}}$ 增加。

如果复合材料在高温氧化气氛中使用，所应用的纤维涂层就可能会受到环境条件的侵蚀，力学性能可能会发生变化，导致纤维和界面的相对断裂能增加。图 10.2 定性地显示了 WIC 情况下的这种影响。如果界面性能的变化导致相对断裂能的值高于边界，则会发生脆性破坏。因此，所应用的纤维涂层不仅必须满足力学功能以提供脱粘，而且必须在热载荷和环境载荷下足够稳定。图 10.3 显示了 SiC/DiMO$_x$ 复合材料中纤维 – 基体界面氧化的影响，通过单纤维顶入试验测量，这是表征界面性能的一种较好方法。虽然在室温下会发生初始脱粘，但在 900 ℃ 氧化后无法测量到脱粘。图 10.3 中的微观照片显示，之前的碳界面已被更硬、更强的 SiO$_2$ 层所取代，增强了纤维基体的结合，导致复合材料在宏观力学测试中的脆性破坏。

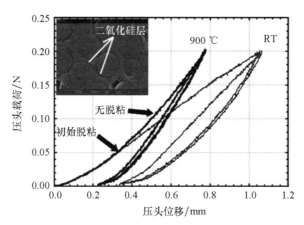

**图 10.3  SiC/DiMO$_x$ 单纤维顶入测试结果显示，室温下发生初始脱粘，900 ℃ 氧化后生成 SiO$_2$ 导致界面脆化。**

界面性能对 CMCs 宏观行为的影响如图 10.4 所示，图中显示了 CVI – SiC/SiC 中单纤维顶入技术测量的界面性能和相应的大试样拉伸试验的应力 – 应变曲线[19]。顶入曲线可以测量界面强度，以及初始脱粘后纤维与基体之间的摩擦力。在高结合强度下，只有在约 0.3 N 的高载荷下才会出现第一次载荷下降，计算得到界面断裂能约为 10 J/m$^2$。卸载和再加载过程中，纤维与基体间摩擦力的倒数决定了后续的迟滞面积。当面积很小时，界面摩擦力很高。这一结果可以很好地对应于相关的拉伸试验，在 120 MPa 的低应力水平下，观察到脆性破坏行为。根据图 10.2，界面与纤维的断裂能之比过高，导致过早的脆性破坏。另外两条顶入曲线在约 0.05 N 处与第一条曲线略有偏离。初始脱粘从这里开始，计算出的断裂能约为 0.2 J/m$^2$（低摩擦状态）和 0.4 J/m$^2$（最佳状态）。由迟滞回线计算得到的界面摩擦应力分别为 36 MPa 和 93 MPa。通过界面微观结构的变化解释了相应的拉伸试验。

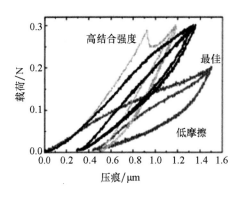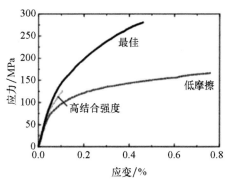

图 10.4　不同纤维基体界面（强结合、低摩擦和优化）的 CVI – SiC/SiC 的
顶入试验（左）和相应的拉伸试验（右）

当基体裂纹产生时，为了防止脆性破坏，需要较低的界面断裂能（图 10.2），而内摩擦是在脱粘纤维基体部分纤维与基体之间的载荷传递的一种量度。在低摩擦的情况下，从纤维到基体的载荷传递不如在高摩擦的优化情况下那样有效。在低摩擦条件下，纤维沿更大的纤维间距上承受更高的应力水平。根据威布尔强度分布，纤维的失效概率增加，导致整体强度下降，并且由于显著的滑移和纤维拔出，失效应变大大增强。在最佳的情况下，纤维基体结合和摩擦的界面性能得到很好的调整，获得高强度和高失效应变。顶入试验和拉伸试验的解释可以改进 CMCs 界面性能的设计[20]。

## 10.2.2　弱基体复合材料 WMC

在过去的几年中，主要发展了液相浸渍工艺来制备 CMCs，如液相聚合物浸渍、液相渗硅、或陶瓷浆液浸渍。一般这些制备路线提供了具有相对高孔隙率和低力学性能的基体。因此这些复合材料被称为弱基体复合材料（WMC）[21-23]。与具有刚性基体的复合材料相比，裂纹很容易在弱基体内扩展，并在基体内的纤维附近偏转，这导致了即使在纤维 – 基体界面很强的情况下也具有损伤容限行为。界面断裂能重要性的降低可以在图 10.2 中得到解释。由于 WMC 中纤维与基体的杨氏模量相差很大，纤维与界面的断裂能之比可在不引起脆性破坏的情况下显著提高。

在 WMC 加载过程中，基体在较低的应力下失效，但只要纤维仍然承担整体载荷，复合材料就可以承受远高于基体开裂应力的载荷。从纤维到基体的应力再分布不会进一步发生明显的变化。当最终失效发生时，纤维不会在局部范围内断裂，而是在整个组件中大量断裂（图 10.5）。纤维性能在很大程度上决定了 WMC 的力学行为，因此 WMC 的力学响应取决于纤维的取向和相应的加载方向。特别是在离轴加载模式和压缩载荷下，WMC 的强度较低。

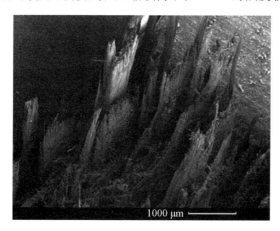

图 10.5　WMC（C/C）的宏观失效行为

必须强调的是，描述为 WIC 和 WMC 的一般概念是典型的边界示例，而大多数实际复合材料的特征介于两者之间。一个典型的例子是液相聚合物浸渍的制备路线。通过多次再浸渍循环，基体的孔隙率可以显著降低。由此增加的基体刚度直接影响整体力学行为（图 10.2）。如果基体刚度因再浸渍而增加，界面性能就变得更加重要，因此必须在纤维表面涂覆一层界面相。否则，就会越过脆性行为的边界，复合材料会在较低的应力下失效[24]。

## 10.2.3　WIC 和 WMC 的性能评估

典型的 WIC 和 WMC 材料之间的差异可以在图 10.6 中得到证明。由于 WIC 的刚性基体（图 10.6[25]），复合材料的力学性能几乎与加载方向无关。初始杨氏模量约为 200 GPa，在两个加载方向上相同，而 0°/90° 方向的强度略高于 +45°/−45° 方向。然而，如前所述，WMC 表现出对加载方向和增强体方向的强烈依赖。在 0°/90° 载荷下，复合材料具有约 100 GPa 的高刚度和 350 MPa 以上的高强度，而在 +45°/−45° 加载时，复合材料行为的取向特征有很强的非线性，表现出 25 GPa 以下的低刚度和略高于 50 MPa 的强度。显而易见，WIC 和 WMC 不仅可以通过界面和基体性质来区分，还可以通过它们显著不同的力学行为来区分。图 10.7 分别显示了在同轴（0°/90°）和离轴（+45°/-45°）载荷下测量的不同 CMCs 的杨氏模量比。$E_{0°}/E_{45°}$ 的高值表示 WMC（如 C/C），而 WIC 的比值通常为 1（如 CVI - SiC/SiC）。在这些边界值之间列出了多种复合材料，如氧化物/氧化物 CMCs 或从液相聚合物浸渗制备的 CMCs。

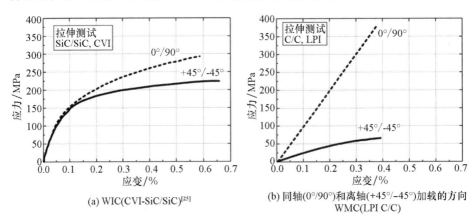

(a) WIC(CVI-SiC/SiC)[25]   (b) 同轴(0°/90°)和离轴(+45°/-45°)加载的方向 WMC(LPI C/C)

图 10.6   具有代表性的拉伸应力 - 应变曲线

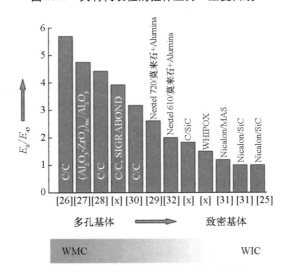

图 10.7   分别以同轴模式和离轴模式加载时，根据刚度比 $E_{0°}/E_{45°}$ 对各种复合材料进行分类。高比值对应 WMC，$E_{0°}/E_{45°}=1$ 对应 WMC。
文献 [25 - 32] 中的数值和自测值（标有 [x]）

## 10.2.4　WMC 力学行为的建模

如上所述，虽然 WMC 对 WIC 是有用的，但是 WMC 的损伤和失效机制无法用微观力学方法充分描述。由于通常会发生大体积破坏，所以宏观力学方法更适合用来充分描述力学行为，即应力 – 应变响应和强度。通过实验得出的拉伸、剪切和压缩载荷下 WMC 的宏观性能可用于建立有限元模型，从而可以预测这些复合材料的力学行为（图 10.8）。该模型基于连续损伤力学，允许单独计算非弹性变形和刚度退化，并在各向同性硬化假设和相关缺陷规则下导出屈服面和损伤面。通过使用相同的等效应力耦合计算非弹性变形和刚度降低的硬化函数，将该模型应用于 MARC 的有限元代码中，可以计算纤维取向和加载方向之间不同角度加载的复合材料的应力 – 应变行为[33–36]。

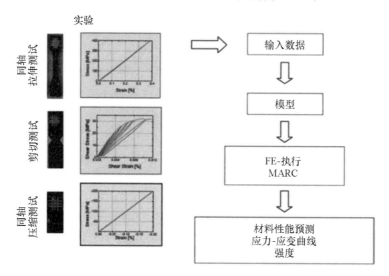

**图 10.8　模拟 WMC 非弹性变形和损伤的流程示意图**

所建立的有限元模型也适用于复杂形状试样的失效行为预测。一个例子是在 0°/90° 和 +45°/–45° 加载条件下测试的具有不同韧带宽度的 DEN（双切口）试样的应力 – 应变行为，这是实验测量和理论计算的。图 10.9 显示了一个 DEN 样品的示意图以及代表性的断裂面。0°/90° 加载试样 [图 10.9（b）] 显示韧带区域内的失效和韧带上方和下方的广泛损伤，这与有限元模型 [图 10.11（a）] 相对应，其中切口尖端的局部诱导应力集中和多轴加载条件导致韧带上方和下方的损伤和后续应力重新分布。有限元计算的强度值与试验值非常一致［图 10. 10（a）］。

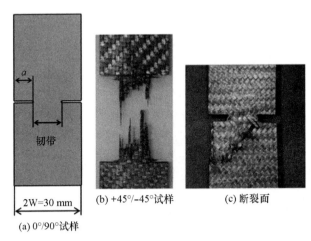

(a) 0°/90°试样    (b) +45°/−45°试样    (c) 断裂面

**图 10.9　DEN 试样几何形状**

　　如果 DEN 样品在离轴方向（+45°/−45°）加载，强度值就会随着韧带宽度的增加和切口长度的减少而显著降低，这可以通过使用韧带宽度作为参考横截面计算强度值来验证［图 10. 10（a）］。结果表明，切口导致了材料性能的改善，但是如果评估断裂显微照片［图 10. 9（c）］，很明显承载横截面必须定义为韧带宽度加上一个切口的长度，而不是仅仅定义为韧带宽度。通过这种计算，DEN 结果与在 +45°/−45°方向上进行的拉伸试验几乎相同，并且证明了缺口不敏感性［图 10. 10（b）］。

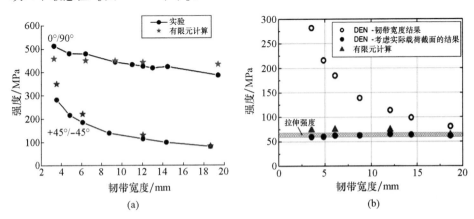

(a)　　　　　　　　　　　(b)

**图 10. 10　DEN 测试和取决于韧带宽度和纤维方向的相应强度模型**

图 10.11 中显示了 DEN 试验实测和计算的应力 – 应变曲线。用有限元法计算的最大等效应力分布如图 10.11 所示。使用标距长度为 25 mm 的激光引伸计测量伸长率，韧带位于中心。这给出了承载截面上方和下方受损区域内不均匀应变分布的整体测量。对于 0°/90° 方向 ［图 10.11（a）］，损伤集中在标距内，计算值和实验值与有限元模型精确对应。在以 +45°/ – 45° 方向测试 DEN 试样时 ［图 10.11（b）］，实测应变值没有以同样完美的方式与破坏区的计算曲线相吻合，在标距长度内也不能。

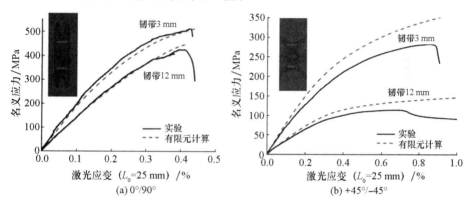

**图 10.11 DEN 试验的应力 – 应变曲线和相应的取决于韧带宽度和纤维取向的计算曲线**

总之，这些计算表明，所建立的模型能够计算复杂形状零件在多轴载荷条件下的行为。CMCs 构件的设计及其失效行为可以通过该有限元工具进行预测。

## 10.2.5 小结

结果表明，具有相对强而硬的基体和必要纤维涂层的 WIC 可提供较高的断裂韧性值。根据脱粘的微观力学机制和微裂纹模式的影响，这些 CMCs 对缺口相对不敏感，可达到的最高应力与纤维和外加应力方向相对独立，尺寸效应也不显著，强度分散较小。微观力学模型是一种较为成熟的评价 WIC 力学性能的方法。

WMCs 是一种具有柔顺和多孔基体的复合材料，其力学行为强烈依赖于纤维取向和加载方向。组件的设计必须考虑这种强烈的各向异性行为。一种新开发的基于有限元的模型允许在施加复杂载荷的情况下预测力学行为。然而，该模型不再基于微观结构，而是考虑了 WMC 在基本加载条件（拉伸、压缩和剪切加载）下的力学行为。

WIC 和 WMC 是对 CMCs 进行分类的概念性方法。通过各种工艺方法制备的真实复合材料可以在 WIC 和 WMC 之间按顺序排列，并代表等效的力学行为。

## 10.3 CMCs 的力学性能

纤维增强陶瓷复合材料旨在增强韧性和损伤容限。已经证明有两个概念可以实现所需的性能，即 WICs 和 WMCs。与单质陶瓷相比，一方面，CMCs 表现出一种伪塑性行为，导致随载荷的增加，其破坏应变增强、非弹性变形增大和刚度降低，然而无法达到单质陶瓷的高强度值。另一方面，CMCs 的性能分散性降低，提高了组件设计的可靠性。

### 10.3.1 一般力学行为

如前所述，损伤容限行为的基本机制与基体裂纹偏转和分叉、纤维－基体界面脱粘和纤维失效有关，这导致应力集中的局部降低，因此 CMCs 不会表现出明显的缺口敏感性[31,37-39]。在单边切口梁试验（SENB）中可以很好地测量外加载荷导致的裂纹扩展过程中产生的能量耗散，从而可以用预切口试样和稳定的裂纹扩展进行受控断裂试验。SENB 试验中的响应曲线描述了一个上升的非线性斜率，其中有一个或多或少明显的最大值，随后施加荷载减小，这反映了复合材料最终裂纹扩展至最终断裂的稳定特征。根据显微结构裂纹的分叉和偏转，观察到多重微裂纹和剪切变形。因此，精确的裂纹扩展很难测量，应用一个简化的程序来确定名义应力强度因子 $K_{1,\text{nom}}$，它是根据所施加的载荷 $F$、缺口深度与试样厚度的初始比值 $\alpha = a_0/W$ 计算出来的，公式如下[40]：

$$K_{1,\text{nom}} = \frac{F}{B\sqrt{W}}Y$$

$$Y = \frac{L \cdot 3\sqrt{\alpha} \cdot [1.99 - \alpha(1-\alpha)(2.15 - 3.39\alpha + 2.7\alpha^2)]}{W \quad 2(1+2\alpha)(1-\alpha)^{3/2}}$$

SENB 试样通常长 50 mm，高 $W = 10$ mm，宽 $B$，对应于 3~10 mm 的 CMCs 板厚度。相对切口深度 $\alpha$ 相当于样品高度的三分之一到一半。$L$ 是三点弯曲装置中两个负载支架之间的距离（$L = 40$ mm）。对于各种 CMCs 材料，这种名义断裂韧性程序已被证明可提供给定材料的特征 $K$ 值，而与初始切口深度、试样尺寸和测试模式（3 点或 4 点弯曲）无关。$K_{I,nom}$ 是描述不同 CMCs 材料增韧效果特征差异的第一个简单的测量方法。这个名义值提供了对实际断裂韧性的保守评估，如果可以确定并使用实际裂纹长度而不是 $a_0$ [40]，则可以获得实际断裂韧性。

C/C 和 C/SiC 复合材料的断裂行为如图 10.12 所示。测量了所研制的 C/C – SiC CVI/LSI 的 $K$ 曲线最大值，表明不同基体制备方法（CVI 和 LSI）的组合是获得高韧性 CMCs 的成功技术。

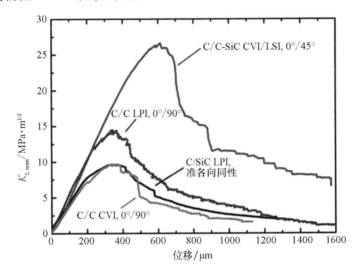

图 10.12 新型 CMCs 和 C/C 材料的应力强度曲线。根据初始缺口深度为裂纹长度 $a_0$ 的 SENB 试验结果（$L = 40$ mm）计算得出 $K_{I,nom}$ [40]

在拉伸加载模式下，根据纤维、基体和界面的性质，可以观察到不同类型的应力 – 应变曲线（图 10.13）。WIC 材料（SiC/SiC CVI、SiC/ $Al_2O_3$ DiMO$_x$）在超过基体开裂应力时表现出较强的非线性行为，在高应力水平下失效，对应的高失效应变超过 0.6%。相反，含有弱基体（C/SiC LPI、Nextel/Mullite LPI、C/C、SiC/SiC LPI）的 CMCs 在最终失效前表现出线性弹性行为。在 C/C 中，测量到约 400 MPa 的高强度，而基体在非常低的应力下失效。相比之下，这里介绍的 SiC/SiC LPI 材料的特点是整体强度较低。这种复合材料是在 20 世纪 90 年代中期开发的，它清楚地表明，如果界面和基体都不够弱，不足以在纤维 – 基体界面引起裂纹偏转，就会发生脆性破坏。因此，复合材料在基体开裂应力附近失效。具有 0°/90° 的纤维增强的 LPI – C/SiC 或 SiC/SiC 复合材料的强度值可达 300 MPa 以上。

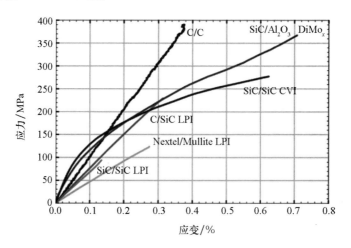

**图 10.13　各种 WIC 和 WMC 材料的应力－应变图**

在 WIC 和 WMC 中基体均出现裂纹，最终失效由纤维控制。对于刚性基体，将载荷从纤维转移到基体时，可以重新分配要承载的载荷，从而导致非线性行为。弱基体不能承载很大的载荷，因此应力－应变行为保持线弹性。然而，微观结构损伤演化发生在基体中，并且可以在 WMC 中通过评估声发射信号进行观察，该信号是在拉伸模式的加载期间产生的[41]。

氧化物/氧化物复合材料研发的最新进展如图 10.14 所示。与以前开发的

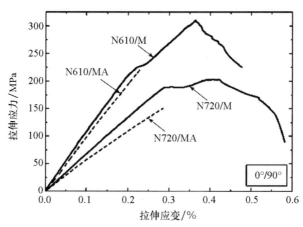

**图 10.14　N610/M 和 N720/M 复合材料的拉伸应力－应变行为，与 N610/MA[22] 和 N720/MA[29] 的数据对比**

复合材料相比，由于采用溶胶－凝胶法制备的氧化物基体具有细孔率，结合了几乎无缺陷的细晶微观结构，所以可以获得更高的强度和失效应变[42,43]。

## 10.3.2　高温性能

由于 CMCs 主要是为高温应用而开发的，因此需要测试设备来提供相关应用条件下样品的力学测试，包括高加热和冷却速率，以及调节气氛，以确定力学性能随温度、时间和气氛的变化[44]。

碳纤维增强复合材料通常显示出强度随着温度的升高而增加，因为纤维性能随着温度的升高而提高（图 10.15）。在轴向加载条件下，C/SiC LPI 的杨氏模量和强度分别从室温的 120 GPa 和 330 MPa 提高到 1200 ℃和 1600 ℃惰性气体下的 150 GPa 和 400 MPa 以上。这种 C/SiC LPI 被归类为典型的 WMC，因为其力学性能强烈地依赖于加载方向和纤维取向。在离轴加载条件下，刚度和强度明显降低，而失效应变几乎与同轴加载相当。由于碳纤维在 1600 ℃以上的温度下具有抗蠕变性能，并且轴向载荷下的 WMC 性能主要由碳纤维决定，因此拉伸蠕变模式下适用的最大载荷在实测拉伸强度的 90% 范围内，失效前时间长达 30 h。在离轴载荷下，由于基体必须承载载荷，因此寿命较短。

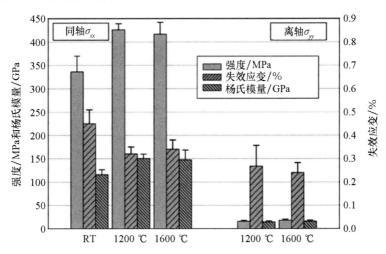

**图 10.15　不同温度下 C/SiC LPI 在轴向和离轴加载条件下的拉伸试验结果**

在弯曲试验中，基体在力学响应中起主导作用。在 1200 ℃时，基体仍然具有抗蠕变性能，复合材料具有较高的抗弯曲性能 [图 10.16 (a)]。相反，

1500 ℃下的蠕变断裂试验显示复合材料的强蠕变导致高变形［图 10.16（b）］。纤维仍然具有抗蠕变性，但基体发生强蠕变，允许纤维重新取向而不会导致失效。综上所述，纤维控制着 C/SiC LPI 的整体蠕变行为。通常基体比纤维抗蠕变性差，导致应力从基体向纤维重新分布。在 1200 ℃时，由于未测量到复合材料的蠕变应变，基体仍具有抗蠕变性能，但纤维与基体之间的结合增强导致了应力降低时的失效。如果载荷传递不受温度和气氛的影响，就可以观察到高的抗蠕变性能，并可承受相当于 90% 强度的高载荷。在 1500 ℃下观察到基体发生强烈蠕变，纤维能够承担转移的载荷而没有失效。一般情况下，加载方向始终是影响 WMC 整体行为的重要因素。由于基体较弱，无法承受高载荷，在离轴条件下，强度和抗蠕变性能显著降低。

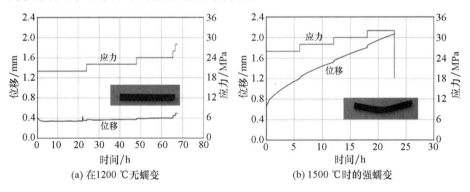

(a) 在1200 ℃无蠕变  (b) 1500 ℃时的强蠕变

**图 10.16  在 C/SiC LPI 上进行的短梁弯曲试验**

蠕变试验表明，蠕变暴露期间的氧化过程可能影响 CMCs 的高温力学行为。虽然所有氧化物复合材料都具有固有的抗氧化性，界面层不易氧化，但是非氧化物复合材料在高温下必须防止氧化。尤其是具有碳纤维或碳纤维涂层的 CMCs 是危险的，因为碳可以在 600 ℃ 左右的中温下被氧化。例如，可以通过钝化氧化层来防止渐进氧化，氧化层以致密的 $SiO_2$ 层出现在 SiC 基体的顶部或微观结构内。如果出现裂缝，这些氧化层就会产生轻微的自愈合效果，通常只适用于短期应用。为提高可靠性和长期应用，开发了完全覆盖 CMCs 组件的额外氧化保护系统（OPS）。这些 OPS 由多个亚层组成（图 10.17）。第一黏结层防止由于氧化层系统和 CMCs 基板之间的热失配引起的内应力而导致的失效。即使出现裂纹，后续的亚层也可以防止氧气从表面扩散到块体材料内，因为它们提供了一种化学反应自愈合机制。在 OPS 的顶部，为了防止复合材料[45,46]在服役过程中的机械损坏，必须涂上一层抗侵蚀层。

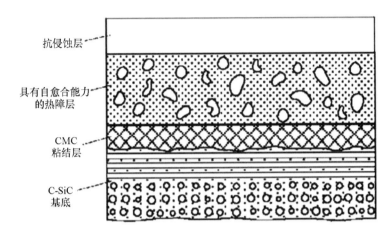

图 10.17　应用在非氧化物 CMCs 上的 OPS 示意图

为了评估这种复杂 OPS 在模拟航天器再入条件下的有效性，进行了具有热瞬变和梯度以及叠加机械载荷的热机械循环试验（图 10.18）。为了评估抗侵蚀层，可以对表面进行初始冲击载荷预处理。与无预损伤或有修复涂层的试样相比，受损的 OPS 表面经过五次热机械循环后发生强度下降[44]。

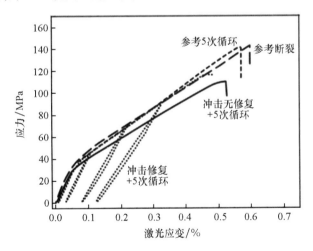

图 10.18　带有氧化保护系统涂层的 C/SiC 在经过冲击预处理和模拟再入条件
五次热循环后的拉伸应力 - 应变曲线

氧化物纤维/氧化物基复合材料的热损伤数据较少；实验仅限于中温 1100 ~ 1300 ℃，通常使用 Nextel 610 和 Nextel 720[16,47-50]。

除了再入应用，CMCs 在燃气轮机和航空发动机中也有很好的应用前景。

典型的加载条件是在不同气氛中进行高达 1200 ℃、温差为 500 ℃ 的热循环[51]。热循环后，测量拉伸模式下的剩余强度，并与原始材料的性能进行比较（图 10.19）。CVI - C/SiC 复合材料在湿氧气气氛中经过 50 次热循环后，剩余强度下降到 89%，而在氩气气氛中几乎不受影响。此外，热循环后的杨氏模量降低，表明基体的微观结构受到损伤。

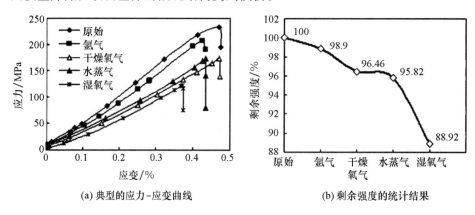

(a) 典型的应力-应变曲线　　(b) 剩余强度的统计结果

图 10.19　在氩气、干燥氧气、水蒸气和湿氧气环境中经过 50 次热循环后（与未淬火的原始强度相比）[51]

## 10.3.3　疲劳

CMCs 的大多数应用需要在高温和空气下具有长期稳定性。除了发展 OPS 之外，基于 Si - B - C 系统的自愈合基体也在发展，其由 SiC 纤维增强[52]。通常用静态疲劳试验研究该复合材料。除了测量变形，声发射还被用作一种通用工具，以表征复合材料的损伤并将其与内部断裂过程联系起来，例如，基体开裂和基体碎片之间以及纤维与基体之间的摩擦。这些效应在循环机械载荷下也占主导地位。纤维涂层的磨损导致界面滑动应力降低。

当 CVI - SiC/SiC 以 100 Hz 的频率循环加载并逐步增加最大载荷时，可以证明内摩擦的影响（图 10.20）。如果外加应力低于 80 MPa 的基体开裂应力，则循环试验中不会出现滞后现象。然而，在较高的应力下，刚度大大降低，内摩擦导致热量释放，可以测量到样品整体升温约 30 ℃（图 10.21）。随着应力的进一步增加，温度继续升高，迟滞回线打开，直到最终试样在初始强度附近的高应力下失效。如果通过高达 225 MPa 的拉伸试验对 SiC/SiC 进行预加载 [图 10.20（b）]，则在疲劳试验的一开始就已经产生了基体裂纹。即使在低于 80 MPa 的低应力下，与未损坏的试样相比，内摩擦也会导致试样加热和刚度降低。当逐步增大的最大循环应力达到初始预加载应力时，可以观察到预加载和未预加载试样的力学性能没有显著差异[53,54]。

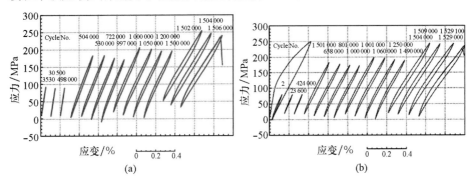

图 10.20　第一个循环前在没有预加载（a）和有预加载（b）的情况下 CVI – SiC/SiC 在 100 Hz 下的疲劳测试

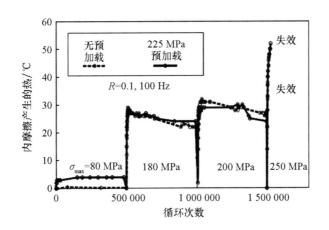

图 10.21　CVI – SiC/SiC 因循环加载和产生的内摩擦而产生的固有热的变化，这是无预加载和有预加载的典型疲劳效应

通过对循环过程中应力 – 应变环的评估，可以明显看出迟滞回线呈显著的 S 形。这意味着在接近最小和最大外加应力时，可以观察到切线模量（即实际刚度）的增加（图 10.22）。根据文献［55］，考虑到沿纤维 – 基体界面的内摩擦，这种 S 曲线可以用微观力学方法来解释。如果在纤维桥接基体裂纹的区域进行循环加载，那么纤维将在基体中滑动。在恒定摩擦的假设下，计算了加载和卸载过程中的脱粘长度和滑移长度。内摩擦也会引起试样温度的升高，它

是能量耗散的一种量度，此外也暗示由于内部滑动而使内表面光滑。在图 10.23 中，提出了一个模型，其中纤维与基体之间的摩擦应力 $\tau$ 在纤维与基体

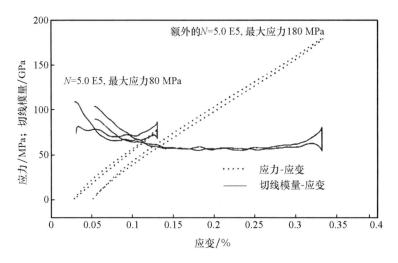

图 10.22 单滞回线的评价呈现典型的 S - 曲线，切线模量在应力反转点附近增加

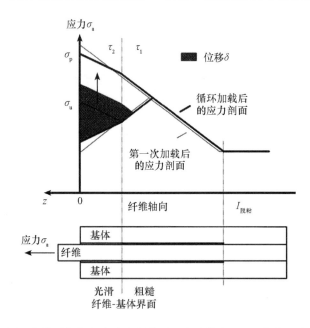

图 10.23 循环荷载引起的内摩擦变化模型作为计算宏观 S - 曲线迟滞回线的基础

发生滑动的区域减小。根据这一假设，计算出一个宏观迟滞回线，其结果与实验观察到的 S 形曲线一致。

结果表明，在循环载荷作用下，复合材料各组分之间的滑动摩擦过程产生内热导致试样表面温度升高。这种增加与频率和施加的循环应力水平直接相关。如果对 LPI – C/SiC 在 375 Hz 的频率下循环加载，可以观察到纤维表面的局部氧化，从而导致在该频率下的疲劳寿命降低[55,57]。碳纤维的氧化在高温测试的情况下变得更加重要，与室温测试相比，在高温下以较低频率发生失效的循环次数减少[58]。具有弱纤维 – 基体界面的 CMCs 的疲劳寿命通常随着加载频率的增加而降低[59-62]。

疲劳的一个典型表现主要与金属材料有关，即沃勒曲线，其中最大施加应力与失效循环次数对应，它给出了疲劳试验试样无断裂时可接受的最大应力的明确信息。结果表明，在应力水平为极限拉伸强度 70% 时，三维增强 SiC/SiC 复合材料可以实现 100 万次循环寿命[64]。在更高的应力下，基体将被显著破坏，导致层间剪切强度降低（图 10.24）。

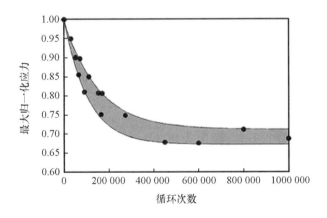

图 10.24　无涂层的三维 SiC/SiC 复合材料施加的最大归一化应力与疲劳
寿命的关系（沃勒曲线）[64]

## 10.3.4　小结

CMCs 的力学响应强烈地依赖于组成、制造工艺和由此产生的微观结构。WMC 和 WIC 已被证明是合适的边界概念，可以用来对 CMCs 进行分类并解释它们的整体力学行为。对于 CMCs 的设计，不仅必须考虑加载状态、温度和环境条件，还必须考虑 CMCs 特定的各向异性行为和氧化敏感性。结合增强的测试技术，如使用声发射来检测和确定内部微结构过程中发生的损伤、新的无损评估技术、有限元建模和高质量实验，可以对 CMCs 的力学行为有更深入的了解。

# 致谢

感谢 Georg Grathwohl, Lotta Gaab, Jürgen Horvath, Ralf Knoche, Meinhard Kuntz 和 Kamen Tushtev 的宝贵支持。

# 参考文献

［1］　BANSAL NP. Handbook of ceramic composites［M］. Boston：Kluwer Academic Publisher, 2005.

［2］　CHAWLA KK. Ceramic matrix composites［M］. London：Chapman & Hall, 1993.

［3］　WARREN R. Ceramic-matrix composites［M］. London：Chapman & Hall, 1992.

［4］　KRENKEL W. Keramische verbundwerkstoffe［M］. Weinheim：Wiley-VCH Verlag GmbH, 2003.

［5］　KRENKEL W, HEIDENREICH B, RENZ R. C/C-SiC composites for advanced friction systems［J］. Advanced Engineering Materials, 2002, 4(7)：427 – 436.

［6］　HASHIN Z. Analysis of properties of fiber composites with anisotropic constituents［J］. Journal of Applied Mechanics, 1979, 46(3)：543 – 550.

［7］　HE M Y, HUTCHINSON J W. Kinking of a crack out of an interface［J］. Journal of Applied Mechanics, 1989, 56(2)：270 – 278.

［8］　STUMM T, FITZER E, WAHL G. Chemical vapour deposition of very thin coatings on carbon fibre bundles［J］. Journal de Physique III, 1992, 2(8)：1413 – 1420.

［9］　DIETRICH D, ROLL U, STÖCKEL S, et al. Structure and composition studies of chemical vapour-deposited BCN fibre coatings［J］. Analytical and Bioanalytical Chemistry, 2002, 374：712 – 714.

[10] NUBIAN K, WAHL G, SARUHAN B, et al. Fiber-coatings for fiber-reinforced mullite/mullite composites[J]. Journal de Physique IV, 2001, 11 (3): 877 –884.

[11] MORSCHER G N, YUN H M, DICARLO J A, et al. Effect of a boron nitride interphase that debonds between the interphase and the matrix in SiC/SiC composites[J]. Journal of the American Ceramic Society, 2004, 87(1): 104 –112.

[12] KELLER K A, MAH T I, PARTHASARATHY T A, et al. Effectiveness of monazite coatings in oxide/oxide composites after long-term exposure at high temperature[J]. Journal of the American Ceramic Society, 2003, 86(2): 325 –332.

[13] KERN F, GADOW R. Deposition of ceramic layers on carbon fibers by continuous liquid phase coating[J]. Surface and Coatings Technology, 2004, 180: 533 –537.

[14] HOPFE V, WEISS R, MEISTRING R, et al. Laser based coating of carbon fibres for manufacturing CMC[J]. Key Engineering Materials, 1996, 127: 559 –566.

[15] GRATHWOHL G, KUNTZ M, PIPPEL E, et al. The real structure of the interlayer between fibre and matrix and its influence on the properties of ceramic composites[J]. Physica Status Solidi (A), 1994, 146(1): 393 –414.

[16] ZOK F W. Developments in oxide fiber composites [J]. Journal of the American Ceramic Society, 2006, 89(11): 3309 –3324.

[17] HAY R, BOAKYE E, PETRY M. Effect of coating deposition temperature on monazite coated fiber[J]. Journal of the European Ceramic Society, 2000, 20(5): 589 –597.

[18] EVANS A, MARSHALL D, ZOK F, et al. Recent advances in oxide-oxide composite technology [J]. Advanced Composite Materials, 1999, 8(1): 17 –23.

[19] KUNTZ M, GRATHWOHL G. Advanced evaluation of push-in data for the assessment of fiber reinforced ceramic matrix composites [J]. Advanced Engineering Materials, 2001, 3(6): 371 –379.

[20] WENDORFF J, JANSSEN R, CLAUSSEN N. Model experiments on pure oxide composites [J]. Materials Science and Engineering: A, 1998, 250

(2): 186 – 193.

[21] TU W C, LANGE F F, EVANS A G. Concept for a damage-tolerant ceramic composite with "strong" interfaces [J]. Journal of the American Ceramic Society, 1996, 79(2): 417 – 424.

[22] LEVI C G, YANG J Y, DALGLEISH B J, et al. Processing and performance of an all-oxide ceramic composite[J]. Journal of the American Ceramic Society, 1998, 81(8): 2077 – 2086.

[23] ZOK F W, LEVI C G. Mechanical properties of porous-matrix ceramic composites[J]. Advanced Engineering Materials, 2001, 3(1 – 2): 15 – 23.

[24] MATTONI M A, YANG J Y, LEVI C G, et al. Effects of matrix porosity on the mechanical properties of a porous-matrix, all-oxide ceramic composite [J]. Journal of the American Ceramic Society, 2001, 84(11): 2594 – 2602.

[25] CAMUS G. Modelling of the mechanical behavior and damage processes of fibrous ceramic matrix composites: application to a 2 – D SiC/SiC [J]. International Journal of Solids and Structures, 2000, 37(6): 919 – 942.

[26] NEUMEISTER J, JANSSON S, LECKIE F. The effect of fiber architecture on the mechanical properties of carbon/carbon fiber composites [J]. Acta Materialia, 1996, 44(2): 573 – 585.

[27] MAMIYA T, KAKISAWA H, LIU W, et al. Tensile damage evolution and notch sensitivity of $Al_2O_3$ fiber-$ZrO_2$ matrix minicomposite-reinforced $Al_2O_3$ matrix composites[J]. Materials Science and Engineering: A, 2002, 325 (1 – 2): 405 – 413.

[28] HATTA H, DENK L, WATANABE T, et al. Fracture behavior of carbon-carbon composites with cross-ply lamination [J]. Journal of Composite Materials, 2004, 38(17): 1479 – 1494.

[29] CARELLI E A, FUJITA H, YANG J Y, et al. Effects of thermal aging on the mechanical properties of a porous-matrix ceramic composite[J]. Journal of the American Ceramic Society, 2002, 85(3): 595 – 602.

[30] GOTO K, HATTA H, TAKAHASHI H, et al. Effect of shear damage on the fracture behavior of carbon-carbon composites[J]. Journal of the American Ceramic Society, 2001, 84(6): 1327 – 1333.

[31] MCNULTY J C, ZOK F W, GENIN G M, et al. Notch-sensitivity of fiber-reinforced ceramic-matrix composites: effects of inelastic straining and

volume-dependent strength [ J ]. Journal of the American Ceramic Society, 1999, 82(5): 1217 - 1228.

[32] HEATHCOTE J A, GONG X Y, YANG J Y, et al. In-plane mechanical properties of an all-oxide ceramic composite [ J ]. Journal of the American Ceramic Society, 1999, 82(10): 2721 - 2730.

[33] TUSHTEV K, HORVATH J, KOCH D, et al. Deformation and failure modeling of fiber reinforced ceramics with porous matrix [ J ]. Advanced Engineering Materials, 2004, 6(8): 664 - 669.

[34] TUSHTEV K, KOCH D. Finite-Element-Simulation der nichtlinearen Verformung von Carbon/Carbon-Verbundwerkstoffen[J]. Forschungim Ingenieurwesen, 2005, 4(69): 216 - 222.

[35] KOCH D, TUSHTEV K, KUNTZ M, et al. Modeling of deformation and damage evolution of CMC with strongly anisotropic properties[J]. Mechanical Properties and Performance of Engineering Ceramics and Composites: Ceramic Engineering and Science Proceedings, 2005, 26: 107 - 114.

[36] TUSHTEV K, KOCH D, HORVATH J, et al. Mechanismen und Modellierung der Verformung und Schadigung keramischer Faserverbundwerkstoffe [ J ]. International Journal of Materials Research, 2006, 97(10): 1460 - 1469.

[37] HAQUE A, AHMED L, RAMASETTY A. Stress concentrations and notch sensitivity in woven ceramic matrix composites containing a circular hole—an experimental, analytical, and finite element study [ J ]. Journal of the American Ceramic Society, 2005, 88(8): 2195 - 2201.

[38] MACKIN T J, PURCELL T E, HE M Y, et al. Notch sensitivity and stress redistribution in three ceramic-matrix composites[J]. Journal of the American Ceramic Society, 1995, 78(7): 1719 - 1728.

[39] MATTONI M A, ZOK F W. Strength and notch sensitivity of porous-matrix oxide composites [ J ]. Journal of the American Ceramic Society, 2005, 88 (6): 1504 - 1513.

[40] KUNTZ M. Keramische Faserverbundwerkstoffe [ M ]//CFI-Yearbook. Baden: Göller Verlag Baden, 2001: 54 - 71.

[41] KOCH D, TUSHTEV K, HORVATH J, et al. Evaluation of mechanical properties and comprehensive modeling of CMC with stiff and weak matrices [ J ]. Advances in Science and Technology, 2006, 45: 1435 - 1443.

[42] SIMON R A, DANZER R. Oxide fiber composites with promising properties for high-temperature structural applications [ J ]. Advanced Engineering Materials, 2006, 8(11): 1129 – 1134.

[43] SIMON R A. Progress in processing and performance of porous-matrix oxide/oxide composites[ J ]. International Journal of Applied Ceramic Technology, 2005, 2(2): 141 – 149.

[44] KNOCHE R, KOCH D, GRATHWOHL G, et al. C/SiC Faserverbundkeramiken im simulierten Wiedereintrittstest von Raumtransportern[ J ]. Materialwissenschaft und Werkstofftechnik: Entwicklung, Fertigung, Prüfung, Eigenschaften und Anwendungen technischer Werkstoffe, 2006, 37(4): 318 – 323.

[45] WILSHIRE B. Creep property comparisons for ceramic-fibre-reinforced ceramic-matrix composites [ J ]. Journal of the European Ceramic Society, 2002, 22(8): 1329 – 1337.

[46] TRABANDT U, ESSER B, KOCH D, et al. Ceramic matrix composites life cycle testing under reusable launcher environmental conditions[ J ]. International Journal of Applied Ceramic Technology, 2005, 2(2): 150 – 161.

[47] ANTTI M L, LARA-CURZIO E, WARREN R. Thermal degradation of an oxide fibre ( Nextel 720 )/aluminosilicate composite [ J ]. Journal of the European Ceramic Society, 2004, 24(3): 565 – 578.

[48] PETERS P, DANIELS B, CLEMENS F, et al. Mechanical characterisation of mullite-based ceramic matrix composites at test temperatures up to 1200° C [ J ]. Journal of the European Ceramic Society, 2000, 20(5): 531 – 535.

[49] RADSICK T, SARUHAN B, SCHNEIDER H. Damage tolerant oxide/oxide fiber laminate composites [ J ]. Journal of the European Ceramic Society, 2000, 20(5): 545 – 550.

[50] BELMONTE M. Advanced ceramic materials for high temperature applications [ J ]. Advanced Engineering Materials, 2006, 8(8): 693 – 703.

[51] MEI H, CHENG L, ZHANG L, et al. Behavior of two-dimensional C/SiC composites subjected to thermal cycling in controlled environments [ J ]. Carbon, 2006, 44(1): 121 – 127.

[52] MOEVUS M, REYNAUD P, R'MILI M, et al. Static fatigue of a 2.5 D SiC/[ Si-BC ] composite at intermediate temperature under air[ J ]. Advances in Science and Technology, 2006, 50: 141 – 146.

[53] KOCH D, GRATHWOHL G. S-curve-behavior and temperature increase of ceramic matrix composites during fatigue testing [ R ]. Westerville, OH: American Ceramic Society, 1995.

[54] KOCH D, GRATHWOHL G. An analysis of cyclic fatigue effects in ceramic matrix composites [ M ]//BRADT R C, HASSELMAN D P, MUNZ D. Fracture mechanics of ceramics. New York: Plenum Press, 1996: 121 – 134.

[55] MARSHALL D. Analysis of fiber debonding and sliding experiments in brittle matrix composites [ J ]. Acta Metallurgicaet Materialia, 1992, 40 ( 3 ): 427 – 441.

[56] STAEHLER J M, MALL S, ZAWADA L P. Frequency dependence of high-cycle fatigue behavior of CVI C/SiC at room temperature [ J ]. Composites Science and Technology, 2003, 63(15): 2121 – 2131.

[57] MALL S, ENGESSER J M. Effects of frequency on fatigue behavior of CVI C/SiC at elevated temperature [ J ]. Composites Science and Technology, 2006, 66(7 – 8): 863 – 874.

[58] LIU X Y, ZHANG J, ZHANG L T. Failure mechanism of C/SiC composites under stress in oxidizing environments [ J ]. Journal of Inorganic Materials-Beijing, 2006, 21(5): 1191 – 1196.

[59] SHULER S F, HOLMES J W, WU X, et al. Influence of loading frequency on the room-temperature fatigue of a carbon-fiber/SiC-matrix composite [ J ]. Journal of the American Ceramic Society, 1993, 76(9): 2327 – 2336.

[60] REYNAUD P, DALMAZ A, TALLARON C, et al. Apparent stiffening of ceramic-matrix composites induced by cyclic fatigue [ J ]. Journal of the European Ceramic Society, 1998, 18(13): 1827 – 1833.

[61] VANSWIJGENHOVEN E, HOLMES J, WEVERS M, et al. The influence of loading frequency on the high-temperature fatigue behavior of a Nicalon-fabric-reinforced polymer-derived ceramic-matrix composite [ J ]. Scripta Materialia, 1998, 38(12): 1781 – 1788.

[62] SØRENSEN B F, HOLMES J W, VANSWIJGENHOVEN E L. Does a true fatigue limit exist for continuous fiber-reinforced ceramic matrix composites? [ J ]. Journal of the American Ceramic Society, 2002, 85(2): 359 – 365.

[63] PAILLER F, LAMON J. Micromechanics based model of fatigue/oxidation for ceramic matrix composites [ J ]. Composites Science and Technology, 2005,

65(3 - 4): 369 - 374.

[64] KOSTOPOULOS V, VELLIOS L, PAPPAS Y. Fatigue behaviour of 3 - d SiC/SiC composites[J]. Journal of Materials Science, 1997, 32: 215 - 220.

# 第 11 章　CMCs 材料无损检测技术

## 11.1　简介

无损检测（NDT），也称为无损评估（NDE）或无损检查（NDI），是在不损坏或破坏结构的情况下分析物体的检测方法。它适用于需要测试对象保持完整的工况，如用于寿命分析和结构安全检测，或用于能让无损检测成本显得合理的昂贵制造工艺过程中。

无损检测的另一用途是通过分析所制造材料和部件质量来优化工艺路线，改进制造工艺。常用的破坏性试验方法通常可以提供可靠的数据，但测试样品的破坏会使测试成本较高，而且会导致测试对象无法再投入使用。

这些方面在陶瓷基复合材料（CMCs）领域尤为突出。CMCs 的制造成本较高，因此需要使用无损检测技术。大多数 CMCs 组件是在非常关键的环境中使用的，需要 100% 保证其结构完整性，这使得结构的无损检测成为一个必须的要求。

此外，在 CMCs 中发生的许多损伤机制还没有阐释清楚，需要进行更为广泛的研究，以了解损伤是如何产生发展以及如何避免发生严重损伤[1]。

本章将介绍适用于评估氧化物和非氧化物 CMCs 的五种无损检测方法。所分析的部件是由通过液相渗硅（LSI）工艺获得的碳纤维增强碳化硅（C/SiC）材料制成，或者由 LSI 工艺过程中出现的中间态材料制成。这些方法能够检测发生的典型缺陷，如裂纹、分层、不均匀性、气孔或杂质。这五种方法包括：光学和触觉检测分析、超声分析、热成像分析、射线照相、X 射线计算机断层扫描。

## 11.2 光学和触觉检测分析

最基础但往往被低估的无损检测方法是基于人类基本感官的方法，包括视觉、触觉和抽象几何分析等。现代 NDT 方法可以通过使用机械和计算机辅助手段增强人的感官，从而实现更快、更可靠的检测。例如，专门设计的计算机算法可以通过比较未受损样品和预定义的损伤标准来快速识别缺陷，比人的分析更快、更可靠。

视觉检查仍然是一种关键的无损检测方法，它自动存在于包含人机交互的所有制造过程中。某些质量控制系统可以通过全自动计算机辅助视觉检查方法来执行。依据精确制定的规则，计算机可以执行质量控制。自动化系统被用于各种各样的制造过程[2]。

计算机辅助视觉无损检测的基本用法包括一台能分析样品，并将获取的图像与参考图像进行比对的数码相机，这种技术的一个应用实例是测试瓷砖的几何缺陷，如翘曲表面、裂缝或缺失部分。检测到损坏部分后产品会被判定为不合格，验收不通过。

与视觉检测类似，通过触摸检测表面变形可用于检测表面结构的变化。自动化系统基于直接接触系统，如几何分析仪或基于激光的干涉系统，可扫描样品的表面拓扑结构。计算机辅助方法将采集的数据与现有样本数据进行比较，如果数据在规定的范围内，则做出好与坏的结论。

计算机辅助触觉无损检测的一个例子是确定外部几何尺寸的激光地形测量系统。

## 11.3 超声分析

超声无损检测是在 20 世纪 50 年代早期发展起来的，在成功应用于医学研究和诊断后，于 20 世纪 60 年代应用于材料研究。与飞机和船舶的电磁辐射反射类似，超声无损检测可以分析物体内部反射的声能。它已经发展成为最可靠的无损检测方法之一，并被广泛使用。该方法可以可靠地检测气孔、嵌件、裂纹和分层。

## 11.3.1　物理原理与技术实现

超声分析基于高频超声信号在遇到密度变化时的部分反射。典型频率范围为 50 kHz ～ 200 MHz[3-5]。

在密度梯度处反射的声能（$R$）和穿过的声能（$D$）基于两个材料常数：两种材料内的声速（$c_1$，$c_2$）和材料的密度（$\rho_1$，$\rho_2$）。式（11.1）和式（11.2）描述了二者的相关性：

$$R = \frac{(\rho_2 c_2 - \rho_1 c_1)^2}{(\rho_2 c_2 + \rho_1 c_1)^2} \tag{11.1}$$

$$D = 1 - R \Rightarrow D = 1 - \frac{(\rho_2 c_2 - \rho_1 c_1)^2}{(\rho_2 c_2 + \rho_1 c_1)^2} \tag{11.2}$$

因此，超声分析能识别试样内密度的变化，可以检测出所有导致密度变化的缺陷和损伤，如分层、裂纹、气孔或嵌件[6]。

表 11.1 显示了超声波能量在几种常见材料中传输时的反射情况。超声波能量从空气到其他材料的反射率比从水到其他材料的反射率要高得多。因此，超声分析主要在水下进行。

表 11.1　典型材料梯度中总反射和总透射声能的示例

| | 反射 | 透射 |
|---|---|---|
| 空气→钢 | 0.9999 | $2.6 \times 10^{-5}$ |
| 空气→CFRP | 0.999 | $2.1 \times 10^{-4}$ |
| 空气→SiC | 0.999 | $2.1 \times 10^{-4}$ |
| 水→钢 | 0.81 | 0.19 |
| 水→CFRP | 0.15 | 0.85 |
| 水→SiC | 0.76 | 0.24 |

诸如分层或孔隙之类的缺陷，通常是由气体填充。由于空气和其他材料之间的高反射率，这类缺陷很容易被检测到。

超声波的检测原理衍生出了两种截然不同的试样分析方法：透射式超声分析和脉冲回波分析。

## 11.3.2　透射式超声分析

透射式超声分析通过对透过试样的声波能量进行分析来实现无损检测。声波能量从一侧指向试样，由放置在另一侧的检测器检测通过材料后的超声波能量[6,7]。

图 11.1 显示了透射式超声分析的主要原理。在没有任何试样的情况下，发出的超声波能量可以被 100% 检测到 [图 11.1 (a)]。

对完整试样 [图 11.1 (b)] 的分析表明，由于试样顶部发生了反射以及从试样内部出射时出现了第二次反射，最终接收器接收到的声信号减弱。假设每个密度梯度处的声能有 50% 的反射，则通过完整试样后的声能为初始发射总能量的 25%。

如果试样内有损坏区域 [图 11.1 (c)]，则信号强度进一步减弱。此种情况下超声波信号必须通过一组附加的两个密度梯度，从而使得信号强度降低一个附加系数。再次假设在每个密度梯度处有 50% 的部分反射，则接收到的最终信号强度降低至初始信号的 6%。

由于设置简单，透射式超声分析方法可以可靠地检测缺陷。其缺点是必须在试样的相对两侧安装检测器和接收器，需要接近样本的两侧。

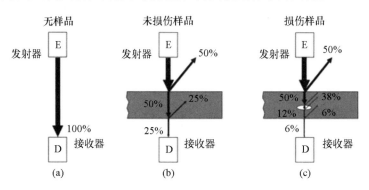

**图 11.1　显示到达检测器的绝对信号强度的透射式超声分析原理**

图 11.2 所示为透射式超声分析检测图。所分析的试样为 6 mm 厚的 CFRP 板，在不同深度进行了分层模拟[7]，可以清楚地检测到所有分层缺陷。该方法的分辨率约为 0.2 mm。重叠缺陷作为一个单一缺陷可见。

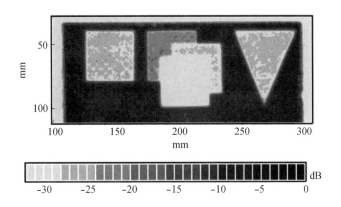

**图 11.2　具有不同深度的模拟三角形和方形缺陷的 CFRP 板的透射图像**

## 11.3.3　脉冲回波分析

脉冲回波分析与透射式超声分析类似，也是基于密度梯度处的反射。不过脉冲回波分析不是测量通过试样的信号，而是分析由试样内反射并返回试样表面的声能。

其优点是发射器和接收器都位于试样的同一侧，允许扫描复杂且封闭的结构，如管道或具有不规则拓扑结构的试样。另一个优点是可以检测受损区域的深度。知道声速后，可以通过测量信号发射和返回的时间差来计算试样内损伤的位置。图 11.3 显示了脉冲回波分析的主要机理。

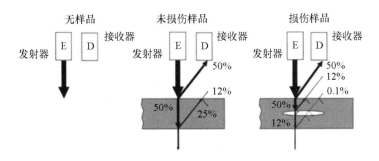

**图 11.3　脉冲回波分析的原理**

这种方法的优点如图 11.4 所示，其中用透射式测量的试样的损伤深度显示为返回时间的变化。不同深度用不同灰度值表示。三个嵌块位于相同的深度，而其余两个嵌块分别位于其上方和下方[7]。

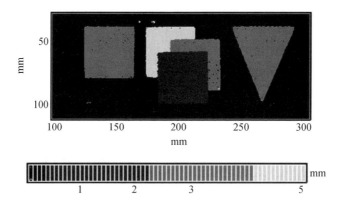

图 11.4　有缺陷的 CFRP 板的脉冲回波图

## 11.3.4　超声分析方法和技术实施

典型的超声分析仪如图 11.5 所示。该分析仪由一个 $x - y$ 双轴操作器、一个水池、一个将超声波传感器固定在水中的延伸件、一个试样架以及一个计算机工作站组成。在超声分析中，操作器在样品表面移动传感器，测量每个点的超声波信号。对 300 mm ×300 mm 板的典型测量大约需要 10 分钟。

图 11.5　带水耦合池的水耦合超声分析仪

大多数超声波分析仪要求将试样浸入水中，这是因为超声波能量无法轻易克服由气隙所引起的密度梯度。带有气隙的透射式超声分析需要超声波能量通过：

发射器/气隙→气隙/试样→试样/气隙→气隙/探测器

由于空气/试样密度梯度处的高反射，接收信号强度极低，使得空气耦合超声分析困难[6,8]。解决方案是将待测物体浸入水中，以水代替气隙，从而增加信号强度。然而，这给对水敏感的材料带来问题，例如，高度多孔结构或由水溶性材料组成的物体。

20 世纪 90 年代末，新的空气耦合超声分析仪的开发解决了这个问题[5,9]。出于技术上的原因，仅允许使用透射类型进行空气耦合分析，并且需要较长的测量时间，测量持续时间增加了约 5 倍。

## 11.3.5　CMCs 的超声分析

超声分析可用于检测引起密度变化的缺陷，特别是分层和孔隙率变化。图 11.6 显示了孔隙率大于 20% 的 C－C 样品板内的分层[9]。

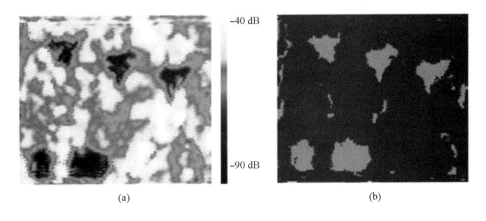

图 11.6　具有分层缺陷的 C/C 板空气耦合分析（a）和分层增强可视化（b）

图 11.7 显示了纤维增强 C/SiC 板工艺控制过程中使用的超声分析。这四幅图是在每个工艺步骤后对同一板材进行的后续扫描，从左到右分别为 CFRP 状态、热解后、高温热解后和最终 C/SiC 状态，由图 11.7 可知穿过板材后检测到的信号强度从强（浅灰色）到弱（深灰色）不等。其中 CFRP 状态表现出恒定的强信号，但由于中间左侧孔隙率的变化，信号强度稍有不均匀。

dB
-30  -25  -20  -15  -10  -5   0

图 11.7　使用空气耦合超声分析对 C/SiC 板进行过程控制

随后的热解和高温热解处理得到高孔隙率的 C/C。C/C 含有由空气填充的微裂纹，可显著削弱信号。高温热解在整个板中引入了几乎恒定的微裂纹系统，再次降低了信号强度。

硅的最终渗透生成了几乎均匀的 C/SiC 材料，因此只有很小的信号吸收。右下角的深灰色区域是表面残留硅的结果。

超声分析表明微裂纹理论基本正确。初始 CFRF 板在第一次热解时引发微裂纹，在高温热解后变得非常明显。渗硅后，所有裂纹都被硅填充并转化为 SiC[7]。

# 11.4　热成像分析

与超声分析相比，热成像分析是一种被动分析系统，通过分析温度变化来检测损伤。热成像分析最初是在 20 世纪 50 年代出于军事目的发展起来的，并由此产生了第一批红外探测器和胶片系统[10]。新的红外敏感半导体材料的应用，如 20 世纪 80 年代末的 InSb 或 InGaAs，促进了高灵敏度数字探测阵列的发展，使得能够探测更小温差的新型探测器成为可能。

热成像分析是基于对物体辐射出的红外能量的检测，主要是通过使用特殊的红外探测器在 $3 \sim 5~\mu m$ 的范围内进行检测。通常，从结构物表面辐射的热量是恒定的，不会随时间而变化。结构内部的损伤会改变热流，并增加或降低局部表面温度。热成像 NDT 方法利用了这种效应。本节将介绍三种能够确定缺陷及其相应位置的方法：热成像（红外摄影）、锁相热成像、超声波激发热成像。

## 11.4.1 热成像（红外摄影）

红外摄影是历史最悠久、应用最广泛的基于热成像的无损检测方法。20世纪 50 年代为军事侦察目的开发的热成像概念是基于捕获红外图像的摄像机。20 世纪 80 年代，随着红外敏感光电二极管阵列的发展，热成像技术得到了广泛应用，使得直接数字成像和计算机辅助分析[10]成为可能。

热成像是一种被动无损检测方法，用于测量物体发出的红外辐射。这要求物体与外界存在温差，并且物体内部必须有热量流动至表面[11]。

从物体表面辐射出去的红外能量的大小因几何形状和材料特性的不同而不同，从而产生一种独特的辐射特征，可通过红外相机检测识别。

在［图 11.8（a）］中可以看到一个典型旋转炉的热图像特征。灰度的变化表示由于绝缘层厚度不同和其他局部几何变化而引起的表面温度变化。小圆周线表示陶瓷隔热材料拴接在一起的区域。在［图 11.8（b）］中，局部温度升高区域表现为白色区域。而［图 11.8（c）］中，较高的局部温度清楚地表明绝缘层破裂，导致表面温度升高。

热成像分析的优势在于，即使在运行期间也能进行现场监测，但没有内部热流的物体不能用此方法进行分析，热成像分析要求物体拥有自己的热源。

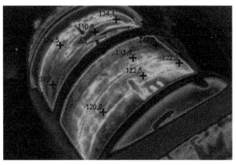

(a) 旋转炉的热成像图像          (b) 隔热完整

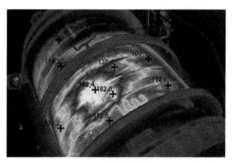

(c) 有隔热缺陷

**图 11.8 Harald Schweiger 工业热成像**

## 11.4.2 锁相热成像

锁相热成像分析是在 20 世纪 90 年代末由斯图加特大学[12-14]开发的。锁相热成像分析不依赖于待测对象自身的内部热源，而是施加外部热流，并分析随时间变化的响应情况[15]。结构内的热流是由外部热源引起的，如高功率卤素灯照射到物体表面。

红外探测器观察结构吸收热量时表面温度的变化。任何缺陷，如裂纹、分层或材料不均匀性，都会造成热障，阻碍热量进入物体。热波反射回表面，造成局部温度升高（图 11.9）。根据局部温度变化的大小能够确定缺陷大小[13]。

使用锁相热成像技术，可以确定缺陷的深度。与脉冲回波超声分析类似，通过分析热波返回表面所经过的时间可得到缺陷位置的详细信息[14]。为了强化数据与时间的相关性，锁相热成像分析调节施加到对象的外部热量，从而允许进行相移分析。低调制频率可以深度穿透，实现对整个扫描体积内任何损坏的检测。随着调制频率的增加，扫描体积减小，只能检测到物体表面或距物体表面一定距离之内的损伤。

锁相热成像分析的一个改进是闪光热成像，不是对表面施加调制热源，而是进行短暂的、强烈的闪光加热，持续时间为几微秒。典型的光源是高功率激光器或氙气型闪光灯。表面温度的短暂升高会产生一个进入物体的热波。

锁相热成像和闪光热成像都有需要考虑的物理局限性。当表面感应的热波进入物体时，它会向各个方向传播。很难检测到小缺陷，如单个孔隙或裂纹，因为结构内部深处的小缺陷不能提供有效的热障——热波在缺陷周围传播而不被反射。可检测缺陷尺寸与表面距离之间的相关性约为 1:1。这意味着直径为 2 mm 的缺陷只有距表面 2 mm 以内时才能被检测到。因此，可检测到的缺陷尺寸会有所不同，具体取决于缺陷与表面的距离。

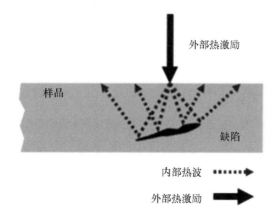

图 11.9　锁相热成像机理

## 11.4.3　超声波激发热成像

超声波激发热成像（US – 热成像）与其他热成像方法类似，US – 热像仪也是分析结构表面温度的升高。然而，表面温度的变化源自物体内部缺陷产生的摩擦热[16,17]。物体被从外部施加的强超声波振动激发，在缺陷内部引发摩擦。缺陷的接触面均受到轻微的异步振动，从而产生摩擦热[18,19]。

US – 热成像仪的主要优点是可以检测锁相热像仪无法检测到的小裂纹。超声波激发不会阻挡外部诱导的热波，而是让缺陷本身成为热源[20]。

## 11.4.4　热成像损伤检测

图 11.10 显示了使用锁相热成像分析带有人工分层的 CFRP 板。选择调制频率来研究距离表面 3 mm 的体积范围，图中显示了分层区域。距表面 1 mm 处的三角形分层和最上面的正方形分层，以及距表面 3 mm 处的正方形区域都清晰可见。距表面 3 mm 的三角形区域也可以被识别出。

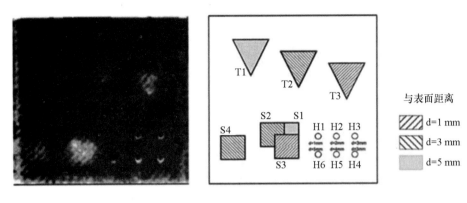

图 11.10　穿透深度为 3 mm 的 CFRP 试样板的锁相热成像分析

　　锁相热成像分析的一个主要优势是它能够检测表面涂层的脱粘。图 11.11 显示了为 FOTON 任务准备的有缺陷的再入热瓦。热障涂层在几个地方已经脱粘，如分析区域附近表面上可以看到脱粘区域。深入分析还发现了后置稳定肋和插入件[1,22]。

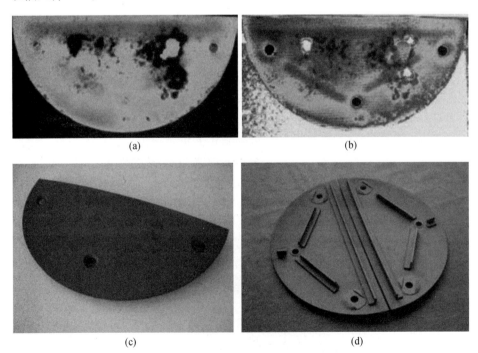

（a）、（b）近表面脱粘区域；（c）、（d）有可见后部附件的深入分析

图 11.11　对有缺陷的再入瓦进行锁相热成像分析（德国宇航中心）

# 11.5　射线照相（X 射线分析）

　　射线照相是最常用的无损检测方法之一。基于材料对 X 射线的吸收，射线照相方法从 20 世纪 20 年代后期就已经被用于工业质量控制。

　　X 射线由波长在 0.01 ~ 10 nm 的高能光子组成，可以穿透可见光穿透不了的材料。它们是通过在电场中加速电子并轰击由重金属（通常是钨）组成的靶材而产生。加速电子的动能传递到钨原子，释放出 X 射线。改变电场的强度可以改变发射的 X 射线强度。

　　X 射线分析的原理是基于 X 射线在试样中的衰减，衰减的程度取决于被穿透材料的密度和厚度。射线照相图像描绘的是一个轮廓图，代表试样内未被吸收的 X 射线辐射。试样内部的局部变化，如厚度或密度的差异、孔隙、裂纹或不同密度的嵌件，都会引起 X 射线吸收的变化[10,22]。通过试样后所记录的辐射强度 $I$ 是一个指数函数：

$$I = I_0 \cdot e^{-\mu \cdot L} \tag{11.3}$$

　　其中，$I_0$ 为 X 射线源发射出的总辐射，$\mu$ 为与材料有关的吸收系数，$L$ 为被穿透材料的厚度[23]。

## 11.5.1　X 射线检测

　　由于 X 射线不能被人的眼睛所探测到，因此必须使用一种中间介质或测量方法使辐射可见。可以利用化学或物理效应通过不同的方法实现。由于基本原理的不同，每种方法都有一定的优缺点。

### 11.5.1.1　X 射线胶片（照相底片）

　　照相胶片是检测 X 射线的经典方法。胶片由一种 X 射线敏感材料组成，通常是具有有序晶体银结构的溴化银或碘化银，胶片被放置在物体后面并暴露在辐射中。溴化银吸收 X 射线，在这个过程中释放出银原子。随后利用化学显影固定剩余的溴化银，并产生一幅图像，显示辐射强度在灰度上的变化。

　　X 射线胶片的优点是胶片的高柔韧性性（可以实现曲面弯曲）以及高分辨率（可达到 10 μm）。一旦显影并固定，图像就稳定了，可以存储起来用于存档。

它的一个主要缺点是图像不能被"实时"看到。为了观看结果，胶片需要通过一个几分钟的化学过程来显影。不正确的 X 射线参数，如过高/过低的加速电压和灯丝强度，可能导致图像无法使用，需要有经验的人员进行操作。

### 11.5.1.2  X 射线图像增强器

由带有光电倍增管的磷屏组成的图像增强器是第一种检测 X 射线的全电子方法。被探测到的 X 射线被磷屏吸收并转换成可见光。光电倍增管检测从屏幕发出的光，生成可以在监视器上看到的扫描信号。

其主要优点是可以在测量过程中看到实时图像，随后能够调整 X 射线强度，以最佳对比度查看样品。缺点是分辨率较低，通常限于 $500 \times 500$ 像素，典型分辨率约为 0.5 mm，并且由于图像增强器的尺寸较大，系统相对笨重。

### 11.5.1.3  固态阵列

从图像增强器衍生而来的固态阵列基于大型光电二极管阵列。类似于数码相机中的 CCD 传感器，该探测器由一组高灵敏度的光电二极管组成，可以探测从磷屏发出的光。典型阵列通常由 $512 \times 512$、$1000 \times 1000$ 或 $2000 \times 2000$ 光电二极管组成。敏感区域通常为 20 cm$^2$ 或 40 cm$^2$。

固态阵列的主要缺点是光电二极管由于 X 射线辐射会逐渐退化。根据 X 射线强度的不同，半导体结构可能会被破坏，使光电二极管退化，并且需要在运行数年后更换。

### 11.5.1.4  气体电离探测器（盖革计数器）

气体电离探测器利用的是 X 射线的电离能力。探测器由一根充满惰性气体的金属管和一根穿过管中心的细线组成。X 射线通过一个小的聚合物窗口从一端进入圆筒，使内部的气体电离，产生与 X 射线辐射强度相对应的电荷。

该系统无须维护，没有可降解部件。主要缺点是圆筒的尺寸较小，探测器分辨率非常低，为 1~2 mm。

## 11.5.2  射线照相技术在 C/SiC 复合材料中的应用

射线照相图像通常是灰度图像，高衰减显示为白色区域，低衰减显示为黑色区域。材料成分的变化、厚度的变化或缺陷都会改变衰减并引起颜色的变化。

C/SiC 陶瓷仅由 C 元素和 Si 元素组成，由 C、SiC 和纯 Si 三种不同的材料状态组成。X 射线在每种材料状态中的衰减存在差异，如表 11.2 所示。由于 X 射线在碳中的衰减约为 SiC 中衰减的 40%，因此可以区分出 C 含量高的区域，以及含有大量 Si 和 SiC 的区域。大孔隙或裂纹等充满空气的缺陷作为衰减更小的区域，是可见的。

表 11.2　不同材料的密度和 100 kV 下的 X 射线衰减[25]

| 材料 | 密度 /g·cm$^{-3}$ | 100 kV 下的衰减/cm$^{-1}$ |
| --- | --- | --- |
| C | 1.5 | 0.2271 |
| SiC | 3.2 | 0.5360 |
| Si | 2.3 | 0.4220 |
| 空气 | 0.001 | 0.0001 |

短纤维增强 C/SiC 陶瓷制动盘的典型射线图像如 [图 11.12（a）] 所示。制动盘由嵌入在恒定厚度 SiC 基体中的短碳纤维组成。因此任何可见的衰减差异都应该是材料内部密度变化或缺陷导致的结果，如样品中的空腔/孔隙[25]。

制动盘左上方是一个衰减减小的区域，说明该区域的 C 含量较高。盘的右侧主要是不规则的高衰减区，可见波浪状的浅灰色线和浅灰色区域。这些是随着纤维束排列的由 Si/SiC 填充的裂纹，和完全充满 SiC 或 Si 的区域。由于缺乏参考样品，无法区分 Si 和 SiC 的绝对含量。

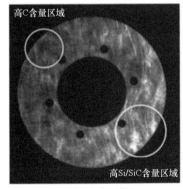
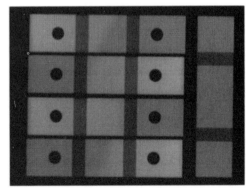

(a) 短纤维增强制动盘　　　　　　(b) 未完全渗透的C/SiC织物样品

图 11.12　不同衰减情况下 C/SiC 复合材料的 X 射线图像

[图11.12 （b）]显示了一批不规则的矩形 C/SiC 试件的射线照片，该试件由 12 层碳纤维织物组成，包括一个完整的参考板。由于浸渗过程中的一个操作错误，板材受到了比预期更多的硅，导致局部 SiC 的增加。机织织物的碳纤维取向可见为深灰色的正方形纵横交错图案。与图中参考样品相比，过量 SiC 的区域体现为浅灰色。

## 11.5.3 射线照相的局限性和缺点

射线照相是一种用于确定材料不均匀性（如孔隙、嵌入缺陷和密度变化）的有用工具。然而，有几种类型的缺陷是射线照相技术无法识别的。

射线照相分析作为一种积分过程，只能测量 X 射线从射线源到探测器的总衰减。只要总厚度相同，就无法区分具体是在材料的几层薄层或单层薄层材料中发生的衰减 [图11.13 （b）]，因此无法检测分层。同样，除非裂纹与 X 射线源和探测器刚好成一条直线，允许辐射穿过充满空气的低衰减区域，否则也不能检测到材料中的裂纹 [图11.13 （c）]。

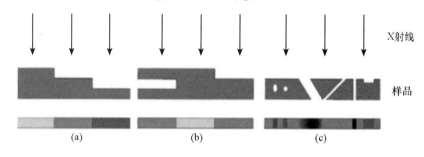

图 11.13　因厚度和缺陷变化引起的衰减变化

# 11.6　X 射线计算机断层扫描

当试图分析复杂的三维结构时，射线照相法的缺点就成为明显的不足，因此需要开发一种真正的三维可视化手段。存在允许通过一系列二维射线照相来描述三维体积的数学理论，但算法很复杂，需要计算能力，而这种计算能力直到 1980 年才出现。

试样的完全三维可视化是 X 射线计算机断层扫描（CT）的主要优势。所有被扫描的结构都可以从任何角度或位置被可视化和观察，从而实现高质量的无损检测，而且不需要制备样品，根据样品的不同，可以分辨出尺寸小于 1 μm的缺陷。

## 11.6.1　计算机断层扫描的原理

计算机断层扫描系统有两种基本的技术设计：螺旋扫描和旋转 CT。

螺旋扫描系统主要用于医学诊断。该装置由一个 X 射线源和一个安装在固定框架中的检测器矩阵组成。在分析过程中，射线源和检测器都围绕试样做螺旋运动，并沿着试样的长度不断移动［图 11.14（a）］。螺旋扫描系统能够测量非常长的物体，如直升机叶片或管道[27]。

在旋转 CT 系统中，X 射线源和探测器是固定的。相反，将试样放置在转盘上，以较小的增量旋转，以获得更稳定和无振动的状态［图 11.14（b）］。

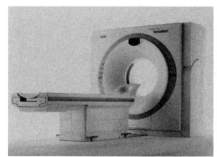 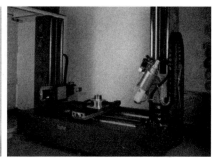

(a) 医学CT系统(Siemens AG)　　　　　(b) NDE-CT系统(Phoenix X-Ray)

**图 11.14　不同种类 CT 系统**

数学重构算法是计算机断层扫描的基础，它要求有足够多的二维射线图像来描述任何物体的三维结构。在重构的三个步骤中，单独的射线图像首先被转换成二维平行切片，然后进一步转换成物体的三维模型（图 11.15）。使用特殊的可视化软件，可以对物体进行任何位置的虚拟解剖和观察。

由于该手段是基于 X 射线的衰减，因此它可以辨别样品内任何因密度引起的变化。CT 除了检测结构缺陷外，还可以分析与密度相关的形态属性。

(a) 射线成像          (b) 平面重构          (c) 体积重构

**图 11.15　重构过程的三个步骤**

## 11.6.2　计算机断层扫描用于缺陷检测

结构内的缺陷和损伤区域，如开裂或分层，通常由一个使 X 射线衰减减少的充气空间组成。因此可以通过检测衰减的局部变化和尺寸来确定缺陷。如图 11.16 所示，裂纹或孔隙等损伤区域会呈现出深灰色/黑色。图中显示了一个直径为 35 mm 的圆柱形球形棒，由单一氮化硅制成。由于收缩裂缝，内部受到了严重损坏，这在计算机断层扫描图中是清晰可见的。

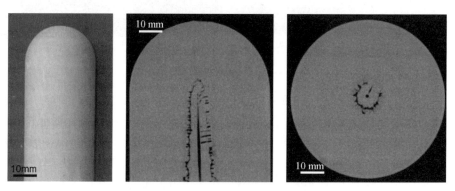

**图 11.16　看似完整的 35 mm $Si_3N_4$ 组件的 CT 分析**

虽然陶瓷基复合材料通常更不均匀，由纤维和基体材料组成的形貌更复杂，但从 CMCs 中可以清楚地看出空气填充的裂纹和孔隙的衰减减少了。CMCs 本身的变化，如 C/SiC 中不均匀的富碳区，也是可以辨别的。

图 11.17 显示了 X 射线断层扫描检测 CFRP 和 C/C 材料分层的能力。左

边的 CFRP 样品包含一个 100 μm 厚的三角形低密度塑料薄片，插入两个织物层之间作为人工分层。图中可以清楚地识别插入物。同样，在右图中可以清楚地看到高孔隙率 C/C 材料中人工设置的空气分层。空气填充的间隙内 X 射线衰减的减少十分明显。在选择的 150 μm 分辨率下，单个纤维束可以被清楚识别，呈现出一个规则的纵横交错的图案。

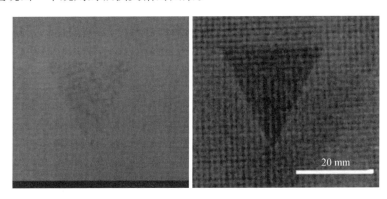

图 11.17　嵌入三角形塑料箔片的 CFRP（左）和热解后高孔隙率 C/C 板（右）的 CT 视图

图 11.18 显示了梯度 C/SiC 板的分析。从左图中可以看到，由于 SiC 含量较高，接近表面层的密度较大，表现为浅灰色。样品中间 C 含量增加，呈现为深灰色。中间图像显示了充满空气的松弛裂纹，距离表面约 1 mm。右图中还可以看到充满 SiC 的单个跨层裂纹和几个直径约为 400 μm 的孔隙。

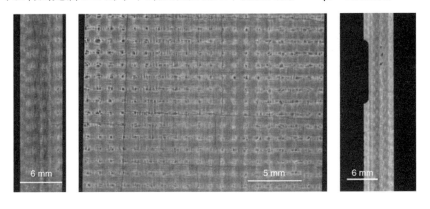

图 11.18　带有裂纹、纤维束和孔隙的 C/SiC 试样的 CT 视图。中间：
深度 1.5 mm 处的温度裂纹

## 11.6.3 微观结构 CT 分析

计算机断层扫描的高分辨率不仅适用于缺陷检测，还适用于微观结构研究。对整个样品进行三维信息采集后可开展形态分析，如裂纹扩展、材料分布、相分布和孔隙率确定等。

为了研究在 LSI 过程中发生在试样内部的形态变化，进行了若干微观尺度计算机断层扫描，如图 11.19 所示。采用的显微 CT 具有 3 μm[28] 的分辨率，能够识别单个纤维束和单根纤维。从 CFRP 状态开始，微观结构分析显示了纤维束中单根碳纤维的取向、酚醛树脂的分布以及单个纤维束中出现的初始孔隙和微裂纹。密度较大的碳纤维（浅灰色）的衰减略有增加，因此可以区分纤维和密度较小的酚醛基体（深灰色）。

**图 11.19　孔隙、裂纹和单根纤维可见的 CFRP 视图**

接下来对 C - C 中间状态的 CT 分析揭示了跨层裂纹的三维取向（图 11.20）。三维体积分析可以详细描述空间裂纹方向，并精确确定裂纹的宽度、高度和长度。

对所有气体填充区域的检测，包括孔隙、分层和跨层裂纹等，可以无损测定其体积孔隙率，包括使用常规方法（如压汞法）无法检测到的封闭孔隙。

对最终 C/SiC 状态的分析表明，SiC 和碳纤维在材料内部的空间分布不均匀。C - C 状态下的跨层裂纹体系中填充了 Si/SiC。通过将衰减数据与材料的密度相关联，可以提取出 SiC 的空间分布 [图 11.21（b）]，从而确定 SiC 和 C 的体积含量。

图 11.20 裂纹结构可见的 C/C 试样的三维视图（分辨率 3 μm）

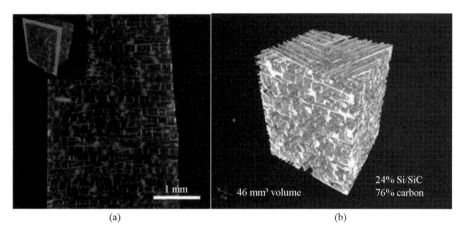

(a)                    (b)

图 11.21 （a）C/SiC 试样的高分辨率 CT 显微切片，深灰色代表 C，浅灰色
代表 Si/SiC；（b）Si/SiC 的分布（总体积含量）

## 11.6.4 过程伴随 CT 分析

为了评估在 LSI 过程中发生的形态变化，对试样进行了贯穿整个 LSI 过程
的形态演变分析。从 CFRP 状态开始，在下一个工艺步骤之前，都对试样进行
最大放大率的扫描，每次扫描的体积相同。

选择用于对比分析的区域包含树脂囊，［图 11.22（a）］左侧显示为浅灰
色区域。初始的 CFRP 材料清晰地显示了纤维束中的单根纤维，并可以清楚地

区分纤维和树脂。

CFRP 材料热解后转化为中间 C‑C 状态 [图 11.22 (b)]。此时碳纤维束内部的分割裂纹清晰可见。另外，在之前树脂囊位置可以看到明显的随机开裂。外来夹杂物也仍然可见，没有改变。

最终试样的 C/SiC 状态显示分割裂纹被 SiC 完全填充。由于试样轻微弯曲，树脂囊移出平面，在图中只能看到部分区域。在之前树脂囊区域的一个较大裂纹没有被完全填满，因此造成了一个充满空气的封闭孔隙 [图 11.22 (c)]。

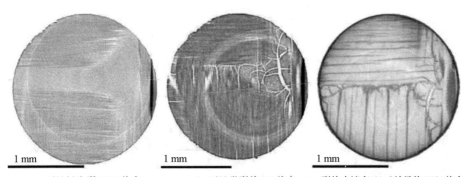

   (a) 可见树脂囊CFRP状态     (b) 可见微裂纹C/C状态     (c) 裂纹中填充SiC后的最终C/SiC状态

**图 11.22　在 LSI 过程中同一区域的连续 CT‑显微切片**

# 11.7　结论

NDT 是 CMCs 结构制造领域的一个重要方面。CMCs 材料失效时的损伤机制尚未被完全理解，因此需要进行广泛的分析，以确保制造出更完整的结构。此外，CMCs 结构的高成本及其在安全领域中的应用要求集成 NDT 方法，不仅可以用其来确保所制造的 CMCs 结构的完整性，而且还可作为一个有用的工具去分析制造过程，以达到优化和改进的目的。

前面所介绍的 NDT 方法各有优点和缺点，需要依据需求仔细评估，选择适当的方法。

最可靠和常用的损伤评估方法是超声分析。可用的超声分析系统结构紧凑，能够检测 CMCs 材料中出现的分层、大孔隙和脱粘区域。新一代的空气耦合超声分析仪提供了在空气中的检测能力，无须水或耦合介质，从而提供了真正意义上的非接触式 NDE。

热成像特别是锁相热成像系统，适合移动使用。热成像系统几乎在任何操作环境下都能工作，而且耐受性非常好，但是其损伤检测能力有限。

在所有的方法中，计算机断层扫描成像是目前最精密、最详细的无损检测方法。无须任何试样准备就可分析复杂结构的能力，使其成为最有效的测试方法，提供了最细致全面的信息。然而，这种方法在技术上仅限于尺寸小于 50 cm 的结构。高昂的成本、较差的机动性，以及 X 射线辐射的影响，使得计算机断层扫描技术成为一种只能用于特定分析的 NDT 方法。

与计算机断层扫描技术相比，射线照相是一种廉价而快速的方法，可以检测大多数情况下产生的缺陷和损伤。由于分析速度快，射线照相技术可用于批量生产。

# 参考文献

[1] AOKIR, EBERLEK, MAILEK, et al. NDE assessment of ceramic matrix composite (CMC) structure[M]//BUSSE G, KRÖPLIN B H, WITTEL F K. Damage and Its Evolution in Fiber Composite Materials：Simulation and Non-destructive Evaluation. Germany：Books on Demand GmbH Norderstedt, 2006：206 – 222.

[2] YE S. Automated optical inspection for industry：theory, technology, and applications II[C]//Proceedings SPIE-The International Society for Optical Engineering. Bellingham, Washington, 1998.

[3] HILLGERW. Ultrasonic Testing ofComposites- From Laboratory Researchto Infi eld Inspections[C]//15th WCNDT Rom. 2000.

[4] KRAUTKRAMERJ, KRAUTKRAMERH. Ultrasonic testing of materials[M]. 4thed. Cham：Springer Verlag, 1990.

[5] SOLODOV I, DÖRING D. Ultrasonics for NDE of fiber-composite materials [M]//BUSSE G, KRÖPLIN B H, WITTEL F K, et al. Damage and its evolution in fiber-composite materials：Simulation and nondestructive evaluation. Berlin：ISD-Verlag, 2006：17 – 36.

[6] STOESSEL R, KROHN N, PFLEIDERER K, ET AL. Air-coupled ultrasound inspection of various materials[J]. Ultrasonics, 2002, 40(1 – 8)：159 – 163.

[7] HAUSHERRJM, KRENKELW. Zerstorungsfreie Prufung vonKeramiken：

Vergleich ComputerTomografie und Ultraschall [C]//PosterDKG/DGM SymposiumHochleistungskeramik. Selb, 2005.

[8] HILLGERW. HFUS 2400 AirTech-ein bildgebendes Ultraschallprüfsystemfür Luft-und konventionelleAnkopplung[C]//DGZfP-Jahrestagung 2001, ZfP in der Forschung und Entwicklung. Berlin, 2001.

[9] HAUSHERRJM. New NDTtechnologies for analyzing highly porous C/Cmaterials [C]//Fifth International Conferenceon High Temperature Ceramic MatrixComposites. 2004.

[10] SHULLPJ. Nondestructive Evaluation: Theory, Techniques, and Applications [M]. Boca Raton: CRC Press, 2002

[11] FISCHERG. Einsatz derThermographie bei der Prüfung vonKunststoffteilen [J]. Qualitaet und Zuverlaessigkeit, 32(9): 425 – 429.

[12] BUSSE G, WU D, KARPEN W. Thermal wave imaging with phase sensitive modulated thermography[J]. Journal of Applied Physics, 1992, 71 (8): 3962 – 3965.

[13] WU D, STEEGMÜLLER R, KARPEN W, ET AL. Characterization of CFRP with lockin thermography [J]. Review of Progress in Quantitative Nondestructive Evaluation: Volume 14, 1995, 14: 439 – 446.

[14] WUD. Lockin-Thermographie für die zerstörungsfreie Werkstoffprüfung und Werkstoffcharakterisierung [D]. Baden-Wurttemberg: Universität Stuttgart, 1996.

[15] ZWESCHPERT. Lockin -Thermographie in der Fügetechnik [D]. Baden-Wurttemberg: Universität Stuttgart, 1998

[16] LARIVIERES. Introduction to ndtof composites, Boeing Commercialaircraft, manufacturing research &development[EB/OL]. (2007) [2024 – 10 – 09]. http://otrc. tamu. edu/Pages/Established%20NDE%20Technology. pdf.

[17] DILLENZ A, ZWESCHPER T, BUSSE G. Elastic wave burst thermography for NDE of subsurface features[J]. Insight, 2000, 42(12): 815 – 17.

[18] ZWESCHPERT, DILLENZA, BUSSEG. Ultraschall Burst-Phasen-Thermografie [C]//DGZfP-Jahrestagung2001. 2001.

[19] ZWESCHPER T, DILLENZ A, RIEGERT G, ET AL. Ultrasound excited thermography using frequency modulated elastic waves [J]. Insight-Non-Destructive Testing and Condition Monitoring, 2003, 45(3): 178 –182.

[20] ZWESCHPER T. Zerstörungsfreie und berührungslosecharakterisierung von fügeverbindungen mittels lockin thermografie [J]. ZfP-Zeitung, 2000, 71: 43 – 46.

[21] KRENKELW, HAUSHERRJM, REIMERT, et al. Design, manufacture and quality assurance of C/C – SiC composites for spacetransportation systems [C]//28th International Conference on Advanced Ceramics and Composites B: Ceramic Engineering and Science Proceedings. 2004.

[22] FRIEDRICH C R. 100 Jahre Röntgenstrahlen Erster Nobelpreis für Physik [J]. Materialwissenschaftund Werkstofftechnik, 1995, 26(11 – 12): 598 – 607.

[23] GERWARD L. X-ray attenuation coefficients: current state of knowledge and availability[J]. Radiation Physics and Chemistry, 1993, 41(4 – 5): 783 – 789.

[24] HUBBELLJ, SELTZERS. Tables of X-ray mass attenuation coefficients andmass energy-absorption coefficients ( Version 1. 4 ) [EB/OL]. ( 2004 ) [2024 – 12 – 08]. http: //physics. nist. gov/xaamdi.

[25] KRENKELW. Entwicklung eineskostengünstigen Verfahrens zurHerstellung von Bauteilen auskeramischen Verbundwerkstoffen[D]. Baden-Wurttemberg: Universität Stuttgart, 2000.

[26] GRANGEATP, AMANSJL. Three-dimensional image reconstruction in radiology and nuclear medicine[M]. Dordrecht: Springer, 1996.

[27] BÖSIGERP, TEUBNERBG. Kernspin-Tomographie für die medizinische Diagnostik[M]. Stuttgart: B. G. Teubner Stuttgart, 1985

[28] HAUSHERR J M, FISCHER F, KRENKEL W, et al. Material characterisation of C/SiC: Comparison of computed-tomography and scanning electron microscopy [C]//Conference on Damage in Composite Materials. Stuttgart, 2006.

# 第 12 章　C/C – SiC 材料的钻削加工

## 12.1　简介

回顾过去几年的经济和技术发展，我们看到，有效地减少生产过程中的主要生产时间和非生产时间变得越来越重要。此外，随着材料的不断发展和新材料的不断开发，人们对加工工艺也提出了新的要求。这也涉及陶瓷基复合材料（CMCs）。这类材料的典型特征是非均质、多孔的微结构和高纤维体积含量。CMCs 形成了一类具有优异耐高温性能和良好的强度/重量比的材料，对于多种应用来说，这些都是极好的特性。

一般来说，大众市场产品的生产成本应该保持在低水平。然而，高硬度以及 CMCs 的不均质结构导致加工过程不稳定和高刀具磨损。因此使用适当的工艺配置非常重要。本章重点介绍碳纤维增强碳化硅复合材料（C/C – SiC）的钻孔加工方法。德国多特蒙德工业大学机械加工技术研究所（Institut für Spanende Fertigung，ISF）在德国研究基金会（DFG）的支持下正在研究该方法。所选材料已用于各种应用，如汽车工业中的陶瓷刹车盘[1,2]。然而，由于成本较高，这些刹车盘仅用于高档汽车。现有的情况表明，应优化加工工艺，以大幅度降低成本。Weck 和 Kasperowski[3] 描述了加工过程的困难程度，这是一个基本的成本因素，可以占到所有组件总成本的 80%。

为了优化 C/C – SiC 的钻削工艺，对加工过程进行了系统的分析（图 12.1）。加工过程可细分为三个步骤：分析加工任务、确定优化潜力、制定有效加工策略。分析加工任务时必须做的第一件事是区分"钻孔"（如中心钻孔）和"钻孔后处理"（如钻出）。中心钻孔是指从实体工件上钻出一个孔，而中心钻孔钻出是指扩大先前产生的孔。根据钻孔类型，工具的受力不同，磨损也不同。中心钻孔的刀具磨损基本上是轴向的，而钻出会导致径向刀具磨损。此外，了解"材料特性"是分析加工任务的基础。

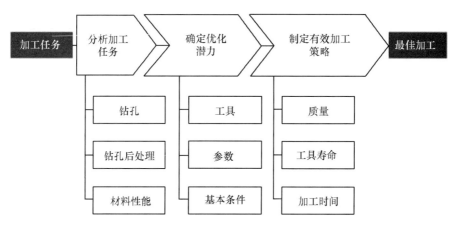

图 12.1　加工优化过程

在第二步中，根据加工任务的不同，应明确优化的可能性。这可以通过修改刀具和调整工艺参数以及基本条件来实现。在第三步中，应开发有效的加工策略，以实现更高的孔质量、更低的刀具磨损和更短的制造时间。

# 12.2　分析加工任务

陶瓷材料在机械加工技术中占有特殊的地位，其性能明显区别于其他材料。它们的脆性与它们的高硬度和耐温性形成了鲜明对比。

本节讨论的纤维增强陶瓷 C/C – SiC 材料 Sigrasic 6010GNJ[4] 如［图 12.2（a）］所示。如前所述，这些特征是 CMCs 复合材料的典型特征，伪塑性是将碳纤维束嵌入脆性 SiC 基体的结果［图 12.2（b）］。

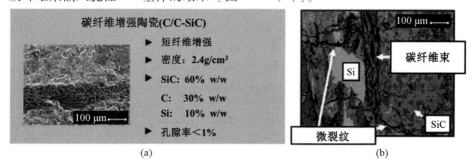

图 12.2　工件材料的特性

　　在加工高性能陶瓷时，材料是通过使用几何上无缺陷的切削刃进行加工而去除的[5]。图12.3 说明了在韧性和脆性材料的磨削过程中，切屑的形成对材料具有去除作用。磨粒相对于工件沿摆线轨迹运动。有效切削颗粒设置在砂轮内。它们的位置在一定范围内变化。韧性材料的切屑形成模型基于 König 的分析[6]［图12.3（a）］。切削颗粒经过三个不同的阶段。在第一阶段，发生弹性变形，转变为工件内部的材料流动。

　　另一方面，Saljé 和 Möhlen 在他们的模型中描述了脆性材料的切屑形成过程[7]［图12.3（b）］。脆性材料的行为导致微裂纹的形成，最终导致微碎片的断裂。

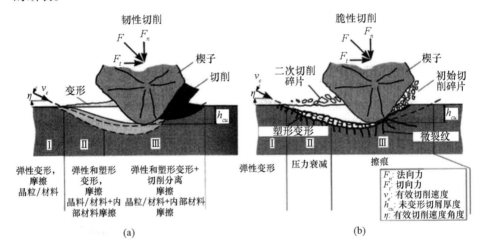

图 12.3　韧性材料（a）和脆性材料（b）的材料去除机制[6,7]

　　所研究的 C/C – SiC 材料表现出明显的伪塑性行为，意味着这种陶瓷在特定的载荷下表现得比其他陶瓷更具韧性，但在加工磨削时，材料同样是易碎的。此外，这种陶瓷由于嵌入了短纤维而表现出整体的不均匀结构，因此不能保证微碎片从纤维增强陶瓷材料中的可控断裂。

　　C/C – SiC 由硅和碳以及反应产物 SiC 组成。SiC 占总重量的 60%，是复合材料的最大组成部分，也是最坚硬的成分。如上所述，这种材料的不均匀性影响了钻孔过程。

　　根据加工任务的不同，必须在钻孔或钻孔后处理之间做出选择。该复合材料通常由液相渗硅工艺（LSI）制备（图12.4）[8]。在 C/C 预制件用液相硅浸渗并达到其接近最终轮廓、最终硬度和形状之前，工件相对容易加工。硅化后，工件需要后处理。这是由于材料膨胀导致缺陷，使工件表面质量较差。中间加工时产生的钻孔必须进行后处理。钻孔的目的之一是减少主要生产时间和非生产时间。因此，应直接在渗硅工件上钻孔，这样就不需要再进行钻孔的后处理了。

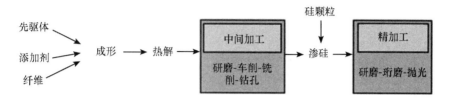

图 12.4　用 LSI 工艺制备 C/C - SiC[8]

ISF 作为试验机使用的是 CHIRON FZ12S 型常规加工中心，该机床的转速可达 $n = 15\ 000\ \text{min}^{-1}$。这台机器还可以提供内部或外部冷却液。所使用的空心锥柄具有很高的轴向精度和刚度。

钻孔时，有必要区分盲孔和通孔。为了实现与刀具直径大致对应的钻孔直径，主要使用轴向力加载刀具。要形成比刀具直径更大的钻孔直径，可通过刀具的圆周运动和叠加的轴向进给来完成[9]。这种圆形加工会在所用刀具上产生额外的径向应力。这就是为什么必须明确设计这些工具来处理这种额外的应力。本节中的研究仅涉及轴向受力的刀具。

# 12.3　确定优化潜力

## 12.3.1　刀具

具有限定几何形状切削刃的传统刀具，如硬质合金钻孔刀具，不能用于钻削 C/C - SiC，因为它们的硬度较低。此外，具有限定几何形状的非常硬的多晶金刚石（PCD）切削刃的刀具也不适合用于钻削 C/C - SiC[9]。这是因为刀具磨损快，会影响钻孔质量的一致性。

根据 ISF 的研究，以空心钻具的形式，通过带柄磨头的横向磨削进行钻孔，这种方法已经投入使用。钻具的切削速度在其直径上并不是恒定的。根据切削速度公式 $V_c = d\pi n$，最大切削速度出现在刀具的外侧，而在中心（直径 $d = 0\ \text{mm}$）的切削速度为 $V_c = 0\ \text{m/s}$，因此只存在擦伤和摩擦过程。这些过程会导致严重的刀具磨损。采用空心钻具可消除相应的擦伤和摩擦过程，并可实现大容量的冷却剂供应。带柄磨头由带焊接磨头的空心轴组成（图12.5）。磨头由金属结合剂和金刚石切削颗粒组成，在端面和凸面上有凹槽。凹槽的目的是将磨料冷却剂/复合材料切屑从钻孔中移除，减少对凸面和钻孔壁[10,11]产生的影响。与树脂或陶瓷砂轮相比，具有金属黏合的刀具的优势在于其较高的导热性。此外，与树脂黏合的刀具相比，具有金属黏合的刀具更耐磨[6]。

图12.5　C/C-SiC 中钻孔的带柄磨头

　　由于高刀具应力，特别是在凹槽区域，可能导致整个刀具失效，因此必须确保磨头具有足够的稳定性。例如，刀具失效表现为在凹槽中形成裂纹，裂纹不规则地从一个切削颗粒扩展到另一个切削颗粒，最终导致工具撕裂（图12.6）。

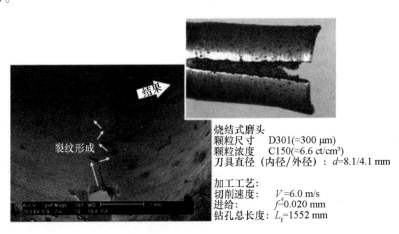

烧结式磨头
颗粒尺寸　D301(≈300 μm)
颗粒浓度　C150(≈6.6 ct/cm³)
刀具直径（内径/外径）：$d$=8.1/4.1 mm

加工工艺：
切削速度：　$V_c$=6.0 m/s
进给：　　　$f$=0.020 mm
钻孔总长度：$L_f$=1552 mm

图12.6　由于刀具过载，带柄磨头槽内表面产生裂纹

用带柄磨头钻孔的一个特点是刀具端面主要产生轴向磨损[9]。这取决于金刚石颗粒的数量和分布。磨损的特点是切削颗粒的变平、变细或断裂。端面形貌取决于加工过程的磨粒磨损程度。因此，在端面的内部或外部形成斜面[10]。刀具的轴向磨损在整个钻头长度上可以看作是线性的［图 12.7（a）］。

当刀具第一次使用时，或者采用不同工艺参数一起使用时，它们会表现出磨合行为。这表现为轴向加工力的增加［图 12.7（b）］，以及由于磨损导致的结合复位和金刚石颗粒变平。当颗粒均匀分布且工艺参数恒定时，会出现恒定的轴向力水平［图 12.7（c）(d)］。

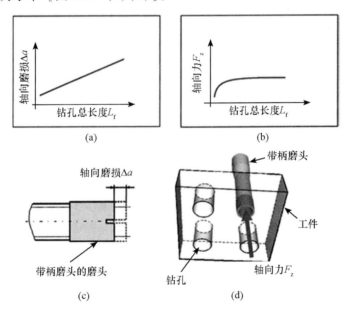

图 12.7　所用带柄磨头的定量表示

钻孔质量也可以部分确定磨合行为。其原因是刀具的径向偏差，导致局部刀具磨损增加。这表现为金刚石颗粒在结合部位的突出，并伴随着结合部位的磨损。带柄磨头的综合轮廓已证明其在减少磨合行为方面是有效的[12]。

在已经进行的研究中，使用了具有不同黏结方式的刀具。电镀带柄磨头仅电镀一层金刚石颗粒，在显著缩短钻头长度后达到刀具的使用寿命。图 12.8 依次显示了所用刀具的端面和相应的钻孔深度。可以看出，在总钻长 $L_f = 4340$ mm 时，端面中间半径的金刚石颗粒被磨平。由于磨损，在 $L_f = 4380$ mm 处会出现凿槽，这种情况随着刀具的继续使用而增加，因为必须加工的陶瓷比最初要加工的刀具底板更硬。使用所示的参数，在大约 $L_f = 4500$ mm 时达到了刀具的使用寿命。

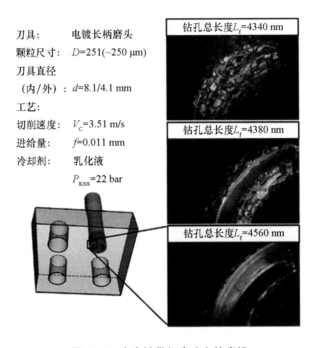

刀具: 电镀长柄磨头

颗粒尺寸: $D=251(\sim 250\ \mu m)$

刀具直径

（内/外）: $d=8.1/4.1\ mm$

工艺:

切削速度: $V_c=3.51\ m/s$

进给量: $f=0.011\ mm$

冷却剂: 乳化液

$P_{KSS}=22\ bar$

钻孔总长度$L_f=4340\ nm$

钻孔总长度$L_f=4380\ nm$

钻孔总长度$L_f=4560\ nm$

**图 12.8    在电镀带柄磨头上的磨损**

与电镀带柄磨头相比，与青铜结合的烧结带柄磨头的优点在于，金刚石颗粒的磨损与软结合的后退有关，在软结合中结合了更多的颗粒。因此，之前隐藏在黏结剂中的新切削颗粒出现在端面上。正因为如此，直到刀具的寿命结束前，持续的磨削行为是可能的。最后，刀具的寿命取决于磨头的长度。在总钻孔长度 $L_f=4000\ mm$ 后，中断了与电镀刀具的对比试验，因为预计在进一步的工艺过程中不会发生变化[12]。

## 12.3.2    参数

在钻孔过程中，刀具关于切削颗粒尺寸和含量的规格是一个重要的变量。如前所述，加工力以及磨损行为取决于该规格。如果颗粒直接相邻且未完全锁定在黏结材料中，则高颗粒含量可能导致颗粒黏结不足。颗粒过大会导致刀具不稳定。由于空心钻具的壁厚通常很薄，因此大颗粒可能导致黏结力不足，尤其是在凹槽区域（对比图 12.6）。但一般来说，较大的颗粒磨损较慢。实验证明，外径 $d=8.1\ mm$，粒度 300 $\mu m$（D301），颗粒含量 6.6 ct/cm$^3$（C150）

的刀具是合适的。

　　钻孔过程中的其他变量参数是：进给量 $f$ 和切削速度 $V_c$。选择合适的工艺参数对钻孔质量有重要影响。在实验的统计设计中，使用了综合参数场。根据进给量 $f$ 和刀具转速 $n$ 的选择，由基本公差 IT 估算的直径偏差可以减小（图12.9）。当考虑经济因素时，$f = 0.007$ mm 的进给量和 $n = 13\,400$ min$^{-1}$ 的转速是最佳工艺参数。对于未经进一步优化的刀具，当进给速度为 $V_f = 93.6$ mm/min 时，直径偏差至少为 IT 8[10]。

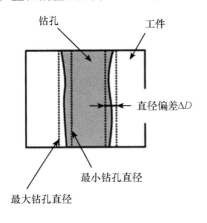

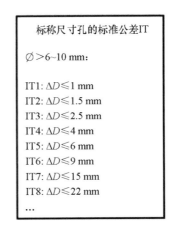

**图 12.9　ISO 极限和配合系统：标准公差 IT[13]**

## 12.3.3　基本条件

　　冷却剂的应用是该工艺的基础。刀具的冷却因此成为可能，并且切屑也可以在不中断钻孔过程的情况下被快速运走。对于该工艺，实现了允许泵压为 $p_{KSS} = 22$ bar、体积流量为 15 L/min 的冷却液供应。高压支持流体从钻孔底部流出，并降低了空心钻具中钻芯卡住的风险。

# 12.4　工艺策略

　　根据所获得的有关带柄磨头钻孔的知识，可以得出对应的优化措施。下面的研究集中在适应带柄磨头概念的应用上。

刀具凸面上的凹槽支持冷却液－碎屑复合物的运输。对于具有几何定义刃口的刀具，麻花钻头的排屑性能优于直槽钻头，因此麻花钻头具有更长的使用寿命。与这些结果相对应，已经使用了带柄磨头，其凹槽在磨头周围以确定的 $\delta = 20°$ 和 $\delta = 45°$ 的螺旋角扭曲。工艺结果与直槽（$\delta = 0°$）带柄磨头进行了比较。使用这些刀具时测得的轴向加工力如图 12.10 所示。在实验开始之前，刀具已经固定好。与直槽刀具（A 型）相比，带有扭曲凹槽的刀具（B 型和 C型）显示出更大的轴向加工力。由此得出的结论是，在钻孔底部有冷却液－碎屑复合物堆积。由于扭曲的凹槽，施加压力为 $p_{KSS} = 22$ bar 的冷却液无法足够快地排出。钻完孔后，根据钻孔壁上的中心粗糙度深度对钻孔进行测量和评价。

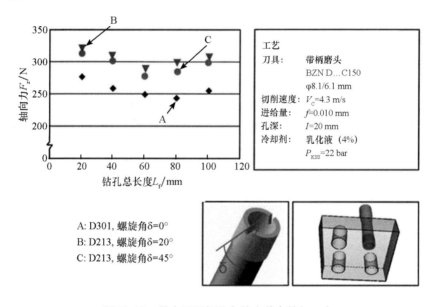

图 12.10　具有不同螺旋角的安装点的加工力

图 12.11 显示了中心粗糙度深度 $R_k$ 随着螺旋角的增加而增加，从而证实了冷却剂－切屑复合物在磨头凸表面传导的假设。此外，从扫描电子显微镜（SEM）照片中可以看到（图 12.12），轴向划痕是冷却剂－切屑在凸表面去除的痕迹。因此，钻孔壁质量较差，这反映在中心粗糙度深度值较高。

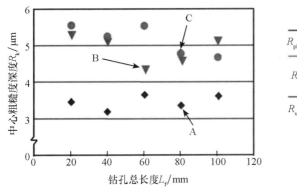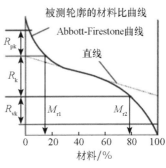

图 12.11　不同螺旋角带柄磨头钻孔的中心粗糙度深度

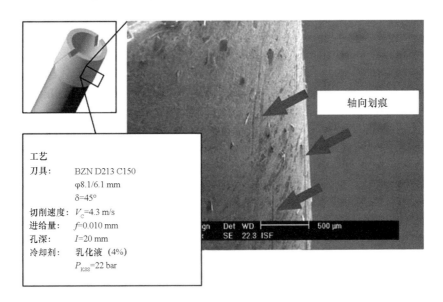

图 12.12　螺旋角 $\delta = 45°$ 的有凹槽带柄磨头使用后的凸面

评估钻孔工艺质量的另一个标准是直径偏差与孔深的关系。标准公差 IT 对应于上述偏差。不同螺旋角带柄磨头的结果如图 12.13 所示。与使用研磨刀具的多次钻孔相比，不同螺旋角的钻孔直径的中位偏差分别是 IT6（螺旋角 $\delta = 20°$）和 IT4（$\delta = 45°$）。然而，直槽刀具产生的结果明显较差，有 IT8 的公差。

当存在严重摩擦接触时，开孔产生的钻芯可能卡在刀具内。因此，作为磨头的进一步改进，除了外部凹槽外，还将内部凹槽安装在刀具上以解决这些问

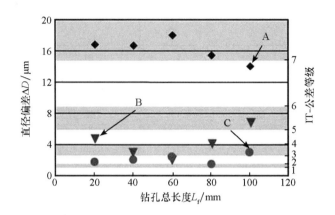

**图 12.13  取决于凹槽螺旋角的钻孔直径偏差**

题。此外，由于内部凹槽，应该有更多的冷却剂到达活动区。与以前使用的刀具相比，相应刀具的应用表明，增加两个内部凹槽可以降低加工力（图12.14），但刀具运行不稳定。钻孔的直径偏差从 IT7 增大到 IT8。此外钻壁上的中心粗糙度深度 $R_k$ 从 6.11 $\mu$m 增加到 10.07 $\mu$m。

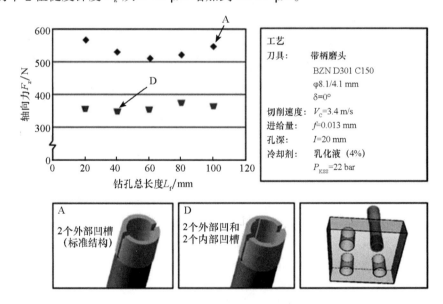

**图 12.14  用带内槽的刀具钻孔时的轴向加工力**

当通过套铣进行盲孔钻孔时，应注意确保保留钻芯。必须手动移除此钻芯。通常情况下，这会导致断裂线上的钻孔底部粗糙。此外，磨头不会完全穿过钻孔。因此，可以确定刀具磨损不均匀。进一步使用该刀具时，磨头呈锥形[9]。在贯穿钻孔过程中，可通过将整个磨头完全穿过钻孔来避免这种影响。刀具与钻壁之间存在着相应的接触，影响着钻孔的质量。

为了降低钻削质量的劣化并尽量减少刀具的磨损，研究了与凸面几何形状有关的替代刀具。测试了表面喷砂和电镀的刀具，与之前使用的刀具进行了比较（图 12.15）。所有刀具具有相同的规格，以青铜为黏结材料，金刚石切削颗粒约为 300 μm（D301），含量为 6.6 ct/C150（C150）。根据制造商的说法，标准的 A 型刀具是通过车削重新加工的。在凸面上的单个金刚石颗粒从黏结中凸出。E 型工具在凸面上进行了喷砂处理，以便去除突出的黏合材料和黏合不良的颗粒。作为第三种刀具概念（F 型），使用了烧结刀具，该刀具电镀了约 50 μm（D54）的金刚石颗粒。由于镍层比青铜更坚硬，分布在凸面上的金刚石颗粒与黏结材料的结合力更强，可以突出更长。此外，刀具周边的小金刚石颗粒使得钻壁的粗糙度较低。此外，金刚石颗粒与镍层形成耐磨保护层；金刚石颗粒更大、更耐磨，轴向的材料去除发生在端面上。

**图 12.15　不同凸面的 SEM 照片**

由于小颗粒的高含量，使用 F 型工具可减少钻孔壁上的中心粗糙度深度（图 12.16）。然而，具有喷砂表面点的刀具对中心粗糙度深度没有影响。已有研究表明，由于凸面的轮廓和金刚石颗粒的相应扁平，可以使中心粗糙度深度略有降低[12]。在这种情况下，扁平的金刚石有利于改善粗糙度。

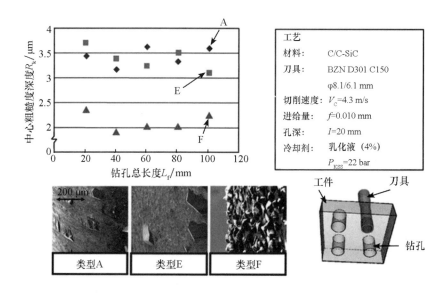

图 12.16　不同刀具造成的中心粗糙度深度

正如预期的那样，涂层刀具的径向磨损很小。在总钻孔长度约为 $L_f = 1000$ mm（图 12.17）后，对于所使用的参数，电镀涂层显示出扁平化的磨损迹象，而不是以金刚石颗粒破裂的形式。没有检测到电镀层的脱粘。

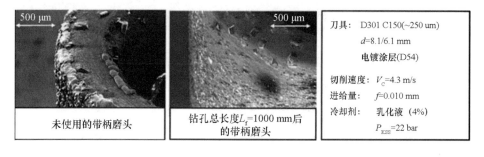

图 12.17　电镀涂层烧结刀具使用前后的 SEM 照片

根据直径偏差确定的钻孔质量可通过使用 E 型和 F 型刀具来提高（图 12.18）。使用喷砂刀具制备的钻孔显示直径偏差在其公差 IT6 范围内；电镀刀具钻孔的公差在 IT4 范围内。对于 A 型标准刀具，只能达到公差 IT8。标准公差的偏差表明凸面的几何形状对钻孔质量有显著影响。与标准刀具表面的粘接相比，喷砂刀具表面的粘接更粗糙。在电镀刀具凸面上，金刚石颗粒形成凹槽，使刀具表面粗糙度较大。此外，由于金刚石颗粒的硬度，这种表面特性保持的时间更长。

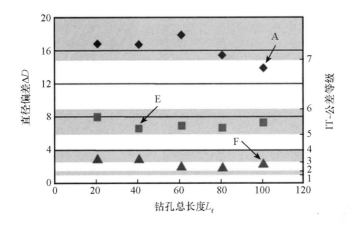

图 12.18　不同刀具导致的钻孔直径偏差

# 12.5　总结

　　脆硬材料通常通过磨削进行加工。该工艺在加工纤维增强陶瓷 C/C – SiC 时也是可行的。磨削开孔的应用使高进给速度成为可能，从而大大缩短了初次加工时间。此外，硬加工减少了非生产时间，并避免了夹持故障。本章概述了具有空心钻具形式的带柄磨头的性能特征。用不同的带柄磨头概念进行的实验显示了优化钻孔工艺的不同方法。图 12.19 总结了钻削纤维增强陶瓷 C/C – SiC 时使用不同的刀具对结果的影响。

　　这些实验证明了使用电镀涂层刀具的积极效果。与使用的其他刀具相比，就公差和粗糙度而言，这种类型的刀具能够实现更好的钻孔质量。同时，径向刀具磨损也有所减少。

| | 螺旋凹槽 | 额外内部凹槽 | 喷砂表面 | 电镀涂层 |
|---|---|---|---|---|
| 轴向力$F_z$ | ↑ | ↓ | ↑ | ↑ |
| 钻孔直径偏差$\Delta D$ | ↓ | ↑ | ↓ | ↓ |
| 钻孔中心粗糙度深度$R_k$ | ↑ | ↑ | − | ↓ |

图 12.19　钻孔 C/C – SiC 时不同带柄磨头对结果的影响

# 参考文献

[1]　KRENKEL W, RENZ R, HENKE T. Ultralight and wear resistant ceramic brakes[J]. Materials for Transportation Technology, 2000, 1: 89 – 94.

[2]　WÜLLNER A. Carbon-Keramik-Bremsen-Revolution im Hochleistungsbereich! Statusbericht zwei Jahre nach Serieneinführung [M]//HEINRICH J, GASTHUBER H. Symposium Keramik im Fahrzeugbau, Mercedes-Forum Stuttgart. Köln: Deutsche Keramische Gesellschaft (DKG), 2003: 29 – 33.

[3]　WECK M, KASPEROWSKI S. Integrations of lasers in machine tools for hot machining[J]. Production Engineering, 1996, 1: 35 – 38.

[4]　N. N. (2005) SIGRASIC 6010 GNJ, Data Specification, SGL Technologies GmbH, Meitingen.

[5]　Warnecke, G. (2000) Zuverlässige Hochleistungskeramik. Tagungsband zum Abschlusskolloquium des Verbundprojektes " Prozesssicherheit und Reproduzierbarkeit in der Prozesskette keramischer Bauteile ", Rengsdorf, 5 – 6 April 2000.

[6]　KLOCKE F, KÖNIG W. Fertigungsverfahren. Schleifen, Honen, Läppen[M].

Berlin：Springer Verlag，2005.

[ 7 ]　SALJÉ E，MÖHLEN H. Prozessoptimierung beim Schleifen keramischer Werkstoffe[ J ]. Industrie Diamanten Rundschau，1987，21( 4 )：S243 – S247.

[ 8 ]　KRENKEL W. C/C – SiC composites for hot structures and advanced friction systems[ C ]//27th Annual Cocoa Beach Conference on advanced ceramics and composites：B：ceramic Engineering and Science Proceedings. Hoboken，NJ， USA：John Wiley & Sons，Inc. ，2003：583 – 592.

[ 9 ]　WEINERT K，JANSEN T. Faserverstärkte Keramiken-Einsatzverhalten von Schleifstiften bei der Bohrungsfertigung in C/C – SiC. cfi ceramic forum international[ J ]. Berichte der Deutschen Keramischen Gesellschaft，2005， 82：34 – 39.

[ 10 ]　JANSEN T. Bohrungsbearbeitung hochharter faserverstärkter Keramik mit Schleifstiften[ J ]. Spanende Fertigung，2005，4：156 – 162.

[ 11 ]　WEINERT K，JOHLEN G，FINKE M. Bohrungsbearbeitung an faserverstärkten Keramiken[ J ]. Industrie Diamanten Rundschau，2002，36( 4 )：322 – 326.

[ 12 ]　WEINERT K，JANSEN T. Bohrungsfertigung mit Schleifstiften—faserverstä rkte Keramik effizient bearbeiten [ J ]. Industrie Diamanten Rundschau， 2007，41( 1 )：48 – 50.

[ 13 ]　DIN ISO 286 – 1：ISO-System für Grenzma ß e und Passungen. Grundlagen für Toleranzen，Abma ß e und Passungen[ S ]. Berlin：Beuth Verlag，1990.

# 第13章　陶瓷基复合材料系统的先进连接和组装技术

## 13.1　简介

　　研究者对各种先进陶瓷基复合材料（CMCs）和系统的研究、开发、测试和应用产生了极大的兴趣。最先进的 CMCs 已被开发用于热结构、燃气叶片、涡轮泵叶盘、燃烧室内衬、辐射燃烧器、热交换器以及许多其他涉及极端条件的应用中。例如，含有 SiC 的 C - C 复合材料在轻量化汽车和航空航天应用中显示出良好的前景。在汽车工业中，通过 LSI 工艺制造的 C/C - SiC 刹车盘已经在欧洲的一些车型中使用。C/SiC 复合材料及其变体正在世界各地被开发用于高超声速飞行器热结构和先进推进部件。业内正在开发和测试 SiC/SiC 复合材料，用于燃烧室内衬、燃气叶片、再入热保护系统、热气过滤器和高压热交换器，以及核反应堆的部件。

　　在用于制造 CMCs 的各种技术中，化学气相渗透（CVI）是最成熟和应用最广泛的。然而，这种方法的主要缺点是难以实现大尺寸和/或几何形状复杂的部件的均匀化和完全致密化，以及制备时间长。一方面，设备初始投资成本高，加之工艺时间长，导致该工艺生产的 CMCs 成本较高。另一方面，聚合物浸渍裂解（PIP）方法需要多次浸渍裂解循环，大大增加了组件的成本。近年来，为了降低制备成本，世界各地成功地开发了许多基于反应熔渗的方法。所有这些制造方法在 CMCs 组件的尺寸和形状方面都有一定的局限性，限制了CMCs 在全球不同工业领域的广泛应用。

## 13.2　对连接和组装技术的需求

用于制造大型 CMCs 组件和复杂结构的设计策略越来越多地考虑利用组装技术来连接具有更简单几何形状和不同材料系统的较小组件。因此，陶瓷连接和组装技术使 CMCs 在各种高温应用中成功实现了应用[1-3]。

先进陶瓷通常使用扩散连接、黏接、活性金属钎焊、钎焊（氧化物、玻璃和氮氧化物）和反应成型等技术进行连接。对于 CMCs，采用反应结合的方法连接 C/SiC 和 SiC/SiC 复合材料取得了最大的成功[4-10]。这种连接技术在制造具有可调控微观结构和可控性能的接缝方面是独一无二的。用这种方法形成的接缝是很有吸引力的，因为接缝夹层的热机械性能可以被调整成类似基底材料的热机械性能。此外，不需要高温夹具将零件保持在连接温度。连接 CMCs 的陶瓷接缝的耐温能力与 CMCs 衬底材料相似。

为了连接和组装陶瓷 – 金属系统，已经开发了活性金属钎焊技术[11-15]。这种技术的优点是工艺简单、成本效益高，并且可以形成能够承受中等高温的坚固且密封的接缝。然而，填充材料必须与基底有良好的结合力，防止晶粒长大和由于蠕变和氧化引起的长时热机械性能下降，与连接材料具有非常匹配的热膨胀系数（CTE），并具有高于接缝工作温度但低于基底熔化温度的液相温度。钎焊的一个关键因素是熔融钎焊合金对陶瓷的润湿性，这影响钎焊的流动性和铺展性以及接缝的强度。

研究人员已经为潜在的航空航天和热管理应用开发了 C/C、C/SiC 和 SiC/SiC 复合材料与金属系统（镍和钛基系统以及包铜钼合金）的连接和组装技术[13-18]。在这些系统中连接了许多管状和板状材料，开发了测试方法，并分析了失效模式[19-21]。

## 13.3　连接设计、分析和测试问题

接缝的形成涉及两个基本因素：连接材料和夹层的化学性质（润湿性）；连接材料之间的热机械相容性。

润湿是接缝形成的必要条件，但不是充分条件，热 – 机械相容性（如 CTE 失配）是可能限制接缝强度和完整性的因素。连接中需要考虑的其他重

要因素包括表面粗糙度、应力状态、接缝结构和使用条件下的接头稳定性。

## 13.3.1 润湿性

润湿性在使用液相的 CMCs 连接中非常重要，因为它控制着铺展和毛细流动过程。润湿性数据是材料可钎焊性的一个有价值的初步筛选工具。已经对单一陶瓷上的各种夹层材料（金属、合金、玻璃）的接触角进行了广泛的测量。例如，含有活性金属钛的钎焊合金润湿氧化物、碳化物、氮化物和碳基底，在大多数情况下，平衡接触角从最初的大钝角到接近锐角值（接近零）。钛是钎焊中最常用的活性金属，因为它可以在陶瓷－金属对中提高反应的润湿性和接合强度。图 13.1 显示了一些合金中钛含量对合金与碳基底接触角的影响。

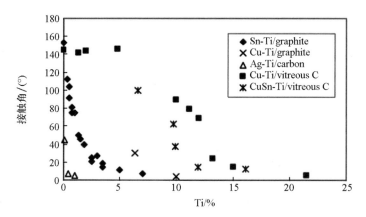

**图 13.1　不同合金中 Ti 含量对其与不同类型碳基底润湿性的影响**

与单一陶瓷不同的是，CMCs 的多相特性以及化学和结构上的不均匀表面使得根据单个成分的润湿性来预测其钎焊性是一项困难的任务。表面粗糙度、纤维结构和表面化学不均匀性显著影响接触角和钎焊流动特性。只有有限的 CMCs 接触角测量值，数据与研究中使用的特定实验条件有关[22,23]。CMCs 动态润湿性数据的缺乏为连接领域的研究提供了契机。

## 13.3.2 表面粗糙度

表面粗糙度对接缝的润湿性和应力集中均有影响。虽然粗糙度可能会增加可润湿系统中的接触（黏合）面积和化学相互作用，但除了促进摩擦结合外，它还可能会由于脆性基底上的缺口效应而增强应力集中。很难对粗糙度的影响进行概括，因为研磨、抛光和加工不仅会降低粗糙度，而且可能会引入表面和亚表面损伤（晶粒或纤维拔出和空洞形成）。此外，加工过程中还可能引入残余应力。在单一陶瓷中，研磨引起的损伤可以在钎焊前通过对研磨后的陶瓷部分重新加热来修复。然而，抛光后软基底（例如石墨、BN）在真空加热过程中可能会发生粗化。基底抛光过程中脱落的基底颗粒封闭了部分孔隙。在真空加热过程中，这些颗粒随着抽出的气体一起被去除，导致表面粗糙度增加。由于粗糙度的多样性和系统特有的影响，最好在单个系统中检查其影响（见 13.5）。

由于纤维结构的类型不同，制造的 CMCs 本质上是"粗糙的"，这可能会对连接响应产生不利影响。关于 C/C、C/SiC 和 SiC/SiC 复合材料连接中的粗糙度效应的信息很少（见 13.5）。对于其他一些 CMCs 系统，研究了粗糙度对接缝强度的影响。例如，使用 CuAgTi 钎焊合金连接的 SiC 晶须增强 $Al_2O_3$ 复合材料接缝的连接强度数据显示[24]研磨和抛光可导致显著不同的连接强度；抛光复合材料比研磨和原始 $SiC/Al_2O_3$ 复合材料具有更高的连接强度。

## 13.3.3　连接设计和应力状态

虽然使用连接和组装来制造结构部件将简化制造过程，但也会给这些结构的设计和分析带来复杂性。过去，连接设计和测试活动主要集中在金属-金属和陶瓷-金属系统。这些系统的最佳接缝设计需要考虑许多因素，包括接缝区域的应力分布，这取决于接缝结构以及接缝和基材之间的化学和热性能匹配程度。在大多数实际应用中，CMCs 接缝在工作条件下会经历不同类型应力的组合（图 13.2），这在实验室规模的试验中可能难以模拟。因此，需要在实际使用条件下对连接的标准 CMCs 部件进行现场试验。然而，强度和其他特性的实验室数据对于初步筛选很重要。

对于聚合物基复合材料系统，建立了各种连接设计和设计准则。各种各样的测试方法已经被用来确定拉伸强度、剥离强度、弯曲强度、剪切强度和压缩强度。然而，与纤维增强聚合物基复合材料的连接技术不同，陶瓷-陶瓷系统的连接设计和测试还没有得到很好的发展和理解，因为大多数陶瓷系统都相对较新。近年来，这一领域取得了一些进展[25,26]。纤维结构、界面涂层、表面涂层和基体性能等因素对 CMCs 的连接和组装起着重要作用。除了正在考虑单个 CMCs 部件的设计、分析和制造方法外，还必须为包含这些材料连接的结构开发标准化测试、设计方法和寿命预测分析方法。

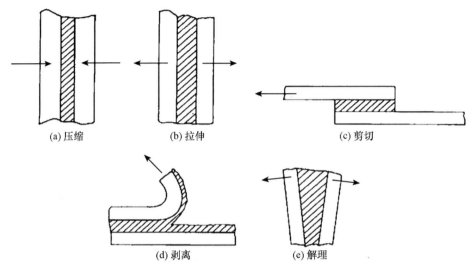

(a) 压缩　　　　　　(b) 拉伸　　　　　　　(c) 剪切

(d) 剥离　　　　　(e) 解理

资料来源：《黏合技术手册》，A. H. Landrock，1985，第 32 页；图摘自《材料连接与
结构》，R. W. Messler，Elsevier，2004，第 206 页

**图 13.2　CMCs 连接常见的应力状态**

## 13.3.4　残余应力、连接强度和连接稳定性

连接强度本质上是许多因素的综合，包括润湿、残余应力、连接结构、相
变和化学偏析。残余应力是由于热膨胀系数不匹配而产生的，并且可能会因外
部应力（如机械加工引起的应力）而增大。CMCs 的连接和使用温度过高会导
致较大的残余应力。此外，在复合材料制造、加工和使用过程中，纤维和
CMCs 基体之间产生的热应力可能会降低层间剪应力（ILSS），从而导致分层
失效。通常，复合材料中的分层失效是由纤维–基体结合较弱引起的，这可能
导致需要进行进一步设计来挖掘 CMCs 的增韧潜力。

由于等温条件下连接强度的时间依赖性，实际 CMCs 构件的连接设计优化
必须考虑多轴应力分布以及应力断裂行为。先前的研究[25]表明，根据测试条
件，CMCs 连接强度随时间的损失可能是快速而显著的。快速的强度损失往往
伴随着不良的微观结构变化，如空洞的形成、长大和合并，从而导致高的局部
应力和开裂。此外，需要评估 CMCs 连接在腐蚀性环境下的长期热稳定性。对
液相渗硅 SiC/SiC 复合材料连接的有限试验表明，CMCs 连接在 1100 ℃下的长

期热稳定性通常良好[27]；当然，需要更广泛的测试来建立特定设计的数据库。

对 CMCs 的设计考虑比传统工程材料更复杂，因为在大多数情况下，这些材料将在高温、应力、侵蚀性环境中长时间使用。如前所述，需要评估应力/应变状态下接缝的强度和可靠性，这种状态与预期应用中发现的情况相当；通常情况下，使用条件涉及多轴应力状态。考虑到与 CMCs 大多数预期应用相关的腐蚀性使用条件，接缝的强度很可能由退化机制控制，包括缓慢裂纹扩展、应力断裂、蠕变、热机械循环和氧化/腐蚀。

在使用连接强度数据设计 CMCs 组件时，提出了一些关键问题[1,25]。通常，可用于设计目的的大多数特性数据都是在原始试样上收集的。这就给设计带来了以下问题：

（1）组件中的连接性能是否等同于试件性能？

（2）初始的连接性能在零件的寿命期内能否保持不变？

（3）热循环（次数和条件）对连接的热机械性能有何影响？热膨胀系数是否与热循环次数无关？

（4）材料是否"软化"（失去模量），这是否会改变 CTE？如果它确实失去了模量，我们可以用它来知道何时移除该零件吗？

如果要在高温和极端工作条件下大规模使用 CMCs 组件，则必须在连接设计过程中解决这些问题。前面强调的另一个关键问题是确定连接在使用条件下的应力状态，即拉伸、剪切或这两种应力的组合。所有这些考虑都要求将连接技术的发展整合到力学设计和制造过程中。

# 13.4　CMCs 和金属系统的连接和组装

许多技术可用于将 CMCs 连接到金属，如焊接、直接黏合、黏合剂黏合和钎焊。我们专注于钎焊这一应用最广泛的陶瓷连接技术。钎焊是一种相对简单且经济高效的连接方法，适用于各种陶瓷以及 CMCs[13-18]。陶瓷钎焊要么利用金属或玻璃态钎料合金制成的胶带、粉末、浆料或棒，其中含有活性金属（如钛），使其在接合区域润湿和扩散，并固化形成接合界面，要么预金属化陶瓷表面，促进润湿和结合。

钎焊通常在高纯度惰性气体下的真空炉中进行。表 13.1 总结了在简单的平背结构中成功钎焊的 CMCs/金属连接。将 SiC/SiC、C/SiC、C/C 和 $ZrB_2$ 基 CMCs 等 CMCs 钎焊到其自身以及 Ti、Cu 包覆 Mo 和 Ni 基高温合金（Inconel 625

和 Hastealloy）上。钎焊合金包括 Ag、Cu、Pd、Ti 和 Ni 基合金。CMCs 连接的钎焊工艺包括：将钎焊箔或焊膏放置在金属和复合材料基底之间，在正常载荷下将组件在真空中加热至钎料液相线以上 15～20℃，在钎焊温度下等温保持一小段时间，然后将连接缓慢冷却至室温。通过 SEM 和 EDS 分析以及接缝处的显微硬度分布来评估连接质量以及溶解、相互扩散、偏析和反应层形成的程度。

表 13.1　C/C 复合材料和 CMCs 与金属钎焊的一般观察

| 复合材料 | 金属基底 | 焊剂 | 结合强度 |
|---|---|---|---|
| C – C[a], f | Ti | Silcoro – 75[h]，Palcusil – 15[h] | 弱 |
| C – C 和 SiC – SiC | Ti | Ticuni, Cu – ABA, Ticusil | 强 |
| C – SiC[i] | Ti 和 Hastealloy | MBF – 20[h] | 强（Ti），中（Hastealloy） |
| C – C[a], f | Ti 和 Hastealloy | MBF – 20[h]，MBF – 30[h] | 强（Ti），中（Hastealloy） |
| SiC – SiC | Hastealloy | MBF – 20[h]，MBF – 30[h] | 中（MBF20），强（MBF30） |
| C – SiC[i] | Hastealloy | MBF – 30[h] | 强 |
| C – SiC[a], i | Ti, Inconel 625 | MBF – 20[h]，MBF – 30[h] | 强 |
| SiC – SiC | Ti | MBF – 20[h] | 强 |
| SiC – SiC | Ti | MBF – 30[h] | 强 |
| C – SiC[a], i | Inconel 625 | Incusil – ABA[h]，Ticusil[h] | 强 |
| C – SiC[a], i | Inconel 625 | Cu – ABA[h]，Cusil[h]，Cusil – ABA[h] | 强 |
| C – SiC[a], b, i | Ti | Cusil – ABA[g], h | 强 |
| SiC – SiC[a], b, j | Ti | Cusil – ABA[g], h | 强[g]，中[h] |
| C – SiC[b], i | Ti, Inconel 625, Cu – clad Mo[k] | Ticusil[g] | 中（Ti），强 |

续表

| 复合材料 | 金属基底 | 焊剂 | 结合强度 |
|---|---|---|---|
| SiC – SiC[b]，j，<br>C – SiC[a]，i，<br>C – C[f]（T – 300） | Ti，Inconel 625，<br>Cu – clad Mo[k] | Ticusil[k] | 强 |
| C – C[c]，d，e | Ti，Inconel 625，<br>Cu – clad Mo[k] | Ticusil[g] | 强[d]，中[e] |
| C – C[c]，d，e，<br>C – SiC[a]，b，i，<br>SiC – SiC[a]，b，j | Cu – clad Mo[k] | Cusil – ABA[g] | 强 |
| C – C[c]，d，e | Ti 和 Inconel 625 | Cusil – ABA[g] | 强 |
| SiC – SiC[a]，b，j | Ti | Cusil – ABA[g] | 强 |
| C – SiC[a]，b，i | Ti | Cusil – ABA[g] | 强[a]，弱[b] |
| ZrB₂ – SiC（ZS），<br>ZrB₂ – SiC – C（ZSC），<br>ZrB₂ – SCS9 – SiC（ZSS） | Ti，Inconel 625，<br>Cu – clad Mo[k] | Cusil – ABA[g]，<br>Ticusil，Palco，Palni | 强 |

注：a—抛光的；b—未抛光；c—三维复合材料（P120 碳纤维，CVI 碳基体），加州古德里奇公司；d—接缝处的定向纤维（三维复合材料）；e—接缝处的非定向侧；f—在树脂碳基体中的 T300 碳纤维，C – CAT，TX；g—钎焊膏；h—铜焊箔；i—CVI 碳化硅基体中的 T300 碳纤维，GE 动力系统复合材料（德国）；j—碳化硅基体中的 Sylramic SiC 纤维，GE 动力系统复合材料（德国）；k—马萨诸塞州 H. C. Starck 公司。

除了简单的平背搭接连接结构外，还制造了更复杂的管板连接和其他非平面连接结构。例如，为了改变钎焊接触面积和施加到接缝上的应力，钛管与石墨 – 泡沫（鞍状材料）和 C/C 复合材料板钎焊后形成不同的管 – 泡沫接触面积（图 13.3）。对钎焊连接的力学测试表明，拉伸和剪切失效总发生在泡沫中。这与所使用的 C/C 复合材料类型无关，也与钛管是以最大化结合面积钎

**图 13.3　采用 K1100 和 P120 编织 C/C 面板/泡沫/钛管接头的钎焊结构**

焊到弯曲的泡沫板上，还是以最大化连接应力钎焊到平坦的泡沫表面无关[28]。在这个例子中，基于所施加的载荷和近似的钎焊面积，施加到钎焊上的最大剪应力超过 12 MPa；施加到钎焊上的最大拉应力超过 7 MPa。

几种 CMC – Ti 钎焊连接的连接强度测试[19,20]。［图 13.4（a）］显示了从许多 CMC – 金属连接的对接 – 带拉伸（BST）试验中提取的不同连接的剪切强度值。平均连接强度为 1.5~9.0 MPa。一般说来，抛光的 CMCs 表面与钛的连接效果要好于未抛光的 CMCs。然而抛光的效果是特定于系统的，因为抛光不仅减少表面缺陷，而且如前所述，还可能引入表面和亚表面损伤。钎焊到钛管上的 C/C 复合材料的剪切强度如［图 13.4（b）］所示。该图表明钎焊成分和外部纤维取向影响 C/C – Ti 的连接强度。

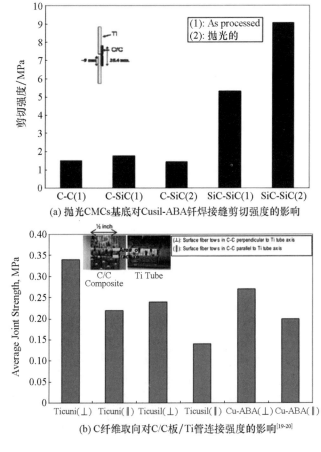

(a) 抛光 CMCs 基底对 Cusil-ABA 钎焊接缝剪切强度的影响

(b) C 纤维取向对 C/C 板/Ti 管连接强度的影响[19-20]

图 13.4　钎焊 CMC – Ti 接头剪切强度数据

　　传统钎焊技术的几种改进方法已被用于连接 CMCs 和 C/C 复合材料。例如，金属夹层和液相渗透已经被用来连接 CMCs。为此，过渡金属（如 Cr 和 Mo）通过浆料沉积在 C/C 复合材料表面，然后进行热处理形成微米尺寸的碳化物层[22]。金属，如箔或粉末（浆料）形式的铜，被应用到 C/C 表面，然后加热。这导致金属对多孔碳化物层的毛细管渗透，从而形成无孔和无裂纹的接缝。这些连接的样品可以直接钎焊到其他合金上。

　　另一种钎焊方法使用柔软且延展性好的流变铸造 Cu – Pb 合金作为热黏结层[23]，它可以吸收 CTE 失配引起的残余应力。流变铸造合金具有非枝晶、球状微观结构、优异的流动性能，并表现出非牛顿力学行为。这些合金是通过机械或电磁（EM）搅拌部分凝固的合金浆料，并延长浆料在部分凝固状态下的保持时间，以使初生固体枝晶凝聚和球化而获得。流变铸造浆料的黏度随剪切速率（伪塑性）而变化，在恒定剪切速率下随时间而变化（触变性）。采用流变铸造 Cu – Pb 偏晶合金将 C/C 复合材料连接到自身和与铜结合的连接强度进行了测试，得到了相对较低的剪切强度值（1.5 ~ 3 MPa）。这些体系剪切强度低的主要原因是合金在 C/C 复合材料上的润湿性相对较差；在 710 ℃氩气气氛下，热台显微镜上测量的接触角为 $101° ~ 104°$[23]。如此大的接触角必然会导致较差的铺展特性。可以想象，C/C 表面改性可以改善润湿性和连接强度。

　　已经开发了许多促进连接的表面改性技术。例如，当金属基底被氧化（氧化物/陶瓷结合）或陶瓷表面被金属化（金属/金属结合）时，连接变得可行且连接强度得到提高。此外，可使用溅射、气相沉积或热分解在陶瓷或 CMCs 基底上沉积活性金属表面薄膜。例如，Ti 包覆的 $Si_3N_4$、Ti 包覆的部分稳定的 $ZrO_2$、包 Cr 的 C 和包覆 Hf、Ta 或 Zr 的 $Si_3N_4$。用含 Ti 化合物（例如 $TiH_2$）预包覆陶瓷，热处理时在陶瓷上形成 Ti 层，也能有效改善结合。

　　所有连接过程中主要考虑的一个因素是由 CTE 不匹配引起的残余应力问题（见 13.3.4）。大的温度变化和大的 CTE 失配对接头的完整性是有害的，因为在冷却过程中有大的残余应力。表 13.2 总结了一些用于连接的 CMCs、C/C 复合材料、高温金属和金属钎料的 CTE 值。在某些体系中可能会出现非常大的 CTE 不匹配（例如 Inconel 或 Ti 连接到 C/C 复合材料）。大多数金属钎料也具有较大的 CTE 值 $[(15 ~ 19) × 10^{-6} K^{-1}]$，但幸运的是，它们通常具有延展性（20% ~ 45% 的延伸率），并且可能通过塑性流动来适应冷却过程中产生的一些残余应力。但是，如果接缝处的粘接良好，且钎焊没有延展性（例如玻璃中间层），则残余应力可能会导致陶瓷基底开裂。合理选择钎料成分和采用创新的钎焊策略，如采用梯度 CTE 的多层中间层和瞬时液相连接（以降低连接温度），以降低接缝中的残余应力。

表 13.2  选定的 CMCs、金属基板和金属钎料的 CTE 代表值

| 材料 | CET $\times 10^{-6} K^{-1}$ |
|---|---|
| C - C 复合材料 | 2.0 ~ 4.0（20 ~ 2500 ℃） |
| 2D SiC/SiC（0/90 Nicalon Fabric，40% 纤维） | 3.0[a]，1.7[b] |
| NASA 2D SiC/SiC 组件（N24 - C） | 4.4[c] |
| HiperComp M. I. Si, SiC/SiC（G. E. Global） | 3.74[a]，3.21[b] |
| ZrB$_2$ - SiC 和 ZrB$_2$ - SCS9 - SiC（SCS9a vol. fr：0.35） | 6.59[a]，d，7.21[b]，d |
| Cu - clad Mo | 5.7 |
| Titanium | 8.6 |
| Inconel 625（Ni 基超合金） | 13.1 |
| Cusil - ABA[©]，Ticusil[©] | 18.5 |
| Palco[©]，Palni[©] | 15 |

注：a—面内值；b—厚度值；c—从 RT 到 1000℃ 的平均值；d—由 Schapery 方程估算；[©] 为摩根高级陶瓷公司的注册商标，加利福尼亚州海沃德。

有效使用连接技术还需要考虑表面涂层（应用于许多 CMCs）对连接响应的影响。多层、多功能的外部涂层为复合材料提供了抗氧化和耐腐蚀性。例如，C/C 复合材料表面覆盖有 SiC 或 Si$_3$N$_4$ 等陶瓷，它们还可能含有 B、Ti 和 Si 等内部氧化抑制剂。在较高的工作温度下，这些元素会在 C/C 复合材料中形成玻璃态氧化物相，从而封闭任何可能在外部涂层中由 CTE 失配引起的裂纹。这为氧扩散到多孔复合材料基体中创造了一个屏障，从而延缓了其降解。在连接时要考虑的一个问题是，外部涂层应该在连接之前还是之后应用。这对于钎焊连接尤其重要，因为大多数外部涂层是在 1000 ~ 1400 ℃ 下制备的，大多数钎料在这些温度下熔化。此外，必须考虑复合材料中加入的玻璃形成抑制剂对钎焊的润湿性和附着力的影响。

# 13.5  CMC - CMC 系统的连接和组装

美国宇航局格伦研究中心开发了一种价格合理、性能可靠的用于 SiC 基陶

瓷和纤维增强复合材料（如 C/SiC、SiC/SiC 等）的陶瓷连接技术（ARCJoinT）[4-6]。这种连接技术允许通过连接几何上更简单的形状来形成复杂形状。该技术的流程如图 13.5 所示。基本方法包括在连接之前对加工好的 CMCs 表面进行清洁和干燥。将碳质混合物涂在接头表面，然后在 110~120 ℃ 固化 10~20 min。将 Si 或 Si 合金（如 Si-Mo、Si-Ti）以带状、膏状或浆料形式应用于连接区域，并加热至 1250~1450 ℃ 保温 5~10 min。Si 或 Si 合金与 C 反应生成 Si 和其他相（如 TiSi$_2$）含量可控的 SiC。通过这种反应结合方法制备的具有良好高温强度的连接已被广泛应用于各种领域。在使用 ARCJoinT 技术制造的 C/SiC 复合材料连接中，在 1350 ℃ 的高温下，剪切强度超过了原始 C/SiC。对于在高温下使用这种接头来说，这是一个积极的发展。

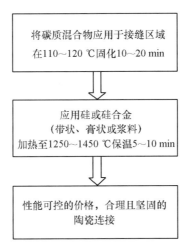

图 13.5　NASA GRC 开发的 ARCJionT 陶瓷连接技术流程图[4]

德国的 Krenkel[8,9] 为 C/C 复合材料开发了另一种基于液相硅的连接技术。将一种膏状的碳质黏结材料（含有细石墨粉的酚醛先驱体）涂覆在 C/C 复合材料表面，用碳纤维垫或毡作为中间层，然后对黏合材料进行液相渗硅，以获得所需的转化率。

其他值得注意的连接 CMCs 的尝试包括使用钙铝（CA）玻璃陶瓷[29]和硼酸锌（ZBM）玻璃[30]。玻璃作为连接材料的一个潜在优势是通过对其成分设计可实现所需的反应性、润湿性和紧密匹配的 CTE。此外，许多烧结陶瓷在其晶界处形成非晶相，玻璃与这些非晶晶界相之间具有良好的润湿性和黏结性。玻璃基钎料的缺点是黏度相对较高和脆性较大。Ferraris 等人[29]报道了用共晶

CA 玻璃陶瓷（49.77CaO – 50.23Al$_2$O$_3$）低温无压连接 HI – Nicalon 纤维/SiC CMCs。用 CA 玻璃作为中间层，将 CVI – SiC/SiC 和聚合物浸渍裂解（PIP） – SiC/SiC 复合材料连接起来。在 CMCs 表面之间沉积 CA 玻璃浆料，并在氩气下将组件加热至 1500 ℃ 保温 1 h。有趣的是，CA 玻璃陶瓷不会润湿 PIP CMC（其中含有非晶态 SiC 相），但会润湿 CVI CMC（其中含有 β – SiC 相）。在 CVI – SiC/SiC 接缝中未发现裂纹、气孔或不连续的迹象，断裂路径是通过 CA 玻璃陶瓷相，而不是在 CA/CMCs 界面；这表明连接强度超过了 CA 玻璃陶瓷的断裂强度。

在另一项关于连接 C/C、C/SiC 和 SiC/SiC 复合材料的研究[30]中，使用了 ZBM 玻璃以及 Al、Ti 或 Si 的金属涂层。将夹层、渗透和涂层的 CMCs 结构连接在一起。所制备的 CMCs 接缝的剪切强度（通常为 10~22 MPa）主要取决于连接材料。以硅为夹层时连接强度最高（22 MPa），以铝为夹层时连接强度较低（10 MPa）。CMCs 基底间的玻璃夹层使 SiC/SiC 复合材料连接的平均剪切强度约为 15 MPa。在含有 Si 和 Al 中间层的 C/C 连接中，形成了 SiC 和 Al$_4$C$_3$ 相。对于 Si 中间层，力学试验中接缝的断裂路径是穿过 Si 层的多个平面；而对于 Al 中间层，断裂发生在 C/C 复合材料与 Al$_4$C$_3$ 反应生成层之间的界面上。

在起始基底不同表面条件下反应生成的 CVI C/SiC 连接的接缝微观结构如图 13.6 所示。CVI C/SiC 接缝是通过将涂覆在基底表面的碳质浆料进行液相渗硅形成的，与 ARCJionT 过程相同。图 13.6 显示了当一个 C/SiC 表面被加工而另一个表面处于原始（未加工）状态时，形成了组织结构良好的接缝。当两个配合表面都加工或都没有加工时，会形成含有空洞和微裂纹的劣质接缝。Krenkel[9] 在 C/C 连接上也获得了类似的结果，该连接是用碳质黏合膏浸渍碳纤维织物或毡，并通过液相渗硅制成。尽管使用浸渍织物作为夹层连接未研磨试样时，剪切强度得到了较大改善，但使用研磨和未研磨的 C/C 试样与碳纤维织物（用黏合膏浸渍）配合的连接中获得了最高的剪切强度，这是因为柔性碳织物中间层在渗硅之前会通过变形来匹配未研磨试样的表面轮廓，从而确

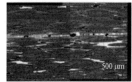 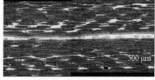 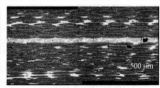

(a) 两表面都加工　　(b) 一个表面已加工，一个是原始表面　　(c) 两个原始表面

图 13.6　反应生成的 CVI C/SiC 接缝微观结构

保无空隙且拓扑均匀的界面。

　　图 13.7 显示了由 ARCJoinT 工艺制成的 CVI C/SiC 复合材料连接在不同温度下的双缺口压缩试验中的应力–应变行为。依据 ASTM C 1292–95a（RT）和 ASTM C 1425–99（HT）对 CVI C/SiC 复合材料连接进行测试。这些测试标准已被 ASTM 推荐用于确定连续纤维增强的一维和二维 CMCs 的层间剪切强度（ILSS）。在该试验中，剪切破坏发生在两个缺口之间，这两个缺口反对称位于试样相对两侧，与中间平面的距离相等［图 13.7（a）］。虽然该测试实施起来相对简单，并且只需要小样本，但是它有一些缺点。首先，由于层间剪切破坏是由缺口根部的应力集中引起的，缺口之间的剪应力分布是不均匀的。其次，试样在纯剪切下不会失效，因为会引起剪切应力和法向压缩应力。尽管如此，试验得出了接缝剪切强度的合理估计。

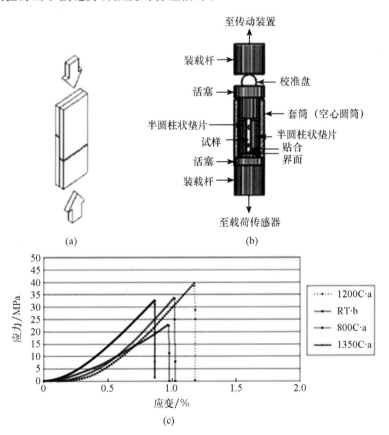

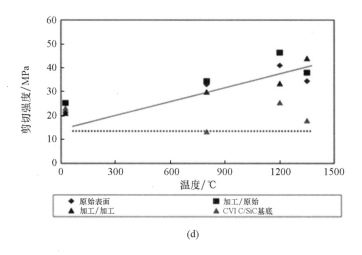

(d)

**图 13.7** （a）试件几何形状；（b）用于压缩双缺口剪切试验的试验装置；（c）不同温度下 CVI – C/SiC 连接压缩双缺口剪切试验的应力 – 应变行为；（d） CVI – C/SiC 复合材料连接的剪切强度随温度的变化[25]

图 13.7 （c） 和 （d） 中给出了用于数据收集的试样尺寸如下：试样长度（L） =30 mm （±0.10 mm），缺口之间的距离（h） =6 mm （ ± 0.10 mm），试样宽度（W） = 15 mm （ ± 0.10 mm），缺口宽度（d） = 0.50 mm （±0.05 mm），试样厚度（t）为可调。测试结构如图 13.7 （b） 所示，其中加载速率为50 N/s。有关测试程序的更多细节见文献 ［25］。使用以下关系从应力 – 应变数据中提取接缝的剪切强度 τ：

$$\tau = \frac{P}{wh}$$

其中，P 为施加的压缩载荷，w 为试样的宽度，h 为缺口之间的距离。

图 13.7 还显示了试验温度对连接强度的影响。连接的剪切强度随温度的升高而增大，超过了 CVI – C/SiC 复合材料基底的剪切强度。表面粗糙度对连接剪切强度的影响很小，与其他类型的连接相比，加工后/原始 CMCs 的连接在 1350 ℃显示出相对较高的强度。

已有多项研究报道了 CMCs 连接剪切强度的测量结果。表 13.3 总结了 C/C、C/SiC 和 SiC/SiC 复合材料连接的一些结果。强度数据从四点弯曲试验、单搭接试验、双缺口压缩试验等方法提取。剪切强度值有相当大的差异，因为强度取决于连接技术、测试方法、基底表面制备和测试温度。由于缺乏标准化的测试方法，很难将这些数据用于实际的部件设计任务。因此，在小众应用领域的实际使用条件下，对原型部件连接的开发和性能评估显得尤为重要。下一节将讨论 CMCs 连接技术在零部件制造中的应用。

# 13.6　子组件中的应用

借助先进的连接技术，通过组装子组件已经制造出许多 CMCs 部件。一些例子如图 13.8 所示。连接的 CMCs 部件包括用于赛车发动机的 C - C 复合材料气门，用于在大气和太空的飞行器高温下使用的传感器附件[33]，与标准灰铸铁制动盘相比热稳定性显著提高的轻质 C/C - SiC 制动器，以及 CMCs 热交换器。摩擦表面之间具有内部冷却通道的 CMCs 制动盘已经通过连接制成。内部肋条和螺栓的复杂布置允许 CMCs 制动器的内部通风和冷却。因此，这些制动盘包含两个子组件：具有纵向纤维增强的螺栓和具有平面内增强的环形板。这些制动器是在 C/C 阶段加工的。这一步之后是用碳质浆料黏合，然后渗硅。同样，原型涡轮和泵轮以及 CMCs 热交换器也采用先进的陶瓷连接技术进行了

(a) 连接的C/SiC复合材料　　(b) 赛车发动机用C-C复合材料气门　　　　(c) 传感器附件

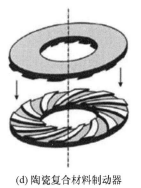

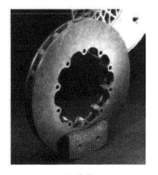

(d) 陶瓷复合材料制动器　　　　　(e) 螺栓　　　　　　　(f) 肋条

(g) 换热器底座

(h) 径向泵轮

图 13.8　采用先进连接技术制造的 CMCs 部件示例

设计和制造。许多其他类型的工程部件已经通过连接 CMCs 子组件制成，并且这些部件已经在实际或模拟使用条件下进行了性能测试。

# 13.7　复合材料系统的修复

许多为制造大型复杂部件而开发的连接技术，经过某些修改后，可用于维修在使用中损坏的 CMCs 部件。一项创新是开发了一种航天飞机增强 C/C（RCC）复合材料热防护系统的先进空间修复技术。美国宇航局格伦研究中心开发了一种用于黏合和外部修复的名为格伦高温胶粘剂的新材料[34,35]，该材料能够用于航天飞机 RCC 前缘材料的小裂缝的多用途空间修复。这种新材料具有良好的特性和可控性，如黏度、润湿行为、工作寿命等，并且在大量实验室模拟中显示出优异的等离子体性能。该材料不需要后处理，并在返回条件下转化为高温陶瓷。等离子体条件下的初步性能评估试验令人鼓舞，进一步的试验正在进行中。

在模拟试验中，通过使用压头制造裂纹和使涂层剥落等方法在 RCC 圆盘上制造受损区域，利用该区域来评估在航天飞机再入条件下小损伤和涂层损失对 RCC 中心带性能的影响。图 13.9 显示了用 GRABER 修复损伤的试验照片。图 13.9（a）显示了在 ARCJet 测试支架中经过 GRABER 修复的 RCC 试样，图 13.9（b）和（c）分别显示了电弧喷射测试期间和之后的照片[34,35]。试验进行了 15 min，修复的区域在此期间暴露在航天飞机再入条件下。显然，修复方案成功地防止了热等离子体和其他气体物质通过修复后的 RCC 复合材料。因此，使用 GRABER 进行损伤修复是一种在再入条件下对 RCC 复合材料的小面积损伤和涂层损失具有潜在有效性的可靠修复技术，它可能有助于提高飞行器和机组人员的安全。GRABER 是一种酚醛基胶粘剂，硅是反应相之一。该体系具有很高的黏度，不能在复合材料的干燥区域浸渗。它已被开发并优化，可用于 RCC 复合材料的损伤修复，需要进一步的测试来评估其在 C/SiC 和 SiC/SiC 复合材料损伤修复中的有效性。

 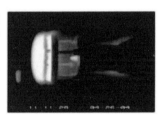 

(a) ARCJet测试支架中GRABER　　(b) 测试期间的照片　　(c) 测试后照片
修复的RCC试件

**图 13.9　用 GRABER 修复损伤的试验照片**

# 13.8　结束语和未来发展方向

制造大型复杂形状的 CMCs 部件需要坚固的连接和组装技术，这是航空航天、发电、核能和交通运输行业的一项关键技术。本章讨论了连接设计理念、设计问题和连接技术，以及 CMCs 连接与 CMCs 制造的关系，特别强调了润湿性、表面粗糙度和残余应力在连接强度和完整性中的作用，给出了 CMCs 连接的力学性能数据，以及连接 CMCs 原型子部件的实例。此外，本章还介绍了应用 CMCs 连接技术修复在使用过程中受损陶瓷部件的最新进展。

显然，为了赢得设计师的信心和信任，在 CMCs 组件的连接和组装方面还需要更多的开发研究工作。CMCs 连接仍需要解决一些关键问题。其中包括：

（1）在实验室条件下通过试样表示真实部件连接的有效性；

（2）多相 CMCs 上的接触角和黏附功测量显示出相当大的化学和结构不均匀性；

（3）热疲劳和侵蚀性环境对 CMCs 连接长期耐久性的影响；

（4）在包括多轴外应力在内的各种试验条件下，时间对连接性能的影响；

（5）氧化、蠕变和热冲击对连接强度和完整性的影响；

（6）CMCs 连接设计和测试方法的标准化，以及 CMCs 组件制造中寿命预测模型的开发和集成。

# 致谢

感谢 Tarah Shpargel 在连接界面的显微结构工作方面的帮助。R. Asthana 感谢美国宇航局格伦研究中心和威斯康星大学斯托特分校给予的支持。

# 参考文献

[1] SINGH M, LEVINE S R. Challenges and opportunities in design, fabrication, and testing of high temperature joints in ceramics and ceramic composites [C]//6th International Conference on Brazing, High Temperature Brazing and Diffusion Bonding. 2001: 55 - 58.

[2] SINGH M. Critical needs for robust and reliable database for design and manufacturing of ceramic-matrix composites[R]. Cleveland, OH: NASA Glenn Research Center, 1999.

[3] LEWIS III D, SINGH M. Post-processing and assembly of ceramic-matrix composites[M]//MIRACLE D B, DONALDSON S L. Composites. Materials Park, OH: ASM International, 2001: 668 - 673.

[4] SINGH M. A reaction forming method for joining of silicon carbide-based ceramics[J]. Scripta Materialia, 1997, 37(8): 1151 - 1154.

[5] SINGH M. Joining of Silicon Carbide - Based Ceramics by Reaction Forming Approach[C]//Proceedings of the 21st Annual Conference on Composites, Advanced Ceramics, Materials, and Structures—A: Ceramic Engineering and Science Proceedings. Hoboken, NJ, USA: John Wiley & Sons, Inc., 1997: 159 - 166.

[6] SINGH M. A new approach to joining of silicon carbide-based materials for high temperature applications[J]. Industrial Ceramics, 1999, 19: 91 - 93.

[7] LEWINSOHN C A, JONES R H, SINGH M, et al. Methods for Joining Silicon Carbide Composites for High-Temperature Structural Applications[C]//23rd

Annual Conference on Composites, Advanced Ceramics, Materials, and Structures: A: Ceramic Engineering and Science Proceedings. Hoboken, NJ, USA: John Wiley & Sons, Inc. , 1999: 119 – 124.

[8] KRENKEL W, HENKE T, MASON N. In-situ joined CMC components[J]. Key Engineering Materials, 1996, 127: 313 – 320.

[9] KRENKEL W, HENKE T. Modular design of CMC structures by reaction bonding of SiC[C]//Proceedings of Materials Solutions Conference '99 on Joining of Advanced and Specialty Materials. Materials Park, OH: ASM International, 2000: 3 – 9.

[10] FERNÁNDEZ J M N, MUNOZ A, VARELA-FERIA F, et al. Interfacial and thermomechanical characterization of reaction formed joints in silicon carbide-based materials[J]. Journal of the European Ceramic Society, 2000, 20 (14 – 15): 2641 – 2648.

[11] LOCATELLI M, TOMSIA A P, NAKASHIMA K, et al. New strategies for joining ceramics for high-temperature applications [J]. Key Engineering Materials, 1995, 111: 157 – 190.

[12] PETEVES S, PAULASTO M, CECCONE G, et al. The reactive route to ceramic joining: fabrication, interfacial chemistry and joint properties[J]. Acta Materialia, 1998, 46(7): 2407 – 2414.

[13] SINGH M, SHPARGEL T, MORSCHER G, et al. Active metal brazing and characterization of brazed joints in titanium to carbon-carbon composites[J]. Materials Science and Engineering: a, 2005, 412(1 – 2): 123 – 128.

[14] SINGH M, ASTHANA R, SHPARGEL T. Brazing of carbon-carbon composites to Cu-clad molybdenum for thermal management applications[J]. Materials Science and Engineering: A, 2007, 452: 699 – 704.

[15] SINGH M, ASTHANA R. Joining of zirconium diboride-based ultra high-temperature ceramic composites using metallic glass interlayers[J]. Materials Science and Engineering: A, 2007, 460: 153 – 162.

[16] ASTHANA R, SINGH M, SHPARGEL T. Brazing of Ceramic-Matrix Composites to Titanium Using Metallic Glass Interlayers [J]. Mechanical Properties and Performance of Engineering Ceramics II: Ceramic Engineering and Science Proceedings, 2006, 27: 159 – 168.

[17] SINGH M, SHPARGEL T P, MORSCHER G, et al. Active metal brazing of

carbon-carbon composites to titanium[C]//5th International Conference on High Temperature Ceramic Matrix Composites. 2004: 457-462.

[18] SINGH M, ASTHANA R. Brazing of advanced ceramic composites: Issues and challenges[M]//EWSUK K, NOGI K, WAESCHE R, et al. Ceramic Transactions, Vol. 198. Hoboken: John Wiley & Sons, 2007: 9-14.

[19] MORSCHER G N, SINGH M, SHPARGEL T, et al. A simple test to determine the effectiveness of different braze compositions for joining Ti-tubes to C/C composite plates[J]. Materials Science and Engineering: A, 2006, 418(1-2): 19-24.

[20] MORSCHER GN, SINGH M, SHPARGEL TP. Comparison of different braze and solder materials for joining Ti to high-conductivity C/C composites[C]// Proceedings of 3rd International Conference on Brazing and Soldering, San Antonio, TX, 2006: 257-261.

[21] SINGH M, SHPARGEL T P, ASTHANA R, et al. Effect of composite substrate properties on the mechanical behavior of brazed joints in metal-composite system[C]//Proceedings of 3rd International Conference on Brazing and Soldering, San Antonio, TX, 2006: 246-251.

[22] APPENDINO P, FERRARIS M, CASALEGNO V, et al. Direct joining of CFC to copper[J]. Journal of Nuclear Materials, 2004, 329: 1563-1566.

[23] SALVO M, LEMOINE P, FERRARIS M, et al. Cu Pb rheocast alloy as joining material for CFC composites[J]. Journal of Nuclear Materials, 1995, 226(1-2): 67-71.

[24] MOORHEAD A J, ELLIOTT JR W H, KIM H E. Brazing of ceramic and ceramic-to-metal joints[M]//OLSON D L, SIEWERT T A, LIU S, et al. Welding, Brazing, and Soldering. Materials Park: ASM International, 1993: 948-960.

[25] SINGH M, LARA-CURZIO E. Design, fabrication, and testing of ceramic joints for high temperature SiC/SiC composites[J]. Journal of Engineering for Gas Turbines and Power, 2001, 123(2): 288-292.

[26] AVALLE M, VENTRELLA A, FERRARIS M, et al. Shear strength tests of joined ceramics[C]//8th Biennial ASME Conference on Engineering Systems Design and Analysis, Torino, Italy, July 2006, ASME International, NY, 2006.

[27] SINGH M. Design, fabrication and characterization of high temperature joints

in ceramic composites[J]. Key Engineering Materials, 1999, 164: 415 –420.

[28] SINGH M, MORSCHER G N, SHPARGEL T P, et al. Active metal brazing of titanium to high-conductivity carbon-based sandwich structures [ J ]. Materials Science and Engineering: A, 2008, 498(1 –2): 31 –36.

[29] FERRARIS M, SALVO M, ISOLA C, et al. Glass-ceramic joining and coating of SiC/SiC for fusion applications[J]. Journal of Nuclear Materials, 1998, 258: 1546 –1550.

[30] SALVO M, FERRARIS M, LEMOINE P, et al. Joining of CMCs for thermonuclear fusion applications[J]. Journal of Nuclear Materials, 1996, 233: 949 –953.

[31] TREHAN V, INDACOCHEA J E, LUGSCHEIDER E, et al. Joining of SiC for hightemperature applications[C]//Proceedings of Materials Conference '98 on Joining of Advanced and Specialty Materials. 1998: 57 –62.

[32] RICCARDI B, NANNETTI C, WOLTERSDORF J, et al. High Temperature Brazing for SiC and SiC ~ f/SiC Ceramic Matrix Composites[J]. Ceramic Transactions, 2002, 144: 311 –322.

[33] MARTIN L C, KISER J D, LEI J F, et al. Attachment technique for securing sensor lead wires on SiC-based components [ J ]. Journal of Advanced Materials, 2002, 34(4): 34 –40.

[34] IANNOTTA B. On-orbit shuttle repair takes shape. NASA continues perfecting new on-orbit repair capabilities as the shuttle return-to-flight mission approaches [J]. Aerospace America, 2004, 42(8): 30 –34.

[35] HECHT J. NASA One Step Closer to Shuttle Repair in Orbit[EB/OL] (2004 – 05 – 22) [2024 – 12 – 10]. https: //www. newscientist. com/article/ mg18224483 –100 –nasa –one –step –closer –to –shuttle –repair –in – orbit/.

# 第 14 章　航天航空用 CMCs

## 14.1　简介

热结构复合材料是一类独特的高性能材料。它们将石墨和陶瓷的高温性能和结构性能与纤维增强复合材料的高度可定制性结合在一起。这些材料对于国防、空间、航空和工业应用的增长和竞争力至关重要。C/C 复合材料是最早的热结构复合材料，它在 20 世纪 60 年代和 70 年代火箭推进技术早期研究、开发和产业化中起到了主导作用。

高温合金的耐温性能一直在不断提升，但其熔点的限制（非常接近工作条件）正在阻止这种发展。

20 世纪 80 年代，为满足未来可重复使用运载火箭热防护系统（TPS）相对较长的使用寿命，开发了陶瓷基复合材料（CMCs）。由于性能需求、经济限制以及国际环境法规的演变，军用和商用飞机发动机的设计一直受到两个关键因素的推动：减轻重量、提高气体温度。这两个因素分别与有效载荷增加、效率提高以及 $NO_x$ 和 CO 排放减少有关。喷气发动机部件的长寿命是另一项要求，占整个寿命周期成本的很大一部分。这些需求使得自愈合基体复合材料概念的发展成为必要。

CMCs 的固有性能（低密度、高熔点、高力学性能和化学稳定性）非常适合取代金属合金，纤维增强和定制的纤维/基体结合改善了陶瓷的低断裂韧性。

下面将描述制造过程的主要步骤，并确定当前的空间和航空应用。

## 14.2　C/C 复合材料

C/C 复合材料的历史始于 1958 年 Chance Vought 飞机公司的一个实验室，

当时酚醛基复合材料[1]发生了热解，这可能是偶然的。20 世纪 50 年代，美国同时开展了一项将纤维嵌在树脂基体中制成的复合材料研究，英国同时开展了一项开发碳纤维的研究，这为 60 年代发展烧蚀复合材料奠定了基础。这些材料通常由浸渍聚合酚醛树脂的碳纤维增强材料或较少使用的 $SiO_2$ 纤维增强材料制成。在吸收了大量热量后，树脂最终被火箭发动机喷嘴喷出的高温气流烧焦[2]。

## 14.2.1　C/C 复合材料的制备

C/C 制造过程可以分为两个主要步骤：

（1）制造碳纤维增强材料，称为预制体；

（2）通过基体填充预制体的孔隙，称为致密化。

### 14.2.1.1　$n$ 维增强体

根据所研究的最终复合材料特性，可使用三种类型的碳纤维前体：粘胶、聚丙烯腈（PAN）或沥青纤维。例如，ex-pitch 碳纤维用于高导热性，ex-PAN 碳纤维用于高力学性能，ex-rayon 碳纤维用于特定功能应用。

到 20 世纪 70 年代末，主要的碳纤维增强碳材料有：

第一种是基于二维增强体的 C – C 材料，其优点在于厚度小和制造工艺简单。使用了干法或液相法两种制备方法。干法包括用专门的石墨工具压出干布织物，用于 CVI 致密化。液相路线是基于使用预浸料，首先成型和固化，然后热解和热处理。

这种二维材料的层间强度很差，在制造过程中容易发生分层或开裂。尽管如此，自从 Mage 远地点助推发动机（图 14.1）问世以来，斯奈克玛固体推进公司还是成功地掌握了固体推进火箭发动机的二维渐开线 C – C 喷管。

第二种是通过编织纤维或缠绕杆制造 $n$ 维增强预制体（三维、四维、多维等）获得的多向增强材料（图 14.2）。这些材料具有更好的各向同性、良好的抗分层性能和厚件制造能力。当喷管喉部的侵蚀程度必须很低时，最好的（但也是最昂贵的）增强体将由四维材料构成。这种始于 1973 年的预制体技术一直在使用。立方体网络是由相互缠绕的碳纤维加筋棒制成的，在致密前后可获得40%的高体积纤维比结构。

**图 14.1   远地点火箭发动机（Mage）[3]**

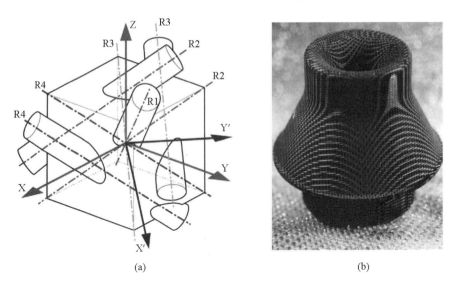

(a)                                                                (b)

**图 14.2   （a）四维预制体结构；（b）致密后的四维 Sepcarb[4]**

这种四维材料被保留下来，用于法国新一代威慑力固体火箭发动机
（SRM）的开发。它还成功地应用于 Mage 发动机系列（图 14.1），进行了 50
多次点火测试和 18 次飞行任务，没有出现故障或其他意外问题。然而，由于
编织单元较粗，仅液相路线（树脂或沥青）适用于致密化。此外，它们不适
合制备厚薄结合的复杂零件[3,5]。这就是一种结合了多维和二维预制体优点的
新结构被开发出来应用于所有推进领域的原因，典型的应用是固体火箭喷管的

整体喉道和喷管、热气阀或液体火箭发动机（LRE）的大尺寸喷管。

### 14.2.1.2　三维增强体预制件

如前所述，二维 C/C 复合材料存在分层缺陷，且其应用因厚度限制而减少。因此三维预制件已被开发出来，并且出于经济考虑，针刺是使用编织和针刺技术制备碳预制体的首选技术。20 世纪 80 年代初，SEP（SociétéEuropéenne de Promotion，后来的斯奈克玛固体推进公司）开发了一种称为 Novoltex 的三维织物。这是由 PAN 纤维通过自动化技术制成的三维碳素无纺预制体结构。

预制件是通过针刺特定的布获得的。这种材料由碳前驱体（PAN 前驱体）编织布和沉积在其上的一层短碳前驱体纤维组成。有必要找出并掌握布料上纤维层的正确处理方法。

这种针刺工艺包括用钩针推动纤维将织物层相互连接（钩针的设计使纤维在针离开预成型件时保持在原来的位置）。针刺方向称为"Z"，而"X"和"Y"表示二维布层方向。Z 纤维密度可以通过控制针的几何形状、针的行程或针刺密度来调整。对适当的针刺工具和参数进行了研究和优化，以获得每种应用类型在密度、孔隙尺寸分布和纤维含量方面的最佳预制件特性（图 14.3）。

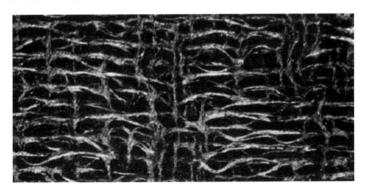

图 14.3　Novoltex 预制件特性

Novoltex 的一个独特之处在于，针刺是在每一层沉积之后进行的，因此在工艺结束时，预制件的每一部分在厚度方向都获得了相同数量的转移纤维（图 14.4）。这为 Novoltex 结构提供了良好均匀性。在此步骤之后，进行最终碳化处理以获得纯碳纤维。最终材料中的碳纤维体积含量在 20% ~ 30%。

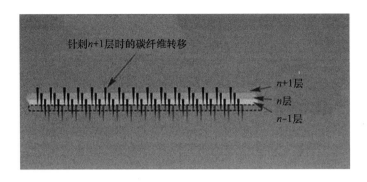

图 14.4　碳纤维转移

开发了专门的针刺机以生产不同的极端结构，如大矩形块（高达 160 mm）、圆柱体、圆锥形（外径 2600 mm）和薄或厚的平面预制体（7000 mm × 2500 mm × 60 mm）（图 14.5）。

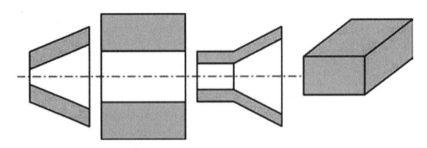

图 14.5　几何预制体（示意图）

预制体制造完成后，将其从针刺芯轴上分离出来，并在高温下进行热处理，将碳前驱体转化为碳。在碳化过程中，必须控制影响织构的收缩。这种由自动操作生产的三维预制体具有规则和精细的开孔分布，非常适合 CVI 致密化工艺（干法）。

有趣的地方在于通过控制预制体特性，从近二维特性到近各向同性材料，在一定程度上调整最终材料的正交性的可能性。一旦致密化，这些预制体就会赋予材料非常有吸引力的性能，从大而薄的部件（< 1.5 mm）到厚部件（> 100 mm），其中粗编织的三维结构是无效的。斯奈克玛固体推进公司拥有多台针刺设备，能够将预制件做成宽 2.6 m、长 6 m 的平板，以及直径 2.6 m、长 3 m 的圆柱形或圆锥形零件。预制体厚度与零件的最终尺寸相适应。

一种称为 Naxeco 的新型三维增强材料已经通过直接针刺商用碳纤维制得，纤维含量为 35%（图 14.6）。商用纤维意味着在中间制造状态（"预氧化步骤"）下的特定原材料采购和相关缺陷（长期供应、价格、特定质量控制和工艺等）被消除。碳纤维意味着还消除了与碳化处理相关的成本和缺点，如相对较差的力学性能（对于 Novoltex，纤维在没有拉伸应力的情况下进行热处理）。

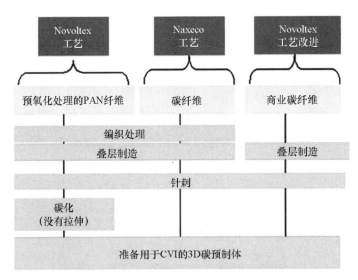

图 14.6　Novoltex 和 Naxeco 工艺对比流程图[5]

经济的 Naxeco 增强材料还具有更好的力学性能，至少在 0.5% 范围内具有相等的断裂应变，断裂强度提高了 50% ~ 100%，从而提高了部件的可靠性。选择合适的纤维含量可降低推进应用中的侵蚀。

### 14.2.1.3　致密化

基体可通过化学气相渗透（CVI）、树脂浸渍结合裂解处理（PIP）或沥青浸渍结合高等静压（HIP）碳化工艺获得（图 14.7）。

CVI 在受控温度和低压下，甲烷在气相中裂解，碳基体沉积在碳纤维结构的孔隙中。这种工艺使用最多，因为它提供了具有良好力学性能的碳基体（纯热解碳），适合工业应用，如航空制动盘。

CVI 致密化过程有许多种类，如等温、热梯度、直接耦合、压力梯度（强制流动）、半强制流动和脉冲流动过程。研究的共同目标是缩短致密化时间，降低成本。

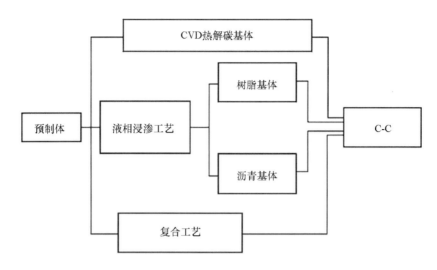

图 14.7　碳致密化工艺流程图[6]

在等温 CVI 致密化过程中，零件由外部石墨基座加热，该基座本身由外部电感应器的自感应加热（图 14.8）。

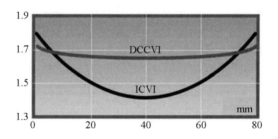

图 14.8　等温 CVI 致密化过程

在直接耦合工艺中，轴对称部分（由碳纤维制成，因此具有导电性）通过外部电感应器的直接 Lenz 效应自加热。该工艺有利于中心致密，具有以下优点：

（1）更高的"中心密度"；

（2）减少了致密时间；

（3）无结壳效应，消除了一些加工周期；

（4）更薄的初始预制体。

直接耦合相对于等温 CVI 工艺的好处在图 14.8 中得到了很好的展示，并在厚度方向上对密度进行了比较。该过程以及压力梯度 CV 工艺允许将致密循环持续时间除以 2。

采用薄膜沸腾工艺可使 C/C 的致密化速度更快。这一工艺由 CEA Potential 于 1981 年申请专利，可以在不到 10 h 的时间内将部件致密。将部件浸泡在甲苯或环己烷等液态碳氢化合物中，然后通过电阻加热或感应加热（内部或外部射频线圈、螺线管、盘饼或针线圈）在 1000 ℃ 左右加热。非常高的温度梯度和传质通量构成了这一过程的驱动力[7]。

这些驱动力是由多孔结构的外表面上待填充的液体前驱体的蒸发引起的。该技术具有致密化速率高、材料特性好、可重复和相对简单等优点，但需要较高的电功率。

沥青基体工艺和树脂基体工艺碳结构的致密化是通过沥青或树脂浸渍，然后进行高压（沥青）或低压（树脂）碳化（PIP）实现的。沥青碳基体提供了高热导率的 C – C。相反，树脂碳基体提供了具有良好力学性能和低热导率的 C – C。

这三种致密化工艺可以根据设计要求（成本、材料特性、尺寸、形状等）进行组合。Snecma 固体推进公司是一家拥有使用这些致密化工艺的工厂的欧洲公司。他们已经为优化的预制体开发了特定的致密化工艺。例如，沥青浸渍和加压碳化与四维预制体相结合，而 CVI 非常适合针刺增强体。为了制造复杂的零件，最好的办法是使用树脂浸渍实现预制体成型，然后通过 CVI 工艺最终实现致密化。

斯奈支玛固体推进公司拥有许多装置：CVI 炉、树脂浸渍和沥青浸渍装置，以及常压和高压（高达 1000 bar 和 1000 ℃）碳化炉（图 14.9）。这些设备

图 14.9　等温 CVI 致密化工艺装置[8]

能够制造直径为 2.5 m、长度为 2.5 m 的复杂大型碳及 SiC 基体零件。

## 14.2.2 C/C 复合材料应用

### 14.2.2.1 固体火箭发动机（SRM）喷管

喷管喉部被定义为马赫数等于 1 的区域，是固体火箭发动机最关键的部分。由于它必须承受非常高的温度、高热梯度、极高的热流以及磨蚀和化学侵蚀，因此该零件需要由非常耐蚀的材料制成，例如钨、石墨或 C－C 复合材料。比钨轻十倍的高导热碳基材料是极好的候选材料。但是，由于石墨易碎，碳纤维增强复合材料成为喷管喉部的标准材料：它们可以用酚醛树脂体系（在点火前不碳化）或碳基体"致密化"。对于运行中的三个最大的固体火箭发动机，根据推进剂颗粒中铝含量的增加（航天飞机 RSRM，泰坦 4 SRMU，阿丽亚娜 5 MPS），三个喷管喉部由碳/酚醛（RSRM）、石墨/酚醛（SRMU）和最终碳/碳复合材料（MPS）组成。

这种大喷管喉部材料的选择也取决于生产这么大零件的能力：在航天飞机的发展阶段，不可能以可承受的成本生产这么大的 C－C 复合材料零件。

Novoltex C－C 复合材料被选为阿丽亚娜 5 MPS 的基础材料，因为 C－C 具有更低的烧蚀率和更高的抗侵蚀性。这一点必须说明，因为两个助推器是同时启动的，需要提供完全相同的推力。如果不是，推力不平衡必须由推力矢量控制系统进行校正，它被限制在 6°的偏转角内。不受控制的推力不平衡会大大降低发射器的性能，并可能危及飞行安全。开发和鉴定静态点火测试、在62 MPS 上记录的飞行数据以及飞行回收后的裕度检查都证实了阿丽亚娜5 MPS C－C喷管喉部提供了高水平的安全性和重复性（图 14.10）。喷管体得益于 C/C 复合材料的热结构性能，同时随着这些材料的发展，喷管的设计和部件也发生了变化。

喷管的设计随着 SEPCARB 不断变化，原因如下：

（1）提高它们的力学性能；

（2）加深对它们的了解（更详细的特征描述）；

（3）改进其力学行为的预测方法（主要是用热力非线性代码）；

图 14.10　阿丽亚娜 5 号固体火箭助推器的碳－碳喷管喉部[9]

（4）为了满足特殊的使用要求，已经开发了一些设计，不仅是针对热喷管，而且对整个喷管。斯奈克玛固体推进公司 SRM 喷管的设计和技术发展在文献［2］中进行了描述，并在表 14.1 中进行了总结。

表 14.1　上级固体火箭发动机喷管的减重量

| 年份 | 热防护/mm | 外壳/厚度/mm | 单位面积上的重量/ kg · m$^{-2}$ |
|---|---|---|---|
| 1970—1980 | C/酚醛（16） | 金属（4） | 40 ~ 35 |
| 1980—1997 | | C/环氧 | 30 |
| 1985—2000 | C/C（9 ~ 2.3） | | 10 ~ 15 |

C－C 复合材料使得减少喷管的总重量成为可能，这不仅是因为它们的低密度，还因为它们的物理性能适合简化设计。这就是为什么未来先进的固体火箭发动机喷管采用整体式喷管喉道，而不是几个喷管喉道插件，整体式喷管取代了用黏结烧蚀内衬保护的金属外壳（图 14.11）。这是一个表面上"昂贵"的材料确实有助于降低总体成本的很好例子，因为：

（1）简化了设计；

（2）减少了零件数量；

（3）降低了装配和质保人力；

（4）提高了性能和可靠性。

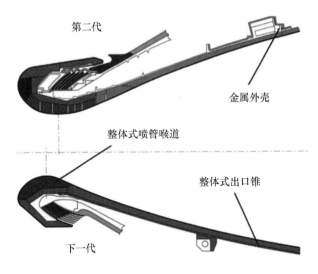

第二代

金属外壳

整体式喷管喉道

整体式出口锥

下一代

图 14.11    先进 SRMs 的喷管设计演变

## 14.2.2.2    液体火箭发动机（LRE）[9]

传统上以高难熔金属合金为基础的 LRE 技术在 20 世纪 90 年代中期在设计中引入了 C－C 复合材料。先驱是 RL10－B2 低温发动机，为波音 Delta 3（以及 Delta 4）的上一级提供动力。基于可扩展喷管（EEC）技术在几个运行中的 SRMs（洲际弹道导弹末级，航天飞机 IUS）上成功验证，以及在 RL10A4（具有一个由薄铌制成的小型可扩展环）上成功演示，普惠公司通过在 RL10B2 上使用更大的 EEC 来大幅提升 RL10 发动机的性能，并将 RL10A4 的膨胀比从 83 提高到 RL10B2 的 285。

波音 Delta3 发射器的两次飞行证明了所产生的比冲为 464 s。值得强调的是，这一巨大的比增长（＞30 s）是基于只有 92 kg 重的 EEC。这种可扩展喷管是西半球有史以来生产的最大的 C－C 喷管，其由斯奈克玛固体推进公司生产（图 14.12 和图 14.13）。

**图 14.12　质量检测中的 RL10 B2 EEC**

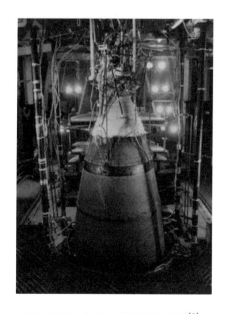

**图 14.13　生产中的可扩展喷管[9]**

## 14.2.2.3　摩擦应用[10]

C – C 材料在高性能制动方面已被证明优于传统材料。对于这种应用，它们的主要优点是重量轻，即使在高温下也具有良好的摩擦特性，以及非常好的耐热性能,高尺寸稳定性,高耐热循环和低磨损。Sepcarb Novoltex C – C 广泛用于制动盘,如空中客车或一级方程式(图 14.14)。

图 14.14　C – C 复合材料制动盘[10]

# 14.3　陶瓷复合材料

由于碳对氧化的敏感性,自 20 世纪 70 年代中期以来,人们开发了陶瓷基体来替代碳基体,以获得在氧化环境下具有长寿命、耐高热负荷和高机械负荷的材料。

## 14.3.1　SiC – SiC 和 C – SiC 复合材料的制备

1992 年,斯奈克玛固体推进公司开发出 SiC – SiC 材料系列,该材料由二维增强材料制成,使用日本碳素公司的 CG(陶瓷级)Nicalon 纤维,界面相为热解碳[11],SiC 基体由 CVI 沉积。

对于氧化环境中的应用,斯奈克玛固体推进公司选用 C – SiC 或 SiC – SiC 复合材料,通过以下方式获得:

(1) CVI 工艺;

（2）液体浸渍和裂解相结合的致密化（PIP）。

CVI – SiC 优于 LPI – SiC（液相渗透），因为它提供了纯的 SiC 基体。LPI – SiC 和 SiC 纤维纯度不高，影响了热稳定性。CVI – SiC 的热稳定性（超过 1800 ℃）高于 LPI – SiC。

SiC 基体是通过预制件孔隙中循环的气体（三氯甲基硅烷）裂解得到的，预制件在特定的浸渗炉中保持高温。

采用液相致密化和 CVI 工艺相结合的方法，使 CMCs 复合材料成为高性价比材料。这一组合工艺利用了液相路线（成型和简化的模具）和 CVI 路线（纯 SiC 基体的力学特性和热稳定性）的优点。它适用于制造飞机发动机的襟翼、再入飞行器的热保护系统（TPS）和热结构等部件。

## 14.3.2　SiC – SiC 和 C – SiC 复合材料的应用

### 14.3.2.1　航空航天应用

这些材料在室温下具有良好的强度，约为 300 MPa，并具有非脆性行为，破坏应变增强约 0.5%。

这样就有望打开更广泛的应用领域。不同的航空发动机部件（图 14.15）、热气阀部件、热结构以及基于 C – 陶瓷或陶瓷 – 陶瓷材料的 TPSs 的可行性已经得到证明（图 14.16）。1996 年，阵风 M88 – 2 发动机外调节片 SEPCARBINOX

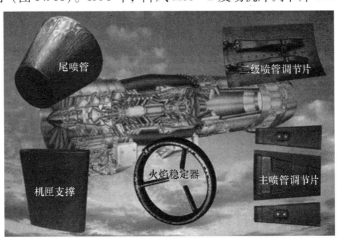

图 14.15　SiC – SiC 和 C – SiC 航空应用[10]

材料（经过强化表面处理的 C – SiC 材料）通过了认证，其使用寿命目标已得到充分证明，调节片正处于批量生产阶段（图 14.17）。

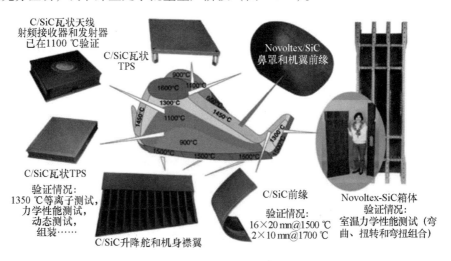

图 14.16　Hermes TPS[10]

图 14.17　阵风 M88 – 2 发动机的 SEPCARBINOX 调节片

### 14.3.2.2　液体火箭发动机应用[12]

热结构复合材料由于其物理性能，为 LRE 提供了许多优势。特别是作为喷管，不再需要热保护或隔热层。可以不需要气膜冷却或抽吸冷却，从而提高性能并简化结构。

这就是为什么对于可能暴露在高温氧化性燃气（低温或可储存推进剂发动机）中的非冷却 LRE 喷管优选抗氧化复合材料，如含涂层的 C‐C 复合材料或 CMCs。

例如，斯奈克玛固体推进公司已经开发并成功测试（在超标条件下）了用于 HM7 低温发动机的实验性 SEPCARBINOX 喷管，该发动机为阿丽亚娜 4 号发射器的第三级提供动力（图 14.18）。该喷管由 Novoltex 碳增强材料制成，与碳基体和 SiC 基体结合在一起，质量为 24 kg，与包括冷却设备的金属喷管的 84 kg 相比减轻了 70%，由于抑制了液氢冷却流量，比冲量增加了 2 s。它已经成功地进行了 10 次 1650 s 的测试，并且在两次后续的发射测试中，燃烧时间比标准时长增加了 20%。喷管前部测得的最高温度超过 2000 K。经过测试后的分析，没有观察到退化，从而证明了这种 SEPCARBINOX 喷管的可重复使用性。从喷管的几个位置上切下的样品中，观察到机械阻力没有受到影响，即使在微观尺度下也没有检测到氧化。因此，这两次全尺寸发射试验均未改变其安全力学裕度和热裕度，对这种 CMCs 的长寿命性能具有较高的可信度。

图 14.18　制造并安装在 HM7（阿丽亚娜 4 号第三级）上的 HM 7 Sepcarbinox C‐SiC 喷管

成功进行了 7 次累计 900 s 的点火，包括一次持续时间为 610 s 的试验。室壁被加热到 1723 K（2640 F），没有任何问题（无裂纹、无侵蚀、无泄漏等）。

### 14.3.3　一个新概念的突破：自愈合基体

在 20 世纪 90 年代初，开始了先进陶瓷材料的开发，其雄心勃勃的目标是开发碳或 SiC 纤维增强的复合材料，该复合材料可在高达 1373 K 的温度范围内在高于其力学屈服点的条件下使用，在氧化气氛中工作寿命超过 1000 h，在恶劣条件下工作寿命超过 100 h（压力水平高达 120 MPa）。

然而在更恶劣的条件下进行的测试，如在 120 MPa 应力水平下进行的拉伸/拉伸低周疲劳 LCF 测试，由于基体微裂纹愈合不充分，导致界面相过早氧化，引起早期失效。这可以通过 873 K 下约 10～20 h 的寿命和 1123 K 下不到 1 h 的寿命来说明。

材料概念主要基于新型自愈合基体和多层编织增强材料的使用，以降低制造过程中和涉及高剪切应力的材料应用条件下的分层敏感性。

#### 14.3.3.1　陶瓷复合材料的制备

增强体已开发出称为 Guipex 预制件的平面多层增强材料（图 14.19）。所考虑的技术既适用于碳纤维增强体，也适用于 Hi - Nicalon 纤维增强体。Guipex 是由连接在一起的层组成的。层数可以根据所需的复合材料厚度进行调整，通常可以在 2～7 mm 之间。

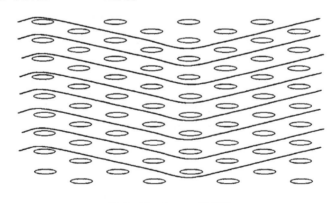

**图 14.19　Guipex 预制件**

#### 14.3.3.2　自愈合基体

自愈合基体是通过循环在预制件孔隙中的含 B - Si - C 分子的气体裂解获

得的，预制件在特定的浸渗炉中保持高温。在第一个开发阶段[13,14]，基于新型自愈合基体的概念被应用于 SiC 多层增强材料（CERASEP A410）。自愈合基体引起的氧化气氛下性能的提高使碳增强材料的使用也成为可能（SEPCARB - INOX A500），且无须进行抗氧化后处理。除了其热机械潜力，碳纤维增强体的经济性使这种材料非常有吸引力[15]。

### 14.3.3.3　性能

CERASEP A410 和 SEPCARB - INOX A500 说明 A410 和 A500 材料的增强体都使用了在不同层之间有连接的多层织物。为了避免分层敏感性，这一连接在编织过程中完成，以获得碳纤维和陶瓷纤维制成的厚度范围为 1.5～7 mm 的 GUIPEX 预制件（图 14.19）。通过 CVI 工艺沉积基体。石墨模具中的硬化第一步确保形状，包括定制的界面处理，以保证在氧化环境下的热机械行为和长寿命。自愈合基体结合了 CVI 工艺沉积碳化物层的特定相，避免了后处理。从体积的角度来看，自愈合基体方法提高了复合材料的损伤容限，与后处理相比，氧化物通过形成玻璃相被截留在基体中来密封微裂纹（图 14.20）。

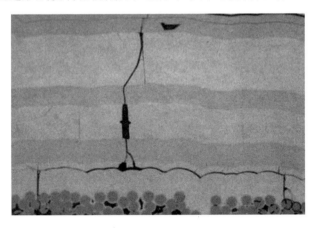

图 14.20　自愈合基体

根据 410 和 A500 力学和热性能数据库[16]，A410 和 A500 的性能是由 200 mm × 200mm 标准板加工而成的试样上测量；这些自愈合基体复合材料的热机械行为类似于由单一 SiC 基体获得的 SiC/SiC 和 C/SiC 材料。改善的是氧化环境下的长寿命（图 14.21，表 14.2 和表 14.3）。

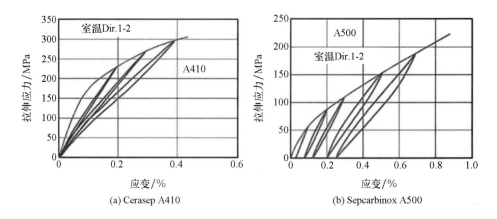

(a) Cerasep A410　　　　　　　　(b) Sepcarbinox A500

**图 14.21　dir. 1 - 2 的室温拉伸应力 - 应变曲线**

**表 14.2　A410 和 A500 的物理性能**

| 材料 | 纤维体积分数 | 密度/g·cm$^{-3}$ | 孔隙率/% |
|------|------------|------------------|----------|
| A410 | 35 | 2.20 ~ 2.30 | 12 ~ 14 |
| A500 | 40 | 1.90 ~ 2.10 | 12 ~ 14 |

**表 14.3　主导热机械行为的主要性能**

| CERASEP A410 | | SEPCARBINOX A500 | |
|------|------|------|------|
| $\sigma_1$/MPa | 315 | $\sigma_1$/MPa | 230 |
| $\varepsilon_1$/% | 0.50 | $\varepsilon_1$/% | 0.80 |
| $E_1$/GPa | 220 | $E_1$/GPa | 65 |
| $\alpha_1$（E - 6/℉） | 4 ~ 5 | $\alpha_1$（E - 6/℉） | 2.5 |
| $\lambda_1$/（W·m·K） | 10 | $\lambda_1$/（W·m·K） | 10 |
| $\lambda_3$/（W·m·K） | 3 | $\lambda_3$/（W·m·K） | 3 |
| E. $\alpha$（1000 ℃） | 800 | E. $\alpha$（1000 ℃） | ~ 170 |

　　与 A410 材料相比，A500 材料的热性能和弹性模量的结合反映了其对温度梯度的较低敏感性，对承受非均匀热场的部件很有吸引力。

　　为研究 A410 和 A500 在氧化环境中的寿命[17]，在空气中对拉伸疲劳和蠕变行为进行了表征（图 14.22 至图 14.24）。通过 Cerasep A400（Nicalon 纤维

和自愈合基体）和 Cerasep A373（Nicalon 纤维和单一 SiC 基体）之间的性能
差距，证明了自愈合基体引起的性能提高；最后的增强是通过在 Cerasep A410
中引入 Hi‐Nicalon 纤维实现的。A500 Sepcarinox（碳纤维和自愈合基体）的
自愈合基体效应也值得注意。

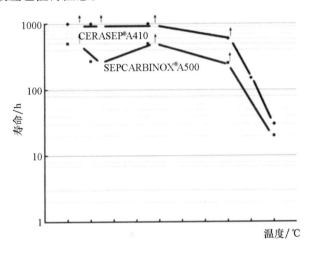

**图 14.22　空气中 120 MPa（0.25 Hz）下的 T/T 疲劳**

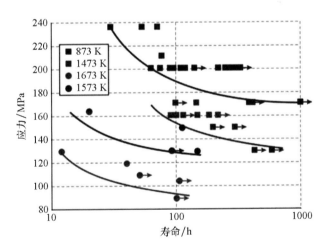

**图 14.23　Cerasep A410 在空气中的拉伸疲劳（0.25 Hz）和蠕变**

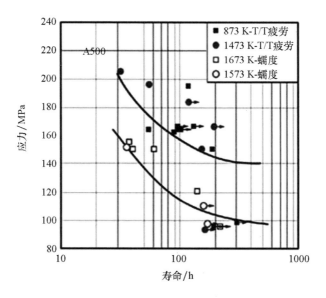

**图 14. 24** Sepcarbinox A500 在空气中的拉伸疲劳 (0. 25 Hz) 和蠕变

Cerasep A410 在 850 ℃ 下具有很高的潜力（在高达 150 MPa 的应力下数千小时不会断裂）；对于 Sepcarbinox A500，在 160 MPa 的疲劳应力水平和 110 MPa 的蠕变应力水平下，其使用寿命均在 100 h 以上。

## 14.3.4　新材料的典型应用

CMCs 开发的最初目标是扩大燃气轮机的工作温度范围，取代受熔点限制的高温合金。Cerasep A410 和 Sepcarinox A500 凭借其减重能力和在高温度梯度下的长寿命性能而取得突破。以下代表性应用说明了这一方向。

### 14.3.4.1　军事航空应用

这些新型 CMCs 被认为是替代排气喷嘴中金属构件的最佳选择，例如，为 F15 战斗机提供动力的 F100 – PW – 229 发动机[18,19]。

扩张段调节片和密封片通常采用镍基高温合金制造，如 René41 或 Waspalloy。恶劣的热机械环境会使金属构件产生大量的裂纹，而高温会产生过度的蠕变变形。为 F100 – PW – 229 制造了六个不同截面的密封片：两个变截面的 A410 密封片，两个等截面的 A410 密封片和两个等截面的 A500 密封片（图 14.25）。

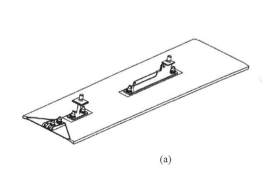
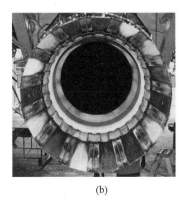

(a)　　　　　　　　　　　　　　(b)

**图 14.25　F100 - PW - 229 CMCs 密封片示意图**

　　在几个位置进行各种测试阶段后，安装在发动机上热流区域（即最恶劣条件下）的不同密封片累积了 4600~6000 个总累积循环（TACs），涉及 1300~1750 个发动机工作小时，包括大约 100 h 的加力燃烧室工作和超过 15 000 个加力燃烧室点火。测试远远超出了 4300 个 TACs 的全寿命目标，而且大大超过了当前金属硬件的寿命。密封片没有分层和磨损，并且在地面测试后看起来状态良好。将 A500（4600 TACs）和 A410（4850 TACs）各一个密封件切成拉伸试样，与原材料数据库进行比较，剩余强度测试显示 A410 没有损失，A500 只有 6% 的损失（表 14.4 和表 14.5）。这些都是出色的结果，表现了它们在排气喷嘴环境中的卓越耐久性。

**表 14.4　室温拉伸性能[20]**

| 牌号 | UTS/MPa | 伸长率/% | 模量/GPa |
|------|---------|----------|----------|
| 1324 | 200 | 0.73 | 84 |
| 1234 | 243 | 0.81 | 84 |

**表 14.5　A500 CT 密封片（4609 TACs）经发动机试验后的力学性能**

| 样品序号 | UTS（有效）/MPa | 失效应力/% | 杨氏模量/GPa |
|----------|------------------|------------|---------------|
| 1 | 181 | 0.69 | 66 |
| 2 | 183 | 0.59 | 78 |
| 3 | 178 | 0.77 | 68 |
| 4 | 189 | 0.89 | 61 |

续表

| 样品序号 | UTS（有效）/MPa | 失效应力/% | 杨氏模量/GPa |
|---|---|---|---|
| 5 | 用于形态分析 | | |
| 6 | 192 | 0.74 | 65 |
| 7 | 197 | 0.95 | 62 |
| 8 | 198 | 0.68 | 69 |
| 9 | 197 | 0.89 | 73 |
| 10 | 205 | 0.68 | 82 |
| 11 | 198 | 0.71 | 85 |

下一步是飞行验证。与此同时，正在继续努力将 CMCs 材料的成本降低。

## 14.3.4.2　商业航空应用

SiC/Si – B – C 复合材料的最新应用涉及混排（BR710 – 715、RB211、PW500、SAM146 发动机）或分排（CFM56 – 7 或 CFM56 – 2 – 3 发动机）喷管的民用飞机。这些部件满足了飞机制造商对高性能和有竞争力短舱的期望。

它们由 Inconel 625 或 718 制成，直径 700 ~ 1000 mm，长度 400 ~ 500 mm。用 CFM 56 – 5C 发动机进行了首次验证，显示出 SiC/Si – B – C 复合材料在 600 次循环和 200 个发动机工作小时（包括 70 个起飞小时）后具有良好性能。混合器（图 14.26）允许重量增加 35%；对于 A400 M 飞机，在 TP400 发动机的情况下，这个增益可以达到 60%。

由于这类零件的复杂形状，需要在 Si – B – C 基体的 CVI 工艺中使用预陶瓷树脂进行液相硬化。在进行部分规模技术验证的同时，正在进行研究以满足经济和技术要求。

(a)　　　　　　　　　　　　　　　　　　　(b)

图 14.26　（a）CMCs 混合器；（b）组装在 CFM56－C 发动机上[8]

# 参考文献

［1］　Cavalier, J. C, Christin, F. (1992) Les Techniques de l'Ingénieur A 7 804.

［2］　Cullerier, J. L. (1992) GEC Alsthom Technical Review N ° 8, p. 23.

［3］　CHOURY J. Carbon-carbon materials for nozzles of solid propellant rocket motors［C］//12th Propulsion Conference. Palo Alto, U. S. A, 1976：609.

［4］　MAISTRE W. Development of a 4D reinforced carbon-carbon composite［C］//12th Propulsion Conference. Palo Alto, U. S. A, 1976：607.

［5］　BROQUERE B, BROQUERE B. Carbon/carbon nozzle exit cones-SEP's experience and new developments［C］//33rdJoint Propulsion Conference and Dxhibit. Seattle, U. S. A, 1997：2674.

［6］　BERDOYES M. Snecma Propulsion solide advanced technology SRM nozzles. History and future［C］//42nd AIAA/ASME/SAE/ASEE Joint Propulsion Conference & Exhibit. Sacramento, USA, 2006：4596.

［7］　Gachet, C, Louarn, V, Blein, J, David, P. (2005) US, France, Japan, Carbon-Carbon Composites Technical Exchange (C3TEX), Washington DC, June 15－17.

［8］　CAVALIER J C, BERDOYES I, BOUILLON E. Composites in aerospace industry［J］. Advances in Science and Technology, 2006, 50：153－162.

[9] BROQUERE B. Improvement of Performances in Rocket Propulsion by the use of Carbon-Carbon materials[J]. DGLR-Bericht, 2001(2): 253 – 264.

[10] CHRISTIN F. A global approach to fiber nD architectures and self-sealing matrices: from research to production[J]. International Journal of Applied Ceramic Technology, 2005, 2(2): 97 – 104.

[11] JOUINJM, COTTERETJ, CHRISTINF. Designing ceramic interfaces: understanding and tailoring interface for coating[C]//Composite and Joining Applications, Second European Colloquium. The Netherlands, 1991.

[12] MELCHIOR A, POULIQUEN M, SOLER E. Thermostructural composite materials for liquid propellant rocket engines[C]//23rd Joint Propulsion Conference. San Diego, U. S. A, 1987: 2119.

[13] BOUILLONE, ABBÉF, GOUJARDS, et al. Mechanical and thermal properties of a self-healing matrix composite and determination of the life time duration [C]//24th Annual Conference on Composites. 2000: 459 – 467.

[14] BOUILLON E, LAMOUROUX F, BAROUMES L, et al. An improved long life duration CMC for jet aircraft engine applications[C]//ASME Turbo Expo 2002: Power for Land, Sea, and Air. Amsterdam, The Netherlands, 2002: 119 – 125.

[15] BOUILLON E P, SPRIET P C, HABAROU G, et al. Engine test and post engine test characterization of self-sealing ceramic matrix composites for nozzle applications in gas turbine engines[C]//ASME Turbo Expo 2004: Power for Land, Sea, and Air. Vienna, Austria, 2004: 409 – 416.

[16] Rougès, J. M, Bertrand, S, Bouillon, E. (2006) Long life duration to CMC materials, ECCM12, Biarritz.

[17] BOUILLONE, SPRIETP, HABAROUG, et al. Engine test experience and characterization of self sealing ceramic matrix composites for nozzle applications in gas turbine engines[C]//ASME Turbo Expo 2003, Collocated with the 2003 International Joint Power Generation Conference. Atlanta, Georgia, USA, 2003.

[18] BOUILLON E P, SPRIET P C, HABAROU G, et al. Engine test and post engine test characterization of self-sealing ceramic matrix composites for nozzle applications in gas turbine engines[C]//ASME Turbo Expo 2004: Power for Land, Sea, and Air. Vienna, Austria, 2004: 409 – 416.

［19］　Zawada, L, Richardson, G, Spriet, P. (2005) HTCMC − 5 − 28.

［20］　ZAWADAL, BOUILLONE, OJARDG, et al. Manufacturing and flight test experience of ceramic matrix composite seals and flaps for the F100, gas turbine engine［C］//Proceedings of ASME Turbo Expo 2006, Power for Land, Sea, and Air, GT2006 − 90448. Barcelona, Spain, 2006.

# 第 15 章　核用 CMCs

## 15.1　简介

纤维增强复合材料是历史上经典的定制结构材料，出现在许多古老的文献中。有些仍然存在，如长城。纤维增强材料作为先进定制材料是在 20 世纪后半叶发展起来的，在此期间进行了许多广泛的研发工作[1,2]。这些工作的主要部分是在航空航天领域，我们在日常生活中也能看到许多副产品。

纤维增强复合材料的许多突出成果都在不断扩展其技术应用领域，从温和的条件发展到非常恶劣的环境。一个例子是对高温或超高温应用的探索，在这些应用中，材料从塑料和金属转变为金属间化合物和陶瓷。在过去的几十年里，陶瓷复合材料的研发和应用已经非常广泛，特别是在航空航天和能源领域。其中，碳纤维增强碳（C/C）复合材料和碳化硅纤维增强碳化硅（SiC/SiC）复合材料是核能研究的重点[3,4]。

为了向社会提供充足的能源，同时又不对环境造成严重影响，具有经济竞争力和稳定的核心能源是至关重要的。核裂变和核聚变被认为是非常有吸引力的选择[5,6]，世界范围内已经进行了许多努力。在核裂变领域，反应堆研发活动范围很广，虽然在概念设计研究方面取得了很大进展，但工程和材料方面的支持还不够成熟和充分。

在 C/C、C/SiC、SiC/SiC 等陶瓷纤维增强陶瓷基复合材料（CMCs）中，陶瓷纤维、陶瓷基体、连接纤维和基体的界面是材料研发的三大关键组成部分，其材料研发方法是独特的。材料设计是通过优化这些组成来满足具体的应用要求。

本章首先简要介绍了陶瓷纤维增强 CMCs，然后介绍了应用于 GFR 的材料设计、工艺设计和性能评价方法。

# 15.2 气体反应堆技术和陶瓷材料

第四代反应堆国际论坛（GIF）是开发第四代反应堆的国际活动[7]。反应堆有六种类型，包括超高温反应堆（VHTR）和气冷快堆（GFR），它们是以气体为冷却剂，以核热为传输介质的气体反应堆。

图 15.1 显示了正在进行的研发策略，以及从棱柱模块反应堆（PMR）和卵石床反应堆（PBR）发展到 VHTR 和 GFR 作为最终目标所产生的问题。在 PMR 和 PBR 的情况下，反应堆材料和 He 系统技术可以从工业金属材料和现有技术中获得。但对于 VHTR 和 GFR 来说，高温或超高温材料是它们作为先进核心能源系统保持优势的关键。这些反应堆的关键材料是反应堆堆芯结构材料，其中中子吸收、导热性和熔解（熔化或分解）温度是关键要求。中间换热器（IHX）是材料研发的另一个重要领域，其辐射损伤容限不是一个重要问题。在这些应用中，研发有许多相似之处，并且协调了许多研发活动，包括堆芯结构和 IHX 应用。

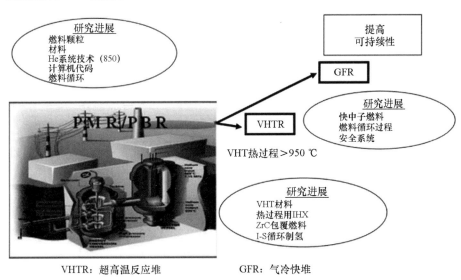

VHTR：超高温反应堆   GFR：气冷快堆

**图 15.1　气体反应堆技术和研发路径**[8]

表 15.1 列出了用于 GFR 和 VHTR 的潜在陶瓷材料的特性。该表显示需要中子吸收以允许充分的裂变反应，特别是 GFR 增殖反应，其增值反应转化需

要大于1。热导率是反应堆堆芯设计的一个重要参数，对 VHTR 和 GFR 的性能有很大影响。从表 15.1 可以看出，SiC、ZrC、TiC、VC、ZrN、TiN 和 AlN 可以被认为是潜在的候选材料，但是从高诱导放射性的角度来看，氮化物不是优选的材料。

表 15.1 GFR 和 VHTR 材料选择

| | 材料 | 中子吸收 | 热导率 | 聚变温度/℃ | | 材料 | 中子吸收 | 热导率 | 聚变温度/℃ |
|---|---|---|---|---|---|---|---|---|---|
| 碳化物 | SiC（α+β） | ○ | ○ | ○(2972) | 硅化物 | MoSi$_2$ | × | ○ | ○(2050) |
| | ZrC | ○ | ○ | ○(3400) | | TaSi$_2$ | × | ○ | ○(2200) |
| | TiC | ○ | ○ | ○(3100) | | WSi$_2$ | × | ○ | ○(2165) |
| | VC | ○ | ○ | ○(3810) | | TiSi$_2$ | ○ | ○ | ×(1540) |
| | TaC | × | ○ | ○(3800) | | ZrSi$_2$ | ○ | ○ | ×(1520) |
| | WC | × | ○ | ○(2900) | | HfSi$_2$ | ○ | ○ | ×(1750) |
| | HfC | × | ○ | ○(3800) | | VSi$_2$ | ○ | ○ | ×(1660) |
| 氧化物 | Al$_2$O$_3$ | ○ | × | ○(2050) | 氮化物 | ZrN | ○ | ○ | ○(2952) |
| | MgO | ○ | × | ○(2832) | | TN | ○ | ○ | ○(2950) |
| | ZrO$_2$ | ○ | × | ○(2370) | | AN | ○ | ○ | ○(2227) |
| | Y$_2$O$_3$ | ○ | × | ○(2427) | | TaN | × | ○ | ○(3087) |
| | SiO$_2$ | ○ | ○ | ×(1470) | | Si$_3$N$_4$ | ○ | ○ | ×(1827) |

注：○表示可接受；×表示不可接受。

此外，对于反应堆堆芯的应用，要求具有合理安全裕度，而单一陶瓷具有固有的脆性特征。要克服这种可能导致灾难性断裂或系统性能突然丧失的脆性特征，一种方法是制造纤维增强复合材料。

# 15.3 陶瓷纤维增强陶瓷基复合材料

陶瓷纤维增强复合材料通常称为 CFRC 或 CMCs。碳纤维增强碳基复合材料是 CMCs 的一种，通常称为 C/C 或 C/C 复合材料。本章重点介绍 SiC/SiC 复合材料。CMCs 有三个主要成分，即纤维、界面和基体。图 15.2 简要介绍了

CMCs 的成分和主要制备工艺。

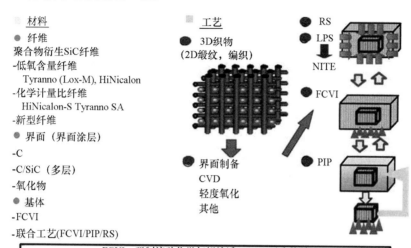

FCVI：强制流动化学气相渗透；RS：反应烧结
LPS：液相烧结；PIP：聚合物浸渍裂解

**图 15.2　CMCs 的成分和制备工艺**

对于增强纤维，有晶须、短纤维和长（连续）纤维。本章只介绍了长纤维增强，因为这种 CMCs 被认为是核裂变和核聚变的潜在候选材料。为了使纤维结构具有柔韧性，纤维必须具有柔韧性，从而能够通过织造和烧结制成织物或结构。聚合物衍生的 SiC 纤维和碳纤维满足这一要求，因此这些纤维主要用于先进的 CMCs。已经生产出了新型纤维，如 Tyrano – SA 和 Hi – Nicalon – S（表 15.2）。一种来自大型连续生产线的新型纤维 Cef – NITE 也已问世，它在 1400℃以上的温度下保持了完整性。

**表 15.2　代表性 SiC 纤维的特性**

| SiC 纤维 | C/Si 原子比 | 氧含量/% | 拉伸强度/GPa | 杨氏模量/GPa | 伸长率/% | 密度/$g \cdot cm^{-3}$ | 直径/μm |
|---|---|---|---|---|---|---|---|
| Tyranno SA Gr. 3 | 1.07 | <0.5 | 2.6 | 400 | 0.6 | 3 | 7 |
| Hi-Nicalon Type-S | 1.05 | 0.2 | 2.6 | 420 | 0.6 | 3.1 | 11 |
| Hi-Nicalon | 1.39 | 0.5 | 2.6 | 270 | 1.0 | 2.74 | 14 |

界面相是给予 CMCs 伪塑性的另一个重要组成部分。化学气相沉积（CVD）工艺主要用于界面涂层，包括多层涂层法，这是一种重复的 CVD 工

艺，用于形成 SiC 和碳多层涂层。制备 SiC 纤维表面富碳层的其他方法是聚合物热解和热处理。氧化物或氮化物界面形成是另一种选择。然而，在高温和恶劣的核环境下，从微观结构稳定性和诱导放射性的角度来看，氧化物和氮化物不适合用作碳化物陶瓷。

基体的形成是制备 CMCs 过程中的最后一个阶段。用不同的方法填充具有纤维涂层（纤维表面有界面相）的纤维结构内的开放空间，就是基体致密化过程。如图 15.2 所示，FCVI 工艺被认为是最可靠的高质量致密化方法。具有高结晶度、高纯度和近化学计量特点的 CVI 方法是最成熟的方法，但有许多应用问题，如成形、几何形状和孔隙率的限制等。其他方法如 RS、LPS、PIP 以及它们的混合工艺，是制造各种类型 CMCs 极具吸引力的选择。PIP 在基本性能、结晶度和化学计量比方面存在问题，但工艺改进和近化学计量比聚合物的开发正在进行中。熔融浸渗（MI）法或 RS 法在物相控制和均匀性控制方面存在问题，但正在进行优化改进，以提高其吸引力。LPS 有类似于 MI/RS 方法的问题。

工艺开发的典型例子是基于液相烧结（LPS）工艺的改进，开发了纳米粉末浸渍和瞬态共晶（NITE）的新工艺[8]。

# 15.4 采用 NITE 工艺的创新 SiC/SiC

SiC/SiC 由于其优异的高温化学稳定性、固有耐热性和辐照稳定性以及在辐射环境下的低活化性能，已被认为是先进核能系统的一个有吸引力的选择。大量的研究工作正朝着高结晶度成分的方向发展。由于 SiC 增强纤维的改进和纳米 SiC 粉末的可用性，LPS 工艺得到了极大的改进，被称为 NITE 工艺。

如图 15.3 所示，将含有 SiC 纳米粉末和添加剂的浆料渗透到 SiC 织物中，干燥后制成预浸料片。片材铺层后，采用热压工艺制备 NITE – SiC/SiC。对制造聚变反应堆用管、涡轮叶片和包层的近净成形工艺进行了改进，包括预浸料线材制备、纤维缠绕或三维织物编织和伪热等静压工艺。为了保持 NITE 工艺的优势，以下几点至关重要：

（1）使用高结晶度的近化学计量比的 SiC 纤维；
（2）通过 C 和 SiC 的纤维涂层形成保护界面；
（3）使用具有适当表面特征的 SiC 纳米粉末[9]。

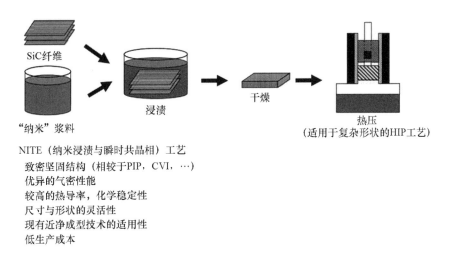

图 15.3 NITE 工艺的概念

NITE 工艺的最大优点之一是其形状灵活，几乎没有尺寸限制。

图 15.4 给出了一些由 NITE 工艺制造复合材料的例子。已成功生产了约 1 L 的二维 SiC/SiC 复合材料立方块（图 15.4，左上），肉眼未发现裂纹或空洞。图 15.4 的右上角显示了一个 100 kW 燃气轮机燃烧室内衬的实际尺寸模型。图的左下角显示了一个 2 mm 厚的二维 SiC/SiC 薄板。已经测试了这些材料的基本性能。它们在高密度、高结晶度、高导热率和基本力学性能等方面均表现出优异的结果。当前的技术挑战是通过工艺的改进和优化以重点保持界面的可靠性。

图 15.4 NITE – SiC/SiC 复合材料的形状灵活性

# 15.5 NITE 工艺制备 SiC/SiC 复合材料的特性

NITE – SiC/SiC 复合材料优异的综合性能是基于其高结晶和高致密的微观结构。图 15.5 显示了垂直于纤维轴向横截面的低倍 SEM 照片（左上图）和纤维界面 – 基体的高倍 TEM 照片。这些图像显示了具有碳界面的 SiC 的完全致密和小晶粒微观结构。选区衍射图像（右图）清楚地表明纤维和基体是高结晶的 β – SiC，界面是热解碳。如图 15.6 和图 15.7 所示，这些微结构特征分别提供了优异的热应力值和氦气渗透率所表现出的高密封性。

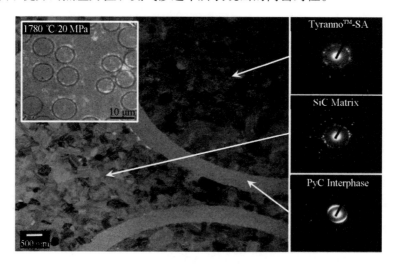

**图 15.5　NITE – SiC/SiC 的微观结构**

图 15.6 表示热应力容限的潜力，$M$ 为热应力值，由图中的公式定义，其中 $\sigma_U$ 为极限拉伸强度，$K_{th}$ 为导热系数，$\nu$ 为泊松比，$E$ 为杨氏模量，$\alpha_{th}$ 为热肿胀系数。

$M$ 值越高，表明热应力耐受性越好，在几乎整个温度范围内，纯铝的耐热应力性表现最差。传统和商用的 CVI – SiC/SiC 比 Cerasep N3 – 1 好，后者在较低温度下与钛合金 318 相似。8Cr – 2W 钢（F82H）是聚变反应堆用低活化铁素体钢的候选材料之一。F82H 钢表现出优异的性能，特别是在 600 ℃ 以下[7]。V 合金在 500 ℃ 以下与钢相似，但在 500 ℃ 以上，与其他材料相比优势更加明显。CVI 工艺制备的 SiC/SiC 复合材料与钢相似，但由 NITE 工艺制备

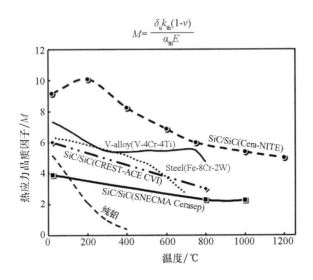

图 15.6 优异的耐热应力性能 – 热应力品质因子：$M$

的 SiC/SiC（Cera – Nite）在室温至 1300 ℃范围内具有很高的 $M$ 值。这种高 $M$ 值对高温部件的设计有巨大的影响，如燃气轮机燃烧室内衬、涡轮叶片、燃料棒、反应堆堆芯部件和热交换器。对于高温气体系统的应用，气密性或密封性很重要，但不幸的是，从密封性的角度来看，陶瓷是众所周知的劣质材料，特别是对于具有高孔隙率和微裂纹的陶瓷复合材料。NITE – SiC/SiC 正成为第一种密封性陶瓷纤维增强复合材料。

作为 GFR 的屏蔽燃料棒，FP 的气密性、密封性和屏蔽能力是必不可少的。这一特性对于使用气体的冷却系统或热交换组件（如聚变反应堆包层和 VHTR 的 IHX）也至关重要。陶瓷复合材料已被广泛认为是气密性较差的材料，除非采用气体屏蔽涂层或包层，否则不能用于气体系统。由于 NITE – SiC/SiC 具有优异的接近理论密度的特性，可测量 He 气渗透率。图 15.7 显示了 NITE – SiC/SiC 在中试生产期间气密性改进的进展。与其他方法制备的 SiC 或 C 相比，单一 NITE – SiC 的氦气渗透率具有七个数量级以上的优越性，但是这一点尚未得到证实。NITE – SiC/SiC 的 3 号中试级产品比其他陶瓷复合材料好 5 个数量级以上[10]。

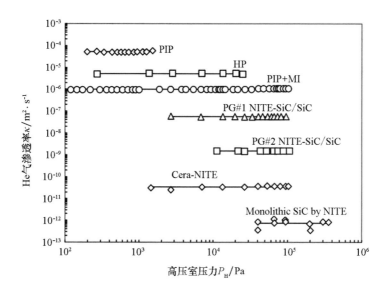

**图 15.7　NITE – SiC/SiC 气密性的改善**

　　尽管气密性从一开始就满足设计要求，但是陶瓷复合材料的气密性仍然是一个很大的问题。这是陶瓷材料在使用条件下容易破坏的弱点。为了验证气密性特征的稳定性，研究人员研究了热循环的影响[10]，并进一步研究了高于比例极限强度（PLS）的拉伸变形的影响[11]。图 15.8 显示了拉伸变形效应研究的结果，其中测量了拉伸变形增强或引入的孔隙率，并绘制了氦气渗透率与孔

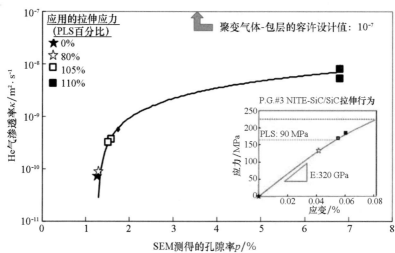

**图 15.8　变形对渗透率的影响**

隙率的关系图。

　　渗透率随孔隙率的变化规律与多孔陶瓷的实验数据相似。这可能表明，略高于 PLS 的塑性变形引起的微裂纹的贡献可能不大。在这些材料中，束间孔隙率约为 0.01%，即使在 1.2×PLS 变形后，这些值仍保持在 0.02% 以下，而变形前的束内孔隙率为 0.075%，变形后几乎达到 6%。这些数据令人振奋，表明 NITE – SiC/SiC 足够稳定，可以保持氦气渗透性，即使在比例极限应力下，也不会发生微裂纹萌生和扩展等变形。

# 15.6　辐照损伤的影响

　　自从快中子增殖堆研发项目启动以来，已经有许多关于 SiC 的研究，SiC 被认为即使是最少量的中子辐射也很容易被降解。这些结果在过去一直令陶瓷材料研究人员感到沮丧。

　　由于高纯度陶瓷以及高结晶和化学计量比纤维生产的进步，聚变反应堆材料中的辐射损伤研究得到了加强。

　　主要趋势是：

（1）在大多数实验中都观察到辐射引起的强化；

（2）尽管弹性模量降低，但辐照增韧效果明显；

（3）辐照后数据分散增加非常明显；

（4）增强的断裂韧性和钝化都是造成明显强化的原因。

## 15.6.1　SiC 材料的离子辐照技术

　　离子辐照是一种强有力的技术，它的辐照条件、高温灵活性和可控性都很好。高损伤率能力是离子辐照的另一个优势。在日本京都大学 DuET 设备上首次用离子辐照方法对 SiC 的点缺陷肿胀进行了系统研究[12,13]。图 15.9 介绍了 DuET 设施、肿胀及三维裂纹发展的评估方法。由于带电粒子在材料中受到电子和原子核的阻挡作用而迅速失去动能，因此辐照离子不能深入材料内部[14]。受损范围仅限于表面附近，因此研究技术的发展也很重要。位移损伤和离子浓度的深度分布通常由 TRIM 代码计算（图 15.10）[15]，其中还显示了辐射损伤特征。将纳米压痕技术与离子辐照相结合，是研究 SiC 裂纹扩展和断裂韧性的一种新方法[16]。

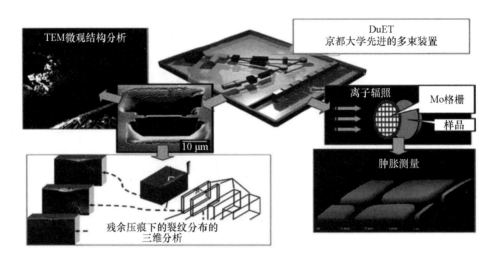

**图 15.9 京都大学离子辐照研究的 DuET 设施和技术**

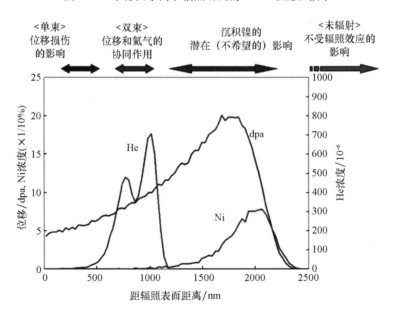

**图 15.10 使用 TRIM 计算 SiC 中的位移损伤和离子浓度的深度分布**

## 15.6.2 微观结构演变与肿胀

位移损伤引起的点缺陷堆积是 SiC 肿胀的根源。虽然自 1969 年以来已经积累了中子辐照数据，但与 SiC 的肿胀有关的一些数据是有误导性的。仅从中子辐照数据很难理解肿胀的正确趋势，因为它们依赖于辐照条件数据。离子辐照研究揭示了（3C）CVD–SiC 在高达 1400 ℃时的点缺陷肿胀趋势。图 15.11 显示了叠加在公布的中子辐照数据上的离子辐照引起的饱和（3 dpa 辐照）肿胀与温度的关系[17]。

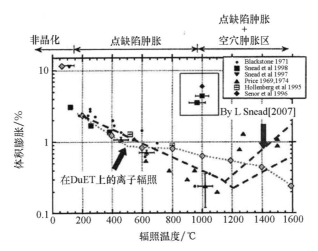

图 15.11　离子辐照实验研究的点缺陷肿胀与温度的关系[17]

　　SiC 的肿胀分为三个区域，即 200 ℃以下的非晶化区域、200～1000 ℃的点缺陷肿胀区域和 1000 ℃以上的空穴肿胀区域。在较低温度下，由于点缺陷积累比缺陷湮灭重得多，缺陷积累引起的应变导致非晶化[18]。SiC 的非晶化依赖于辐照温度、剂量和辐照粒子。较重的带电粒子，如 Si 离子和 Xe 离子，比电子更容易使 SiC 非晶化（图 15.12）[19]。

　　在室温下，非晶化引起的体积肿胀增加到 10% 以上。在点缺陷肿胀区，点缺陷积累并引起肿胀。间隙和空位引起的体积变化导致了该温度范围内的肿胀。在 DuET 上用 5.1 MeV 硅离子进行离子辐照实验，研究了点缺陷肿胀与辐照剂量之间的关系。点缺陷肿胀随着辐照剂量的增加而增加，在 1～3 dpa 时达到饱和（图 15.13）[20]。由于缺陷的湮灭和间隙的聚集，辐照后的 CVD–SiC 的饱和肿胀减小。

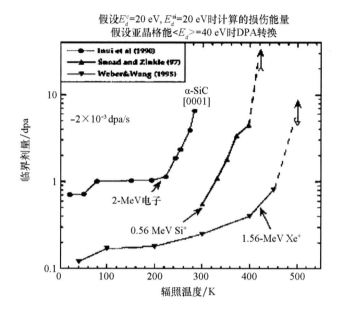

图 15.12　SiC 临界非晶化剂量与温度的关系[19]

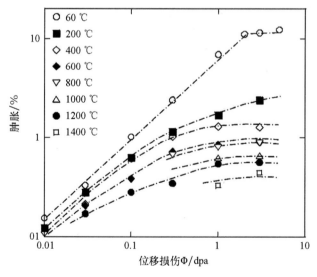

图 15.13　离子辐照 SiC 时点缺陷肿胀与辐照剂量之间的关系[20]

　　基于京都大学的系统化离子辐照研究，在 IEA、SiC/SiC 聚变材料工作组和日美聚变材料合作计划的合作下，总结了微观结构随辐照温度和剂量的演变

（图 15.14）[21]。

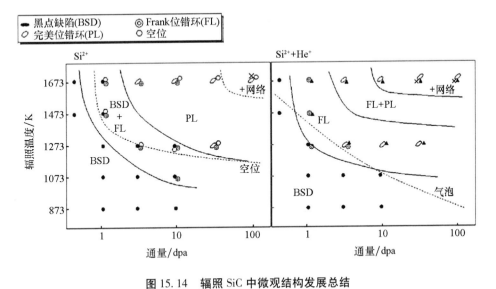

图 15.14　辐照 SiC 中微观结构发展总结

## 15.6.3　热导率

热导率也是核应用的关键特性。虽然人们对辐照环境下的肿胀和力学性能进行了广泛的研究，关于辐照对热性能影响的研究还很有限。由于 SiC/SiC 复合材料具有许多影响其热导率的因素，因此对核应用中热导率的讨论可能是复杂的。在基于 SiC 固态物理的复合材料的性能中，研究揭示了纯 SiC 的热导物理特性因辐照而改变[22,23]。共价晶体 SiC 的热导率取决于与晶体中晶格振动有关的声子。声子被其他声子、缺陷、位错、晶界等散射。在设计具有高导热率陶瓷中，即使是少量辐照缺陷的存在，也会严重影响声子在低温下的输运，并使热导率饱和。图 15.15 显示了 CVD – SiC 经中子辐照后的室温热导率。

中子照射是在 ORNL 的 HFIR 上进行的，剂量为 4 ~ 8 dpa。未辐照的 CVD – SiC 的热导率为 327 ± 25 W/m·K。虽然辐照后的导热率随着辐照温度的升高（达到 1468 ℃）而升高，在 1468 ℃时的热导率最高值为 111 W/m·K，是未辐照 SiC 的 34%[22]。在低温下，热导率降低到约 10 W/m·K，热导率的降低对缺陷的影响很大。热缺陷阻抗定义为 $1/K_{rd} = 1/K_{irr} - 1/K_{unirr}$，其中 $1/K_{rd}$ 是热缺陷阻抗，$K_{irr}$ 和 $K_{unirr}$ 分别是辐照和未辐照材料的热导率值。热缺陷阻抗显然与点缺陷区域的膨胀有关（图 15.16）。

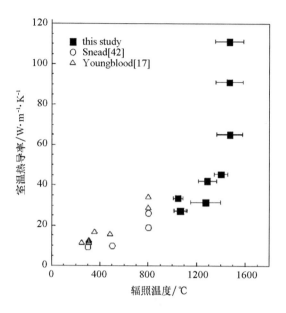

图 15.15　室温下测得的中子辐照 CVD – SiC 的热导率[24]

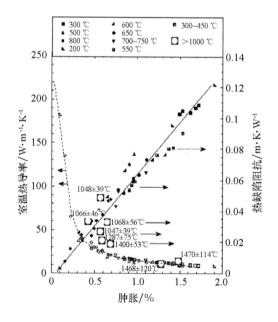

图 15.16　CVD – SiC 的热缺陷阻抗、室温下的热导率和肿胀之间的关系[24]

　　膨胀率与热缺陷阻抗的相关性不超过 1100 ℃，1100 ℃以上是 SiC 的空穴肿胀区。空穴对声子散射的影响小于点缺陷应变。SiC/SiC 复合材料的热导率比单质 CVD-SiC 材料差,因为 SiC/SiC 复合材料包含许多增强纤维、孔隙、基体和为复合材料提供了伪塑性的纤维界面、界面相或纤维涂层。材料的这些缺陷散射了声子,降低了热导率。SiC/SiC 复合材料的性能表现出各向异性,这些是由增强体引起的。图 15.17 显示了各种 CVI-SiC/SiC 复合材料热导率与温度的关系。由于热导率与机械强度之间的关系是一种权衡关系,热导率最高的材料通常并不具有最好的力学性能。SiC/SiC 复合材料的热导率最高极限是具有理论密度的高纯 SiC 的热导率。虽然散射声子的最强因素是辐照缺陷,但通过提高基体密度和设计增强体制备工艺可以改善 SiC/SiC 复合材料的导热性能[25]。

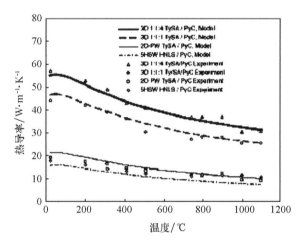

图 15.17　各种 CVI-SiC/SiC 复合材料的热导率与温度的关系[26]

## 15.6.4　力学性能变化

SiC 是一种具有共价键的陶瓷。虽然单一 CVD-SiC 的性能看似脆性,但辐照缺陷的累积会改变其力学性能。Snead 和 Nozawa 等人总结了这些性能与辐照温度的关系[27]:

(1)辐照降低了低温下的弹性模量,在 1000 ℃ 左右,辐照引起的弹性模量变化可以忽略不计。

(2)点缺陷累积和晶格松弛被认为是引起弹性模量变化的原因。

(3)辐照后纳米压痕硬度略有增加,且硬度随辐照温度的变化基本一致。

（4）在 300～1000 ℃的中温范围内，断裂韧性显著提高。

（5）虽然辐照后的 CVD – SiC 的人字形缺口梁试验数据不足，但 800～1100 ℃的断裂韧性明显高于未辐照的 SiC。

SiC/SiC 复合材料的机械强度显著下降是发展初期的一个严重问题。造成这一问题的原因是 SiC 纤维的收缩[28,29]。早期的 SiC 纤维，如 Tyranno – TE 和 Nicalon CG 纤维，都有非晶相。这种收缩导致纤维与基体的界面剪切强度和摩擦阻力降低，从而使中子辐照后的极限强度显著降低。在低辐射条件下，由于高氧含量 SiC 纤维的低结晶度使其相对于复合材料更具有耐受性，因此开发了具有化学计量组成和高结晶度的新型 SiC 纤维。Tyranno – SA 降低了氧含量和 C/Si 接近 1。SiC/SiC 复合材料由许多纤维、基体、界面相和其他元素如残余硅或碳、烧结助剂和杂质组成。SiC/SiC 复合材料的尺寸变化受纤维制备的影响很大，表现出很强的各向异性。

由于高纯度和高结晶度的 SiC 微观结构，CVI 基体在中子辐照环境下表现出与 CVD – SiC 相似的行为。图 15.18 总结了 CVI – SiC/SiC 复合材料经中子辐照后的归一化弯曲强度。

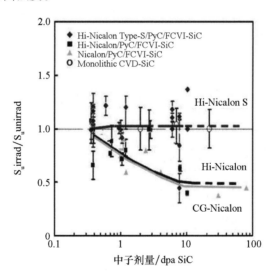

**图 15.18　中子辐照对 SiC/SiC 复合材料弯曲强度的影响**

虽然 Nicalon 和 Hi – Nicalon 复合材料的弯曲强度随着中子剂量的增加而降低，但 Hi – Nicalon S 型复合材料在 800 ℃和 10 dpa 时表现出很高的抗辐照性能[30]。先进 SiC/SiC 复合材料（UD、Hi – Nicalon Type – S 增强体和 CVI 基体）在高温中子辐照下的拉伸性能变化如图 15.19[31] 所示。

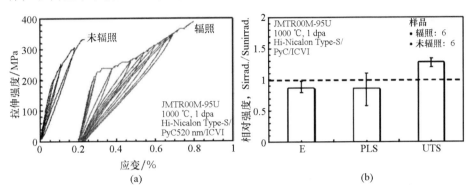

**图 15.19　1000 ℃、1 dpa 中子辐照下 Hi－Nicalon－S 型复合材料的拉伸性能变化**[31]

　　对于先进 SiC/SiC 复合材料更高温度和更大剂量的辐照试验正在进行中。在日本的快速试验反应堆 JOYO 上也进行了相对较强的辐照，其中 Tyranno－SA 和 Hi－Nicalon Type－S 复合材料（二维，CVI 基体）在 760 ℃ 下的辐照剂量高达 12 dpa[32]。三种辐照条件下的应力－应变曲线没有明显变化，先进的 SiC/SiC 复合材料在这三种辐照条件下表现出较高的抗辐照性能。然而，由于预计石墨强度将在该剂量水平下发生较大退化，因此为了确定非常高的剂量对复合材料强度的影响，需要进行更高剂量的辐照[21,32]。

## 15.7　力学性能评估方法

　　CMCs 延续了有限尺寸的基本单元结构，其尺寸和结构因架构的选择而异。因此，复合材料表现出各向异性，提供各种类型的失效模式：拉伸、压缩和剪切。对于工程设计，需要进行单个断裂模式的力学测试。CMCs 的许多测试方法已经标准化（表 15.3）。然而，考虑到这些问题，现有的测试方法仍然不完善。特别重要的是考虑测量值的物理意义。

　　在核用材料的研制过程中，需要证明其抗辐照性能，由于从可用性、均匀性和辐照成本方面对辐照体积的严格限制，以及减少用于测试的放射性材料和试验后放射性废物管理的严格要求，必须开发一种小样品测试技术（SSTT）。SSTT 发展的难点之一是对统计学上可靠数据的强烈需求，这导致有效测试的数量不断增加。金属材料 SSTT 的开发已经做了很多工作，但还没有建立用于

表 15.3　CMCs 的标准试验方法列表

| 失效模式 | | ASTM | JIS | ISO |
|---|---|---|---|---|
| 拉伸 | 室温 | C1275 | R1656 | 15773 |
| | 高温 | C1359 | — | — |
| | 离轴 | D3518（PMC） | — | — |
| | 跨厚度 | C1468 | — | — |
| | 蠕变 | C1337 | — | — |
| | 疲劳 | C1360 | — | — |
| 压缩 | 室温 | C1358 | R1673 | 20504 |
| 弯曲 | | C1341 | R1663 | — |
| 剪切 | 层间 | C1292 | R1643 | 20505 |
| | Iosipescu | D5397m | — | 20506 |
| 断裂能 | 面内模式 – I | D5528（FRP） | R1662 | — |
| | 层间模式 – I | D6671m（FRP） | | |

CMCs 的 SSTT。因此，通常需要大样品的标准化测试方法大多需要更新。为此，迫切需要样品小型化，以明确样品尺寸效应。

## 15.7.1　测定杨氏模量的脉冲激振法

用脉冲激振法评估材料的动态杨氏模量（ASTM – C1259，JIS – R1644，ISO – 17561）。动态杨氏模量可以通过检测弯曲振动模式下的特定机械共振频率来估算。脉冲激振法的实验误差极小，重现性高。这种技术常用于复合材料的评估。由于复合材料潜在的不均匀性，在讨论数据的物理意义时需要特别小心。

## 15.7.2　陶瓷强度测试方法

采用弯曲试验方法测量陶瓷的强度（ASTM – C1161、JIS – R1601 和 ISO – 14704）。仔细考虑试样的表面状况，体积为 20 mm × 1 mm × 1 mm 的微型弯曲试样可成功应用于辐照实验研究[33]。陶瓷的强度很大程度上取决于试样的表面粗糙度。具体而言，Byun 等人[34]的研究结果表明，陶瓷的统计强度在很大程度上取决于表面积而非体积。因此，需要在试验前报告有关试样尺寸和表面粗糙度的信息。

应用内部加压试验和径向压缩试验来评估微型圆柱形和半球形 SiC 试样的断裂强度[35]。由于预期的均匀加压，内部加压方法被认为提供了更可靠和可重复的数据。相反，如果不考虑接触区应力集中的影响，径向压缩试验的结果是有问题的。将应力集中对载荷截面的影响关联起来的有限元研究能够得出更合理的结果[36]。

SiC 的统计强度是用弯曲法和内部加压法测量的[37]。这两个试验都一致地证明了威布尔强度随着辐照的增加而略有增加，而威布尔模量则略有降低。

另一项测量陶瓷断裂强度的尝试是使用 C‐球体弯曲试样[38]。

陶瓷的断裂韧性是重要的基本力学性能之一，通过各种测试方法进行测量：微压痕和纳米压痕、弯曲表面裂纹、双悬臂梁、双扭转、单边缺口梁、人字形缺口梁和断口分析（ASTM‐C1421，JIS‐R1607，JIS‐R1617，ISO‐15732，ISO‐18756，ISO‐24370）。此外，有研究提出了螺旋缺口扭转试验作为纯模式‐I 型试验方法[24]。在任何试验方法中，都需要实现稳定的裂纹扩展来验证试验。

压痕测试技术通常用来评估硬度、弹性模量和断裂韧性。该测试被成功地应用于评价离子辐照后的局部裂纹扩展行为[39]。然而，由于这项技术获得的信息仅限于表面附近的一小块区域，而且数据在很大程度上取决于表面条件，因此需要仔细检查。与压痕测试一起，应该采用其他技术来生成可靠的数据。

用于增强 CMCs 的陶瓷纤维的强度是另一项需要适当评价的重要性能，但测试方法的标准化还不够。已经开发了单丝拉伸测试来评估单丝拉伸性能（ASTM‐D3379 和 JIS‐R1657）。需要高度可靠的纤维直径和拉伸应变数据来确定强度。然而，在许多陶瓷纤维中观察到纤维直径和圆度的不均匀性，以及通过测试后难以测量断裂处的纤维尺寸，使得很难获得准确的结果。通过将这项技术应用于中子辐照研究，已经证实了先进 SiC 纤维在高达8 dpa 辐照剂量下的拉伸强度具有良好的稳定性。

弯曲应力松弛（BSR）测试是一种评估蠕变行为的独特技术，最初是为研究陶瓷纤维的热蠕变而开发的[39]，后来发展用于评估辐照蠕变变形[40]。通过测量试验后弹性弯曲样品的半径来估算蠕变应变。将这一发展技术应用于辐照蠕变研究，发现 CVD‐SiC 的稳态辐照蠕变柔量高达 0.7 dpa。还比较了多晶和单晶 SiC 的瞬态蠕变行为。有人试图将这一技术应用于复合材料，但需要进一步讨论其有效性。

## 15.7.3　复合材料的测试方法

弯曲试验通常用于测量复合材料强度（ASTM – C1341 和 JIS – R1663）。与测试的简单性相反，弯曲分析是复杂的，因为材料的拉伸、压缩、剪切和应力梯度破坏模式共存，应力分布不可能是对称的。此外，接触点处的挤压和弯曲使测试无效。

ASTM – C1275、JIS – R1656 和 ISO – 15733 对拉伸测试方法进行了标准化。由于在测试方法标准中定义了大型测试试样，所以 SSTT 的开发非常重要。为了设计微型拉伸试样，研究了试样尺寸对拉伸性能的影响，并总结了主要特征：

（1）如果单元结构中加载方向的纤维体积分数不变，则尺寸对拉伸性能的影响很小；

（2）离轴拉伸性能的尺寸依赖性，可能是由于与尺寸相关的断裂模式的变化所致；

（3）试样几何形状的影响非常小[26,41,42]。

提出了两种类型的微型试样：用于室温试验的面加载试样和用于高温的边缘加载微型试样（图 15.20），并在许多中子辐照实验中得到了广泛的应用。使用面加载试样的一个优点是对具有弱层间剪切强度的复合材料具有良好的适用性。相比之下，边缘加载的试样需要很强的剪切强度，以防止夹持部分的破坏。这两种方法的数据可靠性没有系统性差异。

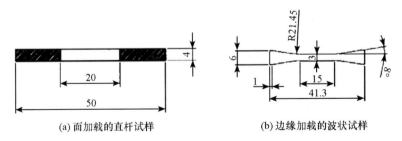

(a) 面加载的直杆试样　　　　(b) 边缘加载的波状试样

**图 15.20　微型拉伸试样**[17]

微型复合材料拉伸技术是另一种有效的测试方法。具体而言，通过应用微型复合材料拉伸试验方法，可以测量基体裂纹空间和密度来估算界面参数[44]。由于难以确定裂纹扩展路径，不建议将此技术用于多层复合材料的界面剪切评估。

ASTM - C1468 中对跨厚度拉伸测试方法进行了标准化（图 15.21）。没有纤维拔出的非伪塑性导致在最大施加应力下发生脆性断裂[45]。由于试件粘接在夹具上，在试件的测量部分内不易产生裂纹。因此考虑到辐照试样的处理难度和高温适用性，该方法不适合用于辐照后测试。

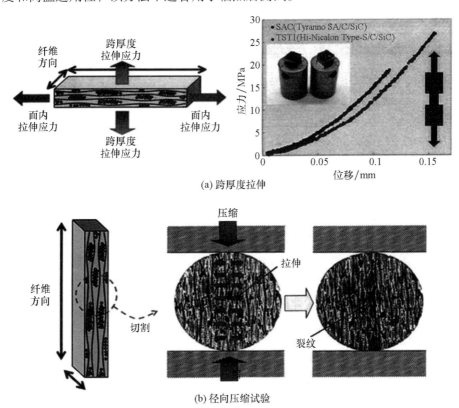

(a) 跨厚度拉伸

(b) 径向压缩试验

图 15.21　跨厚度拉伸测试方法的标准化

径向压缩试验（巴西试验）是研究复合材料跨厚度拉伸强度的另一种选择。该技术的概念设计最初是为了评估混凝土的断裂韧性而提出的，后来又被重新用于复合材料。在与夹具接触的区域，应力集中的负面影响仍然是一个值得关注的问题。然而，径向压缩试验在微型化和高温应用方面具有优势。根据试样尺寸效应研究[46]，建议试样直径为 3.2~9.5 mm，厚度为 1.7~6.0 mm。

对于中子辐照，采用一个厚 3 mm、直径 6 mm 的盘状样品。径向压缩试验技术已在 ASTM 分委员会 C28.07 进行标准化。

一般来说，陶瓷的抗压性能比抗拉性能高。然而，由于存在较弱的 F/M 界面，复合材料的抗压强度普遍较差。很难区分微观纤维断裂和宏观复合材料屈曲。压缩试验（ASTM – C1358、JIS – R1673 和 ISO – 20504）无疑是最困难的试验方法之一，因此需要从技术和分析方面进行更多开发。

剪切强度是根据作用力方向和对齐的纤维之间的相关性进行分类的（表 15.4）。面内剪切应力（IPSS）在垂直于堆叠方向的堆叠板材的每个平面上发挥同等作用。相反，层间剪切应力（ILSS）作用于织物薄片的堆叠方向。IPSS 评估通常采用轨道剪切试验、非对称四点弯曲试验、Iosipescu 剪切试验和离轴拉伸试验，而 ILSS 评估则采用短梁试验和双切口剪切试验。单个测试方法在

表 15.4　CMCs 的剪切试验方法列表

| | | | |
|---|---|---|---|
| DNS 试验 | Iosipeasu 剪切试验<br>不对称四点弯曲试验 | 10°离轴拉伸试验<br>45°拉伸试验 | 轨道剪切试验 |
| 层间剪切强度 | 面内剪切强度<br>剪切模量<br>层间剪切强度 | 面内剪切强度<br>剪切模量 | 面内剪切强度<br>剪切模量 |
| 小样品<br>可用于循环和环境条件 | 与大多数材料类型兼容<br>需少量材料<br>可用于循环和环境条件 | 可用于循环和环境条件<br>标准试验设备<br>面内和厚度方向应力均匀 | 与大多数材料类型兼容<br>试样中心附近的应力状态相当均匀<br>可用于循环和环境条件 |
| 要求精确的试样加工<br>难以确定断裂面缺口间距影响非均匀剪切应力 | 要求精确的试件加工<br>特殊的测试夹具<br>非均匀剪切应力状态 | 混合失效模式<br>对样品/应变标距错位敏感<br>仅适用于连续排列的纤维<br>要求特定层堆叠结构 | 大样品/大量制备<br>难以将试样拴接/黏结到加载轨道上<br>特殊的测试夹具<br>强度数据分散较大 |

ASTM – C1292、ASTM – D5379M、JIS – R1643、ISO – 20505 和 ISO – 20506 中
进行了标准化。

　　虽然离轴拉伸试验方法已经很成熟，但随离轴角度不同而同时存在的混合
断裂模式给分析带来了困难。具体来说，由于固有的尺寸效应，离轴强度随着
试样宽度的减小而进一步降低[47]，尽管高密度 SiC/SiC 复合材料似乎表现出
很小的尺寸效应[48]。

　　Iosipescu 剪切试验和不对称四点弯曲试验被认为是最有价值的，因为通过
仔细考虑载荷走向，可以在切口之间获得几乎纯的剪切应力场。必须避免夹具
的破碎故障，这通常会使试验失效。此外，在分析中需要仔细讨论依赖于织物
结构的裂纹扩展行为。

　　在 DNS 测试中，应力集中不同，取决于两个缺口之间的距离[49]。在
ASTM – C1292 中，建议缺口间距为 6 mm。简单的压缩试验装置可以进行高温
测试。

　　在众多的界面剪切测试方法中，单纤维顶出法是最有前途的。嵌入在基体
中的纤维的一端受到小压头应力作用，并且在测试过程中监测载荷和压头
位移[50]。

　　由于尖锐的压头（如 Vickers 或 Berkovich）会导致纤维严重变形，因此很
难应用于低剪切强度的纤维，如具有洋葱结构和多层涂层界面的碳纤维。在这
种情况下，可以使用平底压头。顶出过程涉及两个重要事件：

　　（1）裂纹在界面处的萌生；

　　（2）在最大载荷下完全脱粘及随后滑动（图 15.22）。

　　通过应用非线性剪切滞后模型，可以得到 F/M 界面处的固有剪切参数：

　　（1）界面脱粘剪切强度（IDSS）；

　　（2）界面摩擦应力（IFS）[51]。

　　研究表明，IDSS 和 IFS 在辐射剂量大约 1 ~ 2 dpa 时发生下降，并随着中
子剂量的增加恢复到未受辐射的水平，即"回转"行为[52]。

　　为了评估 F/M 界面处的摩擦应力，还采用了纤维推回试验，在推回过程
中监测摩擦系数。

　　对断裂能（通常称为"断裂阻力"）的评估变得更加重要，断裂能是裂纹
从固有的或加工缺陷处开始扩展的能量。尽管已经认识到失效评估的重要性，
但现有的试验方法不一定为此目的而标准化。疲劳和蠕变在实际系统设计中非
常重要。然而，现有的方法并没有关注"失效"行为。此外，连接和涂层的
测试发展更应该受到鼓励。相关的标准（ASTM – C1469、ASTM – D905、

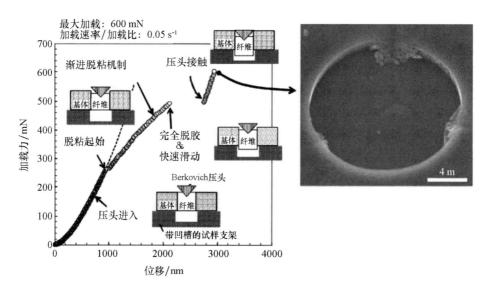

最大加载：600 mN
加载速率/加载比：0.05 s⁻¹

**图 15.22　顶出试验示意图**

ASTM – F734、JIS – R1624 和 JIS – R1630）不能简单地适用于强度相当于复合材料基底强度的连接[53]。

## 15.7.4　材料数据库的开发

SiC 材料手册[27]有很多更新：

（1）未辐照和辐照后的高纯度 CVD – SiC 的物理、热和机械性能数据库；

（2）在较宽的温度和中子通量范围内的辐照增强的微观结构、肿胀、热导率和机械性能的总结；

（3）引入了新的测试技术。

该手册虽尚不完整，但仍是现有的可获得的最好的高质量 SiC 数据库，解决了早期手册中的许多问题[37]。CVI – SiC/SiC 复合材料辐照数据的最新进展表明，它具有良好的中等中子剂量辐照耐受性（~10 dpa）[54]。此外，还阐明了辐照引起的复合材料 F/M 界面剪切强度的变化[52]。随着制造技术的发展，标准的 SiC/SiC 复合材料成为可能。材料数据库的编制成为工业化的关键，因此许多辐照研究正在进行中。

## 15.8 利用 SiC/SiC 复合材料的 GFR 新概念

尽管 GFR 的概念设计很多，但燃料类型可分为包覆型颗粒燃料、细棒状屏蔽燃料、复合陶瓷燃料。

控制棒和反射器是其他核心结构部件。用于能量转换系统的其他热气回路也非常重要，包括燃气轮机和内部换热器。在所有这些领域，高温陶瓷对提高反应堆的吸引力具有很大作用。研究了 SiC/SiC 复合材料在包覆型颗粒燃料和细棒状屏蔽燃料上的应用，旨在提高能量转换效率、减小堆芯尺寸和提高反应堆安全裕度。

图 15.23 是使用包覆型颗粒燃料的 He 冷快堆堆芯和燃料概念，其中采用了带直接冷却系统的水平流动冷却概念。为此，直径为 8.4 cm 和 20 cm 的管子必须分别具有 5% 和 40% 的孔隙率。在这种情况下，SiC/SiC 复合材料可以提供优异的高温稳定性和抗中子辐照的安全裕度。

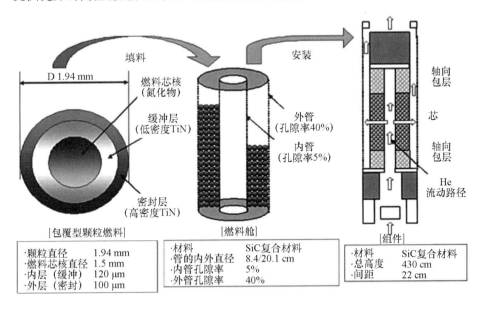

图 15.23 包覆颗粒燃料的 GFR 堆芯和燃料概念[55]

图 15.24 是使用细棒状屏蔽燃料的氦冷快堆堆芯和燃料概念图。同样在这种情况下，SiC/SiC 复合材料由于其高温性能和抗中子损伤能力，可以提供更

高的能量转换效率，减小堆芯尺寸。研究人员正在进行燃料棒和堆芯部件制造技术的研发。

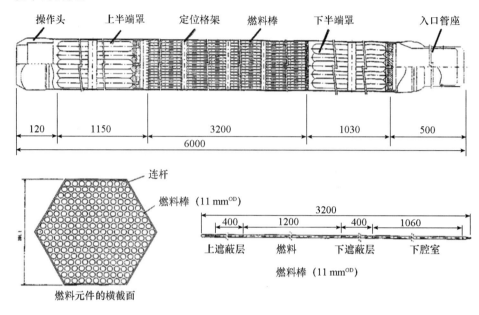

图 15.24　使用燃料棒的 GFR 堆芯设计概念

制造的最终目标是获得长度为 3 m、内径为 10 mm、壁厚为 1 mm 的燃料棒。通过 HIP 工艺成功地制造出了一种直径和壁厚为目标尺寸的 300 mm 长管子。

对于 SiC/SiC 在 GFR 中的应用，除了堆芯结构部件和燃料外，还可以找到许多潜在的应用。这在 VHTR 的情况下也是类似的。图 15.25 显示了日本原子能机构（JAEA）设计的 VHTR 的潜在应用。虽然 JAEA – Oarai 的高温试验堆（HTTR）在这些领域使用了 SiC/SiC 而不是 SiC，但 VHTR 得到了很大的提高。

| 组件 | HTTR | 研究进展 |
|---|---|---|
| 燃料块反射层 | 各向同性反应堆级石墨(IG-110) | 辐照数据延寿(非破坏性方法) |
| 控制棒包壳 | 800H合金 | 辐照数据设计准则 |
| 上半端罩堆芯筒 | 石墨材料 | 辐照数据设计准则 |

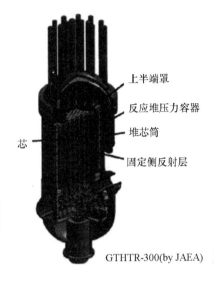

GTHTR-300(by JAEA)

图 15.25　SiC/SiC 在 VHTR 中的潜在应用

# 15.9　结束语

为了在短期内将先进 SiC/SiC 应用于能源系统，特别是核能系统，研究人员进行了大量的研发工作。GFR 是一个重要的目标，但即使是针对轻水堆系统，GFR 以外的其他第四代反应堆系统，甚至聚变反应堆系统，SiC/SiC 复合材料也是潜在的和有吸引力的候选材料。

对于这些潜在的应用，连接和涂层技术的发展非常重要。对于这些系统的设计，基本的材料特性如材料数据库等是必不可少的，并且中子损伤对材料性能影响的数据库也是必需的。

# 参考文献

［1］　Advanced Composite Materials（2002）（MRS）.

［2］　SNEADLL, HINOKIT, TAGUCHIY, et al. Silicon carbide composites for fusion reactor application［J］. Advances in Science and Technology, 2003,

33: 129 - 140.

[3] KOHYAMA A, KATOH Y, JIMBO K. Radiation damage study by advanced dual-ion irradiation methods [J]. Materials Transactions, 2004, 45 (1): 51 - 58.

[4] KOHYAMA A, KATOH Y. Overview of CREST-ACE program for SiC/SiC ceramic composites and their energy system applications [J]. Ceramic Transactions(USA), 2002, 144: 3 - 18.

[5] Energy White Paper (2003) (TSO, UK).

[6] SNEAD L, ZINKLE S, HAY J, et al. Amorphization of SiC under ion and neutron irradiation[J]. Nuclear Instruments and Methods in Physics Research Section B: Beam Interactions with Materials and Atoms, 1998, 141(1 - 4): 123 - 132.

[7] DOENE. A Technology Roadmap for generation IV nuclear energy systems [R]. New York: USDOE Office of Nuclear Energy, Science and Technology (NE), 2002.

[8] KATOH Y, DONG S, KOHYAMA A. Thermo-mechanical properties and microstructure of silicon carbide composites fabricated by nano-infiltrated transient eutectoid process[J]. Fusion Engineering and Design, 2002, 61: 723 - 731.

[9] SHIMODA K, ETO M, LEE J K, et al. Influence of surface micro-chemistry of SiC nano-powder on the sinterability of NITE-SiC[C]//Proceedings of the 5th International Conference on High Temperature Ceramic Matrix Composites (HTCMC - 5). Ohio, USA. 2004: 101 - 106.

[10] HINO T, HIROHATA Y, YAMAUCHI Y, et al. Plasma material interaction studies on low activation materials used for plasma facing or blanket component[J]. Journal of Nuclear Materials, 2004, 329 - 333: 673 - 677.

[11] TOYOSHIMAK, SCHAFFRONL, HINOKIT, et al. Effects of GFR/fusion environments on helium gas permeability of NITE-SiC/SiC[C]//Presented at Spring Meeting of JIM. Tokyo, Japan, 2006.

[12] KISHIMOTO H, OZAWA K, KONDO S, et al. Effects of dual-ion irradiation on the swelling of SiC/SiC composites[J]. Materials Transactions, 2005, 46 (8): 1923 - 1927.

[13] KOHYAMA A, KATOH Y, ANDO M, et al. A new Multiple Beams—Material

Interaction Research Facility for radiation damage studies in fusion materials [J]. Fusion Engineering and Design, 2000, 51: 789 - 795.

[14] KULCINSKI G L, BRIMHALL J L, KISSINGER H E. Production of voids in pure metals by high energy heavy ion bombardment[C]/Radiation Induced Voids in Metals, AEC 26. US Atomic Energy Commission, 1972: 449 - 478.

[15] BIERSACK J P, HAGGMARK L G. A Monte Carlo computer program for the transport of energetic ions in amorphous targets[J]. Nuclear Instruments and Methods, 1980, 174(1 - 2): 257 - 269.

[16] PARK K H, KISHIMOTO H, KOHYAMA A. 3D analysis of cracking behaviour under indentation in ion-irradiatedβ-SiC[J]. Journal of Electron Microscopy, 2004, 53(5): 511 - 513.

[17] SNEAD L, OSBORNE M, LOWDEN R, et al. Low dose irradiation performance of SiC interphase SiC/SiC composites[J]. Journal of Nuclear Materials, 1998, 253(1 - 3): 20 - 30.

[18] GAO F, WEBER W J, DEVANATHAN R. Atomic-scale simulation of displacement cascades and amorphization in β-SiC[J]. Nuclear Instruments and Methods in Physics Research Section B: Beam Interactions with Materials and Atoms, 2001, 180(1 - 4): 176 - 186.

[19] SNEAD L, ZINKLE S, HAY J, et al. Amorphization of SiC under ion and neutron irradiation[J]. Nuclear Instruments and Methods in Physics Research Section B, 1998, 141(1 - 4): 123 - 132.

[20] KATOH Y, KISHIMOTO H, KOHYAMA A. The influences of irradiation temperature and helium production on the dimensional stability of silicon carbide[J]. Journal of Nuclear Materials, 2002, 307 - 311: 1221 - 1226.

[21] KATOH Y, SNEAD L L, HENAGER JR C H, et al. Current status and critical issues for development of SiC composites for fusion applications[J]. Journal of Nuclear Materials, 2007, 367 - 370: 659 - 671.

[22] SNEAD L L, KATOH Y, CONNERY S. Swelling of SiC at intermediate and high irradiation temperatures[J]. Journal of Nuclear Materials, 2007, 367: 677 - 684.

[23] YOUNGBLOOD G E, SENOR D J, JONES R H. Effects of irradiation and post-irradiation annealing on the thermal conductivity/diffusivity of monolithic SiC and f-SiC/SiC composites[J]. Journal of Nuclear Materials, 2004, 329:

507 – 512.

[ 24 ] WANG J A J. Oak Ridge National Laboratory ( ORNL ) spiral notch torsion test ( SNTT ) system[ J ]. Practical Failure Analysis, 2003, 3: 23 – 27.

[ 25 ] KATOH Y, NOZAWA T, SNEAD L L, et al. Property tailorability for advanced CVI silicon carbide composites for fusion[ J ]. Fusion Engineering and Design, 2006, 81( 8 – 14 ): 937 – 944.

[ 26 ] NOZAWA T, KATOH Y, KOHYAMA A, et al. Specimen size effect on the tensile and shear properties of the high-crystalline and high-dense SiC/SiC composites[ J ]. Ceramic Engineering and Science Proceedings, Section B, 2003, 24: 415 – 420.

[ 27 ] SNEAD L L, NOZAWA T, KATOH Y, et al. Handbook of SiC properties for fuel performance modeling[ J ]. Journal of Nuclear Materials, 2007, 371( 1 – 3 ): 329 – 377.

[ 28 ] SNEAD L, STEINER D, ZINKLE S. Measurement of the effect of radiation damage to ceramic composite interfacial strength [ J ]. Journal of Nuclear Materials, 1992, 191: 566 – 570.

[ 29 ] HOLLENBERG G, HENAGER JR C, YOUNGBLOOD G, et al. The effect of irradiation on the stability and properties of monolithic silicon carbide and SiCf/SiC composites up to 25 dpa[ J ]. Journal of Nuclear Materials, 1995, 219: 70 – 86.

[ 30 ] JONES R H, GIANCARLI L, HASEGAWA A, et al. Promise and challenges of SiCf/SiC composites for fusion energy applications[ J ]. Journal of Nuclear Materials, 2002, 307: 1057 – 1072.

[ 31 ] OZAWA K, HINOKI T, NOZAWA T, et al. Evaluation of fiber/matrix interfacial strength of neutron irradiated SiC/SiC composites using hysteresis loop analysis of tensile test[ J ]. Materials Transactions, 2006, 47( 1 ): 207 – 210.

[ 32 ] OZAWA K, NOZAWA T, KATOH Y, et al. Mechanical properties of advanced SiC/SiC composites after neutron irradiation[ J ]. Journal of Nuclear Materials, 2007, 367: 713 – 718.

[ 33 ] KATOH Y, SNEAD L L. Mechanical properties of cubic silicon carbide after neutron irradiation at elevated temperatures[ J ]. Journal of ASTM International, 2005, 2: 12377.

[34] BYUN T S, LARA-CURZIO E, LOWDEN R A, et al. Miniaturized fracture stress tests for thin-walled tubular SiC specimens[J]. Journal of Nuclear Materials, 2007, 367: 653 – 658.

[35] BYUN T S, HONG S G, SNEAD L L, et al. Influence of specimen type and loading configuration on the fracture strength of SiC layer in coated particle fuel[C]//Presented at the 30th Annual International Conference on Advanced Ceramics & Composites. Cocoa Beach, FL, USA, 2005.

[36] HONG S G, BYUN T S, LOWDEN R A, et al. Evaluation of the fracture strength for silicon carbide layers in the tri-isotropic-coated fuel particle[J]. Journal of the American Ceramic Society, 2007, 90(1): 184 – 191.

[37] SNEAD L L, NOZAWA T, KATOH Y, et al. Handbook of SiC properties for fuel performance modeling[J]. Journal of Nuclear Materials, 2007, 371(1 – 3): 329 – 377.

[38] WERESZCZAK A A, JADAAN O M, LIN H T, et al. Hoop tensile strength testing of small diameter ceramic particles[J]. Journal of Nuclear Materials, 2007, 361(1): 121 – 125.

[39] MORSCHER G N, DICARLO J A. A simple test for thermomechanical evaluation of ceramic fibers[J]. Journal of the American Ceramic Society, 1992, 75 (1): 136 – 140.

[40] KATOH Y, SNEAD L L, HINOKI T, et al. Irradiation creep of high purity CVD silicon carbide as estimated by the bend stress relaxation method[J]. Journal of Nuclear Materials, 2007, 367 – 370: 758 – 763.

[41] NOZAWA T, KATOH Y, KOHYAMA A. Evaluation of tensile properties of SiC/SiC composites with miniaturized specimens[J]. Materials Transactions, 2005, 46(3): 543 – 551.

[42] SHINAVSKIRJ, ENGELTD, LARA-CURZIOE, et al. Mechanical and thermal evaluation of near-stoichiometric SiC fiber-reinforced SiC with braided architectures for nuclear applications[C]//Presented at the 31st Annual International Conference on Advanced Ceramics & Composites. Daytona Beach, FL, USA, 2007.

[43] NOZAWAT, KATOHY, KOHYAMAA, et al. Specimen size effects in tensile properties of SiC/SiC and recommendation for irradiation studies[C]// Proceedings of the 5th IEA. Workshop on SiC/SiC Ceramic Matrix Composites

for Fusion Structural Applications. 2002: 74 - 86.

[44] LAMON J, REBILLAT F, EVANS A G. Microcomposite test procedure for evaluating the interface properties of ceramic matrix composites[J]. Journal of the American Ceramic Society, 1995, 78(2): 401 - 405.

[45] HINOKIT, LARA-CURZIOE, SNEADLL. Effect of interphase on transthickness tensile strength of high-purity silicon carbide composites[C]//Presented at the 28th International Conference of Advanced Ceramics and Composites. Cocoa Beach, FL, USA, 2004.

[46] HINOKIT, LARA-CURZIOE, SNEADLL. Evaluation of transthickness tensile strength of SiC/SiC composites [J]. Ceramic Engineering and Science Proceedings, 2003, 24: 401 - 406.

[47] EVANS A G, DOMERGUE J M, VAGAGGINI E. Methodology for relating the tensile constitutive behavior of ceramic-matrix composites to constituent properties[J]. Journal of the American Ceramic Society, 1994, 77 (6): 1425 - 1435.

[48] NOZAWAT, LARA-CURZIOE, KATOHY, et al. Tensile properties of braided SiC/SiC composites for nuclear control rod applications[C]//Presented at the 31st Annual International Conference on Advanced Ceramics & Composites. Daytona Beach, FL, USA, 2007.

[49] LARA-CURZIO E, FERBER M K. Shear strength of continuous fiber ceramic composites[J]. ASTM Special Technical Publication, 1997, 1309: 31 - 48.

[50] LARA-CURZIO E, FERBER M. Methodology for the determination of the interfacial properties of brittle matrix composites [J]. Journal of Materials Science, 1994, 29: 6152 - 6158.

[51] NOZAWA T, SNEAD L L, KATOH Y, et al. Determining the shear properties of the PyC/SiC interface for a model TRISO fuel[J]. Journal of Nuclear Materials, 2006, 350(2): 182 - 194.

[52] NOZAWA T, KATOH Y, SNEAD L L. The effects of neutron irradiation on shear properties of monolayered PyC and multilayered PyC/SiC interfaces of SiC/SiC composites[J]. Journal of Nuclear Materials, 2007, 367 - 370: 685 - 691.

[53] HINOKI T, EIZA N, SON S, et al. Development of joining and coating technique for SiC and SiC/SiC Composites utilizing NITE processing[J].

Ceramic Engineering and Science Proceedings, 2005, 26: 399 – 405.

[54]　KATOH Y, NOZAWA T, SNEAD L L, et al. Effect of neutron irradiation on tensile properties of unidirectional silicon carbide composites[J]. Journal of Nuclear Materials, 2007, 367: 774 – 779.

[55]　KONOMURA M, MIZUNO T, SAIGUSA T, et al. A promising gas-cooled fast reactor concept and its R&D plan[C]//Proceedings of the Global. 2003: 57 – 64.

# 第 16 章　摩擦应用的 CMCs

## 16.1　简介

　　碳纤维增强碳化硅（C/SiC，C/C – SiC）复合材料在摩擦系统的应用始于20 世纪 90 年代初，代表着从空间技术到地面应用的成功延伸[1]。这些基于熔融硅浸渗改性 C/C 复合材料、采用 LSI 工艺制造的轻质热稳定材料，克服了汽车和飞机制动盘的两种标准材料 C/C（温度和湿度对摩擦系数的影响）和灰口铸铁（重量大，热稳定性差）的缺点。C/SiC 复合材料表现出优异的摩擦性能，如高而稳定的摩擦系数和极高的耐磨性。1994 年至 1997 年间，位于斯图加特的德国航空航天中心开发出了第一批用于高速列车和客车的全尺寸制动盘原型[2-5]。不同制造商每年商业化生产约 5 万个 C/SiC 制动盘，CMCs 在高端和高性能汽车中取代灰口铸铁制动盘[6,7]。此外，在电梯和起重机的紧急制动系统中，烧结金属和树脂黏结（有机）制动片已经达到其热极限，C/SiC 材料因其高抗冲击和耐磨性而得到越来越多的使用[8-10]。C/SiC 制动片和制动盘已经找到了它们的专项应用领域，然而，这项技术要想在大众市场上取得突破，还需要进一步降低其居高不下的制造成本。在世界各地，许多机构和工业活动都在研究扩大技术规模和降低成本[11-25]。

## 16.2　用于先进摩擦系统的 C/SiC 制动片

　　LSI – C/SiC 复合材料最初是为航空航天应用开发的，作为热防护或推进系统中的热结构。因此，在开发之初，只有织物增强的二维复合材料可用。使用这种第一代 C/SiC 复合材料进行的盘对盘测试表明，表面温度高达 1000 ℃以上，摩擦系数高但不稳定，并且由于氧化作用，耐磨性相当低。这种不充分的摩擦学行为需要对这些初始 CMCs 复合材料进行后续优化，以提高它们在高性能制动系统中的适用性（图 16.1）。

图 16.1  由 C/SiC（第一代）制成的双向增强制动盘和刹车片[9]

摩擦系数不稳定的主要原因是标准 2D - C/SiC 复合材料的低横向导热率（9 W/mK）。

通过不同的改性方法可以获得更高的横向导热率：

（1）使用导热率高的碳纤维，如石墨纤维；

（2）增加垂直于摩擦面的纤维含量；

（3）提高陶瓷含量。

虽然前两种方法在技术和经济方面已经有了很大的发展，但增加复合材料中的 Si 和 SiC 含量是一种更具成本效益的方法。通过降低纤维含量，可以得到更高的 Si 吸收和更明显的 SiC 形成，进而提高 C/SiC 复合材料的密度，可以很容易地获得更高的陶瓷含量。因此，纤维体积含量越低，密度越高，CMCs 材料的横向导热率越高。然而，较高的密度伴随着强度和断裂韧性的降低。因此，最终的 CMCs 必须根据制动系统的具体要求进行设计，在足够的热性能和机械性能之间进行折中。

图 16.2 显示了短纤维增强的 C/SiC 复合材料的横向导热率与生坯（碳纤维增强塑料，CFRP）中纤维体积含量的关系。当纤维含量为 30%～55% 时，导热率在 23～29 W/mK 之间变化。

图 16.2 还显示了用 HT - 纤维增强的 C/SiC 复合材料的材料密度和横向导热率之间的关系。一般来说，较低的值对应于连续纤维增强体（即织物），而最高的密度是在短纤维结构中测量到的。

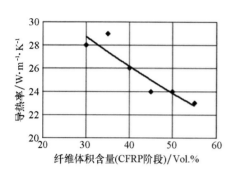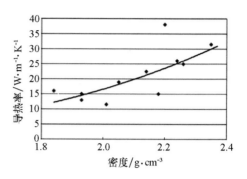

图 16.2　短纤维增强 C/SiC 复合材料（HT - 纤维）在 50 ℃下的导热率与
纤维体积含量和密度的关系[9]

　　与大多数其他材料一样，C/SiC 复合材料的横向导热率随着温度的升高而降低。图 16.3 展示了通过改变纤维结构和工艺条件制备的不同改性材料的横向导热率随温度变化的关系。横向热导率在 300～900 ℃之间（代表高性能制动过程中的表面温度范围）的平均降幅约为 30%。因此，必须根据制动片和制动盘在高温下的导热性来选择合适的 C/SiC 材料。

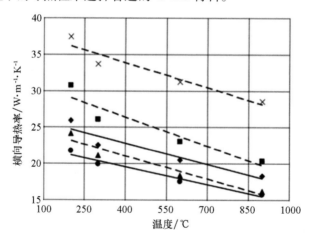

图 16.3　不同 C/SiC 复合材料横向导热率随温度的变化[9]

## 16.2.1　紧急制动系统的制动片

　　C/SiC 复合材料已成功应用于机械工程和输送系统中使用的紧急制动器的

转子和定子。具有金属盘和有机摩擦衬片的传统制动系统已经达到其热极限，特别是在极端功率输入下。

　　在筛选试验中，通过将一个旋转制动盘压在两个相同材料的固定盘上，测试了具有不同横向热导率的 CMCs 复合材料。图 16.4 显示了不同 C/SiC 改性的结果及其对摩擦系数稳定性的影响。

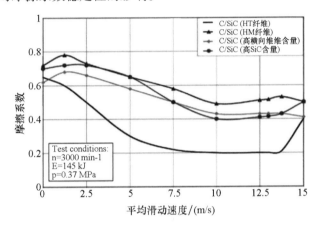

**图 16.4　不同 C/SiC 材料的摩擦系数**

　　如图 16.5 所示，较高的横向导热率只会略微降低磨损率，但摩擦参数对于紧急制动系统来说是次要的。图 16.6 显示了高能停车制动时的紧急制动系统，以及一套由 LSI – C/SiC 制成的制动系统，这套制动系统由一个旋转制动盘和两个固定制动盘组成，每个制动盘由 2D 增强 C/SiC 制成，外径为 110 mm，厚度约为 8 mm。

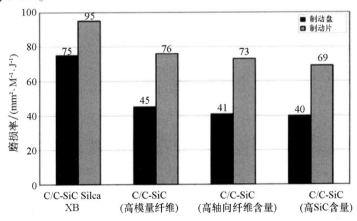

**图 16.5　具有不同横向导热率的 C/C – SiC 的磨损率**

(a) (b)

图 16.6 （a）高能停车制动时的紧急制动系统；（b）一套由 LSI – C/SiC
制成的制动系统

## 16.2.2 高性能电梯用 C/SiC 制动片

最强大的电梯驱动装置是为高达 500 m 的建筑设计的，可以将重达 45 000 kg 的物体加速到 10 m/s 的速度（图 16.7）。如果速度超过该值，电梯将自动进入受控紧急停止状态。因此，制动片可以达到 1200 ℃的温度。在如此高的温度下，传统的制动材料，如有机或烧结金属刹车片，已经远远超出了其热稳定性和耐磨性的极限。

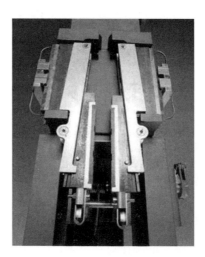

图 16.7 采用 C/SiC 刹车片的高性能电梯紧急制动系统[8]

　　对于这一应用，通过改变碳纤维的类型、纤维结构、前驱体的类型和 CFRP 坯体的制造工艺，对 LSI – C/SiC 复合材料进行了调整改性。通过这些改性措施，获得了明显改善的摩擦性能和机械性能（图 16.8）。

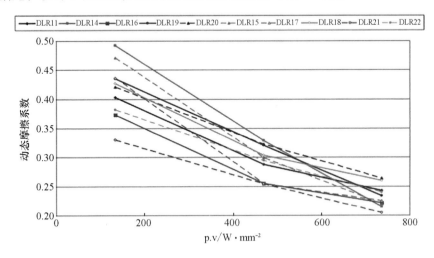

图 16.8　不同 C/SiC 材料在钢质旋转飞轮上测试的摩擦系数[8]

　　通过在制造 CFRP 前对碳纤维进行预热处理而获得的梯度 C/SiC 复合材料，具有高耐磨性的富含碳化硅的表面以及高机械强度的碳质芯材，显示出几乎没有磨损、高摩擦系数和足够的机械性能。经过严格的筛选测试，这些梯度复合材料从 2003 年开始被选择用于刹车片（尺寸为 142 mm × 34 mm × 6 mm）的批量生产。

# 16.3　陶瓷制动盘

　　高性能汽车需要一个强大的制动系统。现代汽车的制动系统，尤其是制动盘，不仅要在各种条件下（如干燥或潮湿条件下）完成安全减速的任务，而且要保证可接受的磨损率、高制动舒适性和低重量。从技术和经济方面考虑，使用灰口铸铁制动盘是一种折中方案，所有的汽车制动盘或多或少都是由这种材料制成的。但其耐腐蚀性有限，且密度较高，为 7.2 g/cm³。制动盘的重量影响着汽车的簧下质量和旋转质量，对汽车的驾驶性能、灵活性、操控性等都有很大的影响。因此，制动器的重量应尽可能低。

　　使用密度为 2.8 ~ 3.0 g/cm³ 的陶瓷颗粒增强的铝基复合材料（MMC）可

使制动盘变得更轻，但对于高性能汽车而言，温度稳定性太低，制动盘温度可能达到 800 ℃ 左右。因此，它们作为制动盘和制动鼓的用途仅限于小型和非常轻的汽车。

在对重量非常敏感的赛车中，碳/碳（C/C）制动盘是最先进的。20 世纪 80 年代初，Brabham[26] 将 C/C 制动器引入了一级方程式赛车中，此后一直是一级方程式赛车和其他赛车系列比赛应用的首选（图 16.9）。

**图 16.9 用于比赛的 C/C 制动系统**

由于碳材料的低密度（约 1.8 g/cm$^3$）特性及其高达 1000 ℃ 的温度稳定性，这些制动器提供了优异的比赛性能。尽管 C/C 制动器具有这些突出的性能，但其不能用于批量生产的车辆。摩擦系数对温度和湿度的强依赖性，以及碳在 400 ℃ 以上氧化导致的严重磨损率，使得它们无法在正常行驶条件下使用[27]。

碳纤维增强陶瓷复合材料最初是为航天器的热防护而开发的[28,29]，它具有耐磨、摩擦值稳定、高温稳定性好和低重量等优点。1999 年，陶瓷制动器首次在 IAA（德国法兰克福国际汽车展）上向公众展示，并于 2000 年在梅赛德斯 CL 55 AMG F1 限量版[30] 上推出，2001 年在保时捷 911 GT2[31] 投入使用。从此之后，它们在跑车（保时捷、法拉利、兰博基尼、布加迪等）中的应用越来越常见。2005 年，陶瓷制动盘首次用于高档汽车奥迪 A8 W12[32]。此外，2006 年在高性能中级汽车（如奥迪 RS4）上的使用突显了陶瓷制动盘的持续市场渗透，已不仅仅是在跑车领域使用。

## 16.3.1 材料性能

如图 16.10 所示，陶瓷制动盘由安装在金属钟形件上的陶瓷摩擦转子组成。摩擦转子由碳纤维增强陶瓷复合材料（C/SiC）制成。与通常使用多向机织物纤维增强体的航空航天应用不同，陶瓷制动器使用的是切碎或磨碎的短纤维。C/SiC 的基体由 SiC 和少量游离 Si 组成。虽然碳纤维在空气中具有优异的高温力学性能，但它们在氧化环境中的稳定性很低。碳在空气中大约 400 ℃ 开始氧化，并在更高温度下导致刹车盘持续损坏。这限制了除赛车外 C/C 制动器的使用。如图 16.11 所示，C/SiC 制动材料中对氧化敏感的碳纤维束被嵌入到保护性陶瓷基体中，产生了一种比普通 C/C[33] 更抗氧化的材料。

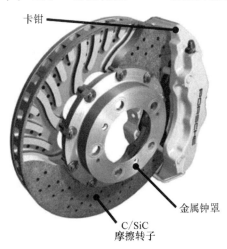

卡钳

金属钟罩

C/SiC
摩擦转子

图 16.10　保时捷陶瓷复合材料制动盘

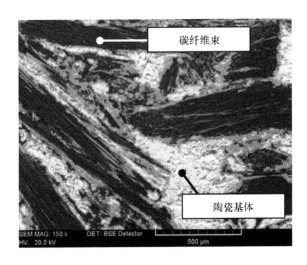

碳纤维束

陶瓷基体

图 16.11　短纤维增强 C/SiC 的微观结构

一般情况下，C/SiC 纤维的性能主要取决于其组成、纤维含量和纤维取向。碳纤维显著降低了 SiC 的脆性，因此其损伤容限几乎与灰口铸铁的损伤容限相当。表 16.1 比较了典型灰口铸铁制动材料 GJS – 200 和 C/SiC 的材料数据。C/SiC 的低密度（2.3 g/cm³）提供了巨大的轻量化潜力。但 GJS – 200 的比热容低于 C/SiC 的比热容，相同尺寸的摩擦环，C/SiC 的绝对热容高于 GJS – 200。通常，这导致陶瓷制动器的制动盘直径较大，并将减重率从 65%（由于 C/SiC 密度较低）降低到约 50%。陶瓷材料的强度取决于纤维的取向和纤维的长度，在制动过程中达到最高温度之前，陶瓷材料的强度是恒定的。GJS – 200 在 400 ℃ 以上强度显著下降，导致热冲击条件下裂纹的形成。GJS – 200 的高热膨胀系数有利于裂纹的形成，是高制动温度下产生制动变形和抖动的原因。由于 C/SiC 垂直于制动盘摩擦面的热导率较低，制动盘温度普遍高于传统的金属制动器。在防止制动液过热的同时，更要重视对周围部件的热防护。

表 16.1　GJS – 200 与 C/SiC 的力学和热物理性能比较[27]

| 材料 | 单位 | GJS – 200 | C/SiC, SGL |
|---|---|---|---|
| 密度 | g/cm³ | 7.2 | 2.3 |
| 增强体 | — | — | 短纤维 |
| 拉伸强度 | MPa | 150 ~ 250 | 20 ~ 40 |
| 断裂应变 | % | 0.3 ~ 0.8 | 0.3 |
| 杨氏模量 | GPa | 90 ~ 110 | 30 |
| 热膨胀系数 | $10^{-6}$1/K | 9；12（RT；300 ℃） | 1；2（RT；300 ℃） |
| 热导率 | W/m·K | 54 | 40 |
| 热容 | J/kg·K | 500 | 800 |
|  | J/dm³·K | 3600 | 1800 |

## 16.3.2　制造

C/SiC 制动盘的制造过程主要分为三个步骤：制动盘转子的成型、热解和渗硅（图 16.12）。在第一步中，将特殊处理的短 PAN（聚丙烯酸腈）基碳纤维、添加剂和酚醛树脂混合成均匀的物质，并使用常规的温压技术制成碳纤维增强塑料（CFRP）生坯。成型是在精确限定的温度 – 压力条件下，在多腔体柱压力机中进行的。根据功能要求，制动盘由含有 3000～420 000 根单丝的碳纤维按不同配方制成。纤维长度主要影响纤维的强度、氧化行为和制造。长纤维有较高的强度值，但抗氧化性较低，加工难度较大。为了获得平衡的性能和提高制造效率，还可以加工纤维碎片，这意味着不同的纤维长宽分布。

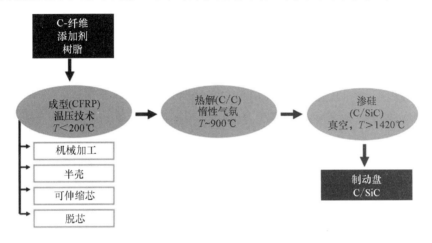

图 16.12　通风制动盘的制造过程，通常分为三个主要步骤：成型、热解和渗硅

通常，高性能制动盘不是很大，并且是通风的。为了以经济高效的方式获得坯体，通常使用脱芯或带有可伸缩芯的压缩模具。脱芯技术的优点是无须额外加工即可实现复杂成型的冷却通道，而可伸缩芯的使用仅限于简单的无底切几何形状。在陶瓷制动器研制的早期阶段，将半壳压制并固定在一起形成冷却通道。生产通风式制动盘最昂贵的方法是机械加工，类似于 C/C 制动器的制造过程。在第二步中，坯体在惰性气体中进行高达 900 ℃的温度处理，以防止碳被氧化。炭化过程中酚醛树脂的收缩、向无定形碳的转化以及嵌入碳纤维的刚度导致了典型的具有高孔隙率的微裂纹 C/C 微观结构。热解的特征在于生坯的失重和尺寸变化。在使用脱芯技术的情况下，在碳化过程中，芯会分解，并且可以很容易地去除而没有残留物。采用直通式自动控温控速炉既省时又节能。为了避免氧气渗透，使用特殊传感器永久控制炉膛内的气氛。

在最后高温工艺步骤中，在高于硅熔点（1420 ℃）的温度下，将多孔体与液态硅一起放在真空下。液态硅渗入多孔微结构后，与碳质基体反应形成 SiC，包围纤维束作为内部氧化保护。在理想情况下，硅只与碳基体反应，而纤维保持不变。实际上，碳纤维在混合原料之前会包裹上多余的碳，以防止碳纤维转化为 SiC。硅化过程结束后，除了 SiC 基体和纤维束的碳之外，游离硅成为另一种基体成分。

由于陶瓷基体的高硬度，进一步的加工需要使用金刚石磨具。CFRP 和 C/C 可以很容易地用标准硬质合金工具以高进给速度进行加工，获得高去除率。从经济角度考虑，从一开始就对制动盘进行近净成形加工是必要的，应避免陶瓷产品的大量加工。

在将摩擦转子与钟罩组装之前，可采用氧化保护措施，以避免未受保护的碳纤维在制动盘表面过早烧毁，因为在高性能制动过程中，经常会出现高于碳氧化的温度。

在最后一步中，摩擦转子和金属钟罩通过特殊形状的套筒固定在一起，以保证陶瓷转子，特别是金属钟罩的热膨胀不受阻碍（图 16.13）。根据制动盘的厚度、轴向跳动、平稳性公差、不平衡度等要求，制动盘必须在安装后进行修整。

**图 16.13　制动盘组件（前盘）**

除了技术和经济方面的考虑，陶瓷制动盘的质量也是非常重要的。因此，许多工艺参数被用于评估制动盘质量，并进行批量测试（如频率分析和光学检验）。额外的破坏性强度测试能够检验制动盘的可靠性。

## 16.3.3　制动机制

与传统的灰口铸铁制动盘相比，陶瓷制动盘在几个基本领域[34]都有重大改进，并在用户效益方面树立了新的基准，如图 16.14 所示[35]。

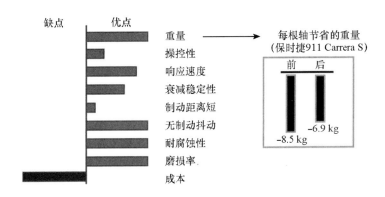

图 16.14　陶瓷制动器与灰口铸铁制动器的优缺点对比

　　陶瓷制动盘的突出特性是材料密度低，与灰口铸铁部件相比，重量上有很大优势（约 50%）。保时捷 911 Carrera S 在配备陶瓷制动器的情况下，与灰口铸铁车型相比，重量节省超过 15 kg。这减轻了汽车簧下质量和旋转重量，同时在驾驶性能、灵活性、操控性、减震器响应、抓地舒适性和燃油经济性方面都有不同程度的改善。

　　陶瓷制动器的制动能力和它的重量一样令人印象深刻。最大的制动力在瞬间形成，驾驶员有很好的踏板感觉，汽车会自发地做出反应。陶瓷制动盘的摩擦系数不仅高，而且恒定，不受温度影响。这种出色的抗衰减性能确保了可以在高速减速、下坡行驶或赛车条件下减速时获得更好的平衡性和强大的精确制动能力，这在保时捷米其林超级杯（Porsche Michelin Supercup）等一系列赛事中得到了证明。

　　具有高而稳定摩擦系数的陶瓷制动盘即使在最恶劣的道路和比赛条件下也能提供更短的制动距离。事实上由于轮胎与路面之间的摩擦系数有限，所以装有陶瓷制动盘的汽车的制动距离仅比装有灰口铸铁制动盘的汽车短一点。然而，这种更短的制动距离能给司机一种安全感，在关键时刻可以转化为巨大的优势。

　　即使在高工作温度下，陶瓷材料的高耐热性和低热膨胀性（表 16.1）也确保了优异的尺寸稳定性，从而获得出色的热制动抖动特性。刹车抖动是驾驶员在刹车过程中感觉到的轻微或剧烈的振动。热抖动通常是由于较长时间的制动而产生的。通常，它发生在从较大速度减速时。抖动是热分布不均匀的结果，也就是热点。热点是在圆盘两侧交替出现的集中热区，由于材料变形，驾驶员会感觉到正弦波状振动。

制动过程中的另一个关键现象是冷抖动。冷抖动是由于制动盘精加工不正确或由于磨损导致制动盘厚度变化（DTV）引起的。制动盘表面的这些变化通常是车辆大量上路行驶的结果。与灰口铸铁相比，由于作为摩擦表面的陶瓷基体硬度非常高，在正常路况下可以测量到极低的磨损率（图16.15）。这使得陶瓷制动器具有很高的耐用性，而不会降低舒适性。最后，陶瓷制动盘被设计成可以在汽车的整个生命周期内使用。由于是非铁基表面，完全避免了腐蚀，所以延长了制动盘的使用寿命。

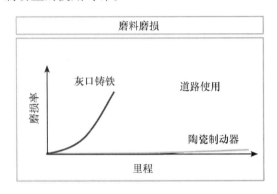

图 16.15　陶瓷制动盘在正常制动条件下的理想磨损行为

陶瓷制动盘的主要缺点是成本高。陶瓷制动器生产的特点是产量相对较低，且制造过程劳动密集且耗时。这项技术还需要全新的加工和自动化流程改造。为了克服这些限制，必须大大提高自动化水平，尽可能有效使用高成本的碳纤维，缩短生产时间[37]。业界已经做出了努力，但还需要做进一步的改进。因此，制造商和汽车行业的密切合作是有帮助的，因为制动盘的设计和系统要求对制动盘的成本有很大的影响。

## 16.3.4　设计方面

制动转子的设计对陶瓷复合材料特殊优势的有效利用非常重要。因此，设计者必须牢记材料的特性，并且必须使制动盘适应整个制动系统的要求。显然，这是一项非常复杂的任务，需要大量的经验和基础知识。

制动所产生的最大动能、制动功率分布以及机械载荷和热载荷在很大程度上决定了前后制动盘所需的尺寸。可以利用有限元软件分析应力和温度分布。因此必须知道机械载荷和热载荷，并将其输入到制动盘模型的有限元计算中。

如图 16.16 所示，必须非常仔细地设计制动转子的高应力区域，以避免机械过载并保证最大的空气流量。

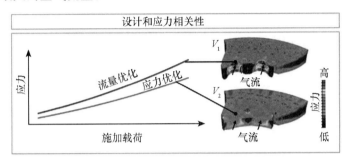

$V_1$：流量优化，$V_2$：应力优化。

**图 16.16　制动时不同制动盘设计的应力计算分布**

为了在潮湿条件下更好地制动和有效地冷却，制动盘通常是穿孔的。轴向钻孔影响摩擦系数、摩擦片的磨损、应力和温度分布以及制动噪音行为。因此，在孔的分布设计时必须考虑到这些方面。

表 16.2 显示了几种配有陶瓷制动器和金属制动器的保时捷车型，以说明典型制动器的尺寸。陶瓷制动器的重量相对较低，且受钟罩所用材料的影响。如果使用高强度的铝制钟罩，可以比使用钢制钟罩节省 1 kg 以上的重量。

**表 16.2　选定的保时捷汽车陶瓷制动器与金属制动器的典型尺寸比较**

| | | 单位 | Carrera GT 陶瓷制动器 | 911 Carrera S 陶瓷制动器 | 911 Carrera S 金属制动器 |
|---|---|---|---|---|---|
| 最高时速 | | km/h | 330 | 293 | 293 |
| 最大动能 | | MJ | 6.9 | 6.0 | 6.0 |
| 前制动盘 | 尺寸 | mm × mm | 380 × 34 | 350 × 34 | 330 × 34 |
| | 重量 | kg | 4.9 | 5.8 | 10.5 |
| 后制动盘 | 尺寸 | mm × mm | 380 × 34 | 350 × 28 | 330 × 28 |
| | 重量 | kg | 4.9 | 5.7 | 9.0 |
| 钟罩材料 | | — | 铝合金 | 不锈钢 | 不锈钢 |

氧会侵蚀 C/SiC 复合材料表面和内部的碳。氧气通过互连的孔隙和裂纹网络扩散到内部，显著降低制动盘的强度，尤其是在比赛条件下（图 16.17）。

为了最大限度地减少强度损失，采用了额外的摩擦层和有效的冷却设计。

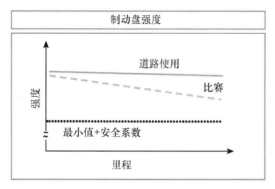

图 16.17  陶瓷制动盘在道路和赛车条件下的理想强度行为

具有抗氧化成分的额外摩擦层通常用于阻止摩擦表面上暴露的碳纤维烧损。此外，制动盘的主体受到保护，免受高温和高氧气的侵蚀。摩擦层的制造及其在制动转子上的应用完全集成在生产过程中。考虑到陶瓷制动盘的长寿命，磨削体的氧化状态必须易于观察。因此，特殊的耐磨嵌件集成在摩擦表面（图 16.18）。这些嵌件使制动盘的寿命周期可视化。

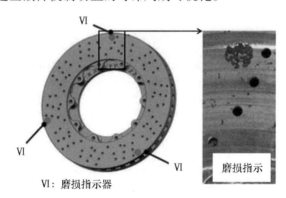

图 16.18  显示氧化程度的特殊嵌件

制动转子的内部设计是制动系统冷却优化的关键。因此，自 2001 年引进以来，利用流体力学分析和计算软件，系统地开发了一种高流量制动转子。如图 16.19 所示，冷却通道的数量增加了一倍，而新的通风口几何结构提供了更好的气流通过制动盘。

图 16.19 渐开线冷却通道设计的通风陶瓷制动盘（右）

冷却通道越多，内壁越多，结构稳定性越好。在外部，这些改性以修改的钻孔图案的形式清晰可见。由此设计的制动转子在流体试验台上证明了其高空气动力学性能：通过转子的冷却流量比原来的设计增加了 20% 以上[38]。随着制动转子冷却流量的增加，制动系统的冷却性能有了很大改善。为了提供所需的冷却气流速度，气流先通过车辆前部的进气口，再通过用于制动通风的特殊风道，然后直接通过制动盘上的扰流板（图 16.20）。前后制动器的冷却气流，可以避免过高的制动温度，最大限度地减少磨损，保护周围部件不受过热影响，并保证最大程度的衰退稳定性（保时捷 911 Turbo）。

后制动器的冷却气流

前制动器的冷却气流

图 16.20 前后制动器的冷却气流

## 16.3.5 测试

由于制动过程的模拟非常复杂，在交付之前要进行各种测功机和车辆测试，以保证制动系统的功能达到要求。由于制动盘的摩擦性能受制动盘材料和卡钳的影响较大，因此有必要在实际条件下采用惯性测功机对整个制动系统进行测试。为了了解摩擦特性，通常会进行标准化制动测试。一个标准化制动测试的例子是 AKMaster：这是一种由欧洲汽车工程师开发的测功机测试。该试验用于确定摩擦材料的一般性能。摩擦系数和磨损率都是根据制动压力、减速度、速度和温度记录的。在这些试验中获得的实验结果回答了制动盘材料是否具有稳定恒定的摩擦值，或者它是否表现出强烈的摩擦行为或高磨损率。保时捷的一大特色是衰退测试。该衰退测试是一项高负荷制动测试，用于测试制动系统的高端性能。边界条件为：以 $0.8~\mathrm{m/s^2}$ 的减速度从 $90\% v_{\max}$ 到 100 km/h 的 25 次顺序制动停止为一个衰退。此顺序导致制动盘温度高于 700 ℃ （图16.21），制动盘和制动片必须承受此温度。显然，陶瓷制动盘对这些温度非常不敏感，必须非常谨慎地选择制动盘的成分。配备含金属内衬的陶瓷制动盘，无论温度如何，都能保持其摩擦系数，最终表现为无衰退的制动能力。

除了具有快速、复杂和结果可重复等优点的测功机测试外，还需要进行密集的车辆测试，特别是一些现象在车辆测试中会首次出现。测功机测试结果的验证在特殊耐力和赛道车辆测试中进行，这些测试具有不同负载分布和环境条件，例如北极温度或热带高温。在耐久性测试中，主要关注客户道路使用的情况，而特殊的赛道测试可提供有关制动系统的最终性能、不同速度下的制动距离和冷却效果，以及包括制动液在内的周围零件的温度特性信息。

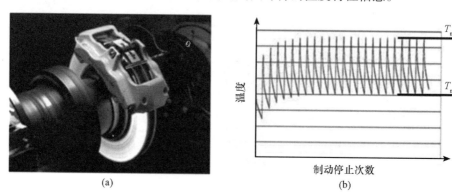

(a)                              (b)

图 16.21   （a）保时捷测功机测试分析高性能制动潜力；（b）典型的衰退温度曲线

## 16.4　陶瓷离合器

碳/碳离合器在赛车和一些高性能汽车中广为人知[26]。碳非常耐高温且重量轻，碳/碳离合器的体积小、结构紧凑，经常在恶劣条件下使用。赛车离合器的设计通常侧重于：最小重量、低转动惯量、最小尺寸、最大强度、最佳性能、最大耐热性[39]。

对于批量生产的车辆，碳的耐磨性太低，摩擦特性太强，无法提供足够的启动舒适性。在带有金属摩擦盘的单片离合器结构中使用有机或烧结摩擦材料，可提供良好的摩擦性能，但由于耐热性有限且密度高，这些离合器相对较重且较大。

为了克服这些限制，保时捷特别为 Carrera GT 开发了一种陶瓷复合离合器[40,41]。双片干式陶瓷复合离合器（图 16.22）满足典型的赛车要求，即较小的直径和较轻的重量，以及较长的使用间隔和良好的启动性能。由于市场上没有适用于 Carrera GT 的离合器系统，保时捷和选定的合作伙伴（Sachs 和 SGL）开发了一种全新的离合器，该离合器的摩擦盘采用创新的陶瓷复合材料，并采用特殊的含钛合金衬垫材料作为配对。制动盘和制动片的摩擦值均大于 0.4，摩擦路径呈递减趋势，对抓取不敏感，最大功率超过 1000 N·m。

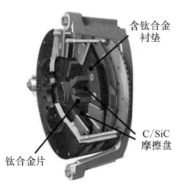

含钛合金
衬垫

C/SiC
摩擦盘

钛合金片

**图 16.22　保时捷生产的陶瓷复合材料离合器（PCCC）**

陶瓷材料由具有织物增强体的 C/SiC 材料组成。与制动应用相比，陶瓷离合器盘的壁更薄，必须承受高达 20 000 rpm 的机械负载。陶瓷离合器盘不是使用的短纤维增强材料，而是由不同的碳纤维织物层构成，以确保必要的强度。

其制造过程与制动盘相似：形成 CFRP 生坯、热解和渗硅。由于织物增强，无法实现近净成形制造，只能制造平板。在渗硅步骤之后，使用约 3000 bar 的水射流从合成的陶瓷板上切下陶瓷离合器盘（图 16.23）。

图 16.23　在大约 3000 bar 的压力下对陶瓷离合器盘进行水射流切割

　　由于材料的耐热性和高摩擦值，陶瓷离合器片直径只有 169 mm。陶瓷离合器的紧凑尺寸有助于使发动机和变速器的重心非常低（图 16.24），从而使汽车具有非常运动的特性，提高了灵活性和操控性。另外还可以减轻重量，如保时捷 911 Turbo 的传统离合器 7.6 kg，而 PCCC 为 3.5 kg，发动机因此可以获得更出色的加速性能和非常自然的加速。

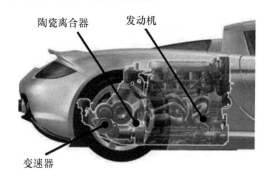

图 16.24　离合器的小直径使发动机的重心较低

　　测试台上的综合测试和大量的车辆测试（也是在极端载荷下）表明，PCCC 能够与传统离合器的使用间隔相匹配[42]。

　　虽然具有出色的性能，但其价格比传统离合器高出约 10 倍。因此，其用途实际上仅限于超级跑车和赛车，尤其是长途和越野比赛用车。需要进一步改进材料的生产技术以降低成本，才能在大规模生产车辆的高性能应用中具有良好的前景。

# 参考文献

[1] KRENKEL W. CMC Materials for High Performance Brakes[C]//Proceedings of the 27th International Symposium on Automotive Technology and Automation (ISATA), Conference on Supercars, Aachen, Germany, 1994.

[2] Friction Unit, European Patent EP 0797555, 1994.

[3] Brake Disk, European Patent EP 0777061, 1994.

[4] KRENKEL W. Keramische Verbundwerkstoffe für Hochleistungsbremsen[M]. Frankfurt: DGM-Verlag, 1996.

[5] PFEIFFER H, KRENKEL W, HEIDENREICH B, et al. Bremsscheiben aus keramischen Verbundwerkstoffen für Schienenfahrzeuge[M]//KOCH U. Werkstoffe für die Verkehrstechnik. Frankfurt: DGM Informationsgesellschaft, 1997: 275.

[6] SGL Carbon setzt auf Forschung und Entwicklung, cfi/Ber. DKG 83, No. 11 – 12, 2006.

[7] LANGHOF N, RABENSTEIN M, ROSENLÖCHER J, et al. Full-ceramic brake systems for high performance friction applications[J]. Journal of the European Ceramic Society, 2016, 36(15): 3823 –3832.

[8] ABU EL-HIJA H, KRENKEL W, HUGEL S. Development of C/C – SiC brake pads for high-performance elevators[J]. International Journal of Applied Ceramic Technology, 2005, 2(2): 105 –113.

[9] KRENKEL W, HEIDENREICH B, RENZ R. C/C – SiC composites for advanced friction systems[J]. Advanced Engineering Materials, 2002, 4(7): 427 –436.

[10] RENZ R, KRENKEL W. C/C – SiC Composites for High Performance Emergency Brake Systems [C]//9th European Conference on Composite Materials, Design and Applications. Brighton, UK, 2000.

[11] KRENKEL W. Development of a Cost Efficient Process for the Manufacture of CMC Components[D]. Stuttgart: University of Stuttgart, 2000.

[12] KRENKEL W. Design of ceramic brake pads and disks[C]//26th Annual Conference on Composites, Advanced Ceramics, Materials, and Structures: A: Ceramic Engineering and Science Proceedings. Hoboken, NJ, USA: John Wiley & Sons, Inc. , 2002: 319 – 330.

[13] KRENKEL W. Ceramic Matrix Composite Brakes[C]//Advanced Inorganic Structural Fibre Composites IV, Faenza, Italy, 2003: 299 – 310.

[14] KRENKEL W, ABU EL-HIJA H, KRIESCHER M. High Performance C/C – SiC Brake Pads[C]//28th International Conference on Advanced Ceramics and Composites, 2004: 191 – 196.

[15] KRENKEL W, BERNDT F. C/C – SiC composites for space applications and advanced friction systems[J]. Materials Science and Engineering: A, 2005, 412(1 – 2): 177 – 181.

[16] KRENKEL W. Carbon fiber reinforced CMC for high-performance structures [J]. International Journal of Applied Ceramic Technology, 2004, 1(2): 188 – 200.

[17] VAIDYARAMAN S, PURDY P, WALTER T, et al. C/SiC Material Evaluation for Aircraft Brake Applications [M]//KRENKEL W, NASLAIN R, SCHNEIDER H. High Temperature Ceramic Matrix Composites. Weinheim: Wiley-VCH Verlag GmbH, 2001: 802 – 808.

[18] KRUPKA M, KIENZLE A. Fiber Reinforced Ceramic Composites for Brake Discs[R]. Washington: SAE, 2000.

[19] WEISS R. Carbon fibre reinforced CMCs: manufacture, properties, oxidation protection [M]//KRENKEL W, NASLAIN R, SCHNEIDER H. High Temperature Ceramic Matrix Composites. Weinheim: Wiley-VCH Verlag GmbH, 2001: 440 – 456.

[20] GADOW R, SPEICHER M. Manufacturing of ceramic matrix composites for automotive applications[J]. Ceramic Transactions, 2012, 128: 25 – 41.

[21] RAK Z. CF/SiC/C Composites for Tribological Application[M]//KRENKEL W, NASLAIN R, SCHNEIDER H. High Temperature Ceramic Matrix Composites. Weinheim: Wiley-VCH Verlag GmbH, 2001: 820 – 825.

[22] HEIDENREICH B, RENZ R, KRENKEL W. Short fibre reinforced CMC materials for high performance brakes[M]//KRENKEL W, NASLAIN R, SCHNEIDER H. High Temperature Ceramic Matrix Composites. Weinheim:

Wiley-VCH Verlag GmbH, 2001: 809 – 815.

[23] KRENKEL W. C/C – SiC Composites for Hot Structures and Advanced Friction Systems[J]. Ceramic Engineering and Science Proceedings, 2003, 24(4): 583 – 592.

[24] ZHANG J, XU Y, ZHANG L, et al. Effect of braking speed on friction and wear behaviors of C/C – SiC composites[J]. International Journal of Applied Ceramic Technology, 2007, 4(5): 463 – 469.

[25] Data Sheet Starfire Systems " Ceramic Composite Brake Rotors ", www. starfiresystems. com. 06/2005.

[26] SAVAGE G. Carbon/Carbon Composites[M]. London: Chapmann&Hall, 1990.

[27] BREUER B, BILL K H. Bremsenhandbuch: Grundlagen, komponenten, systeme, fahrdynamik[M]. Berlin: Springer-Verlag, 2013.

[28] KOCHENDÖRFER R. Heiße Tragende Strukturen aus Faserverbund-Leichtbauwerkstoffen[C]//DGLR-Annual Meeting, Berlin. 1987.

[29] KRENKEL W, HALD H. Liquid infiltrated C/SiC-An alternative material for hot space structures [C]//Spacecraft Structures and Mechanical Testing: Proceedings of the International Conference. Noordwijk, The Netherlands, 1988: 325 – 330.

[30] DaimlerChrysler: Coup é im Rennanzug, DaimlerChrysler Times, 09.06.2000.

[31] Porsche: Porsche Ceramic Composite Brake (PCCB), Die Serienfertigung hat begonnen, Porsche Pressemitteilung Nr. 72/00, 23.08.2000.

[32] Audi: Keramikbremsen für den Audi A8 12 – Zylinder, Audi Pressemitteilung, 07.06.2005.

[33] Kienzle, A., Meinhardt, J. (2006) Kurzfaserverst ä rkte C/SiC – Keramiken für den Fahrzeugbau, Technik in Bayern Nr. 5.

[34] NEUDECK D, MARTIN R, RENZOW N. Porsche Bremsenentwicklung-Vom Rennsport auf die Straße[J]. Fortschrittsberichte VDI, 2002, 12 (514): 19 – 33.

[35] RENZ R, SEIFERT G. Keramische Hochleistungsbremsscheiben im Sportwagenbereich[J]. DVM-Tag Reifen, Räder, Naben, Bremsen, Berlin, 2007, 9(11).

[36] Porsche, überzeugungs-Kraft, Porsche Christophorus Magazine 316, 2005.

[37] GÜTHER HM, GRASSER S. Carbon fibres: Entering mass-produced cars?

[J]. Auto Technology, 2007, 7(1): 48 −51.

[38] Porsche, Hart im Nehmen, Porsche Christophorus Magazine 311, 2004.

[39] ZF Sachs, Formula Clutch Systems, Delivery Program, 2006.

[40] Porsche, Little, Strong, Black, Porsche Christophorus Magazine 306, 2004.

[41] STEINER M, ERB T, HÖLSCHER M. Innovative Material Usage in the Porsche Carrera GT[C]//Proceedings of FISITA. 2004.

[42] Porsche Engineering Group, The ceramic clutch-a world first from Porsche, Porsche Engineering Magazine No. 02, 2004.